河南专门史大型学术文化工程丛书

主编 谷建全

执行主编 张新斌

河南水利史

唐金培 程有为 等著

中原出版传媒集团
中原传媒股份公司

大象出版社
·郑州·

图书在版编目(CIP)数据

河南水利史／唐金培等著.— 郑州：大象出版社，
2019. 10

(河南专门史大型学术文化工程丛书／谷建全主编)

ISBN 978-7-5711-0314-9

Ⅰ.①河… Ⅱ.①唐… Ⅲ.①水利史—河南
Ⅳ.①TV-092

中国版本图书馆 CIP 数据核字(2019)第 191882 号

河南专门史大型学术文化工程丛书

河南水利史

HENAN SHUILI SHI

唐金培　程有为　等著

出 版 人	王刘纯
选题策划	王刘纯　张前进
项目统筹	李建平
责任编辑	范　倩
责任校对	毛　路　安德华　牛志远　李婧慧
装帧设计	张　帆

出版发行　大象出版社(郑州市郑东新区祥盛街 27 号　邮政编码 450016)
　　　　　　发行科　0371-63863551　总编室　0371-65597936

网　　址　www.daxiang.cn

印　　刷　北京汇林印务有限公司

经　　销　各地新华书店经销

开　　本　720mm×1020mm　1/16

印　　张　28.5

字　　数　461 千字

版　　次　2019 年 10 月第 1 版　2019 年 10 月第 1 次印刷

定　　价　128.00 元

若发现印、装质量问题,影响阅读,请与承印厂联系调换。

印厂地址　北京市大兴区黄村镇南六环磁各庄立交桥南 200 米(中轴路东侧)

邮政编码　102600　　　　　　电话　010-61264834

河南专门史总论

张新斌

河南专门史研究,是河南历史的细化研究,是河南历史的全面研究,是河南历史的深入研究,也是河南历史的综合研究。河南历史研究,不仅是地方史研究,也是中国史研究,是中国史的核心研究,是中国史的主干研究,更是中国史的精华研究。

一、河南称谓的区域变迁及价值

(一)河南:由地理到政治概念的演变

河南是一个地理概念。河南概念的核心是"河",以黄河为指向形成地理方位概念,如河南、河东、河西、河内、河外等。《史记·殷本纪》:"盘庚渡河南,复居成汤之故居。"又,《战国策·齐策》:"兼魏之河南,绝赵之东阳。"魏惠王徙都大梁(今开封),而河南地区为魏之重要区域。《史记·项羽本纪》:"彭越渡河,击楚东阿,杀楚将军薛公。项王乃自东击彭越。汉王得淮阴侯兵,欲渡河南。"这里的"河南"明显不是一个政区概念,而是一个地理概念。

河南也是一个政治概念。《史记·货殖列传》所云"三河"地区为王都之地。"昔唐人都河东,殷人都河内,周人都河南。夫三河在天下之中,若鼎足,王者所更居也。"可见河南为周之王畿之地。又,《史记·周本纪》:"子威烈王午立。考王封其弟于河南,是为桓公。"《史记·项羽本纪》:"故立申阳为河南王,都洛阳。"这也从一个侧面反映出河南在战国、秦汉之际与王都连在一起,无疑应为政治中心。《通志·都邑略》对河南有一个重要评价："故中原依大河以为固,吴越依大江以为固。中原无事则居河之南,中原多事则居江之南。自开辟以来皆河南建都,虽黄帝之都、尧舜禹之都于今皆为河北,在昔皆为河南。"

（二）河南：以洛阳为中心的政区概念

1.河南郡。汉代始设,至隋唐之前设置。《汉书·地理志》云:河南郡,辖县二十二,有洛阳、荥阳、偃师、京、平阴、中牟、平、阳武、河南、缑氏、卷、原武、巩、穀成、故市、密、新成、开封、成皋、苑陵、梁、新郑。以上地区包括今洛阳市区周边,含今新安、孟津、伊川、偃师,今郑州市的全部,今开封市区,以及今原阳县,今汝州市。据《晋书·地理志》,河南郡领河南、巩、安、河阴、新安、成皋、缑氏、新城、阳城、陆浑。西晋时,汉河南郡东部析置荥阳郡,而西晋时的河南郡大致包括今洛阳市区及嵩县、新安、偃师、伊川等,以及巩义、登封、新密,还有荥阳的一部分和今汝州市。《宋书·州郡志》:南朝宋司州有三郡,包括河南郡,领河南、洛阳、巩、缑氏、新城、梁、河阴、陆浑、东垣、新安、西东垣等,其范围与西晋河南郡差不多。《魏书·地形志》说河南郡仅领县一个,其区划郡县叠加。《隋书·地理志》记述隋设河南郡,统领 18 个县,为河南、洛阳、桃林、阌乡、陕、熊耳、渑池、新安、偃师、巩、宜阳、寿安、陆浑、伊阙、兴泰、缑氏、嵩阳、阳城,涉及今三门峡市区及灵宝、渑池、义马等,今洛阳市区及新安、偃师、嵩县、宜阳等,今郑州所辖巩义、登封等。

2.河南尹。东汉时洛阳为都,在都城设河南尹。《后汉书·郡国志》:河南尹,辖洛阳、河南、梁、荥阳、卷、原武、阳武、中牟、开封、苑陵、平阴、缑氏、巩、成皋、京、密、新城、偃师、新郑、平。其所辖范围与西汉河南郡基本相当。三国魏时亦有"河南尹",如《三国志·魏志》:夏侯惇曾"转领河南尹",司马芝于"黄初中,入为河南尹"。

3.河南县。西汉时设县,沿至东汉、西晋、刘宋、北魏、隋、唐、宋等,金代已无河南县,洛阳的"河南""洛阳"双城结构正式瓦解。

4.河南府。唐代始设,沿至宋、金、元,但元代已称之为路。据《旧唐书·地理志》,河南府辖河南、偃师、巩、缑氏、管、告成、登封、陆浑、伊阙、伊阳、寿安、新安、福昌、渑池、永宁、长水、密、河清、颍阳、河阳、氾水、温、河阴。《新唐书·地理志》载,河南府共辖20县,有河南、洛阳、偃师、巩、缑氏、阳城、登封、陆浑、伊阙、新安、渑池、福昌、长水、永宁、寿安、密、河清、颍阳、伊阳、王屋。由此可以看出，其地含今洛阳绝大部分，今郑州的巩义、登封，甚至今豫西北的济源。《宋史·地理志》有河南府，辖河南、洛阳、永安、偃师、颍阳、巩、密、新安、福昌、伊阙、渑池、永宁、长水、寿安、河清、登封共 16 县。《金史·地理志》载，金时河南府仅辖 9 个县，即洛阳、渑池、登封、孟津、芝田、新安、偃师、宜阳、巩。以上县名与今县名比较接近，主要分布在今洛阳周边。《元史·地理志》载，在河南行省下有"河南府路"，实相当于河南府，相关县有洛阳、宜阳、永宁、登封、巩县、孟津、新安、偃师，以及陕州的陕县、灵宝、阌乡、渑池，相当于今三门峡市一部分、洛阳市一部分及郑州市一部分。《明史·地理志》记录的河南省下有河南府，属地有洛阳、偃师、孟津、宜阳、永宁、新安、渑池、登封、嵩县、卢氏及陕州的灵宝、阌乡 2 县。其地较元代河南府稍大。

5.河南道。仅在唐代、五代时实行。据《旧唐书·地理志》载，"河南道"辖河南府、孟州、郑州、陕州、虢州、汝州、许州、汴州、蔡州、滑州、陈州、亳州、颍州、宋州、曹州、濮州等，其范围"约当今河南、山东两省黄河故道以南（唐河、白河流域除外），江苏、安徽两省淮河以北地区"[①]。《新唐书·地理志》也讲到"河南道"，相当于古豫、兖、青、徐四州之域。据《旧五代史·郡县志》载，五代时有"河南道"，含河南府、滑州、许州、陕州、青州、兖州、宋州、陈州、曹州、亳州、郑州、汝州、单州、济州、滨州、密州、颍州、濮州、蔡州等，可见其范围是极大的。

（三）河南：以开封为中心的政区概念

自元代开始，"省"成为地方最高级行政建制。元代正式设立"河南江北等处行中书省"。《元史·地理志》云，河南行省辖路 12、府 7、州 1、属州 34、属县 182。其中，汴梁路，领录事司 1（县 17，开封一带），还领郑、许、陈、钧、睢等 5 州 21 县。河南府路，领录事司 1（县 8，洛阳一带），还领陕州及 4 县。南阳府，领南阳、镇平 2 县及邓、唐、嵩、汝、裕 5 州 11 县。汝宁府，领汝阳、上蔡、西平、确山、遂平 5 县及颍、息、光、信阳 4 州 10 县。归德府，领睢阳、永城、下邑、宁陵 4 县及徐、宿、邳、亳 4 州 8 县。襄阳路，领录事司 1 县 6，还领均、房 2 州 4 县。蕲州

---

① 复旦大学历史地理研究所《中国历史地名辞典》编委会：《中国历史地名辞典》，江西教育出版社 1988 年版，第 538 页。

路,领录事司1县5。黄州路,领录事司1县3。以上仅为"河南江北道肃政廉访司",所领范围已包括今河南省黄河以南部分,以及今湖北省江北部分地区,今苏北、皖北部分地区。

明代正式称河南行省(承宣布政使司),《明史·地理志》记录河南省辖府8、直隶州1、属州11、县96。府有开封府、河南府、归德府、汝宁府、南阳府、怀庆府、卫辉府、彰德府,以及直隶州汝州。总的来看,明代的河南省已经与现在的河南省大体范围相当,成为一个跨越黄河南北的省。

清代沿袭了相关的行政建制。需要注意的是,其治所在开封。直到民国及新中国成立初期,开封一直为省会所在。

从以上的史料罗列中可以看出,"河南"是一个重要的概念。先秦时期,河南是一个重要的地理概念,而这个概念中实际上包含了非常深刻的政治含义,河南实际上是天下政治中心的具体体现。从西汉开始到清代,河南成为一个非常重要的行政建制名称。隋唐之前是河南郡(尹),隋唐之后则为河南府(路)。元代之前,河南郡、府、道、尹、县的治所,以及地理概念、政治概念的核心,均在今洛阳。可以说,河南的范围时有变化,作为河南中心的洛阳地位始终是不变的,洛阳甚至是河南的代名词。元代以后行省设立,开封成为行省治所(省会)所在,数以百年。虽然如此,但河南的根源、灵魂在洛阳。

二、河南历史的高度与灵魂

(一)河南历史的高度:河南史的实质就是中国史

河南是个大概念,不仅涉及地理、政区,也涉及政治,研究中国历史是绕不开以洛阳为中心的河南的。《元和郡县志》卷六对"河南"有一个解读:"《禹贡》豫州之域,在天地之中,故三代皆为都邑。"这里对夏至唐的洛阳为都有一个清晰的勾勒,如禹都阳翟、汤都西亳、成王都成周,东汉、曹魏、西晋、北魏等均都洛阳,隋炀帝号为东京,唐代号称东都或东京,"则天改为神都",到了北宋则成为西京。可以说,一部王朝史,绕不开以洛阳为中心的河南。《说苑·辨物》载"八荒之内有四海,四海之内有九州,天子处中州而制八方耳",而这个中州就是河南。

对于河南的认识,其战略地位的重要性不言而喻,还有另外一个角度的分析。《读史方舆纪要》卷四十六："河南，古所称四战之地也。当取天下之日，河南在所必争；及天下既定，而守在河南，则岌岌焉有必亡之势矣。周之东也，以河南而衰；汉之东也，以河南而弱；拓跋魏之南也，以河南而丧乱。朱温篡窃于汴梁，延及五季，皆以河南为归重之地。以宋太祖之雄略，而不能改其辙也，从而都汴。都汴而肩背之虑实在河北，识者早已忧之矣。"在这里，作者将洛阳的战略地位定性为"四战之地"，讲到得天下者首先要得河南，反映了作者的敏锐性。但是，将洛阳定位于岌岌可危之地则有所不妥。河南对关中的承接，实际上反映了中国古代的两大政治中心相互补充完善的作用。中国历史上的统一王朝，基本上都经历了定都于关中长安和河洛洛阳两个阶段。所以，从某种意义上讲，河南历史既是河南地方的历史，也是中国古代的历史；从区域角度来看，可以说河南区域史是极为精练的中国史，是影响甚至决定王朝走向的关键历史；从中国历史的大视野考察，具备这种关键作用的区域，在中国这种大格局中，也就是那么一两个地区，而河南无疑是其中之一。

（二）天地之中：中国历史最具灵魂的思维探寻

中国古代都城的选择是与中国人特定的宇宙观联系在一起的。在中国人的观念中，"中"具有极为特殊的意义。中国古代历史上最具影响力的都城中，最能体现这种观念的非洛阳莫属。①

周灭商之后，周公受命探寻"天地之中"。《太平寰宇记》卷之三云："按《博物志》云：'周在中枢，三河之分，风云所起，四险之国也。昔周武王克殷还，顾瞻河、洛而叹曰："我南望三涂，北望岳鄙，顾瞻有河，粤瞻雒、伊，毋远天室。"遂定鼎郏鄏，以为东都。'《周书》又曰：'周公将致政，乃作大邑，南系于洛水，北因于郏山，以为天下之大凑也。'皇甫谧《帝王世纪》云：'周公相成王，以丰、镐偏在西方，职贡不均，乃使召公卜居涧水东、瀍水之阳，以即中土。而为洛邑，而为成周王都。'"周朝建立后，最大的问题是"择中而居"。选择"天下之中"与"天地之中"，关键是"中"。《路史》卷三十："古之王者，择天下之中而立国，择国之中而立官，择官之中而立庙。"又，《周礼订义》卷十五："夫天不足西北，地不足东南，有余不足皆非天地之中，惟得天地之中，然后天地于此乎合土播于四时，所

---

① 张新斌：《"天地之中"与"天下之中"初论》，《中州学刊》2018年第4期。

以生长收藏万物一时之气,不至则偏而为害。惟得天地之中,然后四时于此而交,通风以散之,雨以润之,偏于阳则多风,偏于阴则多雨。惟得天地之中,然后阴阳和而风雨以序,而至独阴不生,独阳不成。阴阳之和不成则反伤夫形。"这里论述了天地之中的阴阳秩序。但从众多文献看,天地之合、四时之交、风雨之会、阴阳之和是个立体的概念。"天地之中"刻意强调了思想观念上的特殊性,着重关注了本质文化上的特质性,重点强化了政治统治上的正当性,具有综合意义。

"天地之中"所在地,以洛阳(洛、洛地、洛师、洛邑、洛之邑、洛河之邑、洛水之涯、洛邑之地、河洛等)之说为绝对主流观点;与"天地之中"对应的"天下之中",则更多强调了位置适中,交通便利,其地方文献也多以洛阳为主。《河南通志》卷七:"河南居天下之中,嵩岳表其峻,大河、淮、济萦流境内。"这里所说的河南实则是大河南,河南的本质是洛阳。所以,洛阳为都的观念思想特征的探寻,反映了中国古代的思维方式与思维特点,其理论的深刻性极大丰富了中国古代的思想宝库,也是中国古都历史的灵魂所在。

三、河南历史:既是地方史也是区域史

河南地方史同时还是河南区域史,这是我们对河南专门史进行研究时时常要注意的关键性问题。我们应该如何对待我们的研究?

(一)作为地方史的河南专门史

地方是相对中央而言的。每一个王朝,都有中央与地方。中央就是皇帝,以及三省六部;地方则是郡县、省府县。对中央而言,省及以下建置都是地方。地方史就是研究一定行政建制内的历史,比如县的历史、市的历史、省的历史。

关于地方史,有人认为"所谓地方史研究,就是专门考察、分析某一地区历史变迁的史学工作"[①],或认为"地方史的书写往往是一种以国家宏大历史叙事为背景,又兼具本土地方特色的历史书写","地方历史的建构既是对国家宏大

---

① 叶舟:《地方文献与地方史研究》,载《上海地方志》编辑部编《2017年地方志与地方史理论研讨会论文汇编》,第199~203页。

历史叙事的补充,也是新时期国家与地方共同致力于民族地方形象、软实力及文化生态打造的努力"。① 一般而言,地方史是与一定级别的行政建置有关联的。河南长期为地方行政建置,从河南郡与河南县,到河南尹与河南县,到河南府与河南县,到河南路与河南县,再到河南省,作为省级建置也有七百余年的历史。相对王朝而言,河南的历史理所当然地就是地方史。换句话说,河南地方史就是研究河南地方的历史,就是研究在省的建置下河南这一特定范围内所发生的历史。河南地方史,就是对河南特定行政建置(省)内所有历史大事、历史人物、历史规制、历史机构、历史社会、历史文化等总的汇集、总的提炼、总的评价,是一部中国特定地方的小通史,是中国通史的河南卷。河南专门史,则是河南地方历史的细化,是河南专门历史的汇集,是作为地方的河南的历史的总的盘点。

河南地方史的研究,在河南是个"偏科"。河南史学界研究中国史,研究世界史,研究考古学,研究史学理论,当然,大家的研究无疑必然会触及河南,因为在中国史的研究范畴中,如果回避了河南,中国史肯定就不是完整的中国史。一方面,从夏到北宋,河南是王朝的政治中心所在,从某种意义上讲,这期间河南史中的重大事件无疑也是中国史中的重大事件,河南的历史也是中国的核心历史、中国的精英历史。另一方面,关键是要从河南的角度来研究中国的历史,从历史纵的时间轴来研究河南史,从历史横的空间区域比较中研究河南历史。所以,对于研究中国史的学者而言,河南地方史既是熟悉的,又是陌生的。

(二)作为区域史的河南专门史

区域是相对总体而言的。区域可以是一个地方行政建置,如河南、郑州、新郑,也可以是一个地区,如豫北、河朔、齐鲁、三秦、华北。当然,区域也可以是永恒的,对全球而言,中国、东亚、远东,都是区域。在全球史的背景下,区域史是个很时尚的东西,研究中国史与世界史(世界各国的历史),实质上研究的都是区域史。

学界有关区域史的讨论,是非常复杂的。例如,将地方史等同于区域史就

---

① 杨旭东:《近年来地方史研究评述》,《中原文化研究》2016 年第 1 期。

是一种常见的声音,如:"地方史,或称区域史,是历史学科的一个重要分支。"①
有的直接将区域史的研究范式等同于地方史的研究范式;②也有的将区域史作
为地方史的支脉,"地方史内部也演化出了新的支系"③。尽管区域史和地方史
有一定的契合点,但两者还不能完全画等号。区域史研究一般多关注区域的特
殊性,但是,"区域史研究的意义不仅仅在于认识作为个案的区域本身,而且有
助于对国家整体史的认识。于是,区域史研究的一个重要归宿还在于对中华帝
国整体史的理解和把握,并不是局限于孤零零的区域个案,也非仅凭借一两个
新线索的发现来填补漏洞、空白,而是从局部、微观、特殊性中找到一些带有普
遍性的反映整体的现象和规则"④。区域史,就是由诸地理要素所构成的特定地
理空间,有较长时段的经济交流与政治联系,以及内部所共生的以文化为纽带
的规律性问题的研究。区域史更多关注点在基层社会,是对特定的人群、组织
架构、民间信仰,以及形成的民风进行的研究。除利用正史、正志之外,区域史
也要更多关注地方文献,如家谱、文书、契约、方志等,只有这样,区域史才会更
加丰满。

河南历史,就河南而言,其起点是地理概念。从历代史志可以看出,行政区
划的河南是立足于地理概念河南之上而设置的,在中国古代由特定地理概念而
产生的政区并不多见,仅从这一点而言,河南历史既可以是地方史,又可以成为
区域史,甚至由于以洛阳为核心的河南在历史上特殊的政治地位,河南史在某
些时段可以上升为中国史。这就是河南历史的特殊价值所在。

四、河南历史的研究现状与努力目标

（一）河南历史的主要研究成果

改革开放以来,河南省社会科学院及全省学界陆续推出了一系列河南历史

---

① 叶舟:《地方文献与地方史研究》,载《上海地方志》编辑部编《2017 年地方志与地方史理论研讨
　会论文汇编》,第 199~203 页。
② 段建宏:《地方史研究的思考》,《忻州师范学院学报》2007 年第 1 期。
③ 姚乐:《如何理解地方史与区域史?——以〈江苏通史·魏晋南北朝卷〉为例的分析》,《南京晓
　庄学院学报》2014 年第 3 期。
④ 孙竟昊、孙杰:《中国古代区域史中的国家史》,《中国史研究》2014 年第 4 期。

的研究成果：

一是通史类。如《简明河南史》(张文彬主编,1996)、《河南通史》(4卷本,程有为、王天奖主编,2005)。以上成果有首创意义,但分量不足,不足以反映河南历史文化的厚重与辉煌。

二是专门史类。如《河南航运史》(河南省交通厅史志编审委员会,1989)、《河南少数民族史稿》(马迎洲等,1990)、《河南陶瓷史》(赵青云,1993)、《河南新闻事业简史》(陈承铮,1994)、《河南考试史》(李春祥、侯福禄主编,1994)、《河南文学史·古代卷》(王永宽、白本松主编,2002)、《河南文化史》(申畅、申少春主编,2002)、《河南教育通史》(王日新、蒋笃运主编,2004)、《河南农业发展史》(胡廷积主编,2005)、《河南经济通史》(程民生主编,2012)、《河南生态文化史纲》(刘有富、刘道兴主编,2013)、《中原科学技术史》(王星光主编,2016),以及即将出版的《中原文化通史》(8卷本,程有为主编,2019)等。总体来讲,质量参差不齐,形成不了河南专门史体系类的成果。

三是市县通史类。如《驻马店通史》(郭超、刘海峰、余全有主编,2000)、《商丘通史(上编)》(李可亭等,2000)、《洛阳通史》(李振刚、郑贞富,2001)、《南阳通史》(李保铨,2002)、《安阳通史》(王迎喜,2003)、《嵩县通史》(嵩县地方史志编纂委员会,2016),以及我们即将完稿的《郑州通史》(张新斌、任伟主编,2020)等。

(二)河南历史的研究机构与研究重点

河南历史研究以河南省社会科学院历史与考古研究所为核心。河南省社会科学院历史与考古研究所是专门从事河南历史研究的权威机构,该所前身为成立于1958年的河南省历史研究所。1979年河南省社会科学院成立之际,河南省历史研究所正式成为河南省社会科学院历史研究所,以后又成立了河南省社会科学院考古研究所,2007年正式合并为河南省社会科学院历史与考古研究所。该所现有工作人员19人,其中研究员4人、副研究员10人,博士或在读博士7人,其研究涉及中国历史的各个方面,尤以中国古代史研究实力最为雄厚,在省级社科院中位列前茅。该所主编的"河南历史与考古研究丛书"已出版第一辑(9本)、第二辑(6本),在中原文化、河洛文化、姓氏文化研究方面均有标志性成果。郑州大学的历史研究在以刘庆柱研究员领衔的中原历史文化重点学科、王星光教授为代表的中原科技史方向、吴宏亮教授为代表的河南与近现代中国方向、陈隆文教授为代表的河南史地方向等方面成果卓著。河南大学以黄河文明研究作为主轴,李玉洁教授的河南先秦史研究、程民生教授为代表的以汴京为核心的宋史研究等较为突出。河南师范大学、新乡学院立足新乡,开展牧野文化研究。安阳师范学院则形成了以甲骨文、殷商史为代表的特色学科。河南理工大学立足于焦作,研究太行文化、太行发展。河南科技大学、洛阳师范学院、洛阳理工学院及文物部门的徐金星、蔡运章、薛瑞泽、毛阳光、扈耕田等先生立足于洛阳,开展河洛文化和洛阳学研究。商丘师范学院立足于商丘,对三商文化与商起源的研究颇有建树。许昌学院对汉魏许都的研究、黄淮学院对天中文化的研究、南阳师范学院对东汉文化的研究则各具特色。信阳师范学院以尹全海教授为代表的根亲文化研究、以金荣灿教授为代表的淮河文化研究及三门峡职业技术学院李久昌教授的崤函文化研究等均独树一帜。这些都已经成为河南历史研究的重要力量,也总体反映出河南历史研究的特色。

（三）河南专门史大型学术文化工程运作的过程与目标

2007 年以来,为了进一步整合力量,推出标志性成果,我们在已完成的《河南通史》等研究成果的基础上,提出加大对河南历史研究的力度,并以"河南专门史"作为深化河南历史研究的重要抓手。河南专门史的研究工作得到了河南省社会科学院历任领导的重视。早在 2008 年,河南省社会科学院副院长的赵保佑研究员,就积极支持专门史研究的工作构想,积极推动该项工作的落实。2010 年,院长张锐研究员、副院长谷建全研究员,专门带历史与考古研究所的相关人员到北京社科院进行调研,向他们学习北京专史集成研究的工作经验。2015 年,院党委书记魏一明、院长张占仓研究员、副院长丁同民研究员积极推动,将河南专门史正式纳入河南省社会科学院重大专项工作,并于年底召开了河南专门史的正式启动会。在河南专门史创研期间,院领导积极关注工作进展,副院长袁凯声研究员统筹协调,有力地推动了后续工作。2019 年,院领导班子对河南专门史工作给予了大力支持,尤其是院长谷建全研究员更是将专门史作为院哲学社会科学创新工程的标志性成果,院办公室、科研处等相关部门为本套书的出版做了大量的后勤保障工作,使河南专门史第一批成果能够按时高质量地出版。河南省社会科学院历史与考古研究所在承担繁重的创研工作的同时,也承担了大量的学术组织工作,张新斌、唐金培、李乔、陈建魁多次在一起商议工程的组织与推动,唐金培在学术组织工作方面,在上下联动、督促、组织上付出了大量的艰辛。大家只有一个想法:尽快拿出一批高质量的学术成果。

为了有效推动河南专门史大型学术文化工程,我们在工作之初便编辑了《河南专门史研究编写实施方案》《河南专门史大型学术文化工程第一批实施方案》《河南专门史大型学术文化工程工作方案》《关于征集河南专门史重大专项书稿的函》等文件,成立了以魏一明、张占仓为组长的"河南专门史大型学术文化工程"领导小组,工程实行首席专家制,由河南省社会科学院历史与考古研究所所长张新斌研究员为首席专家。整个工程坚持"三为主、三兼顾"的原则,即以河南省社科院科研人员为主,兼顾河南史学界;以在职科研人员为主,兼顾退休科研人员;以团队合作为主,兼顾个人独著。在写作上,采用"三结合"的方法,即史实考证与理论提高相结合、学术价值与当代意义相结合、学术性与可读性相结合。

在第一批书稿创研中,我们结合各自的研究基础,自动组成团队,不但河南省社会科学院历史与考古研究所全体科研人员参与了该项工程,文学所、哲学与宗教研究所等单位的科研人员也都承担了相关的任务。河南大学、河南师范大学、河南农业大学、华北水利水电大学、郑州市委党校等同行均参与了创研。最终确定了第一批15本书稿的创研目标:《河南考古史》《河南水利史》《河南移民史》《河南园林史》《河南哲学史》《河南水文化史》《河南道教史》《河南城镇史》《河南行政区划史》《河南基督教史》《河南古都史》《河南家族史》《河南书院史》《河南诗歌史》《河南史学史》。我们的总体目标是推出100部具有学术意义的河南专门史成果。

从第一批15部书稿中我们归纳出以下几个特点:一是极大丰富了河南历史研究的内容。这些书稿所涉及的门类有大有小,其研究不仅梳理了相关门类的历史脉络,也丰富了通史类成果无法容纳的分量。如考古史、基督教史时段较短但内容更为丰满,有的甚至可以形成重大事件的编年。二是从更高的视角研究河南。现代考古学在河南的发展对中国考古学的分期具有标志性意义,实际上我们是从中国考古史的角度来研究河南考古史的。正因为这样,我们对河南考古学在中国考古学中的地位有了更为清晰的看法。三是从史料梳理中探寻发展规律。对于每一个专题的研究者,我们更多地要求大家在对史实进行研究的基础上,要探寻相关门类发展的规律,寻找兴衰的规律,以及决定这种兴衰规律的内在因素。我认为在这批成果中,有的已经超越了地方史的范畴,而进入区域史的研究探索之中。当然,研究是 个永无止境的过程,我们期待着河南专门史在以后的创研过程中不断有更多的学术精品问世。

2019 年 8 月

目 录

绪 论

水是人类不能须臾离开的物质。对此,古人早有认识。《管子·水地》中写道:"水者,何也? 万物之本原也,诸生之宗室也。美恶、贤不肖、愚俊之所产也。"就是说,水是世界万物的本原,是各种生命赖以生存的根本,又决定着事物的善与恶、贤与不肖、俊秀和愚笨。水能给人类带来巨大的利益,也会给人们带来不小的危害。

一、水利的内涵

"水利"一词始见于战国时期的文献。《管子·禁藏》说:"渔人之入海,海深万仞,就彼逆流,乘危百里,宿夜不出者,利在水也。"《吕氏春秋·慎人》言:"舜之耕渔,其贤不肖与为天子同。其未遇时也,以其徒属掘地财,取水利,编蒲苇,结罘网,手足胼胝不居,然后免于冻馁之患。"上引两书所言"利在水""水利",都是指在江河湖海中捕捞鱼虾,而没有涉及其他。《管子·度地》又提到"水害",说:"故善为国者,必先除其五害,人乃终身无患害而孝慈焉。""水一害也,旱一害也,风雾雹霜一害也,厉一害也,虫一害也,此谓五害。五害之属,水最为大。""此五水者,因其利而往之可也,因而扼之可也。"就是说,水可能成为人类遭遇的最大的祸害。总之,水对于人而言具有两面性,人类为了生存,就要兴其利,除其害。

西汉著名史学家司马迁在游历黄河中下游地区的"淮、泗、济、漯、洛渠"之后,对水的利与害感触良深。他说:"甚哉,水之为利害也!"①水对人为利甚大,为害也甚大。有鉴于此,他在《史记》中专门设置《河渠书》,上溯大禹治水,下

---

① 《史记》卷二十九《河渠书》。

迄汉武帝堵塞瓠子(今河南濮阳县西南)决口,以治河防洪、开渠通航、引河灌溉等为内容。司马迁在《河渠书》中记述瓠子堵口这项浩大的治河工程之后说:"自是之后,用事者争言水利……然其著者在宣房。""宣房"即指瓠子堵口工程,汉武帝在此建宣房宫,并作诗。司马迁首次明确赋予"水利"一词以治河、开渠、用水等专业性质及更加深刻的含义,一直为后人所遵循和发展。①

　　水既为人类不可须臾离开,也会给人类带来灾难。因此,人类在改造世界、完善自我生存环境的过程中,既要消弭水害,又要利用水为自己造福。兴利主要是指兴修农田水利以灌溉、种稻,开凿运河、拓展河道进行漕运,建设城市供水排水系统以满足生产生活用水需求,利用水力作为动力,以及发展水产养殖,等等;除弊主要是防范河流的泛滥决溢以及沿海潮水的侵袭,排除渍水等。

　　总之,"水利"一词指有关对于水的改造和利用的各项事业。起初它专指兴利,然而水害的消除与水利的兴修常互相联系,而水的利用范围又日渐扩大,且一项工程或措施常可使水源得到多种利用,所以水利就成为一个综合名词。举凡保护社会安全的防范洪水灾害,有关农业生产的灌溉、除涝,便利交通的航运,发展经济的水力动能,供给人们的生产生活用水等,概称为水利事业。水利事业是一项关系国计民生的重大事业。

　　水利是人类发展到一定历史阶段的产物,是人类利用、改造自然的一种社会实践。只有人们对水的属性有一定认识、掌握一定的科学技术才能兴修水利。随着科学技术水平的不断提高,人们利用、开发水资源的深度和广度也会不断增加。从这个意义上讲,一部水利史也是一部科技发展史。人们在与水害作斗争和开发利用水资源的过程中,运用自己的聪明才智和发明创造,体现了当时的科学技术水平。所以水利科学技术也是水利的一项内容。

---

① 　中国农业百科全书总编辑委员会水利卷编辑委员会编:《中国农业百科全书·水利卷》,农业出版社 1986 年版,绪言第 1 页。

二、水利与水资源、环境及经济、社会的关系

马克思早就说过:"只要有人存在,自然史和人类史就彼此互相制约。"[1]关于自然史与人类史的关系,"一般而言,社会史受到生态史的影响,有时生态条件的变化,在一定意义上曾经改变了社会史的进程,以农业和牧业作为主体经济形式的社会更是如此;另一方面,人类的活动又可以严重影响生态环境,特别是人口的剧增和经济的跃进,可能使这种影响以恶性破坏的形式呈现出来"[2]。总之,除了地球自身的变化,人类活动也会导致自然环境的变化。

环境为人类本身及人类的一切活动提供物质基础、能量和活动场所。环境有自然环境与社会环境之分。人类永远离不开自然,自然环境是人类赖以生存的物质基础。自然环境的优劣和变迁,都会对人类产生不同程度的影响。自然环境同人类物质文化、聚落、生业经济、社会面貌、文化兴衰等有密切的关系。现代科学家关心过去环境状况(气候、水文、植被条件等),注重环境变化指标(如人口数量、土地面积、森林采伐量等)、形状(地貌、水系改变等)、结构(社会生产结构等)程度等问题。导致经济文化历史背景发生若干变化的生态因素,又称作生态因子,即影响生物的性态和分布的环境条件,大致可以分为气候条件、土壤条件、生物条件、地形条件和人为条件。

水环境是人类生存环境的一个重要组成部分,它有狭、广二义。其狭义包含河流、湖泊、沼泽、湿地等自然水体及运河、陂塘、沟渠等人工水体,基本上涵盖了存在于地表之上的各类水体;其广义则将地理位置、气候概况、植被等地理环境及政治经济制度、文化状况、管理行为、法律法规、人口因素等人文环境纳入其中,包含着自然环境和社会人文环境。

水利事业是人类对自然环境的应对、利用和改造,是对自然灾害的抵御和对自然资源的开发利用,特别是对水旱灾害的防御和对水资源的开发和利用,

---

[1] 马克思、恩格斯:《德意志意识形态》,《马克思恩格斯全集》第 2 卷,人民出版社 1960 年版,第 20 页。

[2] 王子今:《中国生态史学的进步及其意义——以秦汉生态史研究为中心的考察》,《历史研究》2003 年第 1 期。

从本质上讲属于人与自然关系的一部分。因此，水利事业离不开具体的生态环境和自然资源，特别是水环境和水资源。同时，水利事业的主体是人，人是社会化的动物。因此，水利事业也与社会环境，包括政治、经济、文化等相关联。各个时期的水利也受到当时经济社会状况的制约。总之，水利事业的发展在客观上取决于地形、水资源等自然条件，更取决于一个稳定的社会环境。

但是，以前的水利史著作主要记述水灾的发生、人们对水灾的防御抵抗和水利的开发，很少把水患的发生、水利的开发和大自然、生态环境联系起来。现在看来，这无疑是一个不小的缺陷。造成这种情况的原因是生态环境问题没有引起人们的足够重视。

生态环境是人类社会发展的自然条件之一。生产力水平越低下，生态条件对社会发展的制约作用越显著，而社会生产的高速发展，则往往打破原有生态条件的自然平衡。通过文献记载和考古资料可以看到，中国古代的总体生态状况与现今有不少差异，各个历史时期不同阶段的生态状况也有许多变化。

环境变化的体现，一是气候变化，二是土地利用、土地覆盖变化。人类活动对地球环境产生的影响，可以从两方面进行认识：一方面是直接的，诸如滥伐林木和变换耕地，这些现象扰乱了生态系统，破坏了生态环境；另一方面是间接的，这与那些可改变水、大气（温室效应、酸雨及氧化功能）和土地的物理、化学及生物性质的废物的排放有关。所谓直接的影响是容易看得见的，而间接的影响则是潜在的。在近代工业革命之前，人类社会生产活动对环境的影响并不以废物排放为主，而是以对地形地貌的多方利用和人工改变为主。

人类生存依赖的最基本的自然资源，一是土地资源，一是水资源。地球表层系统最突出的景观标志就是土地利用与土地覆盖。土地本身包括植被、水体、沙漠、冰川等各种要素。土地覆盖是指自然营造物和人工建筑所覆盖的地表诸要素的综合体，包括地表植被、土壤、冰川、湖泊、沼泽湿地及各种建筑物（如道路等），具有特定的时间和空间属性，其形态和状况可在多种尺度上变化。土地利用是人类根据土地的特点，按一定的经济和社会目的，采用一系列生物和技术手段，对土地进行的长期性或周期性的经营活动。它是一个把土地的自然生态系统变成人工生态系统的过程。目前，国际学术界将土地利用与土地覆盖变化作为全球环境变化的重要组成部分和主要原因。土地资源涉及气候、地貌、土壤、水文、植被等诸多方面。

水资源与土地资源同样重要,它是人类生存不可或缺的。水资源包括地表水(河流、湖泊、海洋等)、地下水及降雨等,而以地表水为主体。水资源是人类赖以生产、生活的重要环境条件,所以世界文明人地关系的研究多偏重人类和水资源(特别是河流)关系的探讨。

水利事业和农业、手工业、交通事业都有密切关系。毛泽东曾指出:"水利是农业的命脉。"水利工程可以解除干旱对农业生产的威胁,保证或提高粮食产量。有了水,可以将旱地改为水田,种植水稻,增加粮食品种。人们可以在河湖陂池中饲养、捕捞鱼虾。手工业也可利用水力,粮食加工可以使用水力机械,金属冶铸可以用水力鼓风。人们可以利用天然水道,或者开凿运河,进行水上航运,使交通运输更加便捷。总之,水利事业不是一项孤立的事业,它和人们的生产、生活的关系非常密切。同时,大型水利工程是一定历史时期的产物,它的兴建不仅需要一定的财力、一定的科学技术水平,也需要政通人和的社会环境和条件。

三、河南地区的水资源与水环境

由于自然历史条件的限制,上古时期人们主要生活在二级台地上。全新世晚期,因气候变化和平原地区的沉积加大,水患风险减小,加上人口增加和环境适应能力的提高,人们开始向平原地区扩展。秦汉以后,随着铁器的使用及牛耕的推广,人们加大了对土地资源和水资源的开发利用,水资源与水环境随之发生改变。

河南地区的水资源在史前三代时期原本比较丰富,水环境也较为良好,但由于秦汉以后人口的大量增多,对粮食和水的需求不断增加,以及黄河的淤积、陂泽的围垦,水资源呈逐渐减少的趋势,水环境也逐渐恶化。当然,有些时段也有所修复。

所谓水资源与水环境,主要是指河流和湖泊,湖泊在中国古代多称作陂泽。

(一)河南地区的河流

今河南省境内有大小河流 1500 条,分别属于长江、淮河、黄河、海河四大水系。流域面积在 100 平方公里以上的河流共 494 条,其中流域面积大于 1 万平方公里的有黄河、沁河、淮河、洪河、颍河、沙河、洛河、卫河、白河、丹江共 10 条,流域面积在 5000 至 1 万平方公里的有史河、汝河、北汝河、贾鲁河、金堤河、伊河、唐河、共产主义渠共 8 条。发源于河南省的出省境河流有淮河、颍河、洪河、白河;发源于邻省入境的河流有洛河和沁河;穿越省境而过的有黄河、丹江、卫河、史河。

河南省西部的三门峡、洛阳和河南省北部的焦作西部、济源,新乡市的原阳、延津、封丘,濮阳市的范县、台前一带,属于黄河流域,约占全省总面积的 21.7%。河南省中部的郑州、许昌、漯河,东部的开封、商丘、周口,南部的信阳、驻马店一带,属于淮河流域,约占全省总面积的 52.9%。河南省西南部的南阳盆地,属于长江流域,约占全省总面积的 16.3%。河南省北部的安阳、鹤壁、焦作东部及新乡市区,属于海河流域,约占全省总面积的 9.1%。

1.黄河流域的河流

(1)黄河干流

黄河中游干流由北向南穿越晋陕大峡谷之后,受到华山的阻遏,在潼关附近转向东流,从灵宝市进入河南省,流经三门峡、济源、洛阳、郑州、焦作、新乡、开封、濮阳 8 个市的 20 多个县(市、区)。在孟津县白鹤乡以上是峡谷河段,以下为平原河段,两岸建堤,堤距 5—20 公里,河道占地 3000 余平方公里,因水流摇摆不定,游荡面积 1500 余平方公里,占河道面积的 47%。在兰考县三义寨黄河流向由向东转为向东北,基本成为河南、山东省界,至台前县张庄附近出省,省内河长 711 公里。黄河水利委员会以郑州桃花峪为黄河中游与下游的分界,河南地区横跨黄河中下游。

黄河中游河段是黄河来水和来沙的重要河段,它流经我国著名的黄土高原,水土流失严重,含沙量大,水位涨落变化大。中游河段汇集的窟野河、无定河、延河、汾河、北洛河、泾河、渭河等主要支流,也都是含沙量较大的河流。大量泥沙由此带到下游,造成下游河段的严重淤积。据现代的实测记录,黄河在洪水期含沙量最大时每立方米河水中含沙量可达 650 公斤,平均每年从黄河中上游带到下游及入海处的泥沙总量达 17 亿吨,这是黄河最突出的特点。

秦汉以降,黄河水灾频繁,其原因主要是两个方面:一是大量泥沙淤积导致河床与堤防不断抬高,容易溃决和改道。黄河下游的堤防在战国时期已经形成。两岸筑堤后,中下游下泄的水流被约束于两堤之间,洪水受到控制,而泥沙除了大部分输送入海,也有大约四分之一淤积在下游河床。泥沙日益淤积,河床与堤防逐渐抬高,成为著名的地上悬河。黄河下游河床往往高出两岸地面数米之多,难免溃决和改道。历史上巨量泥沙下泄是黄河下游频繁决溢的一个重要原因。二是流域内年降水集中且多暴雨,河床不能承受大的流量和洪峰。黄河流域年平均降水量约 400 毫米,仅及长江中游地区年降水量的三分之一。但是整个降水量的三分之二集中在 6 月至 9 月,并且多以暴雨形式出现。当暴雨面积大,几条支流同时涨水而洪峰相遇时,黄河的流量比平时大十几倍甚至上百倍,下游河床不堪承受,遂发生决溢。

由于黄河流域雨量不多且比较集中,加以水土流失,除发生水灾外,还经常出现旱灾。在清代平均一年多便发生一次旱灾。清光绪三年到五年(1877—1879),山西、直隶(今河北)、河南、山东四省大旱三年,百姓因饥饿而死的多达1300 万人。民国时期 1942 年到 1943 年的大旱,仅河南省就饿死数百万人。

黄河虽然灾害严重,对两岸人民造成很大威胁,但是,它拥有极为丰富的水利资源。历代劳动人民在同黄河灾害英勇斗争的同时,又用黄河之水淤灌两岸的土地,开辟出亿万亩膏腴良田,并且利用其天然河道和丰富的水量接济人工运道,使黄河成为沟通全国的水上交通线的重要组成部分。有史以来,人们在堵口复堤、整治河床、水土保持、引黄淤灌等方面积累了十分丰富的经验,在我国水利发展史上占有突出的地位。

(2)黄河支流

河南境内黄河的主要支流有洛河、沁河水系,直接入黄、流域面积大于 1000平方公里的支流又有弘农涧、漭河、天然文岩渠、金堤河等。

洛河发源于陕西蓝田县,在卢氏县西大坪村入境河南,经洛宁县、宜阳县、洛阳市区、偃师市,在巩义市南河渡村入黄河,省内河长 366 公里,流域面积15771 平方公里。洛河的主要支流伊河发源于伏牛山北麓的栾川县黄谷峪村,流经嵩县、伊川县、洛阳市区,在偃师市杨村汇入洛河,河长 268 公里,流域面积6029 平方公里。

沁河发源于山西平遥县,由济源市辛庄乡火滩村入境河南,流经沁阳市、博爱县、温县,至武陟县方陵汇入黄河。沁河出济源后进入平原地区,河道开阔,两岸建堤。其主要支流丹河发源于山西高平市丹朱岭,由博爱县入境河南,在沁阳市金村汇入沁河,省内河长仅 33.5 公里。

弘农涧发源于灵宝市芋园西,至北寨村注入黄河,河道全长 88 公里,流域面积 2068 平方公里。

漭河发源于山西阳城县花野岭,在济源市西北的克井乡窟窿山入境河南,经孟州市、温县,在武陟县南汇入黄河,河道全长 130 公里,流域面积 1328 平方公里,称新漭河;在孟州市东南,漭河分出一支,流经温县,在武陟县城南汇入沁河,称老漭河,长 73.4 公里,此河主要用于排涝。

天然文岩渠的源头分为两支:南支称天然渠,源于原阳县王禄南,流经封丘县,至长垣县,河长 101 公里,流域面积 658 平方公里;北支为文岩渠,源于原阳县王禄北,经延津、封丘二县,至长垣县大车集,与南支天然渠汇合,河长 113.3 公里,流域面积 2287 平方公里。两支汇合后称天然文岩渠,至濮阳县渠村入黄河,长 46 公里,两支总流域面积 2514 平方公里。

金堤河发源于新乡县荆张村,流经延津县、卫辉市、浚县、滑县、濮阳县、范县,至台前县东北端张庄汇入黄河。河道长 159 公里,流域面积 5054 平方公里。其主要支流有二:一是总干渠,始于长垣县小罗庄,止于滑县薛庄,渠长 50 公里,流域面积 1105 平方公里,主要拦截西部坡水;另一是黄庄河,源于滑县刘潭村,在五爷庙汇入金堤河,河长 32 公里,流域面积 1301 平方公里。

2. 淮河流域的河流

淮河干流和右岸的支流均发源于大别山北麓,占省内淮河流域总面积的 17.5%。左岸支流主要发源于伏牛山系及黄河废河道南堤,沿途汇集众多的二级支流,占省内淮河流域总面积的 82.5%。其高山丘陵区河道源短流急,进入平原后排水不畅,容易造成洪涝灾害。

淮河干流发源于河南桐柏县境内的桐柏山太白顶,东流经信阳市区、正阳县、息县、罗山县、潢川县、淮滨县,在固始县三河尖乡的东陈村进入安徽省境。三河尖以上河长 417 公里,流域面积 37750 平方公里。自息县以下两岸筑有堤防。

淮河干流以南的主要支流有浉河、竹竿河、潢河、白鹭河、史河,均源短流急,洪峰集流迅速。浉河发源于信阳市韭菜坡,流经信阳市浉河区、平桥区南,转东北流,至罗山县顾寨入淮。河长 141 公里,流域面积 2070 平方公里。竹竿河发源于湖北大悟县天台山,北流经宣化店大胜关入河南省罗山县境,再流经竹竿铺,至小庞湾入淮河,河长 101 公里,流域面积 2610 平方公里。潢河发源于新县万子山,北流经新县县城东、光山县城南,转东北流经潢川县,至该县北孙寨入淮。白鹭河发源于新县小界岭,北流经光山县白雀园、潢川县东部,转东北流,经淮滨、固始两县,在淮滨县吴寨入淮,河长 141 公里,流域面积 2248 平方公里。史河发源于安徽金寨县牛山,北流穿金寨县,经河南固始县城东,至大寨继续北流,至三河尖转东流入淮。

淮河干流以北的支流众多,主要有洪河水系、颍河水系、涡河水系及洪泽湖水系。

洪河水系位于淮河以北、颍河以南地区,源出伏牛山,在淮滨县洪河口入淮,总长 325.8 公里,流域面积 12303 平方公里。流域形状上宽下窄,出流不畅,容易造成水灾。洪河支流主要有汝河、北汝河及臻头河。洪河发源于伏牛山南部的平顶山舞钢区龙头山,流经西平、上蔡、平舆三县,至新蔡县的班台与汝河汇合,班台以上河长 251.1 公里,流域面积 11663 平方公里。汝河源于泌阳县五峰山,流经遂平、上蔡、汝南、平舆、正阳五县,至新蔡县班台与洪河相汇,班台以上河长 222.5 公里,流域面积 7376 平方公里。臻头河为汝河主要支流,发源于确山县鸡冠山,河长 121 公里,流域面积 1841 平方公里。北汝河主干分两支,北支源于西平县杨庄,南支源于遂平县西嶅岈山,二水在上蔡县汇合,流经汝南县,在沙口汇入汝河,河长 59 公里,流域面积 1273 平方公里。

颍河水系位于河南腹地,主要由支流沙河汇流而成,是淮河流域最大的水系。至省界处河长 418 公里,流域面积 28800 平方公里。此外,还有茨河、皇姑河等,流域面积 1870 平方公里,在安徽省入颍河。颍河支流主要有沙河、贾鲁河、汾河等。颍河发源于登封市嵩山,流经禹州市、襄城县、许昌市建安区、临颍县、漯河市郾城区、西华县及周口市川汇区,至沙河汇入处全长 262 公里,流域面积 7368 平方公里,在周口市纳沙河及贾鲁河后流域面积为 25800 平方公里。沙河发源于鲁山县伏牛山的木达岭,流经平顶山市区、叶县、襄城县、舞阳县、漯河市区、西华县、商水县,至周口市区西汇入颍河,河长 322 公里,流域面积 12580 平方公里。沙河支流众多,主要有北汝河和澧河。北汝河发源于嵩县跑马岭,流经汝阳县、汝州市、郏县,在襄城县简城汇入沙河,全长 250 公里,流域面积 6080 平方公里,河床宽浅,主流不定。澧河发源于方城县四里店西北栗树沟,流经叶县、舞阳县,至漯河市区西入沙河,全长 163 公里,流域面积 2787 平方公里。贾鲁河源于新密市圣水峪,流经中牟、尉氏、扶沟、西华四县,至周口市区汇入颍河,全长276公里,流域面积5896平方公里。贾鲁河主要支流双洎河,发源于新密市赵庙沟,流经新郑市、长葛市、尉氏县、鄢陵县,至扶沟县彭庄汇入贾鲁河,河长171公里,流域面积1758平方公里。汾河发源于漯河市召陵岗,流经商水县、项城市、沈丘县,在沈丘老城西有泥河(又称黑河)汇入,汇口以上河长135公里,流域面积2740平方公里,汇流后称泉河,经安徽临泉县,至阜阳市三里湾汇入颍河。河南省境内河长157.8公里,流域面积3770平方公里。泥河是其主要支流。颍河水系中流域面积在1000—2000多平方公里的河流还有清潩河、清流河、新蔡河、吴公渠,均为平原型河流,河床比降小,水陆平缓,枯水期会发生断流。

涡河水系位于河南东南部。涡河发源于开封市祥符区西北的郭场附近,流经尉氏县、通许县、杞县、睢县、太康县、柘城县、鹿邑县,入安徽亳州市境。河南省内河长179.3公里,流域面积4246平方公里。该水系为平原河道,小支流众多。其主要支流惠济河发源于开封市济梁闸,流经杞县、睢县、柘城县、鹿邑县,在安徽亳州市汇入涡河,河南省内河长166.5公里,流域面积4125平方公里。

洪泽湖水系位于河南东部一隅。浍河发源于夏邑县马头寺乡东南蔡油坊,流经永城市,进入安徽省境,河南省内河长57.7公里,流域面积1341平方公里;沱河发源于商丘市睢阳区东北部的刘口集西油坊庄,流经虞城、夏邑二县,在永城市出省境进入安徽,河南省内河长125.6公里,流域面积2358平方公里。

3.汉江水系河流

长江流域汉江水系的河流主要位于河南西南部的南阳盆地,境内河流呈扇形分布,主要是丹江和白河、唐河,源短流急,集流迅速,至中下游盆地,河床宣泄不及,常在唐白河下游造成灾害。

丹江发源于陕西商南县的秦岭南凤凰坡,在荆紫关上游3公里处的月亮湾入河南省境,穿行于峡谷陡岸间,河床多滩,盆地段平阔水浅。其支流流域面积大于1000平方公里的有淇河和老灌河。淇河发源于卢氏县童子沟,河长147公里,流域面积1498平方公里。老灌河发源于栾川县的伏牛山小庙岭,河长255公里,流域面积4219平方公里。

白河古称淯水,发源于嵩县关山坡,自西北向东南流经南召县、方城县、南阳市区,在新野县淯河口出省境,省内河长302公里,流域面积12029平方公里。其支流流域面积超过 1000 平方公里的有湍河、赵河和刁河。湍河发源于内乡县关山坡南,流经邓州市,在新野县西湍口入白河,河长 216.3 公里,流域面积 4946 平方公里。赵河发源于镇平县五垛山,流至邓州市浍滩入湍河,长 103 公里,流域面积 1342 平方公里。刁河古称朝水,发源于内乡县庙岗乡滚子岭,流经淅川县、邓州市,在新野县刁河堂汇入白河,河长 133 公里,流域面积 1006 平方公里。

唐河上游有两支来水:东支为潘河,发源于方城县七峰山北柳树沟;西支为东赵河,发源于方城县老立垛山的龙潭沟。二水在社旗县城南合流后称唐河,经唐河县石台寺,至新野县九女城出省境,省内干流长 191 公里,流域面积 7835 平方公里。其支流流域面积超过 1000 平方公里的有泌阳河及三夹河。泌阳河发源于泌阳县白云山东北柳树沟,在唐河县源潭镇附近汇入唐河,长 74.2 公里,流域面积 1338 平方公里。三夹河发源于湖北随州市七尖峰山,河长 97 公里,流域面积 1491 平方公里。

4.南运河水系

南运河水系在河南省境内的河流主要是卫河和漳河,系河南、河北两省的边界河道,卫河是河南北部的唯一主干河道。马颊河和徒骇河系独流入渤海的坡水河道,因汇集支流不多,流域面积小,水量不大。

卫河是南运河水系的主要支流,原发源于河南辉县百泉,今以大沙河为卫河上游的干流,河源出自山西陵川县夺火镇南岭,流 58 公里后在博爱县灵泉碑入河南境,东流经焦作市区、武陟县、修武县、获嘉县、辉县市、新乡县、新乡市区、卫辉市、浚县、滑县、汤阴县、内黄县、清丰县,在南乐县大北张集出境,全长 344.5 公里,流域面积 14970 平方公里,河南省境内河长 286.5 公里,流域面积 14580 平方公里。卫河左岸支流来自太行山东麓,源短流急;右岸为平原。卫河主要支流有淇河和汤河。淇河发源于山西陵川县,流经辉县、林州、鹤壁、淇县,在浚县刘庄入卫河,主要支流有淅河,源于山西壶关,在林州入淇河,河长 80 公里,流域面积 1080 平方公里,省内河长 35 公里。汤河发源于林州北部太行山南麓的黄花寺,流经安阳县,在内黄县李太晃入卫河,河长 160 公里,流域面积 1952.7 平方公里。卫河中下游有几处洼地,可用于滞洪。

漳河(浊漳河)发源于山西平顺县,由林州北入境,基本上是河南、河北二省界河,至安阳县南阳城村出境进入河北,省内流域面积 606 平方公里。

此外,属于南运河水系的还有马颊河、徒骇河。马颊河发源于濮阳县城南金堤河闸,流经清丰县,在南乐县王小楼出境入河北,省内干流62.3公里,流域面积1134.5平方公里。徒骇河为河南、河北两省的界河,发源于山东莘县,经南乐县出省境,河南省内干流长15.9公里,流域面积805.1平方公里,上游名大沙河,南乐县大清集以下称徒骇河。

上述是就当今河南省行政区划内的河流状况而言,但有史以来的数千年中河南地区的河流处于不断变迁之中。

(二)河南地区河流的历史变迁

东汉史学家班固说:"中国川原以百数,莫著于四渎,而河为宗。"[①]四渎是长江、黄河、淮河、济水的总称,而黄河被称为"河宗"。《尔雅·释水》曰:"江淮河济为四渎。四渎者,发原注海者也。"四渎中除长江以外,其余三渎都经过河南地区。长江干流虽然不经过河南,但是河南南阳盆地的丹淅水(今称丹江)和淯水注入汉水,而汉水是长江的一条重要支流,因此南阳盆地属于长江流域。

有史以来,黄河泛滥改道、泥沙淤积和人们开挖人工河道,导致河流不断发生变化,最突出的表现是济水消失,卫河形成,流域范围发生改变。

1.黄河的改道变迁

先秦时期,黄河流经今河南郑州市北的广武山下,东北流经今新乡市区、卫辉市、滑县、浚县、内黄县,进入河北省境。自周定王五年(前602)至清咸丰五年(1855)的2400余年间,黄河决口1500多次,大的改道达26次,有5次大的变迁,泛滥范围以今河南郑州为顶点,北至天津,南抵淮河口,时而北流入渤海,时而南流夺淮入东海。北岸决口多发生在滑县、濮阳县一带,南岸决口多发生在开封、兰考县一带。

春秋以前,黄河下游的河道见于《禹贡》记载,沿着太行山东麓北流,入大陆泽,然后分为九河及逆河,在今天津以南流入渤海。周定王五年(前602),黄河在黎阳(今河南浚县)宿胥口决徙,大河被推进到太行山前,汤淇冲积扇向南挤压,迁徙到战国西汉大河位置,黄河"主流由北流改向偏东北流,经今濮阳、大

---

① 《汉书》卷二十九《沟洫志》。

名、冠县、临清、平原、沧州等地于黄骅入海"①。东汉永平十三年(70),王景治河成功,黄河河道大致流经今河南濮阳及山东聊城、禹城、临沂等地,在今山东利津入海。南宋建炎二年(1128),为了阻止金兵的进攻,东京留守杜充掘开黄河南岸堤防,使河水自泗水入淮河,成为黄河南泛夺淮入海的开端。清咸丰五年(1855),黄河在兰阳县(今河南兰考县东坝头西)北岸决口,流向东北,横穿运河,在山东利津注入渤海,即今天的黄河河道。

2.济水的消失

济水是中国古代的"四渎"之一,早已消失。古济水与黄河关系极为密切,与鸿沟水系也有关系。济水发源于今河南济源王屋山,东流"截河而南",即穿越古黄河,可以说被黄河分为上、下两段。但是济水如何穿越黄河,成为千古之谜。史念海说,济水"不过是黄河北岸的一条河流,其流入黄河的地方和南岸另一条河流由黄河分流出来的地方,相距不远,因而发生了这样的误会。古代人们称黄河以北的济水为沇水,到了行将流入黄河的地方才改称济水,就可以看出其中的一点消息"②。王育民说:"'河北之济'和'河南之济'两者毫无关系,前者是发源于今晋、豫交界处王屋山东南流入黄河的一条支流,后者则和漯水一样,是从黄河分出而东流入海的一条支津。"③这些言论道出了济水的真相。总之,先秦时期,济水以故黄河为界,分为南、北两部分。黄河以北的济水是古黄河的一条支流,源出王屋山,下游屡经变迁,今已并入漭河;黄河以南的济水则是分黄河水入海的一条支津,本是黄河泛道,当时济水自今荥阳市北分黄河东出,流经今原阳县南、封丘县南,进入山东省。因为其分黄口与济水上段入黄河口接近,于是被人们视为一条河流。但是可能还有另外一种情况:济水本是一条独流入海的河流,后来被黄河拦腰截断,其上段成为黄河的一条支流,下段成为黄河的一条支津。至唐代,河南地区的济水河道已为黄河侵袭淤积而逐渐堙没,唐、宋之际,曾先后在开封导汴水和金水河入南济故道,以通漕运,济水遂消失。至北宋时,济水已经堙废不存。

---

① 黄河水利委员会黄河志总编辑室编:《黄河志》卷二《黄河流域综述》,河南人民出版社1998年版,第18页。

② 《史念海全集》第3卷,人民出版社2013年版,第776—777页。

③ 王育民:《中国历史地理概论》(上),人民教育出版社1985年版,第89页。

3.卫河的形成

汉代以前,太行山东麓的清水、淇水和洹水都流入古黄河。东汉建安年间,曹操在淇口作堰,遏淇水东北流入白沟,以通漕运。晋代又将清水从入黄河改道为东汇淇水入白沟。隋大业四年(608),又利用清水和白沟开凿永济渠,成为隋唐大运河的一部分。北宋以后改名御河。元末明初,始称卫河,于是河南北部卫河水系形成。

4.**淮河流域平原河道的变迁**

淮河发源于河南与湖北省交界处的桐柏山,历史上淮河下游经今安徽、江苏注入黄海。至清代后期,淮河受黄河压迫,入海尾闾淤塞,由洪泽湖改道向南,辗转入江。淮河干流南北的自然条件有比较显著的差别,是我国地理上重要的分界线。以秦岭—淮河为界,以南的河流水量丰富,季节变化小,河流含沙量也小,冬季不结冰;以北的河流水量季节变化大,含沙量大,冬季水量小且有结冰现象。

在河南中东部,有汝水、颍水、鸿沟水、睢水,均呈西北—东南流向,在淮河北岸注入淮河。淮河流域由于气候温暖湿润,土地肥沃,雨量充沛,物产富饶,又位于黄河与长江之间,在我国数千年的历史中始终占有重要地位。淮河流域在各个历史时期都出现过众多的水利工程。文献记载的期思雩娄灌区,在楚庄王九年(前605)前后出现在淮河流域。春秋战国时期开凿的分别沟通黄淮和江淮的两条人工运河鸿沟和邗沟,是我国人工运河的先导。我国早期著名的蓄水灌溉工程——芍陂(后称安丰塘),也是春秋战国时期在淮河上兴建的。西汉以后,淮河流域成为我国水利史上水利事业发展的重要地区。宋元以降,由于黄河水滚滚南下,侵夺淮河下游,淮河河床逐渐抬高,泄水不畅,加上人为破坏,淮河便成为一条多灾多难的河流。

在古济水和颍水之间,原为鸿沟航道系统,为战国时期开凿。引黄河水自今荥阳北,东经中牟北、开封北,折而南,经尉氏东、太康西,至淮阳分为两支,南支入颍河,东支为沙(蔡)水通淮河,元代蔡河堙废。贾鲁河上游及其索、须河源流,原属济水流域,唐代以后济水消失,淮河流域的面积扩大。贾鲁河主要为元代贾鲁治理黄河时开挖。沙河原是古汝水支流潕水,汝水在元代至元元年(1335)因泛滥从舞阳断流,将上段及支流潕、澧等水改道入颍河,从此分为南、北两条汝河,分别流入沙河与洪河。

(三)陂泽湖沼

先秦时期,在黄淮海平原地区存在着三个湖沼带。第一个湖沼带在今河南修武县、郑州市和许昌市一线左右的黄河古冲积扇顶部,有著名的圃田泽、荥泽、萑苻泽,以及修武、获嘉两县之间的大陆泽等。第二个湖沼带在今河南濮阳、山东菏泽、河南商丘一线以东地区,最著名的湖沼有大(巨)野泽、菏泽、雷夏泽及孟诸泽。第三个湖沼带位于今河北邯郸市、宁晋县之间的太行山东麓冲积扇的前沿洼地,其中以大陆泽最著名,南北长约 120 里,东西最宽处达 40 多里。大野泽是黄淮海平原上最大的湖泽,到唐代南北尚有 300 里,东西百余里;其次是圃田泽,到北朝时东西尚有 40 里,南北 20 里,而在先秦时面积当远不止此。这些湖沼长期受河流泛滥所带来的泥沙充填,通常较为平浅,洲滩密布,水草丰茂,麋鹿之类动物大量生长繁殖。

在中国古代,河南地区遍布湖泊陂泽,水源比较充足。据研究,"周秦以来至西汉时代,黄淮海平原上见于记载的湖沼有四十余处"。这 40 余处湖沼中,今河南境内有 20 余处:修泽(在今原阳县西),黄池(在今封丘县南),冯池(在今荥阳市西南),荥泽(在今荥阳市北),圃田泽(又称原圃,在今郑州市区、中牟县间),萑苻泽(在今中牟县东),逢泽(又称逢池,在今开封市东南),孟诸泽(在今商丘市东北),逢泽(在今商丘市南),蒙泽(在今商丘市东北),空泽(在今虞城县东北),浊泽(在今长葛市),狼渊(在今许昌市西),棘泽(在今新郑市附近),鸿隙陂(在今息县北),洧渊(在今新郑市附近),柯泽(郑地),汋陂(宋地),圉泽(周地),郹泽(卫地),琐泽(地不详,阙)。而"以上仅限于文献所载,事实上古代黄淮海平原上的湖沼,远不止此"[1]。优越的地理环境与水源条件为农业生产的发展提供了可靠的保证。

到了秦汉时期,位于今河南荥阳市北的荥泽已基本被黄河水淤平。黄淮海平原地区先秦时期已形成的一些湖泊沼泽,如圃田泽、孟诸泽、菏泽、巨野泽等,秦汉时虽仍然存在,但是由于泥沙淤积,面积有所缩小。尚存的这些湖泊岸边的沼泽地植被较好,有利于调节气候,维持生态平衡。

---

[1] 邹逸麟:《历史时期华北大平原湖沼变迁述略》,载《历史地理》第 5 辑,上海人民出版社 1987 年版,第 27 页。并收入《椿庐史地论稿》,天津古籍出版社 2005 年版。

据成书于公元 6 世纪的《水经注》一书中记载,南北朝时代黄淮平原的大小湖沼总数达 130 个左右,尤其是今郑州、商丘、徐州一线以南,可谓湖沼密集,星罗棋布,类型众多,而且大范围的湖沼不少。"这些湖泊在调节黄河及其分流的流量,农田灌溉、水运交通以及湿润当地气候等方面,都有一定的作用。"①但是比较起来,"黄河流域因受黄河决溢影响最为严重,由于泥沙的大量淤积,一者洼地普遍被充填,二者人工陂塘难以长期维持,所以流域之内湖沼极少"②,而且 80% 为天然湖沼,人工陂塘仅占 20%。天然湖沼又大多集中在鲁西南地区,最有代表性的便是巨野泽。《水经注》记载北魏以前河南地区有湖泊陂泽近百个,其中较大的有鸿沟上游右侧的圃田泽,汴水右侧的孟诸泽,汝水和伊水之间的广成泽,汝水与淮水之间的鸿隙陂,白河下游的豫章大陂等。后来河南北部的陂泽由于黄河的泛滥淤积而堙没,南部的陂泽因废湖的围垦而消失。

到了唐代后期,《水经注》记载的黄淮海平原地区的天然湖沼,如巨野泽、菏泽、雷夏泽、孟诸泽、圃田泽、孟泽、逢泽、牧泽、大芥泽、白羊泽、乌巢泽等,大多数依然存在。圃田泽周围近 20 公里,孟诸泽周围 20 多公里。人工陂塘除鸿隙陂在唐代后期已经淤废外,其他如高陂、潼陂、葛陂、鸬鹚陂、百门陂等,到唐代后期也依然存在。

12 世纪黄河南泛导致黄淮平原湖沼开始发生巨大变迁,金元以后的变化也主要是受黄河和运河变迁的影响。其结果是豫东、豫东南、鲁西南西部以及淮北平原北部的湖沼,大都被黄河的泥沙填平,也有一部分是因为人为垦殖而加速淤废。

明代豫东南的湖沼由于泥沙淤积而趋于消亡。如明万历年间圃田泽洼地有陂塘 150 余处,大的周围 20 里,小的二三里,秋汛时仍是一片汪洋。其后水退沙留,淤高的湖滩被垦为田,唯洼地中心仍有积水。清乾隆年间分为东、西二泽,周围尚有不少陂塘。晚清以后随着农垦的扩展,二泽也被垦为耕地,著名的圃田泽终于消亡。总之,至清末豫东、豫东南、鲁西南西部以及淮北平原北部的湖沼,大多被黄河泥沙填平,一部分是因为人为垦殖而加速淤废。上述地区湖

---

① 邹逸麟:《黄河下游河道变迁及其影响概述》,载《黄河史论丛》,复旦大学出版社 1986 年版,第 238 页。

② 邹逸麟主编:《黄淮海平原历史地理》,安徽教育出版社 1993 年版,第 191 页。

沼淤废之后,平原上的沥水都集中到山东丘陵西侧、黄河冲积扇前缘的低洼地带,形成了今黄河以南、淮河以北长达数百公里的新生湖沼带。

河南省位丁亚热带向暖温带过渡的中纬度地区,地形地貌复杂,大陆性季风气候显著。冬、春两季降雨偏少,夏、秋季常暴雨成灾。就降水量而言,淮河以北地区属于半湿润地区,以南属于湿润地区。河流特性是山区源短流急,暴涨暴落;平原低洼易涝,泄水不畅。黄河干流横贯河南中部,其下游河底高于两岸地面,因而自古以来水旱灾害十分频繁,或南涝北旱,或北涝南旱,或先涝后旱,或先旱后涝,具有旱涝交错的特点,对农业生产非常不利,因而需要发展灌溉,防洪排涝。此外,又要利用河渠进行水上运输。因此,数千年来治河修渠、防洪排涝等水利事业为河南地区发展农业生产和交通运输不可或缺。

四、河南水利历史简述

河南水利史的滥觞,可追溯到古史传说时代的共工治水和鲧、大禹治水。共工部族居住在今河南辉县一带,是和水打交道最多的部族。尧舜时期中原地区发生特大洪水,崇伯鲧以壅堵的方法治水,没有成功。他的儿子大禹采取疏导的方法治水,终于取得成功。大禹又"致力乎沟洫",以发展农业生产,得到人民拥戴,建立夏王朝。

春秋战国时期铁制工具出现,为大规模的艰巨的施工提供了可能,大型水利工程应运而生,水利事业发展到一个划时代的新阶段。春秋前期楚庄王在位时,孙叔敖主持兴建期思陂(在今河南商城一带)灌溉工程。《淮南子·人间训》记载:"孙叔敖决期思之水而灌雩娄之野。"雩娄在今河南固始县东南。期思雩娄灌区是我国古代最早见于记载的大型灌溉工程,是摆脱靠天降雨而在大范围内实施稳定有效灌溉的开端。战国前期的魏文侯二十五年(前422),邺县(今河北临漳西南)令西门豹兴修的十二条引漳灌渠,是一项有代表性的农田水利工程。魏襄王时的邺县令史起继续引漳水灌溉农田,"民大得其利,相与歌之曰'邺有圣令,时为史公,决漳水,灌邺旁,终古斥卤,生之稻粱'"[①]。可见这时

---

① 《吕氏春秋》卷十六《先识览·乐成》。

河南北部地区已经用漳水淤灌以改良土壤,并种植水稻,粮食产量提高,成为魏国最富庶的地区。

由于铁制工具的广泛使用和牛耕的推广,黄河下游地区进一步开发,耕地面积进一步扩大,黄河沿岸的聚邑大量兴建,对黄河的河防提出了新的要求,于是便产生了较大规模的堤防工程。生产力的提高也为航运的发展提供了新的条件。魏国迁都大梁(今开封市南)后,为了便利与南方的交通,开凿了鸿沟运河。"鸿沟的主水道由荥阳(今河南荥阳东北)引黄河水东行,经魏国都城大梁,在大梁之东又折向东南,到陈国都城陈(今河南淮阳)又折向南流,最终入于颍水。后来人们把从大梁南流的这段水道称为浪汤渠(浪荡渠、浪宕渠、浪浯渠),也有的称其为渠水、浚仪渠或沙水。"①鸿沟运河与淮南的邗沟沟通了黄河、淮河和长江三大流域的航运,成为南北水上交通运输的线路。以鸿沟运河为代表的较大运河的出现,为我国水利发展史开辟了一个规模广大的领域,对当时及后代的社会进步有着重大意义。在伊洛平原,人们开始开辟水田种稻。"东周欲为稻,西周不下水"②,经苏子游说西周君,方放水,正是这种情况的反映。

秦汉时期出现了统一的黄河防洪大堤,标志着我国的治河防洪进入了一个新阶段,汉武帝曾亲临现场督促瓠子堵口工程的进行。东汉初期王景对黄河和汴水进行大规模的治理,使河、汴分流,黄河出现了数百年长期安流的局面。

汉代南阳、汝南郡兴修了一系列水利工程。西汉后期南阳地区曾经"开通沟渎,起水门提阏凡数十处,以广溉灌,岁岁增加,多至三万顷"③。其著名的水利工程如钳卢陂、六门堰等,灌溉面积有数千顷之多。东汉初期汝南地区修复的鸿隙陂,灌田也有数千顷。由于这一地区水利事业成效显著,有人认为这些工程可以与成都平原的都江堰和黄淮海平原的漳水十二渠媲美。沁水、漳水流域也都有农田灌溉设施。水利事业的发展使农业收成有了保证,农民蓄积有余。由于水利事业的勃兴,水力机械也有发展。东汉时期南阳地区曾"造作水排,铸为农器,用力少,见功多"④。

秦、西汉王朝建都关中的咸阳与长安(今陕西西安),粮食物资需要关东地

---

① 安作璋主编:《中国运河文化史》(上),山东教育出版社2006年版,第21页。
② 《战国策》卷一《东周》。
③ 《汉书》卷八十九《循吏传》。
④ 《后汉书》卷三十一《杜诗传》。

区补给。西汉时期开始尝试开凿三门砥柱,以改善黄河航运条件。当时的漕运水道主要由鸿沟水系、黄河干流、渭河及漕渠构成。战国时期开凿的鸿沟则演变为重要的汴渠。东汉时期在都城洛阳附近开凿漕渠——阳渠,又对汴渠进行疏浚,在汴口修建石水闸门,黄河下游的粮食物资可以经黄河、洛水和阳渠运抵洛阳。

曹魏政权为了尽快恢复战乱后受损的农业生产,在实行屯田开垦荒地的同时,也掀起兴修水利的高潮。例如曹操在漳水上兴建天井堰,引漳水进入邺城。司马孚兴建沁水枋口石门,有效调节灌渠水量,提高了灌溉效率,使丹沁灌区的农田水利事业有所发展。邓艾在黄河南岸开广漕渠,引河入汴,溉东南诸陂,增加了不少稻田。在洛阳附近兴修千金埚和五龙渠,以解决都城洛阳的用水。西晋时又对这些工程进行维修。北魏迁都洛阳后,修复故埚,发展近郊水利。东魏、北齐时又对引漳灌渠进行改造。

魏晋南北朝时期战争频繁,为了从水路运输士兵和粮草,先后在黄河南北开凿了不少运渠,对黄河河道的三门砥柱险段也进行整治。汉末曹操在黄河以南修治睢阳渠,引黄河水入淮;在黄河以北修筑枋头堰,引淇水入白沟,又开凿利漕渠、平虏渠。曹魏政权建立后,又在大河南北修凿贾侯渠、讨虏渠、广济渠、淮阳渠和百尺渠等渠道,特别是正始年间邓艾对洛阳通往淮河的运渠进行大规模的整治,使南北水道明显改善,满足了魏晋南北朝士兵和粮草运输的需要。魏晋南北朝时期运河工程不断发展,已经形成中国北方运河系统,并且以白沟、汴河等为骨干,初步形成沟通江、淮、黄、海四大水系的人工运道网,极大地方便了水上运输。

隋唐时期,都畿道(治今洛阳)和河南道(治今开封)有引丹沁灌溉工程。隋朝的水运发展迅速,不仅对黄河三门砥柱段进行整治,而且在魏晋南北朝运河系统的基础上加以系统整修和扩建,开通了以东都洛阳为中心,将黄河和长江、海河连通的大运河,在河南境内主要是黄河以南的通济渠,以北的永济渠。大运河的开凿动用大量民力,给劳动人民带来了不少苦难,但是极大地方便了南北交通,大运河成为隋唐王朝的经济大动脉。唐代对大运河进行维护和修治,以保证漕运的畅通。唐代的东都洛阳四周,"西边从虢州(今河南灵宝县南)、陕州起,北到孟州、怀州,南到汴州,利用黄河及伊、洛、沁、汴等水,修了南北利人渠、湛渠、观省陂、坊口堰等多处灌溉工程"[1]。贞元年间,崔纵为河南尹,"引伊洛溉高仰,通利里闬,人甚宜之"。[2]

北宋时期由于东汉以来的黄河下游河道行水时间已久,河床淤积严重,决溢十分频繁,于是有称作三次"回河之役"的巨大河防工程。北宋时期在黄河下游平原地区的东京开封附近进行大规模的河水放淤,以改造盐碱土和瘠薄的土地。北宋统治者对汴河漕运相当重视,不断疏浚河道。为避免多泥沙的黄河水淤积汴河河床,又开挖渠道引洛水入汴。南宋建炎二年(1128),东京留守杜充为阻止金兵南下,决开黄河南岸大堤,使河水南流,成为黄河长期南泛入淮的开端。

金代治河以防御为主,元代河患之剧烈超过以前各代,至正年间由贾鲁主持的治河大役成效显著,是治黄史上的一个创举。元朝建都北京,全国的经济重心却在江南,为便利南北漕运,对隋唐大运河进行裁弯取直,不再经过河南地区。这条全长1700多公里的京杭大运河,沟通海河、黄河、淮河、长江和钱塘江五大水系,成为元、明、清三代的经济生命线。

明代前期黄河下游河道极不稳定。当时的治河方略主要是"北岸筑堤,南岸分流",以保证运河漕运。明代后期治河、治运、治淮与保护凤阳皇陵诸因素交织在一起,常常顾此失彼。嘉靖末至隆庆年间,黄河决口,淮、泗漫溢,运河淤塞。嘉靖末年和隆庆末年,朱衡两度治河,修筑黄河下游堤防。万恭主持修筑300多里的黄河堤防,并挖浚湖区淤积,沿堤修建闸门,从而消除了河患。潘季驯先后四次治河,成效显著。明代农田水利事业也有较大发展。沁河流域人民对引沁灌渠进行修治,特别是万历年间袁应泰主持开凿的广济渠和"二十四堰",灌溉成效显著。

清代前期的治河活动不断,以康熙年间治河成效最为显著。康熙初期河患频繁,靳辅和陈潢采用疏浚河道、堵塞决口、坚筑河堤、闸坝分洪的办法,对黄河和运河进行大规模的治理:修筑黄河大堤,堵塞所有决口,加培高家堰,使黄河回归故道。雍正、乾隆年间,嵇曾筠、齐苏勒等疏浚、修筑并举,又对黄河进行治理。清代前中期,黄河中下游地区的农田水利仍有所发展,伊洛河和沁河流域

① 王质彬:《黄河流域农田水利史略》,《农业考古》1985年第2期。

② 《新唐书》卷一百二十《崔玄暐传附崔纵传》。

都兴修了一些小型水利工程。

咸丰五年(1855),黄河在兰仪(今兰考)铜瓦厢决口,形成由大清河至山东利津进入渤海的新河道,结束了黄河长期南流夺淮入海的局面。新黄河堤防于清末光绪年间修筑完成。民国时期河防工程残破,黄河下游地区水患严重。1938年,国民党政府为了阻止日本侵略军西进,掘开郑县(今郑州)花园口黄河南岸大堤,造成黄河南泛,改道夺淮入海,形成了54000多平方公里的黄泛区,河南、安徽、江苏三省1250万人民受灾,淹死、饿死者达89万人。虽然黄河泛滥推迟了日军的西进,却使广大人民群众蒙受了深重的苦难。直至1947年花园口大堤决口被堵塞,黄河方回归故道。解放战争时期,黄河下游解放区在黄河回归故道前后进行的复堤治险和黄河下游防洪抢险成为人民治黄的开端。

民国时期的黄河中下游地区的水利事业也出现了一些新气象。由于西方科学技术的传入,在治黄思想和方略上有很大转变。例如当时提出的黄河治本论、固定黄河下游中水位河槽的治河方略和开发利用水土资源、促进流域经济发展的思想等,都与传统治河理念迥然不同。西方的水利技术也得以引进并应用于治黄工程。

在数千年的河南水利史上,涌现出了一批水利名家,提出了一系列的治河方略,从崇伯鲧的壅堵,到大禹的疏导,从西汉贾让的"治河三策",到分流行洪、束水攻沙,东汉王景、元代贾鲁、明清时期的潘季驯等,都采用新技术治理黄河和汴水。汉代召信臣、杜诗创造的农田水利技术,都城洛阳、开封的城市供水工程的规划设计,都在中国古代水利史上写下了精彩一页。

中华人民共和国成立以来,河南地区水利事业取得了空前的成就,非历史上任何时期所能比拟。水利建设的依据是地形地貌、水资源等自然条件,它应以实际需要为出发点,要考虑民情,相时量力而行,并应以可行性研究为根据,方能获得实际成效。

五、研究现状与本书宗旨

(一)河南水利史的研究成果与基本资料

关于河南水利史的相关研究成果,主要有方志和史书两类。

新中国成立后的第一批《河南省志》中的第四卷是《黄河志》,由黄河水利委员会编写;第二十七卷是《水利志》,由河南省地方史志编纂委员会编纂。这两部志书由河南人民出版社分别出版于1991年和1994年。两部志书虽然都以新中国成立后的河南水利事业为主要内容,但在其前面,对河南地区历史上以河流为中心的水资源及水患、水利作了较为全面系统的介绍,成为人们研究河南水利的基本依据。

《河南省志·黄河志》的第一章"河流特征",分节阐述黄河的干支流形势、水资源、水沙特点、河道淤积和黄河洪水等;第二章"改道决溢"的第一节阐述历史时期黄河及其支流沁河、漭河的改道和伊洛河河口的变迁,第二节阐述汉代以降历代黄河及其支流沁河、洛河发生决溢的情况,并列出详细的决溢表,对于了解河南境内黄河与其支流的特点、改道决溢的情况很有助益。

《河南省志·水利志》主要阐述当代的水利状况,其中第一章涉及历史上的水系变迁和水资源:第一节"水系变迁"简要介绍历史上的黄河改道、济水消失、卫河形成以及淮河流域平原河道的变迁;第二节"河流特性"将河南省的河流分为汉江、淮河、黄河、海河四大水系,简要介绍其发源、流经、河长、流域面积及河流特点;第三节"水资源"阐述河南的水资源数量和水能分布情况;第四节"水旱灾害"对历史时期河南地域发生的水灾和旱灾进行统计和分析。

此外,水利部黄河水利委员会黄河志总编室编写的第一批《黄河志》,第一卷为《黄河大事记》,第二卷为《黄河流域综述》,河南人民出版社分别于1991年和1998年梓行,两卷均涉及河南地区黄河流域的重大事件和概况,也是研究河南水利史的相关成果。

全国性的水利史著作有郑肇经著《中国水利史》,沈百先、章光彩等著《中华水利史》,姚汉源著《中国水利史纲要》,武汉水利电力学院、水利水电科学研究院编写组编撰的《中国水利史稿》,以及郭松义著《水利史话》等。《中国水利史稿》一书记述春秋战国以降各个时期水利事业的发展状况和成就,涉及农田水利、灾害及河道治理、航运工程,以及治河理论与技术等,包括河南地区在内的黄河流域是该书介绍的重点。

关于黄河水利史的著作,有水利部黄河水利委员会编写组的《黄河水利史述要》,姚汉源著《黄河水利史研究》,虽然二者均着眼于整个黄河流域的水利状况,但河南地区则为重点地区之一。程有为主编的《黄河中下游地区水利史》主要阐述有史以来黄河中下游地区的水利发展,地域范围包括今山西、陕西、河南、河北、山东等省,其中对于河南省的水利状况有详细阐述,但是对省内的淮河、汉江等水系则没有涉及。此外,由鲁枢元、陈先德主编的《黄河史》是"黄河文化丛书"的一种,它从先秦一直写到近现代,书中所设防洪篇、灌溉篇、航运篇和人物篇,也包含有河南地区水利史方面的内容。

在水运方面,《中国水运史》(古代部分)对古代河南地区的水运历史有所阐述,《河南航运史》也用较大篇幅介绍河南地区古代的航运状况。王星光主编的《中原科学技术史》对春秋战国和汉代河南农田水利工程、东汉王景治河的科学措施及成就有简要阐述。

除了上述著作,还有一些研究论文。例如王星光的《大禹治水与早期农业发展略论》,程有为的《内黄三杨庄水灾遗址与西汉黄河水患》,屠家骧的《中原种稻史考》,马雪芹的《古代河南的水稻种植》,高敏的《古代豫北的水稻生产问题》,王质彬的《黄河流域农田水利史略》,侯甬坚的《南阳盆地水利事业发展的曲折历程》,张民服的《河南古代农田水利灌溉事业》等,堪称其代表。

古代的多种正史为研究河南古代水利史提供了较为丰富的资料。司马迁的《史记》设有《河渠书》,班固的《汉书》设有《沟洫志》,特别是《宋史》设有《河渠志》七卷,详细记载今河南境内主要河流黄河、汴河等,附京畿郑许诸渠的情况。《金史》有《河渠志》一卷,《元史》亦设《河渠志》三卷,《明史》则设《河渠志》六卷。这些都是研究河南水利史的基本资料。

中华民国时期,有吴筼孙主编的《豫河志》、王荣摺主编的《豫河续志》和戴湄川等编纂的《豫河三志》,也是研究河南地区黄河状况的资料。

关于河南省历史上的水旱灾害,史辅成等编著《黄河历史洪水调查、考证和研究》,河南省水文总站编印有《河南历代旱涝等水文气候史料》及《河南省历代大水大旱年表》,河南省水利志编辑室编印的《河南水利史料》(第一辑)(是关于二十五史中的河南水利记载的摘录),为研究河南水利史提供了一些线索。

(二)本书的撰写宗旨

本书研究撰写的时限,上起原始社会末期的大禹治水,下迄 1949 年中华人民共和国成立,主要阐述古代和近现代河南地区的水利历史。河南省的辖境,明清时期方基本固定下来。本书所写水利事业的地域范围,以明清至今的河南省地域为限。此前尚未设河南省的时段,则以明清至今的河南省地域范围向上追溯。

以前的水利史著作大多单纯从兴水利、除水患方面研究阐述水利问题,而忽视水利与水资源、水环境及社会环境之间的关系。本书将水利纳入人类与大自然的关系中去考察,从人口、资源、环境、经济、社会等视野,研究水旱等自然灾害的发生、水患的治理、水利的开发,着力探讨人与自然的关系是否和谐、生态是否平衡、环境是否良好,以及社会经济政治状况对水利事业的制约,力求在理论上形成一些不同于前人的新认识。

本书所谓水利,内容包括兴办水利和防御水害两个方面。在兴办水利方面,一是农田水利,主要是修建陂塘(水库),开挖沟渠,进行灌溉和排涝,利用淤灌改良土壤(包括盐碱地和瘠薄之地),种植水稻等。二是发展水上航运,包括开凿人工运河与漕渠,或利用天然河道,进行水路运输,漕运粮食物资,运送客商,投放士兵。秦汉以迄北宋,漕运路线都从河南地域通过,元代将南北大运河裁弯取直,京杭大运河不再经过河南地域,河南在全国漕运中的地位方有所降低。此外,水上运输除了运输物资,还运送人,在战争年代成为兵力投放的一种手段。水上运输远比陆路省力便捷,因此航运无疑是水利史的重要内容。三是建设城市用水工程以解决城市生产、生活用水,特别是人口众多的都城用水。一般城市都不同程度地要触及水利条件问题,国都则更甚。在建都之前,首先必须考虑是否有足够的水源,能否满足居民日常饮用水的需要,但又要防止洪水对城市的危害。北宋时期的东京开封,专门导引发源于荥阳的金水河入城,为躲避汴水泥沙的污染,在其两水交接处设置渡槽引流。四是对水力的开发利用,如兴建水碾水磨,用水力加工粮食,兴建器械,用水力鼓风以冶炼金属制造器具,以及发电等。在预防和抵御自然灾害方面,包括修筑堤防、堵塞决口、开河分流的河道治理,对水旱灾害的应对等。

从本质上讲,水利事业是人类对自然环境的改造,对自然资源的开发利用,它反映了人们对自然的认识水平和技术水平,因此水利科学技术是科技史的一个重要组成部分。本书也将水利科学技术作为一项重要内容,探讨历代水利专家和广大人民群众的水利科学知识,以及兴利除害实践中的技术手段,总结经验教训,揭示历史规律,为以后的水利事业提供有益的借鉴。

第一章

先秦时期河南水利事业的开端

先秦时期是指公元前 221 年秦灭六国建立起我国历史上第一个中央集权的大一统王朝之前的历史时代,其上限始自远古人类的产生①。可见,先秦时期的时段相当久远,即使漫长的原始社会阶段不论,单从史籍所载夏、商、周三代来计算,从公元前 21 世纪夏代的建立,历经商、西周、春秋、战国,至公元前 221 年秦王嬴政一统天下,前后历时亦将近 1900 年,几乎相当于秦至清代整个历史时期的时间长度。先秦时期,河南地区无论是在水患防治方面,还是农田水利事业和航运事业方面都有了良好开端。

第一节　历史演变与生态环境的变迁

先秦时期是中国古代文明起源与形成的阶段,也是我国从传说迈向信史的时代。② 先秦时期的河南地区在我国文明化进程中逐渐居于腹心地位,尤其在新石器时代后期突出地表现出来,这导致了各区域文化"满天星斗"式的文化格局转向以黄河中游的河洛地区为文明腹心的"众星拱月"式的文化格局,或者说是"以中原文化为核心,包括不同经济文化类型和不同文化传统的分层次联系的重瓣花朵式的格局"③,并最终奠定了夏、商、周三代文明的基础,促成了具有

---

① 目前我国境内发现的最早的远古人类为旧石器时代早期的元谋人,其距今年代学界有争议,或认为约 170 万年前,或认为约 60 万—50 万年前。

② 由于传世文献中涉及这一时期的记录大多为春秋战国以后人们的追述,因此除传世文献的记载外,其研究工作更多依赖的是包括出土文字在内的考古资料。

③ 严文明:《中国史前文化的统一性与多样性》,《文物》1987 年第 3 期。

国家性质的王朝政权首先诞生于河洛地区①。

一、历史演变

早在数十万年以前，就有古人类在河南境内繁衍生存②。旧石器时代，这一地区也是文化交汇的重要区域之一，在河南西部就发现旧石器与古人类化石遗址达 50 余处。新石器时代，河南地区的文化遗址分布更加密集，范围更加广泛，形成了裴李岗文化、仰韶文化、河南龙山文化的考古学文化序列，粟作农业亦在这里起源，新石器时代文化得到迅速发展，河南地区逐渐成为当时全国范围内文化最为发达的区域之一，加之地理上的中心位置，为河南地区自夏以后成为华夏文明的中心奠定了基础。至夏、商、周三代，皆曾立都于此，故《史记·封禅书》记载："昔三代之居，皆在河洛之间。"河南成为当时全国政治、经济、文化的核心区域。

据历史记载及考古发掘材料，夏自公元前 21 世纪禹立国至公元前 16 世纪桀亡国，共历 14 世 17 王(后)，前后延续 400 多年③。夏族主要活动的中心区域就在河南中西部一带，"应是东起禹州，中经嵩山，西至伊洛两河流域"，"只有河南中西部才与夏族、夏王朝的兴亡息息相关"，而在今山西南部汾河下游发现的夏文化遗址，"可能是夏族的另一支系的活动地区"。④ 至于其他地方，如陕东、冀南、鄂北等地发现的夏文化遗存并不能和豫西的夏文化相提并论，当是夏族控制或势力所及之地。目前我国考古学界公认的夏文化——二里头文化的分布范围就主要集中在今河南西部、山西南部一带。夏时方国众多，《左传·哀公七年》记载，据说禹在涂山会盟诸侯时，"执玉帛者万国"，可见其时小国众多。

---

① 恩格斯说"国家是文明社会的概括"(《家庭、私有制和国家的起源》)，因此国家的形成无疑就是进入文明社会最突出的标志。

② 南召猿人是河南境内已经发现的最早人类，距今约 50 万—20 万年。

③ 夏、商、西周积年问题，有多种说法，本书择其一，下同。据夏商周断代工程研究成果，将夏禹立国时间定为公元前 2070 年，夏亡时间为公元前 1600 年，前后存续 470 年。参《夏商周断代工程 1996—2000 年阶段成果报告(简本)》，世界图书出版公司 2000 年版，第 86 页。

④ 程有为、王天奖主编：《河南通史》第 1 卷，河南人民出版社 2005 年版，第 139 页。

但见于后世史籍者相对少了许多,其中学界对其地望虽有分歧,但极可能位于或范围及于河南地区者,大致有数十个①。

　　继夏而起的商王朝,自公元前16世纪汤立国至公元前11世纪中叶纣亡国,共历17世31王,前后延续550多年②。商代疆土更为广阔,势力范围要比夏大很多。其势力范围东至今山东中部,南及长江中游的江汉地区,西抵关中平原,北达燕山南麓。商朝的疆域是随商朝盛衰而变化的,时而扩大,时而缩小。③成汤立国后,商曾五次迁都,但从总体上看,商王朝的政治、经济、军事、文化中心仍在今河南地区,其王都多在此地,如郑州商城、安阳殷墟等。经过夏代的吞并战争和方国之间的兼并战争,商代方国数量已大大减少。《战国策·齐策》记载:"大禹之时,诸侯万国……及汤之时,诸侯三千。"商代后期的殷墟甲骨文中,曾有学者列举了其中的方国名158个④,但对其具体地望往往意见分歧。若就大致分布区域和方向而言,其中位于或范围及于河南地区的方国数量或有30个左右,主要集中在河南西部、河南南部以及河南与安徽、江苏交界地区等⑤。

　　周包括西周和东周两个时期。公元前1046年武王伐纣建立周政权,至公元前771年幽王被犬戎所杀,这一时期的周王朝以西方镐京(今陕西西安)为都,史称西周,共历11代12王,延续275年。公元前770年周平王继位后将都城迁至东方的洛邑(今河南洛阳),史称东周。史家根据东周时期各诸侯国之间的争霸战争和历史形势的发展变化,一般又将公元前770年(即周平王元年)至公元前476年(即周敬王四十四年)这一时期称为春秋时期,历时304年;将公元前475年(即周元王元年)至公元前221年秦始皇统一六国这一时期称为战国时期,历时254年。

---

① 如有扈氏、缯氏、费氏、杞氏、斟灌氏、斟鄩氏、有虞氏、卢氏、葛、韦、顾、昆吾、商等。

② 据夏商周断代工程研究成果,将汤立国时间定为公元前1600年,武王克商时间定为公元前1046年,前后存续550多年。参见《夏商周断代工程1996—2000年阶段成果报告(简本)》,世界图书出版公司2000年版,第87—88页。

③ 李绍连:《关于商王国的政体问题——王国疆域的考古佐证》,载《三代文明研究(一)》,科学出版社1999年版,第311页。

④ 孙亚冰、杜欢:《商代地理与方国》(宋镇豪主编:《商代史》卷十),中国社会科学出版社2010年版,第259页。

⑤ 如亚、丹、可、盂、鹿、攸、元、及、杞、佋、雀、息等方国。

西周王朝立国后,实行宗法制和分封制。西周的分封制即"封邦建国",将姬姓王族子弟、开国功臣、谋士、先贤先圣之后甚至殷商贵族等,按公、侯、伯、子、男等爵分封到各地,"以藩屏周",巩固周王室的统治。西周时期,河南地区除了有周王室直接统治的王畿地区(洛阳及其周围),这里的诸侯国既有前朝方国,又有不少受周王分封而新建立起来的诸侯国,见于史册者主要有豫北地区的卫、邶、鄘、滑、共、凡、胙、邢、盟、向、温、樊、原、苏、单、封父等国,豫东地区的宋、蔡、杞、戴、厉、陈等国,豫中地区的管、祭、东虢、越戏、邬、密、华、康、许、鄢、畴、应、不羹、胡、房等国,豫西地区的北虢、焦等国,以及豫南地区的曾、申、吕、鄂、沈、江、息、蒋、蓼、黄、邓等国。这些诸侯国大多面积很小,地窄人稀,势力单薄,从西周末年到春秋初期,它们往往被力量更强的诸侯国兼并,沦为其附庸,如豫南地区的诸侯国多被日益强大的南方楚国灭亡,逐渐成为楚王问鼎中原的马前卒,而豫北、豫中、豫东和豫西地区的诸侯国,在春秋战国时期往往也被当地力量更强的大国吞并,为那些大诸侯国和周王室分庭抗礼增添了筹码。这样,最终形成了春秋战国时期周王室形同虚设,而诸侯割据混战、争霸天下的分裂局面。到战国七雄时,韩、赵、魏、秦、楚五大强国占据了河南大部分地区,河南成为战国七雄逐鹿中原的主战场。[①]

二、生态环境的变迁

河南,顾名思义,其大部分区域位于黄河以南。若以全国范围内来说,河南省的地理位置南北向居全国中心,东西向居中部偏东,位于我国第二阶梯和第三阶梯过渡地带,地势西高东低,境内有平原、山地、丘陵和盆地等多种地形,大体上是南、北、西三面山地环抱,中、东部则为辽阔的黄淮平原。河南境内河流众多,且大多为自西部山地顺地势而流向东、东南或东北方向,形成了一个辐射形的水系网络状,对这一地区的生态环境有着重要影响和作用。

河南地区位于北温带,属于温带大陆性季风气候,总体上温暖湿润,适宜多种动植物的生长发育,造就了这一地区非常丰富的动植物资源。但受多种因素

---

① 程有为、王天奖主编:《河南通史》第1卷,河南人民出版社2005年版,第302—380页。

影响,河南地区的降水量常常时空分布不均,加之河患灾害,也导致这一地区常常旱涝灾害频发。

根据夏商周断代工程研究的结果,夏代距今 4070—3600 年,商代距今 3600—3046 年,处在全新世大暖期(亦即仰韶温暖期)的"气候波动和缓的亚稳定暖湿期"后 1000 年"气候波动加剧"的时期。研究表明,距今 4000 年以来海面总趋势为下降,海岸后退,贝壳堤平原与滨河平原发育,[①]凸现出大面积的陆地。距今 4000 年以来海平面的下降,正好与夏代以来气候干旱的文献记载相对应。前文所述大禹治水的传说表明,夏朝建立之前,洪水肆虐。形成鲜明对比的是,夏代末年则出现了严重的旱灾。古本《竹书纪年》载,帝廑(胤甲)"即位,居西河",八年"十日并出,其年陟"。今本《竹书纪年》载,帝癸(桀)二十九年,"三日并出"。"十日并出""三日并出"大概均是气候异常炎热、天下大旱的夸张说法。干旱最严重时,以至于黄河中游的两大支流伊水和洛水断流,这是见于文献记载的最早的黄河流域河流发生断流的现象。《尚书·汤誓》曰:"时日曷丧,予及汝皆亡!"这句话包含了夏人对炎热太阳及酷热难忍的夏季的怨恨,是夏代干旱燥热气候的写照。

商代处在全新世大暖期的晚期阶段,中国大部分地区的气温和降水量较现在高。安阳殷墟出土大量的动物骨骼,其中包括许多现在生活在亚热带乃至热带的种属,如圣水牛、亚洲象、犀牛等。总体上来讲,商代气候温热且较为湿润,反映在水文上则是"河湖水面宽阔,沮洳薮泽遍野",延续了龙山时代以来多水的时空环境。[②] 北方川流特多,水潦汪然。在太行山以东广大地区即河北南部、山东北部、河南东部一带布满了与黄河直接或间接相连的湖泊和小河。[③] 在殷墟甲骨文中,有许多的水名,也有众多捕获鱼、黾、麋等的记载,这从侧面说明了商代湿地的大面积存在。殷墟甲骨卜辞中有大量记载商王或其他王室贵族田猎的情况,其中多记有捕获猎物的种类与数量。就种类而言,有虎、鹿、黾、豕、

---

① 赵希涛、王绍鸿:《中国全新世海面变化及其与气候变迁和海岸演化的关系》,载施雅风主编:《中国全新世大暖期气候与环境》,海洋出版社 1992 年版,第 111—120 页。

② 张兴照:《商代水利研究》,中国社会科学出版社 2015 年版,第 18 页。

③ 李济:《安阳》,河北教育出版社 2000 年版,第 204 页。

兔、雉等①；就数量而言，数十不鲜见，数百也不少，如"兕四十"（《合集》37375）、"麋四百五十一"（《合集》10344 反）、"七百麋"（《屯南》2626）。猎物种类如此丰富，数量如此众多，尤其是兕这类大型野兽竟然一次可以捕获四十头，足见商代湖沼湿地的大面积存在。殷卜辞中还有捕鱼的记载。"豙获鱼，其三万。"（《合集》10471）这是关于一名叫豙的人捕鱼，卜问能否收获三万尾鱼之事。三万尾的鱼，自然非小面积水域能够养育。"乙未卜，贞：豙获鲧？十二月。允获十六。"（《合集》258）这条卜辞的完整意思是，某年十二月份的乙未这一天举行占卜，贞问道：豙这个人能够捕获鲧鱼吗？验辞部分表明，最终捕获了十六头鲧鱼。鲧鱼，或即鲟鱼，是一种大型鱼类，体重可达千斤，可见这类鱼也不是小面积水域所能够养育的。不过，据《吕氏春秋·慎大》"商涸旱，汤犹发师，以信伊尹之盟"，夏末的那场大旱之灾也波及商人统治区。只是因商人居黄河下游，水利条件相对较好，故受旱灾影响比夏人轻。不少文献记载均表明，商朝建立之初，旱灾仍在延续。《管子·轻重》记载："汤七年旱，禹五年水，民之无糧卖子者。"商汤出兵伐桀，也是利用了旱灾造成夏朝国力衰竭、天灾人祸交织、社会危机爆发的有利时机。

　　商末曾出现严重的旱灾，古本《竹书纪年》说"（文丁）三年，洹水一日三绝"。商代最主要的河流之一洹水一天内多次出现断流，说明当时遇到了较为严重的干旱。到了商纣王帝辛时，甚至出现山崩、水涸、雨土的现象。据今本《竹书纪年》及《墨子·非攻下》，帝辛五年"雨土于薄（亳）"，这表明当时发生了严重的沙尘暴天气。《淮南子》载："逮至……殷纣……峣山崩，三川涸。""峣山崩而薄落之水涸。"峣山地处陕西商州、蓝田一带，这是对纣王时黄河中游地区干涸的记述。古籍中亦有明确记载商末黄河也断流过，如《国语·周语》："昔伊、洛竭而夏亡，河竭而商亡。"这是对黄河断流的首次记载。虽然商王朝的最终覆灭有着复杂的多重原因，但"河竭而商亡"，把商末生态环境恶化与王朝的灭亡联系起来还是很有道理的。伴随着研究的深入，越来越多学者认为，越是在文明早期，生态环境的变化对王朝的兴衰影响越大。

　　西周时期气候开始变冷，自然环境开始恶化。这时喜暖动物大批南迁，犀

---

① 不少种类还可以细分，如豕既有公母之分，也有是否去势之分。鹿除有牝牡之分外，尚有大小之别等。

牛和野象也成群迁出黄河流域。春秋和战国前期,黄河中下游地区气候变得温暖湿润,生态环境条件转好,很少出现洪涝灾害,战国晚期,气候开始向干冷方向发展。总的来说,春秋战国时期,黄淮海平原及黄土高原地区森林植被尚未遭到严重的人为破坏,水土流失尚不剧烈,河流的含沙量较后世少,加之当时气候比较温暖湿润,降水量较为丰富,所以在黄河下游冲积平原上,形成了众多的分流,构成黄淮海平原的河网系统。而在冲积扇的前沿洼地和河间洼地,当时的天然湖沼充分发育,而且湖沼的面积较大。[①]

综上所述,河南地处中原,这里沃野千里,湖泊遍布,气候温和,土壤易于耕种,先秦时期河南的生态环境相对于其他地区而言,在总体上是良好的,这也使河南地区成为我国历史上最早得到开发的地区之一,并成为世界上农业出现最早的地区之一,被誉为中华民族的摇篮。但由于受气候和地貌等因素的影响,加之降水时空分布不均,先秦时期河南地区也常常灾害频发,尤其水旱之灾造成这一地区生态环境的时而恶化,对人们的生产生活影响甚巨。因此,先秦时期的河南人民已经开始注重兴修水利,并注意保护生态环境以保障中原经济社会的持续发展。

第二节　防治水患的初步实践

从古代水系上讲,河南分属长江、黄河、淮河、济水四渎。其中,黄河在我国古典文献中又被称为"四渎之宗",为百水之首。先秦时期,黄河在河南境内曾流经今郑州市北广武山下,向东北则流经今新乡市区东、卫辉市南、滑县东、内黄县东,然后出河南境,流入河北境内。历史上的黄河常因决口而导致泛滥成灾,甚至改道或变迁,其泛滥范围,以郑州为顶点,北可达至天津,南则到淮滨一带。先秦时期河南地区防治水患的初步实践正是在这样的水系背景中展开的。

---

① 邹逸麟主编:《黄淮海平原历史地理》,安徽教育出版社1993年版,第188—189页。

一、远古时期的治水传说

全新世早中期,是古黄河水系的大发展时期。黄土高原一带因土质疏松、植被较少而易于侵蚀,出现了千沟万壑的场面。《孟子·滕文公上》所谓"洪水横流,泛滥于天下",指的就是这种情形。其间,古渤海也曾两次向西侵袭。在这一过程中,洪水夹带的泥沙增加,海平面升高,河水排泄受到阻碍,从而造成远古洪荒时代留下了一系列洪水和治水的传说。

传说中最早治水的是共工。作为炎帝的后裔,共工部族的活动区域位于今河南辉县一带。这里南面黄河,北依太行,水源充沛,土地肥沃,适宜农耕。但是洪水季节来临之时,黄河及其支流经常泛滥。《管子·揆度》所载"共工之王,水处什之七,陆处什之三",无疑揭示了远古时期洪水出现时的背景,共工时期绝大部分土地可能被洪水所淹没。为了部族的生存与生活,共工亲率族众进行治水。共工氏的治水活动最强调的是"雍",《国语·周语》言其"雍防百川,堕高埋庳",即修筑一些土石堤埂,把人们居住的地方和耕地用土围子保护起来,以抵御洪水的侵犯。在长期与洪水的斗争中,共工部族积累了不少经验,成为治水世家,《左传·昭公十七年》称共工氏"以水纪,故为水师而水名"。

尧舜时期,洪水之灾依旧。《尚书》载尧时"汤汤洪水方割,荡荡怀山襄陵,浩浩滔天,下民其咨",《史记·夏本纪》亦载"当帝尧之时,鸿水滔天,浩浩怀山襄陵,下民其忧",《孟子·滕文公上》也说"当尧之时,天下犹未平。洪水横流,泛滥于天下。草木畅茂,禽兽繁殖,五谷不登,禽兽逼人,兽蹄鸟迹之道交于中国。尧独忧之,举舜而敷治焉"。可见,在先秦文献记载中,尧舜之时,洪水横流,泛滥成灾,五谷难以生长,直接威胁了人们的生存和生活,治理洪水便成为尧舜时期必须解决的一件大事。传说中,这一时期出现的治水者是鲧和他的儿子禹。

鲧的居住地在崇,即今河南嵩山一带。《史记·夏本纪》载:"尧听四岳,用鲧治水。九年而水不息,功用不成。"根据四岳的举荐,帝尧派鲧去治理洪水,但经过多年的治理,水患依然没有解决,治水效果并不理想。鲧治水失败的原因在于仍然沿用共工部族治水的老办法,即用"堵"和"埋"的方式去"障洪水",也就是用堤埂把居住区和田地保护起来。无奈这些堤埂也无法抵御强大洪流的冲击,治水总体归于失败,鲧也因此被舜殛于羽山。

鲧之后,他的儿子禹登上了历史舞台。《史记·夏本纪》载,鲧死后,舜"举鲧子禹,而使续鲧之业"。大禹认真汲取共工与其父鲧的经验教训,非常讲究治水的方法:一是将治水活动建立在详细调查研究的基础之上。《夏本纪》载其"命诸侯百姓兴人徒以傅土,行山表木,定高山大川",《淮南子·原道训》谓"因水以为师",即尊重水流运动的客观规律,因势利导,疏浚排洪。二是发挥了治水团队的力量。禹在治水过程中找到对治水有经验的伯益、后稷和共工氏的后代四岳等部落首领做助手,集思广益,众志成城,为成功治水打下了人才基础。三是禹身先士卒,治水勤勉。《韩非子·五蠹》称其"身执耒锸以为民先,股无胈,胫不生毛",《夏本纪》称其"伤先人父鲧功之不成受诛,乃劳神焦思,居外十三年,过家门不敢入",《论语·泰伯》则言禹"卑宫室而尽力乎沟洫"。大禹多年的治水活动终获成功,即《新语·道基》中所言"百川顺流,各归其所,然后人民得去高险,处平土"。传说中的大禹治水是中国历史上第一次方法得当并取得胜利的大规模治水活动,揭开了中国水利科技史的序幕,也是我国水利史上的一件大事。"大禹治水中开创的疏川导滞的治河方略,具有划时代的意义,几千年来一直指导着治水事业。"[1]据《左传·昭公元年》,春秋时人刘夏曾称:"美哉禹功,明德远矣。微禹,吾其鱼乎!"《荀子·成相》中也称颂道:"禹有功,抑下鸿,辟除民害。"大禹作为治水英雄,其改"障水"为"疏导"的方式为后代治水提供了借鉴,其"三过家门而不入"的治水精神世世代代为人们赞颂。

大禹治水的传说,当然也有不少后人附会的内容,以至演变为神话,于是有人否定大禹治水的真实性[2]。程有为认为,在科学技术十分落后的远古时代,把自然力的创造疑为鬼斧神工,附会到以治水闻名的大禹身上,是很自然的现象。大禹治水的传说仍以历史事实为原型,不能随便否认它的真实性。[3] 周代的金文为大禹治水的故事提供了强有力的佐证。保利艺术博物馆购藏的时代属于西周中期后段的"遂公盨"铭文中,一开始就说"天令(命)禹尃(敷)土,堕山,浚

---

① 程有为主编:《黄河中下游地区水利史》,河南人民出版社2007年版,第35页。

② 丁文江:《论禹治水说不可信书》,见顾颉刚主编:《古史辩》第1册,上海古籍出版社1982年版,第207—209页。

③ 程有为主编:《黄河中下游地区水利史》,河南人民出版社2007年版,第31页。

川"，明确记述了禹治河川的事迹。这与传世文献中相关记载有吻合处，如《尚书·禹贡》"禹敷土，随山刊木，奠高山大川"，《大戴礼记·五帝德》"使禹敷土，主名山川"，《诗经·商颂·长发》"洪水芒芒，禹敷下土方"（郑笺作"禹敷下土，正四方"）等。

我国考古工作者也在青海民和喇家齐家文化遗迹中找到了史前洪水的实物证据。喇家遗址位于民和县南端的黄河岸边，所处地域是黄河上游的一个河谷小盆地。该遗址距今 4000 年左右，属中原龙山文化晚期，也与夏禹始年（约为距今 4070 年）较为接近。经古环境专家考察，遗址中发现了黄河大洪水和地震等多种灾难的遗迹和沉积物。在距今 4000 年前这个时期黄河大洪水证据的发现，有其特殊含义。"从某种意义上说，这为古史中的洪水传说找到了一定印证。"[①]

二、夏商时期的治水实践

夏、商两代，历时约 1000 余年，其中心区域多在黄河中下游地区，河南正居这一水患多发之地。《国语·周语》中曾记载"昔伊、洛竭而夏亡，河竭而商亡"，将夏王朝的灭亡原因归于伊水与洛水的枯竭，商王朝的灭亡原因则归于黄河的枯竭。这里固然有夸张的成分，但毫无疑问的是特大干旱造成的河流枯竭在一定程度上加速了建都当地的王朝的灭亡。

经过大禹治水后，夏商时期的黄河虽然经历了较长的安流期，但人们还是遭受了不少水灾与旱灾。据《史记·殷本纪》载，商的始祖契因为辅佐夏禹治水有功，被舜任命为"司徒"。《国语·鲁语上》有"冥勤其官而水死"的记载，冥是商人的先公，夏时是一名水官，因勤于治水，冥终以身殉职。正是由于有禹、契、冥这样的治水英雄群体存在，夏商时期的治水实践才取得了不小成绩。以商代为例，在城市水利工程方面即取得重大进展。据考古发掘资料，无论是在属于商代早期的偃师商城，还是在属于商代中期的郑州商城，都发现有庞大的供水

① 中国社会科学院考古研究所、青海省文物考古研究所：《青海民和喇家史前遗址的发掘》，《考古》2002 年第 7 期。

设施。偃师商城中的大城有宽大的护城河环绕,小城宫城北部建有池苑,通过石砌渠道与大城护城河相连,构成较完善的人工水系。① 郑州商城宫殿区的东北部也发现有蓄水池遗址,其池壁及池底用料礓石铺垫,池壁用圆形石头加固,池底铺有较规整的青灰色石板。② 学者推测,同在宫城之内,两座蓄水池在功能上应该有着相同之处:既可供给宫城内的生活用水,预防火灾,也可以用来调节和美化庭院环境、游乐等。这表明,商代已有设计合理、较为完备的城市及宫廷供水设施。③

堤埝是防御洪水的重要设施。在安阳殷墟 VE 区 T13 内发现一条时代属于苗圃 II 期,排列整齐的石"堤"。基底距地表 2.5 米,通长 8.2 米,高 1.2 米,方向 21°。石"堤"由 4 层青色石灰岩砌成,每层均单行排列。由于所有石头大小不一,各层用石数略有差异,第 1、4 层有 9 块,第 2、3 层有 11 块。虽然第 1 层的石头稍大,但因为横的也只有一行,为防止第 4 层的石头因放置不稳而倾塌下来,整条石"堤"遂斜靠在东边的土"堤"上。石"堤"上所用石头大部分都比较光滑,似乎经过长期的水流冲刷。学者推测,从石块的堆砌有序看来,这条石"堤"当是人们有意识的建造,可能用为防洪的堤坝。④

与史前相比,夏商时期的水利工程修筑有了很大进步。不过仍需指出的是,那时人们的治水还稍显被动,在大自然面前也常常显示出无能为力,于是在其治水实践活动中,往往还会求助于神灵的力量。以商代为例,殷墟甲骨文中就有大量贞卜雨水或是否风调雨顺的卜辞,例如"翌己丑其雨/翌己丑不雨""翌庚寅其雨/翌庚寅不雨""翌辛卯不雨/翌辛卯其雨"(《合集》12436)及"勿焚⑤,

① 杜金鹏、王学荣主编:《偃师商城遗址研究》,科学出版社 2004 年版,第 615 页。
② 河南省文物研究所编:《郑州商城考古新发现与研究(1985—1992)》,中州古籍出版社 1993 年版,第 87 页。
③ 程有为主编:《黄河中下游地区水利史》,河南人民出版社 2007 年版,第 42—43 页。
④ 中国社会科学院考古研究所编著:《殷墟发掘报告(1958—1961)》,文物出版社 1987 年版,第 114 页。
⑤ 焚人以祭来求雨是一种原始的巫术方法。"焚"字,从裘锡圭先生释。参裘锡圭:《说卜辞的焚巫尪与作土龙》,原载《甲骨文与殷商史》,上海古籍出版社 1983 年版,后收入《古文字论集》,中华书局 1992 年版,第 216—226 页。

亡其从雨①/焚,有从雨"(《补编》3799②)等,在面临水旱灾害可能造成的严重后果(比如城邑的安危、商王的祸福等)时,商人仍然会问卜于神灵,例如"帝唯其冬(终)兹邑/帝弗冬(终)兹邑/我舞,雨"(《合集》14209 正)、"不雨,唯兹商有作忧/不雨,不唯兹商有作忧"(《甲骨缀合续集》517)等。除"帝"外,商人求雨的对象还有云、河等自然神及少数祖先神,甚至龙神也能够带来雨水。这些都反映了商人试图通过求助于神灵的方式以达到求雨或"治水"的效果,试图对自然雨水加以"控制"或"治理"。

在治水无果甚至求助上帝或先祖神灵护佑也无法应对水旱灾害时,即在迫不得已的情况下,他们也会选择战略回避而迁徙。例如,商族崛起于黄河下游,夏商时期的商族就曾屡次迁徙其都邑,常有"前八""后五"之说,即立国前迁徙八次,立国后迁徙五次。至于迁都原因,学界争论很大,但大多数学者还是倾向认为黄河水患是其中一项重要因素。《尚书正义·咸有一德》载"祖乙圮于耿",表明祖乙时的都城曾被河水所毁。立国后商王朝的中心区基本在今河南、山东和河北南部一带,尤其是今河南地区更是其都城所在之境。自商王盘庚迁殷之后,更是定都于今河南安阳,273 年更不徙都。

当然,在夏商时期防治水旱灾害的实践活动中,还是有很多富有成效的具体措施的,比如通过建造蓄排水设施或开挖水井等对地表及地下水加以引用等(详见本章第三节)。

三、周代的水灾与防治

西周时期因气候变冷和自然环境恶化而导致的自然灾害时有发生,西周后期更加严重,尤其是旱灾。《国语·周语上》载:"幽王二年,西周三川皆震","是岁也,三川竭,岐山崩"。西周王畿发生旱灾时,黄土高原的猃狁、犬戎、北狄等游牧民族也为旱灾所困而被迫南下,侵占泾、洛、渭、汾和涑水下游的农耕区,

---

① 于省吾先生认为"从雨"即顺雨,风调雨顺之雨。参于省吾:《双剑誃殷契骈枝 双剑誃殷契骈枝续编 双剑誃殷契骈枝三编》"释从雨",中华书局 2009 年版。

② 本版为《合集》1137 与《合集》15674 之缀合版,黄天树先生缀合。参黄天树主编:《甲骨拼合集》,学苑出版社 2010 年版,第 32 则。

导致周王室被迫东迁于今河南境内的河洛地区。《国语·周语下》记载邵公答周厉王"能弭谤"之言："防民之口,甚于防川。川壅而溃,伤人必多,民亦如之。是故为川者决之使导……"可见,西周时尽管旱灾相对较多,但那时已经出现防御洪水的堤防是无疑问的。

春秋战国时期,气候变得温暖湿润,黄河中下游地区的生态环境大为改善,铁制农具也开始普遍推广应用。随着生产工具的进步,人们改造自然、抗御洪水的能力有了很大的提高,那时人们已经意识到各种自然灾害中水灾的危害最大,于是便提出了平治水土的准则。

这一时期,黄河中下游地区出现了我国历史上第一次兴修水利工程的高潮,黄河防洪及堤防的修筑成为当时各诸侯国关注的焦点。《尚书中候》载："齐桓之霸,遏八流以自广。"五霸之首的齐国于周庄王十二年(前685),在黄河下游低平处修筑堤防,防御洪水,利用被河水淤漫的滩地,广开田亩。此举引得其他诸侯国纷纷效仿,黄河下游的各诸侯国竞相修筑堤防,甚至连黄河的一些支流上也修筑了堤坝。可见,堤防的防洪效能已受到人们的充分肯定,修筑堤防逐渐成为人们与洪水斗争的主要手段。据《孟子·告子下》,齐桓公大会诸侯于葵丘之时,就曾提出"无曲防"的禁令,由此可以想见当时修筑堤防之盛。

伴随着河床的不断淤高,河水也开始不安分起来。《汉书·沟洫志》载："禹之行河水,本随西山下东北去。《周谱》云:定王五年河徙,则今所行非禹之所穿也。""定王五年河徙"是指在周定王五年(前602)发生在黎阳宿胥口的决徙,这是黄河第一次大改道。黄河"主流由北流改由偏东北流,经今濮阳、大名、冠县、临清、平原、沧州等地于黄骅入海"[1]。史念海认为:"周定王五年即令发生过河患,也不过是长期相对安流时期的一次普通决溢,关系并不很大。"[2]

战国时黄河下游河道中的堤防已具规模。《汉书·沟洫志》载,西汉贾让曾说:"盖堤防之作,近起战国,雍防百川,各以自利。齐与赵、魏,以河为竟,赵、魏濒山,齐地卑下,作堤去河二十五里。河水东抵齐堤,则西泛赵、魏。赵、魏亦为堤,去河二十五里。虽非其正,水尚有所游荡。"不仅堤防建筑已具规模,战国时

---

① 黄河水利委员会黄河志总编辑室编:《黄河志》卷二《黄河流域综述》,河南人民出版社1998年版,第18页。

② 史念海:《黄土高原历史地理研究》,黄河水利出版社2001年版,第825—826页。

期人们的筑堤技术也已经达到较高水平,传世古籍中多见这方面的记载。例如,《管子·度地》就详尽记载了当时的堤防:修筑堤坝的时间"春三月"最好,此时"天地干燥,水纠列之时也","寒暑调,日夜分","利以作土功之事";在具体筑堤方法上则提出"令甲士作堤大水之旁,大其下,小其上,随水而行","树以荆棘,以固其地,杂之以柏杨,以备决水";还对堤岸的守护、施工组织和工具配备等都作了详细规定。《韩非子·喻老》中亦记载,修堤专家白圭(名丹)已经注意到大堤上蚁洞的危害,"千丈之堤,以蝼蚁之穴溃"。《慎子》中也曾精辟地指出:"治水者茨防决塞,虽在夷貊,相似如一。学之于水,不学之于禹也。"《孟子·告子下》中白圭也曾说过,"丹之治水也,愈于禹"。这说明在堵口工程上当时已运用了"茨防"技术,而"学之于水,不学之于禹"更说明那时人们已经解放思想,更加彰显出治水的自信,在古人治水基础上,努力探索河流自身的客观规律,而不再拘泥于古人的治水之法。

　　春秋战国时期堤防的大量出现,标志着当时的治河理论已达到新的水平。早期治水活动中惯用的疏浚之法虽然能够增加河道的泄洪能力,但还不能有效地控制洪水,堤防则能显著增加河床容纳的水量,防止洪水漫溢出槽,从而大大提高防洪标准。这种产生于春秋战国时期的治河理论和方法一直影响着我国几千年来的治河防洪事业。[①]

第三节　农田水利事业的初兴与发展

　　长期以来,我国就是以农立国,以河南为中心的中原地区更是最重要的农业区域。作为农业的命脉,农田水利事业在这里得以兴起和发展。早在新石器时代,先民已经开始利用自然水灌溉农田。先秦时期的古籍中已经出现"水利"的概念,如《管子·禁藏》:"渔人之入海,海深万仞,就彼逆流,乘危百里,宿夜不出者,利在水也。"《吕氏春秋·慎人》:"舜之耕渔,其贤不肖与为天子同。其未

---

① 程有为主编:《黄河中下游地区水利史》,河南人民出版社 2007 年版,第 54 页。

遇时也,以其徒属掘地财,取水利,编蒲苇,结罘网,手足胼胝不居,然后免于冻馁之患。"这里的"利在水""取水利",便包含有以水兴利及从水中谋利的意思①,这说明当时人们已经意识到可以利用水资源来为人类谋利。另外,《尚书·禹贡》《管子·度地》《周礼·考工记》等传世文献中均有关于水利知识的精辟论述。水不仅可以为利,也可以为害,故《管子·度地》中指出要"因其利而往之可也"。先秦时期"水利"意识的出现在中国水利史上有着重要的意义。

一、史前至夏代农田水利的萌芽

《史记》记载,帝喾高辛"溉执中而遍天下",张守节对此解释道:"言帝喾治民,若水之溉灌,平等而执中正,遍于天下也。"在张氏看来,这是个比喻。当然,司马迁可能是用后世的情形(水之溉灌)来比喻前世之事(帝喾治民),但也不能完全排除帝喾时代灌溉技术已有萌芽。

从考古发掘资料来看,史前时期河南境内的舞阳大岗、汤阴白营以及夏代二里头文化的偃师二里头等遗址中均有水井被发现。② 虽然这些水井主要是解决居民饮水之用,未必做农田灌溉使用,但也表明史前至夏代之时在知识和技术方面已经具备了汲井而溉的条件。此外,在河南洛阳矬李遗址曾发现一条原始沟洫③,正可与《论语·泰伯》中所言禹"尽力乎沟洫"相互印证,这也确切表明其时农田水利的萌芽。

比较可靠的大量证据证明,至迟在大禹时期已经出现灌溉技术,这在传世文献中有很多相关记载。如《尚书·益稷》载禹"浚畎浍距川",《史记·夏本纪》说禹"浚畎浍致之川",《论语·泰伯》中孔子赞扬禹之言"卑宫室而尽力乎沟洫",等等。这里的畎浍、沟洫等,都是指田间沟渠,即田地中间的通水之道。

《史记·夏本纪》载,禹"令益予众庶稻,可种卑湿"。《太平御览》第八十二卷引《礼含文嘉》时曾提到"禹卑宫室,垂意于沟洫,百谷用成"。可见,正是由

---

① 程有为主编:《黄河中下游地区水利史》,河南人民出版社 2007 年版,第 58 页。
② 贾兵强:《中国先秦水井研究》,华南农业大学硕士学位论文 2006 年,第 16—30 页。
③ 洛阳博物馆:《洛阳矬李遗址试掘简报》,《考古》1978 年第 1 期。

于当时农田水利事业的萌芽兴起,才有效促进了农业生产的发展。

二、商代农田水利事业的进步

与史前和夏代相比,商代的农业在社会中占有更加重要的地位,是当时的主要生产部门。商人水利意识进一步增强,对农作物的生长与水之间的密切关系有着更为深入的认知。在此基础上,作为商王朝统治的中心区域,河南地区的农田水利事业有了相当的进步。

(一)商人水利意识的增强

商代使用的殷墟甲骨文作为商代历史的第一手可靠资料,其中就有大量的卜雨之辞,除了部分卜出行时会不会遭雨,大部分则是卜农业生产所需的雨量。这固然说明殷商之际对下雨这种自然现象的认识还比较有限,但也说明了商人对雨水和农业收成之间的关系有了基本正确的认识,已经意识到什么样的雨水对农事是有利的,知晓了用雨水之利服务于农业生产活动。可以说,在没有大规模农田水利设施的情况下,商人水利意识有了进一步增强,主要体现在以下几个方面:

第一,希望能从大自然那里获取足量而又适时的雨水,即所谓"风调雨顺",以使农作物有个好收成。如"□未卜,宾贞:求雨,匃?十三月"(《合集》12643)。这里的"匃",是给予义[1],该辞是某年十三月份的某个未日,由贞人宾负责贞问的祈求雨水的占卜记录。甲骨文中"十三月"不鲜见。"十三月"是闰月,武丁时期多将闰月置于年终,称为"年终置闰"[2]。再如"乙卯卜:不其雨/丙辰卜:今日奏舞,有从雨?不舞[3]"(《合集》12827)、"庚申卜,殻贞:取(燎)[4]河,

---

[1] 《裘锡圭学术文集·甲骨文卷》,复旦大学出版社2012年版,第274—284页。

[2] 杨升南、马季凡:《商代经济与科技》(宋镇豪主编:《商代史》卷六),中国社会科学出版社2010年版,第42页。

[3] "不舞"属于验辞,标明求雨时没有举行舞仪,可能仅举行了奏乐之仪。

[4] "取",祭名,于省吾先生认为是一种燎樴(即燔柴)之祭。参于省吾:《释取》,收入《甲骨文字释林》,中华书局1979年版,第159页。

有从雨"(《合集》14575)等,卜问的是是否有从雨,即顺雨,风调雨顺之雨。再如"辛未卜,古贞:黍年有正雨/贞:黍年有正雨"(《合集》10137 正)、"贞:帝令雨,弗其正年/帝令雨,正年"(《合集》10139)等,这里的"正",刘钊等学者读为"当",训为适当、适时①。正雨,即适时的雨水;正年,即雨水对于年成来说是否适时,雨下得是否恰是时候。

第二,商人对雨水的观察已经相当仔细。殷墟甲骨卜辞中不仅有"大雨"(《屯南》2283,无名类)与"小雨"(《合集》30137,无名类)、"雨小(少)"(《合集》12973,宾一类)与"雨多"(《合集》8648 正,典宾类)之分,还有"延雨"(《合集》32103,历二类)、"联雨"(《合集》32176,历一类)、"从雨"(《合集》14575,典宾类)、"烈雨"(《合集》6589 正,典宾类)、"疾雨"(《合集》12671 正,典宾类)之别。甚至也有"及雨"(《卜辞通纂》第 438 片,宾出类)、"正雨"(《合集》10139,典宾类)、"宜雨"(《合集》13358,典宾类)之说。② 可见,商人对雨水的认识是比较细腻的。

第三,商人对雨水与农业生产的关系已经有了较为深刻的认识。如"甲申卜,宾贞:呼耤,生/贞:不其生/王占曰:丙其雨,生"(《合集》94 正、反),甲骨文中的"耤"字字形像一个人踏耒发土之状,"生"字像一棵小草从土地里生长出来的样子,指生长、出苗。这是在甲申这一天一位名叫宾的贞人举行占卜,卜问呼令人耤田③,以及种植的农作物能否生长出之事,商王视兆后作出判断说,丙日要下雨,种下的农作物会生长出来。可见,在农业生产过程中,从一开始的种植环节,商人就已经认识到了水对农作物种子能否生发所起的关键作用。

此外,商人还意识到雨量太大、干旱或田中杂草对农作物的生长都是不利的。如:"贞:兹雨不唯年忧"(《合集》10143+《合集》9967④)卜问的是这场雨不会给年成带来损失吧,可能雨量过大引起了殷人的担忧;"今秋禾不遭大水"

---

① 刘钊:《卜辞"雨不正"考释——兼〈诗·雨无正〉篇题新证》,《殷都学刊》2001 年第 4 期。

② 黄天树:《殷墟甲骨文验辞中的气象纪录》,收入《黄天树甲骨金文论集》,学苑出版社 2014 年版,第 182—188 页。

③ 耤田一般在上年的十二月至当年的三月间举行,这个季节正是阳气回升的春季。耤田礼的主角是王,配角有形形色色的人物。本辞属于商王呼使臣下去参与耤田礼。参看宋镇豪:《商代社会生活与礼俗》(宋镇豪主编:《商代史》卷七),中国社会科学出版社 2010 年版,第 363 页。

④ 林宏明缀合,参看林宏明:《契合集》,台北万卷楼 2013 年版,第 32 页。

(《合集》33351)卜问的是今年秋天的作物不会遇到大水吧;"辛卯卜,殼贞:其暵①? 三月/辛卯卜,殼贞:不暵"(《合集》10184)卜问的是上帝是否会降下旱灾;"盂田其迅芟,朝有雨"(《合集》29092)卜问的是盂地农田里的草木被迅速芟除,早上会有雨水降临吧。裘锡圭认为,卜问是否迅速芟除农田里的草木,当是为了赶在下雨之前完成这项工作。殷商时期撂荒地很多,"撂荒地的草木芟杀之后,需要'以水火变之',才能起到肥料的作用"。②

第四,殷人还已经注意到天空中的云气与雨水的关系。如"辛丑卜,即贞:兹云惠雨? 十月"(《合集》24872)、"贞:今日其雨? 王占曰:疑兹气雨。之日允雨。三月"(《合集》12532)等,卜问的都是这片云是否会落下雨水,后面一辞中还有占辞和验辞,商王看过卜兆后作出判断,"疑兹气雨"即怀疑这片云气会落下雨水,"之日允雨"即这一天(指占卜当日)果真下了雨。可见,商人应该已经具备通过观察天空中的云朵来判断气象的知识和能力。他们对云气的观察是相当细致的,如殷墟甲骨卜辞中记有"三色云"③,又有"三云"(《合集》13401)、"四云"(《补编》13267)、"五云"(《屯南》651+《屯南》671+《屯南》689④)、"六云"(《屯南》1062)以及单称的"云"(《屯南》770)等,均可被商人用为祭祀对象⑤。宋镇豪指出:"一云至六云,似反映了商人的望云,视云的色彩或形态变幻,都有特定的灵性祲象。祭仪主要用烟火升腾的燎祭,兼用酒祭。用牲有犬、豕、羊,凡云数多者,用牲数一般也相应增多。"⑥云气与雨水关系密切,殷人自然对天空中的云气尊崇有加,常将其视为神灵而举行祭祀。

总之,在商代,人们已经认识到雨水与农业生产的密切关系。当然,"以今人科学的眼光判断,向神灵求雨当然不会有实际的效果,但在崇尚宗教祭祀的时代,却是国家政治、经济生活中必不可少的。商代求雨之祭反映了其时对农业生产用水的重视""在某种意义上来讲,商人祈雨可看作早期农业水利被动

---

① 从唐兰先生说。他较早提出这种观点,认为该字当读如"暵",即今天的"旱"字,参看唐兰:《殷虚文字记》,中华书局1981年版,第64页。
② 《裘锡圭学术文集·甲骨文卷》,复旦大学出版社2012年版,第251—254页。
③ "三色云",从于省吾先生说。参于省吾:《甲骨文字释林·释云》,中华书局1979年版,第8页。
④ 肖楠先生缀合。
⑤ "云"是自然神,是上帝的使臣。参看常玉芝:《商代宗教祭祀》(宋镇豪主编:《商代史》卷八)第三章第二节,中国社会科学出版社2010年版。
⑥ 宋镇豪:《夏商社会生活史》(下),中国社会科学出版社1994年版,第812页。

条件下人们的主观意识和'积极'行为。"①雨水过多或过少,都不是他们希望看到的结果,不但雨量要适中,降雨最好恰是时候,只有适时的雨水来临,才能称得上是真正的"风调雨顺"。这些看似无用的求雨活动,却反映了商人对水与农业生产密切关系的深刻认识及水利意识的增强。

(二)农田水利事业的进步

无论是从出土甲骨文字材料,还是传世文献材料,抑或其他考古发掘材料来看,商代的农田水利事业比夏代有了明显进步,主要体现在以下几个方面:

1.平治水土

《管子·禁藏》言"食之所生,水与土也",可见水和土对农业生产的重要性。作为农田水利的一项重要内容,水土平治是为农业生产过程进行准备的前期工作。殷墟甲骨文中有"田""畴""壅"等字,从其字形中可以看出殷人所作水土平治工作的概况。

"田"字字形常作"田"(《合集》20196)、"田"(《合集》20495)、"田"(《合集》32026)等状,该字形古今变化不大,"如果所指的不是大规模的灌溉工程,而只是田亩之间的一些较小的沟渠,也未始没有可能"②,该字字形"明明象田间阡陌之形,与今之稻田无异"③,正像田间阡陌纵横之状。古代的田不仅阡陌纵横交错,汗洰也是纵横交错。所谓汗洰,指的是在田间开挖的遂、沟、洫、浍、川等类灌溉设施,用开挖这些沟渠时挖出的土修成了径、畛、涂、道、路等阡陌。

"畴"字字形作"㔾"(《合集》21174)、"㐌"(《合集》339)、"㐌"(《合集》1183)等,像耕田间沟壑弯曲状。《说文解字》:"畴,耕治之田也。"段玉裁注曰:"耕田沟,谓畎也。"《孟子·尽心上》:"易其田畴,薄其税敛。"马叙伦认为:"畴实田中之沟浍……田以沟浍为界,故曰田界。"④其含义既可指沟浍组成的田界,也可指以沟浍为界的田地。

"壅"字字形作"㐁"(《合集》20291)、"㐁"(《合集》9477)、"㐁"(《合集》

① 张兴照:《商代水利研究》,中国社会科学出版社 2015 年版,第 146 页。

② 张兴照:《商代水利研究》,中国社会科学出版社 2015 年版,第 152 页。

③ 于省吾主编:《甲骨文字诂林》,中华书局 1999 年版,第 2103 页。

④ 马叙伦:《说文解字六书疏证》第 7 册,上海书店 1985 年印,第 90 页。

34239）、"▢"（《合集》9485）、"▢"（《合集》18215）、"▢"（《合集》37514）、"▢"（《合集》3396）、"▢"（《屯南》650）、"▢"（《合集》33223）、"▢"（《屯南》2260）等，对其中某些字形，饶宗颐疑读为"雝"，裘锡圭赞同并认为上述诸字形均为同一字的异体形式。"雝"字本义为聚土，甲骨文中的雝田包括去高填洼、平整土地、修筑田垄等工作。据《周礼·秋官》，雝氏掌沟浍浍池之禁。又《周礼·秋官·叙官》"雝氏"下郑玄注曰："雝，谓堤防止水者也。"裘锡圭认为，这里所记的雝氏之官大概与雝田有关。① 其说可从。因为"雝"或写作"▢""▢"，象填土于低洼之处或修筑堤防、田垄之形。

在平治水土的过程中，商人对农田的认识也不断深化，并对其进行了科学意义上的分类。如"懋田"与"旧田"、"湿（隰）田"与"上田"等，它们在殷墟甲骨文中常常被对举而出。

将"懋田"与"旧田"对举者："弜耤噩旧田，不受有年/弜巳菑，惠懋田协，受有年"（《合集》29004）。"旧田"是指已经耕种之田，张政烺释推测其为"久已开发，岁岁耕种之田"②。"懋"字从于省吾释③，裘锡圭怀疑这里应该训为"美"或读为"茂"，"懋田"在意义上与"旧田"相对④。前者卜问的是，不要耕耤噩地旧田，是否不会收到好的年成？后者卜问的是，不专门杀草，而直接协懋田，是否会收到好年成？

将"湿（隰）田"与"上田"对举者："惠隰田叕（耘）延⑤，受年？大吉/惠上田叕（耘）延，受[年]"（《屯南》715）。这里的"隰田"与"上田"乃对文列举进行卜问。"湿"字从王襄、商承祚、叶玉森诸家所释，西周晚期散氏盘铭中有"湿田"语，吴大澂谓"湿田"即"隰田"。⑥ 在《诗经》中，"隰"多与"原""阪""山"对言，如《小雅·皇皇者华》毛传："高平曰原，下湿曰隰。"可见隰田是指地势低下、土

① 《裘锡圭学术文集·甲骨文卷》，复旦大学出版社 2012 年版，第 258—262 页。
② 张政烺：《殷契"叕田"解》，收入《张政烺文史论集》，中华书局 2004 年版，第 593 页。
③ 于省吾：《甲骨文字释林》，中华书局 1979 年版，第 364 页。
④ 《裘锡圭学术文集·甲骨文卷》，复旦大学出版社 2012 年版，第 263—264 页。
⑤ 这类"延"字学者常后读，误。参照《合集》28230"王其延气盂田耘"语。齐航福主张前读，但同时指出，在"惠隰田叕（耘）延"中，副词"延"位于动词"耘"后，较为独特（《殷墟甲骨文宾语语序研究》，中西书局 2015 年版，第 29—30 页）。齐文注释中又提到陈剑先生指出，这类"延"应为动词，卜辞是在贞问对隰田、上田之耘是否延续、继续。我们赞同陈说。
⑥ 皆转引自《裘锡圭学术文集·甲骨文卷》，复旦大学出版社 2012 年版，第 256—257 页。

质较为潮湿的田地,而上田则是指地势高平的田地。这里卜问的是,继续耕种隰田会有好年成呢,还是继续耕种上田才会有好年成呢?

湿(隰)田和上田是商代最为重要的两类农田。杨升南指出:"商代将土地分为上田和湿田,是仅就地势之高下为标准。"①结合商代水文地貌,有学者提出,或可将卜辞中的上田与湿田理解作旱田与水田。湿田的耕作需要排水,与上田重在浇灌是不同的。②

特别应该引起重视的是,在商代,已经能够根据土壤的好坏将农田进行等级之分。如商末作册羽鼎铭云:"庚午,王令寝农,省北田四品,在二月。"其中的"省北田四品"就是指省察北方的四种不同等级的田地。

既然农田间存在着差异,商人在耕种时就会进行选田,殷墟甲骨卜辞中反映了他们进行选田之事,如"翌癸未选西单田,受有年? 十三月"(《合集》9572③)、"选有正,乃壅田"(《合集》9480)等,其中的"选田"指在某地的撂荒地中选定重新耕种的地段④。

2.引水灌田

我国传世文献记载,商汤时发生了旱灾,伊尹教民作区田,并在田头凿井用于灌溉。如《世本》载:"汤旱七年,伊尹教民田头凿井以灌田。"另外,考古发现也有不少商代水井,但是这些水井均位于城邑之内。殷墟甲骨文中有"井"字,作"井"(《合集》2762)、"井"(《合集》8992)、"井"(《合集》32763)等状,象井口之形,其来源可能与水井或陷阱有关,不过,其用法却没有作水井者。《合集》18770是一残片,其上有"百洴"二字,"洴"字象井旁有水流貌。有学者认为,"洴"字为殷代汲井灌田之证,"百洴"很可能指一百个井灌之田区。⑤《周礼·秋官·雍氏》有"春令为阱,擭沟渎之利于民者"语,郑玄注曰:"沟渎浍,田间通水者也。"所以沈之瑜认为,"洴"字就是古文"阱","百洴"就是指百条沟渎。⑥

---

①　杨升南:《商代经济史》,贵州人民出版社1992年版,第156页。

②　张兴照:《商代水利研究》,中国社会科学出版社2015年版,第155页。

③　何会已经将该版与《合集》5080、《合集》17331、《合集》16399、《合集》17464等多版缀合,参看黄天树主编:《甲骨拼合续集》,学苑出版社2011年版,第459则。

④　《裘锡圭学术文集·甲骨文卷》,复旦大学出版社2012年版,第257—258页。

⑤　温少峰、袁庭栋:《殷墟卜辞研究——科学技术篇》,四川省社会科学院出版社1983年版,第202页。

⑥　沈之瑜:《"百洴"、"正河"解》,《上海博物馆集刊》1987年第四辑。

由于辞残且是孤例,一时尚无法断言。甲骨文中又有"彔"字,作"🌀"(《合集》10970 正)、"🌀"(《花东》286)、"🌀"(《合集》27237)、"🌀"(大墓 M11)、"🌀"(《合集》37848)等形①。在我国北方地区,架设于水井之上的用于汲水之用的辘轳,正与此字形极为相似。可见,"商代已有汲水之井口设备了。由'彔'字至少可以说明商代汲井而灌在技术上是可行的"②。

需要指出的是,除传世文献记载外,无论考古材料还是殷墟甲骨文中,都没有商代井水用于农田灌溉的确证。即使存在井水灌溉农田的情况,在当时的条件下,最主要的灌溉形式应该还是通过沟渠直接引用地表水,或用其他设备将井水打上地面之后再运送到农田之中。

甲骨文中没有见到引水灌溉的确证,不过考古发掘中却有引水灌溉的证据。1956 年在河南孟县(今孟州市)一处商代晚期③古文化遗址发现了一条东南—西北向的壕沟。沟口距地表 3.7 米,沟深 1.2 米,口宽 1.2 米,底宽 0.7 米。考古报告发表时,已清出的一段壕沟长度为东西 15 米,其沟底和沟壁均甚平整。发掘者推测,这显然是当时人工有意识挖掘而成的。沟内填土有四层,每层为厚约 40 厘米的黄淤土,质松软,含水分较多。虽然整个壕沟当时并没有全部发掘,但根据探方 5 的东壁来看,这条沟的东端,直伸到现在涧溪沟的东岸断崖上,这说明东段是被涧溪沟冲破了。已探知此壕沟长约 80 米(西端未到头)。从所出铜矛和陶片来看,壕沟与此遗址为同一时期,很可能与当时利用涧溪沟里的水有关。在发掘报告的结语部分,整理者还指出,遗址内发现的壕沟很可能是用来引水灌溉的。这类沟壕,郑州二里岗和郑州白家庄的商代遗址中都曾发现过。④ 其实在安阳殷墟也发现有地下水沟,李济指出:"我们的谨慎的田野工作者对安阳发现的地下水沟从未给予任何进一步的、系统的解释。笔者现在认为,由于殷商的培育水稻种植在各种研究的基础上得到证实,所以我们有可靠的依据认为地下水沟网是殷商灌溉渠发展的遗迹。"⑤

相较于其他文化遗存,考古发掘中有关商代沟洫的报告确实不多。张秉权

---

①　诸字形采自刘钊主编:《新甲骨文编》(增订版),福建人民出版社 2014 年版,第 427—428 页。

②　张兴照:《商代水利研究》,中国社会科学出版社 2015 年版,第 161—162 页。

③　发掘者也指出,因为有些出土物的器形也接近西周,所以遗址或晚于西周早期。

④　河南省文化局文物工作队:《河南孟县涧溪遗址发掘》,《考古》1961 年第 1 期。

⑤　李济:《安阳》,河北教育出版社 2000 年版,第 205 页。

曾对此作出解释,近代田野考古发掘的地方,往往是有文化遗存的居住区或墓葬区,即便在有些居住区发现一些沟渠的遗迹,也往往不是完完全全地发掘出来,而只是挖其中的一截,或断断续续的几截。至于一些没有文化堆积的田野里,即使有沟洫的遗迹,也自然是更没有机会被发掘出来。① 可能正是由于这个原因,上述考古发掘资料中并没有十分明确的引水灌田证据,不少都是考古工作者的推测而已,但这种推测是合理的。

3.壅田防水

商代农田水利事业的进步还表现在人们已经开展了去高填洼、平整土地、修筑田垄等壅田防水的工作。《周礼》中曾记有壅氏之官,其职司当与殷墟甲骨文中“壅田”之类工作有关。商人在农事生产过程中进行壅田防水,也反映出他们已基本具备了自觉利用水利、有意避开水患的基本能力。殷墟甲骨文中有卜“壅田”之事者,如“勿令皋壅田”(《合集》9475)、“令辰壅田于盖”(《合集》9476)、“令众人🐾入絑方壅田”(《合集》6)、“令受壅[田]于𣎴侯”(《合集》9486)、“王令多尹②壅田于西,受禾”(《合集》33209)等,“皋”“辰”“受”皆为人名,“盖”为地名,是商代的农业区。

与壅田相关的,商代还有“尊田”之说,也是商人自觉利用水利、有意避开水患的一种方式。如“辛未卜,争贞:曰众人□尊田▨”(《合集》9)、“勿墫/受年”(《合集》9869)、“庚辰卜:尊中商”(《合集》20587)等,均与“尊田”之事相关,“尊”用法同“墫”。墫则是聚土义,“墫田”是把开荒的土地作出垄来,使它变成正式的田亩。③ 可见,商代的农业生产已有相当精细的操作。

4.种植喜水作物

商人已经初步掌握了农田土壤和种植农作物种类的情况,那时除种植常见的黍类作物外,也掌握了喜水类作物“稻”的种植方法。

---

① 张秉权:《甲骨文与甲骨学》,台北编译馆 1988 年版,第 454 页。
② “多尹”为职官名,这是多尹参与农事的记录。卜辞中还有“多尹”参与工程建筑的记录,如“令多尹作王寝”(《合集》32980);参与祭祀的记录,如“惠多尹飨”(《合集》27894);参与征伐的记录,如“呼多尹往𪤘”(《合集》31981)。关于卜辞中职官名“尹”从事职务等问题,可参看王贵民:《商周制度考信》,台北明文书局 1989 年版,第 179—180 页;后收入《甲骨文献集成》第 20 册,第 143—247 页。
③ 张政烺:《释甲骨文“尊田”及“土田”》,收入《张政烺文史论集》,中华书局 2004 年版,第 601—606 页。

殷墟甲骨文中有"靠"字,作"𩵀"形(《合集》303)。从其在甲骨卜辞中的用法看,该字用为农作物无疑,较有影响的说法有三:释为"秬"[1],释为"稻"[2],释为"豆"[3]。学者多从唐兰释为"稻"之说。稻,又称水稻,其最大的特点是与水伴生。《淮南子·说山训》:"稻生于水。"所以有学者称:"有水稻的种植,必有稻田水利。"[4]据传世文献,商汤时已经有水稻种植,如《孟子·滕文公下》:"汤居亳,与葛为邻……汤使亳众往为之耕,老弱馈食。葛伯率其民,要其有酒食黍稻者夺之。"从目前所见殷墟甲骨文来看,含有"稻"字的辞例并不多,且都集中出现于武丁时期的宾组卜辞中,形式上往往为"受稻年"与"受黍年"一起出现。"受稻年"凡 23 见[5],如"我受稻年"(《合集》10045 正[6])、"我不其受稻年/我受稻年"(《合集》10043)等,卜问的是稻子是否能够丰收之事。

在商代考古发现中也有不少稻谷方面的资料。如郑州商城白家庄遗址中发现有二里岗期的稻谷遗存。[7] 偃师商城宫城北部发现有以稻谷为主的祭祀坑。[8] 另外,在殷墟小屯遗址也曾发现有稻谷的遗存。[9]

三、周代农田水利事业的发展

西周时期,人们聚族而居,土地制度实行井田制。田垄按地形决定,并开垦荒地,整修田间的沟洫。当时的灌溉技术已经达至相当水平。春秋战国时期,

---

① 陈梦家:《殷虚卜辞综述》,科学出版社 1956 年版,第 527 页。

② 唐兰:《殷虚文字记》,中华书局 1981 年版,第 34 页。

③ 于省吾:《商代的谷类作物》,《东北人民大学人文科学学报》1957 年第 1 期。这是于先生早年的说法,后来他放弃了该说。宋镇豪认为,于先生早年的说法是可信的,参看宋镇豪:《商代社会生活与礼俗》(宋镇豪主编:《商代史》卷七),中国社会科学出版社 2010 年版,第 120 页。

④ 张兴照:《商代水利研究》,中国社会科学出版社 2015 年版,第 164 页。

⑤ 杨升南、马季凡:《商代经济与科技》(宋镇豪主编:《商代史》卷六),中国社会科学出版社 2010 年版,第 109 页。

⑥ 与《合集》10041 为重片关系。

⑦ 许顺湛编著:《灿烂的郑州商代文化》,河南人民出版社 1957 年版,第 7 页;杨育彬:《郑州商城初探》,河南人民出版社 1985 年版,第 22 页。

⑧ 中国社会科学院考古研究所:《河南偃师商城商代早期王室祭祀遗址》,《考古》2002 年第 7 期。

⑨ 张光直、李光谟编:《李济考古学论文选集》,文物出版社 1990 年版,第 283 页。

社会生产力更是发展迅速,有效地推动了生产关系的变革,奴隶制逐渐崩溃,封建制度开始建立,又更快地促进了农业生产的发展,并为农业水利工程的兴修创造了更为有利的条件。周代尤其是春秋战国时期,黄河中下游地区出现了一些较大的灌溉工程,这也是我国历史上兴修水利工程的第一次高潮。其中,比较著名的期思陂、引漳十二渠灌溉工程、鸿沟等,均在今河南地区。

(一)期思陂

期思陂,春秋时楚国令尹孙叔敖主持修建,位于今河南固始县境内。孙叔敖,姓芳,名敖,字孙叔,期思(今河南固始)人。

其实早在孙叔敖任楚相之前,其在期思陂治水之事就引起了楚国当政者的注意,如《淮南子·人间训》载:"孙叔敖决期思之水,而灌雩娄之野。庄王知其可以为令尹也。"这既是我国较早的渠系工程记载之一,也是最早引水自流灌溉的记载。期思、雩娄两地都在今河南固始县境内,地处史河与泉河之滨。不过前者是下游,后者居上游,当时为什么能够引低水而灌高田?《太平御览》等文献在转引《淮南子》中的这句话时,其文作"楚相作期思之陂;灌雩娄之野",则明显是把它们视为了两码事。但无论如何,孙叔敖的治水业绩是相当大的,不少志书中均有相关记载,据嘉靖《固始县志》,固始县境内陂塘、湖港、沟堰900多处,"盖肇自楚之孙公,汉之刘馥"。汉代王延寿在《孙叔敖庙碑记》中曾赞颂孙叔敖"宣导川谷,陂障源泉,溉灌沃泽,堤防湖浦,以为池沼。钟天地之美,收九泽之利"。可见,孙叔敖的治水业绩是为人称道的。在他的倡导下,春秋时期的楚国大力发展水利,农业生产蒸蒸日上。史载孙叔敖治楚三年,而楚国遂霸。

(二)引漳十二渠灌溉工程

战国时的魏国修建了大量水利工程,其中比较著名的有引漳十二渠灌溉工程、鸿沟的开掘及黄河西岸堤防的修筑等。

引漳十二渠是一处战国前期在邺地修建的以漳水为源的大型灌溉工程。作为黄河的支流,漳水经常泛滥成灾。《史记·滑稽列传》等记载,魏文侯二十五年(前422),时任邺县令的西门豹"发民凿十二渠,引河水灌民田,田皆溉"。渠首在邺西18里处。渠首以下在大约12里内修建拦河低溢流堰12道,各堰上南岸开引水口,设闸,形成12条干渠。《汉书·沟洫志》载,魏襄王在位时(前

318—前296），史起任邺令，"引漳水溉邺，以富魏之河内。民歌之曰：'邺有贤令兮为史公，决漳水兮灌邺旁，终古舄卤兮生稻粱。'"十二渠的修建，不仅使当地的农田得到灌溉，而且河水中的泥沙还很好地改良了土壤，提高了肥力，邺地遂成了河内最富饶的地区，这也成了魏国强盛的基础。

（三）鸿沟

鸿沟又称大沟，是魏国兴修的沟通黄淮的一处大型水利工程。公元前362年，魏国将国都从河东的安邑（今山西夏县西北）迁至黄河下游的大梁。为解决用水等问题，迁都第二年，魏惠王下令开挖鸿沟。先是从黄河或荥泽引水到中牟的圃田泽，然后在圃田泽与大梁之间开挖大沟，这样便使荥泽和圃田泽成为天然的蓄水库，通过鸿沟可以源源不断地往大梁输水。公元前340年，魏国又开凿渠道引水出荥泽后东南流，经今尉氏县东、太康县西至淮阳，分两支，南入颍水，东入沙（蔡）水，以通淮河。《汉书·沟洫志》："此渠皆可行舟，有余则用溉，百姓飨其利。至于它，往往引其水，用溉田，沟渠甚多，然莫足数也。"鸿沟水利工程不仅有利于魏国农田灌溉，也有效地促进了流经各地的经济文化发展。

总之，在周代，河南地区的水利建设为我国农田水利事业的发展奠定了基础。正如学者指出的那样，大型农田水利的兴建在这一时期掀起了一个高潮：一方面中原地区水利人才辈出，另一方面各种农田水利工程得以修建。[①] 在长期的治水实践中积累起来的水利科学思想不但为河南地区农业经济的发展提供了强劲的推动力，也为我国传统水利科学技术的进步奠定了理论基础，具有很高的实用价值。通过农田水利工程的修建，河南地区的农业经济更加繁荣昌盛。

四、水权之争频发与水利盟约的制定

春秋战国时期，先有五霸，后有七雄，诸侯林立，各自为政。为了合理利用河水发展农业，并使本国在争霸称雄过程中占得先机，许多诸侯国竞相兴修水

---

① 王星光主编：《中原科学技术史》，科学出版社2016年版，第65页。

利工程,导致水权之争频发。比如,为了吞并地处中原的宋、郑等国,南方的楚国在宋国边界(商丘)的睢水、汴水上堵坝拦水,淹没了宋国的大片土地。这是楚人利用水之害施加于宋国。春秋中期时,各国沿河修筑堤防已经较为普遍,彼此之间纠纷不断。

公元前651年,已经称霸中原的齐国,为解决诸侯国边界间的水事纠纷,就聚集诸侯于葵丘(今河南民权县境)会盟。葵丘之盟中,主要以周天子的名义下达了禁令,要求各诸侯国"无曲堤""毋壅泉",即不许拦河筑坝堵塞河道,不准以邻为壑搞边界阻水工程。这是我国历史上最早解决水事纠纷的条例规定。

虽然春秋时期"无曲堤"禁令已经公布,但直到战国时期,诸侯国"雍防百川,各以自利"的现象仍然存在,而且堤防的规模也越来越大。《汉书·沟洫志》载:"盖堤防之作,近起战国,雍防百川,各以自利。齐与赵、魏,以河为竟,赵、魏濒山,齐地卑下,作堤去河二十五里。河水东抵齐堤,则西泛赵、魏。赵、魏亦为堤,去河二十五里。虽非其正,水尚有所游荡。"为了防御黄河的洪水,齐国在黄河上修筑了堤防,受此影响洪水西泛赵、魏,赵、魏便也跟着修筑了堤防。这样一来,造成的客观实际是基本结束了黄河在下游地区常常漫流的历史,使其从一条河道直流入海。

第四节　内河航运的肇始

河南位居中原腹地、天下之中,属于典型的内陆地区。但是,河南地理条件十分优越,东部是广阔的平原,修筑道路比较容易,故陆路交通十分发达;其西部虽然大多为山地丘陵地带,但自西向东而流的两大河流黄河和淮河及其众多支流所构成的水系网络,也为河南地区的水路交通提供了便利条件,并造就了内河航运事业的肇始。

一、舟的出现、发展和普遍使用

舟是早期人类征服水和与大自然进行斗争的一项伟大发明。在生产技术还不甚发达的古代社会,相对于陆运,航运具有省时省力等诸多优势。传世文献《山海经》《吕氏春秋》《论语》《墨子》等书中记有夏人发明了舟船,事实上早在原始社会就已经出现了独木舟,而夏人应该是对舟船进行较大的改进,使独木舟实现了向舢板船的转变。独木舟是用一根整木制作而成的船,《易经》中有"刳木为舟"的说法,指的应该就是这种独木舟。

就河南地区而言,在信阳市息县境内的淮河河床曾先后发现了数千年前的独木舟。例如,2010年,在息县的淮河河滩上就发现了商代的独木舟,长达9.3米。此后该地还发现了周代的独木舟等。这些发现为探索这一地区的文明史,研究古代航运史和古气候、水上交通史等都提供了珍贵的实物资料,具有重要的历史意义。同时,也说明至少在3000多年以前的夏商时期,当地可能就有了造船业,这在河南地区甚至长江以北地区都是比较罕见的。当然,船只的规模还是以制造独木舟为主。可见,3000多年前的淮河流域,水上交通已经是百舸争流的景象,《吕氏春秋·察今》所记的刻舟求剑的故事,其发生地就在包括今天河南南部地区在内的楚国之地。

商代的殷墟甲骨文中也有不少与舟相关之事,如"王其寻舟于河,亡灾"(《合集》24609),"寻舟"是"行舟"之意。"翌甲其呼多臣舟"(《花东》183)是指呼令多臣从事与用舟或造舟等有关的工作。"鹹任霍畀舟"(《合集》10989反)、"羊畀舟"(《合集》795正),"畀舟"即畀送舟船,这说明商王室所使用的一些舟船也有可能是其他方国首领致送来的。此外,还有一些用为人名,如"羌舟"(《合集》7345);或用为族名,如"舟龙"(《合集》4928甲),就是商代一个族属的专称①。可见,商代确实出现了用为人名或族名的"舟"字,这也从一个侧面说明至少在商代之前舟船的使用已相当普遍,而其制作过程也是有专门的族来负责。

---

① 彭邦炯:《甲骨文所见舟人及相关国族研究》,《殷都学刊》1995年第3期。

西周时期的金文中,也有一些周王乘舟的记载,如"雩若翌日,在辟雍,王乘于舟为大礼"(麦方尊,《集成》11·6015),虽说这些记载多是礼仪性的,但无疑日常生活中舟船也应该较为普遍。

东周时代,舟的发展主要表现为其种类明显增多,既有"刀"这种小船,也出现了连体类型的船。在石鼓文中就出现了"舫"字,郭沫若在《石鼓文研究》中解舫舟为并船。此外,还出现了用于军事的巨型舟。

舟自原始社会出现之后,到夏商周时期的发展和普遍使用,不但扩展了人类在水上活动的范围,而且开拓了上古先民更大范围的生产生活领域,也为内河航运事业的肇始和漕运事业的孕育提供了基本的物质条件之一。

二、内河航运事业的肇始

除舟船外,内河航运事业肇兴的另一重要条件则是运河的开凿。"运河"一词,出现于宋代。宋之前,运河多称为"沟""渠"或"漕渠",如战国时代的鸿沟、灵渠等。一般认为,我国运河建设始于周代。[①]司马迁在《史记·河渠书》中描述了春秋战国时期运河兴建的盛况:"自是之后,荥阳下引河东南为鸿沟,以通宋、郑、陈、蔡、曹、卫,与济、汝、淮、泗会。于楚,西方则通渠汉水、云梦之野,东方则通沟江淮之间。于吴,则通渠三江、五湖。于齐,则通菑济之间。于蜀,蜀守冰凿离碓,辟沫水之害,穿二江成都之中。此渠皆可行舟,有余则用溉浸,百姓飨其利。"其盛由此可见一斑。

就河南地区而言,早在殷商后期已有黄河用于航运的明确记载。综观整个先秦时期,不仅诸如黄河之类的自然河流可以用于航运,人工开凿的运河也是如此,当时河南地区的运河开凿更是较为突出,如沟通沙水、颍水和汝水的陈蔡运河,沟通黄河与淮水的鸿沟等。这些运河开凿的初衷基本都是为征服他国的军事行动服务的,但在客观上却有利于农田水利事业的发展和进步,奠定了我

---

① 武同举、嵇果煌等主张我国历史上最早开凿的运河是太伯渎,可以上溯至殷商时代的后期,距今已有3000余年历史。参看嵇果煌:《中国三千年运河史》,中国大百科全书出版社2008年版,第3—29页。

国航运的基础,促进了沿岸各地经济社会的发展,揭开了内河航运事业发展的序幕,也孕育了我国早期的漕运事业。

三、漕运事业的孕育

漕运是我国历史上一项重要的经济制度。《说文解字》曰:"漕,水转谷也。"即通过水道转运谷物之类的粮草。不过,学术界一般认为漕运是个历史概念,始于秦汉而终于晚清,专指封建社会中央王朝通过水道(河道和海道)将所征粮食运至京师或其他指定地点。通过这种带有强制性的运输制度,封建中央政府直接控制了全国各地的赋税财物。

虽然始于秦汉,但作为一项制度,漕运经历了一个较为漫长的孕育过程。早在先秦时期,已经有了类似后来漕运的水上运输,人们已开始利用沟渠或自然河道等来运输粮草等,只是尚未居于左右国家经济和政治的主导地位而已。"中国漕运之发生,与夏、商、周及春秋、战国的民族融合、国家大一统的出现,其关系甚为密切。"[1]早在托名大禹所作的《禹贡》一书中就描绘了大禹治水的经过及各州贡赋的道路。它把天下化为九州,不仅每州都有自己的水道,而且不同州之间也有水道相连。综览这些贡赋之道路,无疑是在欣赏一幅中国漕运图。一般认为,《禹贡》的作者是战国时人,而那时真正的漕运肯定无法实行,所以其描绘的不过是当时人对未来的一种展望。不过,正如李治亭所言,大禹治水有着漕运史上的意义,"他(引者按:指禹)疏导河流,开掘河道,实为我国古代开运道利漕运之先河,具有首创意义"[2]。

自禹之后,又历经夏、商、西周三代的发展,春秋时期社会变革加剧,社会生产力获得更大解放。这时的黄河水系航运有了新的发展。战国时期由于铁制工具的广泛使用,社会呈现出前所未有的繁荣景象。为谋求富国强兵、充实国力,水利更是受到各诸侯国统治者的重视,战国七雄无不大力开凿运河,发展航运。战国水运勃兴,黄河中下游地区的航运尤为发达。根据《禹贡》记载,这一

---

① 李治亭:《中国漕运史》,台北文津出版社1997年版,第2—3页。
② 李治亭:《中国漕运史》,台北文津出版社1997年版,第6页。

地区的主要水上交通线已经形成。除了黄河作为沟通关东和关中的主要水道,黄河中游地区连通长江流域的水道就有三条:一是"浮于潜,逾于沔,入于渭,乱于河",即由长江入嘉陵江,过汉水,陆运入渭水,再进入黄河;二是"浮丁江、沱、潜、汉,逾于洛,至于南河",即由长江入嘉陵江,过汉水出丹水,陆运与洛水相接,再进入黄河;三是"浮于江海,达于淮泗","浮于淮泗,达于河",即由长江出海,由淮河口入淮,再由淮河入泗水达菏水,接济水通黄河。从山东地区可以"浮于济、漯,达于河",也可以"浮于汶,达于济",再由济水入河。①

黄河南岸的鸿沟水利工程有力推动了黄河下游的航运事业。鸿沟水运网把中原各诸侯国紧紧联系在一起,方便了人员物资的往来,保证了航运的顺畅,对于各地经济文化交流起到了有力的促进作用。一时间,水道沿线一些重要城镇得以迅猛发展,如济水、菏水交汇处的陶(今山东定陶西北),濒临淄水的临淄,河南境内濮水之滨的濮阳和颍水岸畔的阳翟(今河南禹州),沘水入淮处的寿春(今安徽寿县)等。魏国借助于庞大的航运交通网系,将其国各地的大批粮食和物资源源不断地输送至都城大梁,大梁更是成为黄河中下游地区漕运的中枢所在。

淮河流域运河,在我国水利和航运史上占有重要地位。淮河流域航运历史悠久,20 世纪 90 年代,河南信阳在修建出山店水库时,考古工作者发现一处西周遗址,出土了大量的竹木器具,其中包括船桨 8 件、船舵 2 件。这说明在周商时代,淮河上游就有舟楫之利。战国时期,商旅贩运活动逐渐兴起。20 世纪五六十年代,考古工作者曾先后发现 5 枚青铜铸成的鄂君启节,其中包括舟节 2 枚、车节 3 枚。鄂君启节,是楚怀王赐给鄂君启水上或陆上运输的通行证。最为重要的是,舟节上有铭文 164 个,系统地记载了楚国水陆交通线路和商业运输等方面的规定,包括水陆运输的范围、船只的数量、载运牛马和有关折算办法,以及禁止运送铜与皮革等物资的具体条文,为研究战国时代江淮地区航运发展和商业经济提供了重要史料。

总之,先秦时期随着生产力的逐步发展和客观需要,尤其是春秋战国时期争霸战争的需要,各诸侯国竞相修筑水利工程,使开凿运河之风日盛,以中原魏国修建的鸿沟为代表所形成的水系道路交通网络,既是中国古代大运河开凿的

---

① 程有为主编:《黄河中下游地区水利史》,河南人民出版社 2007 年版,第 57 页。

先声,也是孕育中国古代漕运的渊源所在,对后世产生了极其深远的影响。

第五节　水井与蓄排水设施的出现和进步

数千年以前,我国先民对于地下水已有清晰的认识,懂得了如何有意识地利用人力改造自然,以获取水资源。地下水中天然出露的部分称为泉水,可能是最早被人们利用的地下水源。殷商时代的甲骨文中已经出现了“泉”字,其后的《诗经》《尔雅》中更是多见记载。[①]《诗经·大雅·公刘》中有“百泉”之语,正说明泉水之多。该诗还记有“笃公刘,既溥既长。既景乃冈,相其阴阳,观其流泉。其军三单,度其隰原,彻田为粮”,更是清楚地表明至迟在战国时期,引泉灌溉的技术内涵已经包含了两个层面:寻找地下水、引水和输水渠道建设[②]。可以说,夏商周时期,随着社会生产力的发展,尤其在人口聚集、先进生产力汇聚的城市区域,水利设施也逐渐更加完善和多样化,比如开挖水井,建造池苑类蓄水设施,铺设排水设施等。

一、史前时期水井和蓄排水设施的出现

(一)水井

深藏于地表以下的地下水,需要凿井取水。水井是人类生产发展到相当水平的产物,是人类社会从游牧走向农耕的标志之一,表明人类活动不再局限于河流附近。《吕氏春秋·勿躬》中记载:“伯益作井,赤冀作臼。”伯益是虞舜时人,因曾协助大禹治水而为人们所传颂,但“作井”之事并非自他而始。

据考古发掘资料,我国的水井开挖技术至少可以追溯至史前龙山文化时

①　周魁一:《中国科学技术史·水利卷》,科学出版社 2002 年版,第 30 页。

②　周魁一:《中国科学技术史·水利卷》,科学出版社 2002 年版,第 362 页。

期。例如 20 世纪 70 年代,在伊、洛河之间地势平坦的洛阳平原一带,曾发掘了一处矬李遗址,该"遗址的文化堆积是由仰韶文化到河南龙山文化再到二里头类型文化,二者是连续发展的"。其中,在相当于河南龙山文化晚期的矬李第三期文化遗存中,发现一处水井,"圆形,口径 1.6 米,深 6.10 米见水。井径上部较粗,至 4.75 米深处收为 0.80 米,以防倒塌"。① 也是 20 世纪 70 年代,在河南汤阴县城东白营公社白营村东发掘了白营遗址,该遗址的文化层堆积自河南龙山文化早期始,至西周文化层为止,其中在属于河南龙山文化早期的遗存中,发现一处深 11 米的水井,该井井口形状呈四方圆角形,"口部分两层,大井口南北长 5.8(米)、东西宽 5.6 米。东边有台阶两级,向下 0.55 米为小井口,小井口南北长 3.8(米)、东西宽 3.6 米。井四壁上部向外倾斜,下部较直,口大底小",井壁则是用井字形的木棍自下而上一层层地垒成,这种叠压的井字形木架共有 46 层,使用的木棍为带树皮的自然原木(发掘报告中认为好像是柳木或榆木),木棍粗 8—12 厘米,每隔 0.15 米叠压一层,而且木架的十字形交叉处有榫,南北木棍的榫扣入东西木棍的榫内,榫外至生土壁间距 40 厘米回填黄生土,最底下的一层井字形木架架在胶泥壁上。② 这是在中原地区发现的最早由木架结构支护的深水井,非常坚固。

(二)蓄水设施

就河南地区而言,目前所知最早的蓄水设施出现在至少 5000 年前仰韶文化时代的灵宝西坡遗址。2000 年 10—12 月间,由中国社会科学院考古研究所河南一队和河南省文物考古研究所等单位组成的铸鼎原联合考古队对西坡遗址南区进行试掘时,发现一个仰韶时代的蓄水池,"开口于 T101、T201 第 4 层下,略呈长方形,西南—东北向,残宽约 10(米)、残长约 30 米,总面积约 300 平方米","底部略呈锅底状,周围浅,中部深达 1.5 米,平均深度约 1 米,估计储水量为 300 立方米左右"。为了进一步了解该水池的范围,考古人员又"在 T101、T201 北部的公路南北两侧各开探沟一条,其中南侧发现残存的池底硬面 10 米,

① 洛阳博物馆:《洛阳矬李遗址试掘简报》,《考古》1978 年第 1 期。
② 河南省安阳地区文物管理委员会:《汤阴白营河南龙山文化村落遗址发掘报告》,《考古》1980 年第 3 期。

北侧发现残存硬面 2.5 米……池底多粉沙,少粗粒沙,罕见卵石,仅发现个别蚌壳",因此试掘报告中认为"其作为水池的可能性最大"。① 这种推测是合乎事实的,该蓄水池是目前河南地区发现的最早同类遗存,说明至少在 5000 年前的仰韶文化时代,这里的先民们已经具备了控制水资源的相关知识和能力。

(三)排水设施

我国最早的排水设施至少可以追溯到 4000 多年前的龙山文化时代。1979 年至 1980 年发掘的河南淮阳平粮台古城址,其中已发现有陶质排水管道。陶排水管道位于南门门道路土下 0.3 米,现残长 5 米多,是在门道下先挖出一条北高南低、上宽下窄的沟渠(上宽及深各约 0.74 米),然后于沟底铺一条陶水管道,其上再并列铺上两条陶水管道。管道每节长 0.35—0.45 米不等,直筒形(一端稍细,径为 0.23—0.26 米;一端较粗,径为 0.27—0.32 米),均为轮制。外表拍印篮纹、方格纹、绳纹、弦纹,个别的为素面。每节小口朝南,套入另一节的大口内,节节套扣。管道周围填以料礓石和土,其上再铺土作为路面。② 平粮台是我国目前发现的最早的一座古城遗址,时代为龙山文化时期,其中的排水设施也是我国最早的排水设施。

二、夏商时期水井的普及化和蓄排水设施的进步

(一)水井的普及推广

到了夏代,随着社会的发展和技术的进步,水井数量逐渐增多,建造技术更加进步,有些还有比较讲究的井台。例如,在偃师二里头遗址③,水井已经比较常见,在手工业作坊区、居民区等都有发现。二里头遗址的水井井口基本都作

① 中国社会科学院考古研究所河南一队、河南省文物考古研究所、三门峡市文物工作队、灵宝市文物保护管理所、荆山黄帝陵管理所:《河南灵宝市西坡遗址试掘简报》,《考古》2001 年第 11 期。
② 河南省文物研究所、周口地区文化局文物科:《河南淮阳平粮台龙山文化城址试掘简报》,《文物》1983 年第 3 期。
③ 该遗址是夏代晚期的都城遗址,许多考古学家已经考证了这一点。

方形或长方形,井壁则是竖直,井壁上开凿有两行对称的脚窝。有的还有讲究的井台。[1] 杜金鹏曾在发掘工作中发现Ⅸ区有一口水井很有特点,"建造时先在地上挖山方形坑,再用夹杂料礓石的黏土夯实,又在夯土上挖井",出此推测"坚硬的夯土井口曾凸出地表形成井台"。[2] 若此推测属实,那时可能已经开始注意水井的安全性了。在郑州荥阳娘娘寨遗址二里头文化遗存中,考古工作者也发现有二里头文化三期偏晚时期的水井一口,该井平面也呈长方形,口大底小,斜壁、平底。[3]

至商代,人口有了较大增长,因此邑聚数量不断增多,邑聚规模也不断增大。这个时期出现了更多的水井。兹仅举两例:在偃师商城宫殿建筑的东北面发现有一口水井。该水井口与庭院地面相平,上距现地面约 0.9 米。井口呈长方形,东西长 2.1 米,南北宽 1.2 米,向下逐渐内收,井深至少 6 米。在水井南、北壁上各有一排脚窝,两两相错,排列整齐,上下间距为 0.6 米。[4] 殷墟 GH202,坑口距地表 1.8 米,坑口平面作正圆形。坑口径 1.6 米,其深度不明。坑壁较直且光滑,中腰处微向外扩。根据此坑的形制与潜水深度,考古工作者推测其可能是当时的水井,年代属于"苗圃Ⅱ期"。[5]

郑州商城发现的水井种类繁多,宋国定将其分为两类五型。第一类是有井坑的加工比较讲究的水井,多位于宫殿区内,且一般都与宫殿建筑有较为密切的关系。第二类是周围不设井坑的普通水井,广泛分布于商城内外。井口有圆角长方形或方形、椭圆形和不规则形等多种,井壁上有对称错置的两行脚窝。偃师商城、洹北商城、殷墟宫殿宗庙区内发现的水井也属于这类普通水井。[6]

---

① 郑光:《二里头遗址的发掘——中国考古学上的一个里程碑》,见中国先秦史学会、洛阳市第二文物工作队编:《夏文化研究论集》,中华书局 1996 年版,第 67 页。

② 杜金鹏:《夏商都邑水利文化遗产的考古发现及其价值》,《考古》2016 年第 1 期。

③ 郑州市文物考古研究院、河南省文物管理局南水北调文物保护办公室:《荥阳娘娘寨遗址二里头文化遗存发掘简报》,《中原文物》2014 年第 1 期。

④ 中国社会科学院考古研究所河南二队:《1984 年春偃师尸乡沟商城宫殿遗址发掘简报》,《考古》1985 年第 4 期。

⑤ 中国社会科学院考古研究所编著:《殷墟发掘报告(1958—1961)》,文物出版社 1987 年版,第 102 页。

⑥ 宋国定:《试论郑州商代水井的类型》,见河南省文物研究所编:《郑州商城考古新发现与研究(1985—1992)》,中州古籍出版社 1993 年版,第 90—97 页;张应桥:《试论夏商城市水利设施及其功能》,《华夏考古》2006 年第 1 期。

张兴照曾整理有《商代水井一览表》《商代水井拾遗表》，其中绝大多数水井位于今河南境内，且其数量及部分规模已相当可观。张先生并指出："商代水井承袭史前与夏代的建造形制，分地域呈现出不同的特点。"如从井口形状来看，分为方形井与圆形井两大类；从井内形制看，有下部设台阶或二层台者，有底部设井框、井盘者，井壁与脚窝的形制也不尽相同；从挖井技术看，北方有时要预挖井坑，南方已使用掘井测量工具。①

但是必须承认的是，一直到商代，水井可能主要是用于居民的生活，而非用于农业生产中的灌溉作业。其中一个最主要的证据是，考古发掘出的商代水井均位于商代城邑（包括都城、方国邑与中小型聚落）之内。

（二）蓄水设施的发展

文献记载中，先秦时期我国帝王已经拥有池苑，而最早营建者是夏桀。《逸周书·史记解》有"昔者有洛氏宫室无常，池囿广大"的记载，《博物志·杂说上》亦有此说，这里的"有洛氏"就是夏桀，其"池囿"之"池"所蓄并不是一般意义上的水，而是酒。《帝王世纪》载夏桀"以为酒池，一鼓而牛饮者三千余人，醉而溺水"，《列女传·夏桀妹喜传》中说夏桀"昏乱失道，骄奢自恣。为酒池可以运舟"，正是由于夏桀醉心于酒池，昏乱失政，后成汤伐夏，有洛以亡。

商代末期似乎忘记了前朝亡国之教训，依旧热衷于宫室池沼。《史记·殷本纪》载商王纣"以酒为池，县肉为林"。《尚书·泰誓》中记载有周武王誓师之辞，曰："今商王受（纣）……惟宫室台榭陂池侈服，以残害于尔万姓。"

至周代，营造池沼之风不减。西周沣京有文王灵沼，镐京有武王镐池。春秋战国时期，池沼更是遍布于华夏大地。《史记·晋世家》载晋平公"厚赋为台池而不恤政"，《吕氏春秋·似顺》载"卫灵公天寒凿池"，《吴越春秋》载吴王阖闾"立台榭于安华池"；而《水经注·易水》等文献记载，东周时期燕下都宫殿区内也有池渠，且已为考古资料证实。

其实，传世文献中所称三代帝王多营造池苑之事，不少都已经被考古资料

---

① 张兴照：《商代水利研究》，中国社会科学出版社 2015 年版，第 224—236 页。

证明确实并非向壁虚造。商周时期及其以后的都城遗址中①,如偃师商城、郑州商城等,都发现了较大规模的池苑类蓄水设施的遗存。

商代城邑的蓄水设施包括宫殿区池苑与一般蓄水坑池两类。其中,前者主要专供帝王使用,目前在偃师商城、郑州商城与殷墟均发现有此类蓄水设施,可谓后世帝王池苑的滥觞。②

偃师商城王宫池苑位于宫城北部居中位置。该水池的形状作长方形斗状,其基本结构是以一个斗状长方形池槽作为基础,然后再用大小不等的石块沿着水池四壁垒砌而建成。现存池槽东西长约为 128 米,南北宽 19—20 米,四壁是缓坡状,水池最深约 2 米。水池的东西两侧均有配套系统,即水道。其西水道位于水池西侧,自偃师商城大城西一城门外侧的护城河起,经过西一城门门道下之后,辗转进入宫城北部,最后与水池连在了一起;东水道位于水池东侧,自水池东端,向东穿过宫城的东墙后,辗转经大城东一城门门道下,最后注入了大城东城墙外的护城河。据发掘报告,水池的始建年代应为偃师商城第一期,与宫殿建筑和祭祀区始建年代相同,是宫城组成部分之一,水池和东西水道后来都曾经过改建,水道作为水池的配套系统,它们和水池的改建年代基本属于同时,水池四壁使用石块垒砌应是后来改建的结果,而西水道底部高于东水道底部约 0.5 米,因此西水道当为引水道,东水道当为排水道,水池内的水当是可以流动的活水,但又非饮水之用(宫殿区内大量的水井应为饮水之用)。宫城北部应是以水池为中心的专供商王休闲娱乐的池苑场所,该池苑遗址是目前所知我国时代最早的通过人工凿池方式进行引水造景的帝王池苑设施,而其由大水池和引水道、排水道等构成的城市循环水系,也是我国目前发现的年代最早的城市人工水利工程。这些发现使我国帝王御用池苑和辟园造林的历史至少可以上溯至商代早期。③

郑州商城内的石板蓄水池位于宫殿区的东北部,它与商城宫殿基址之间的关系是非常密切的,也应当是宫殿区的重要组成部分。该水池的平面呈长方

---

① 在属于夏代的二里头遗址宫殿区北部发现的大型灰坑,学者或认为可能属于宫室附近的池苑设施之类,其作用可能是营造景观,或兼有收纳雨水之用。

② 张兴照:《商代水利研究》,中国社会科学出版社 2015 年版,第 236—244 页。

③ 中国社会科学院考古研究所河南第二工作队:《河南偃师商城宫城池苑遗址》,《考古》2006 年第 6 期。

形,已知的东西长度约 100 米、南北宽度 20 米,整体上略微呈东南—西北向,其池壁和池底都有料礓石作铺垫,池壁斜直,用的是圆形石头进行加固,池底铺的是较为规整的青灰色石板,从该石板水池在宫殿区的位置及形状和结构等方面推测,发掘者认为这应该是当时向宫殿区提供生活用水的大型蓄水设施。① 若此,这不但是河南地区,也是目前我国境内所发现的时代早、规模大、保存亦相对完好的古代城市蓄水设施。此外,石板蓄水池虽然位于宫殿基址较为密集的地方,但这些宫殿基址并非同时期的遗存,和该蓄水池的年代也不尽相同,加上它在夯土建筑分布区内的位置和偃师商城一样,也是在东北隅,因此有学者提出,该水池除了有水源供给的功能,还有"美化环境、改善小气候、供王室游乐"的功能②,亦属于帝王池苑之类。

2004 年,考古工作者在商代晚期的殷墟小屯宫殿区内,发现了一处面积不小于 4.5 万平方米的大池子。该池子位于宫殿区丙组基址西北、乙组基址西侧,平面呈现出东西长的椭圆形状,东西长径不小于 250 米,南北径不小于 170 米,池子的东北部有一水道直通洹河的南缘,水道宽达 75 米左右,近洹河更宽,达 90—100 米,水道南北长 350 米左右,走向与乙组基址几乎是平行的,水道的东侧和南侧均有数座夯土基址,距池苑仅有数米之远,学者推测这些基址当为池苑旁边的台榭类建筑。该池苑遗存与宫殿区内的建筑基址之间,布局比较协调合理,其时代应与小屯宫殿宗庙区同时,也解决了宫殿宗庙区的排水问题。③

除了池苑类蓄水设施,先秦时期河南地区出现的一般蓄水坑池更是数量众多。如偃师商城二号建筑群内,发现一个长方形坑状遗迹。根据坑内堆积为淤积、沉淀土的特征,王学荣认为这是一处蓄水池。该水池设计挖掘成长、宽、面积等跟其他大型建筑基址规模相似,按布置大型建筑的方式,将其安置于行列之中。雨水通过各建筑物台基四周相互贯通的简易浅沟,逐渐汇集而注入水池。如此设计,既可以排泄雨水,也为水池解决了水源问题。水池蓄水,解除了

① 河南省文物研究所编:《郑州商城考古新发现与研究(1985—1992)》,中州古籍出版社 1993 年版,第 87—89 页。
② 杜金鹏:《偃师商城初探》,中国社会科学出版社 2003 年版,第 202 页。
③ 岳洪彬、岳占伟、何毓灵:《小屯宫殿宗庙区布局初探》,收入中国社会科学院考古研究所夏商周考古研究室编:《三代考古(二)》,科学出版社 2006 年版,第 337—340 页。

火灾发生后无水可用的忧虑,即该池最重要的功用就是蓄水以备防火之用。①

(三)排水设施的进步

夏商时期的排水设施更为常见,其主要者有三:水沟、石砌水道与陶质水管。结构也更为复杂,仅输水管道而言,既有地面上开挖的潜水沟渠,也有深埋于地下的陶质管道、石砌或石木兼施的暗道。② 这在夏商时期的城址考古发掘中多有发现。

在偃师二里头遗址宫殿区东部建筑群的三号和五号两座大型基址间,有长逾百米、宽约 3 米的通道。通道的路土下,局部发现木结构的排水暗渠。在宫殿区北侧道路以北 6—6.4 米,发现一段东西长约 38 米、南北宽 0.6—0.8 米的小沟。在宫殿区西侧的宫城西墙夯土下发现一段南北长约 66.4 米、东西宽0.4—0.6米的小沟。两条小沟均位于宫殿区外侧的近旁,学者推测,或具有围护、区划、排水的作用。③ 第二号宫殿基址西墙的西北角发现一条明水沟,水沟与西墙平行,北高南低,上宽下窄,中间有一级台阶,沟壁土质较硬,应为经过水长期浸泡所致。陶水管道发现于一、二号宫殿基址内,其中二号基址庭院内东北部的陶管道,安置于预先挖好的沟槽内,西高东低。管道单节直径 0.16—0.22 米,长0.52—0.58 米,中间稍鼓。石砌水道发现于二号宫殿庭院东南部,沿着东廊房向南至南墙内 4.10 米处,向东拐入东回廊,并从东围墙的第四道门基下伸向院外,水道北段向西拐。其中南北向部分长 11.60 米,内宽 0.12—0.20 米,高0.07—0.10米。石槽西高东低、北高南低,这是一条预先挖好沟槽,然后用石板砌成的地下排水涵道。④ 这种石砌水道主要出现在都城之中,其特点是以石板铺底、砌壁。

郑州大师姑遗址发现有二里头文化时期的城址,在其城垣的外侧发现有护城壕沟。城壕与已经发现的城垣平行,除北壕西端因索河河道间隔与城址西南角暂未发现外,其他地段均已封闭。东壕 620 米,北壕 980 米,西壕现已揭示出

---

① 王学荣:《河南偃师商城第Ⅱ号建筑群遗址研究》,《华夏考古》2000 年第 1 期。

② 张应桥:《试论夏商城市水利设施及其功能》,《华夏考古》2006 年第 1 期。

③ 中国社会科学院考古研究所编著:《二里头(1999—2006)》,文物出版社 2014 年版,第 38 页。

④ 中国社会科学院考古研究所编著:《偃师二里头》,中国大百科全书出版社 1999 年版,第 156 页。

80 米,复原长度为 300 米,南壕现已揭示 770 米,复原长度为 950 米。①

目前所见偃师商城大城的护城壕保存最为完好,它环绕于城垣四周,与城垣平行分布。墙、壕间距约 12 米,口宽底窄,口宽约 20 米,深约 6 米,横剖面呈倒梯形。外侧坡度较陡,而内侧坡度较缓。郑州商城外城南城墙外发现的护城河,也与城墙走向平行,两者间距为 10 米。河口宽约 24 米、底宽 12 米,护城河断面呈倒梯形,最深处距现代地表 7 米,内坡向下斜直,底部较平,坡面修筑平整,在护城河的北坡原来较低洼或不平整的地方经过了多次修复、加固。护坡垫土颜色呈灰白色,质稍硬,层次明显,经过夯打,每层厚度一般为 10—15 厘米,总厚度达 2.5 米。② 除这类护城壕沟外,商代也在邑聚内部的房前屋后修建有大小不一的水沟,这点张兴照也有详细论述,可以参看③。

石砌水道也是商代城邑中一种较为讲究的排水设施。偃师商城宫殿基址的东北、东南和南庑南面共发现三处石块砌成的排水沟。其中东北、东南两处排水沟属于 D4 宫殿建筑基址的排水设施。东北处的排水沟设在宫城的东墙内,现存北壁东西长 1.3 米,高 0.45 米。此处的地势为西高东低,南北两侧微高,中部低洼,东端正对水沟洞口。东南面的排水沟设在宫殿的东南角处,西自宫殿基址的南面,东到宫城东墙外,水沟下面铺有片状石块,该排水沟保存较为完整。在 D4 宫殿基址南庑的南面还有一条东西向的地下排水沟,其北距南庑基址西部 6.75 米,西起 T19 以西约 20 米处,东到宫殿东墙以外,全长近百米,是 J1 宫城中的一条重要排水设施。该水沟全部被埋在当时地面以下,沟底铺砌一层较薄的片状大石块,合缝铺平,水沟两侧叠石砌壁,沟壁上面加盖较大石块,形成方腔水道。水沟内宽约 30 厘米,高约 47 厘米,里面积满淤土。整沟西高东低,其距地表西部为 1.18 米,中部为 1.38 米,东部为 1.45 米,坡度明显。④ 上文已经介绍,在偃师商城宫殿建筑的东北面还发现有一口水井。正如发掘整理者所言,水井及排水沟的建置,表明偃师商城宫城内用水和排水的设施更加完善。郑州商城遗址中也发现有石砌水道,位于宫城墙外 8 米处,呈西北—东南

① 郑州市文物考古研究所编著:《郑州大师姑》,科学出版社 2004 年版,第 27 页。

② 河南省文物考古研究所:《郑州商城外郭城的调查与试掘》,《考古》2004 年第 3 期。

③ 张兴照:《商代水利研究》,中国社会科学出版社 2015 年版,第 256—258 页。

④ 中国社会科学院考古研究所河南二队:《1984 年春偃师尸乡沟商城宫殿遗址发掘简报》,《考古》1985 年第 4 期。

走向。水道全部用青石板材砌筑而成,宽约 1.50 米,高约 1.50 米。在水道上相距一定距离处,还修筑有用石板砌成的天井设施。[①]

陶质水管在商代已经得到广泛应用。在偃师商城、郑州商城及湖北盘龙城遗址均发现有多处不同形制的陶水管。在殷墟白家坟村西也发现有商代陶水管道,该管道遗迹距现地表约 1.1 米,南北、东西呈 T 形排列。其中,南北向陶水管道残长 7.9 米,有 17 个陶水管;东西向陶水管道残长 4.62 米,有 11 个陶水管。南北向与东西向的陶水管道间由一个三通水管交接。水管系手制,通长 42 厘米,直径 21.3 厘米,壁厚 1.3 厘米。平口,周身装饰有绳纹及两道凹弦纹。水管之间,平口对接。接缝处,没有发现涂抹异物的痕迹。而在管道上部及附近,发现有夯土与残存柱洞的痕迹。因此考古学者推测,管道本来是被埋于房基中的,它可能是附属于房子基址的排水设施。[②] 这些工艺精巧的三维、二维卫生设施大多采用泥条盘制和手制相结合的方法成型,然后再轮修,或用轮模兼制。这些陶水管和现在的排水管一样在水流的纵横改道上使用。[③]

综上,夏商时期的排水设施已经相当完善,功能也较为齐全,其制作工艺亦比史前时期有了更大进步,比如在管道交接处,那时已经出现了三通陶水管,这与我们今天生活中常常使用的三通管是极其相似的。夏商时期,甚至在排水设施的布局规划和设计等方面也比较讲究,既与整个城市相得益彰,更有极强的实用功能。

三、周代水井的大量开凿和蓄排水设施的发展

(一)水井的大量开凿

周代水井大量开凿,就河南地区而言,战国晚期的东周阳城内曾发现有 2口水井。其中一口水井开凿在红色岩石层中,井口呈圆形,口径 1.23—1.33 米,地径 1—1.26 米,深 2.6 米。南北井壁上分别有三个圆形或椭圆形的脚窝,井底

---

① 河南省文物考古研究所编:《郑州商城》,文物出版社 2001 年版,第 234 页。

② 中国科学院考古研究所安阳发掘队:《殷墟出土的陶水管和石磬》,《考古》1976 年第 1 期。

③ 李乃胜、李清临、郭峥栋等:《河南安阳殷墟出土陶水管与陶器的对比研究》,《分析测试学报》2008 年第 9 期。

处有两个大石块。井内下部填红砂土,上部填浅灰土。^①登封告成镇古阳城遗址上,还有一个春秋战国时期的水井,该井的北壁上部大约三分之一在后来修筑水池时被挖毁,井口南北长 1.54 米、东西宽 1.48 米,深 9.75 米,东西两侧井壁上分别开凿有七对脚窝,脚窝间距 0.5—1.2 米不等,在残存的井口南侧和东侧地面上,仍残留有原来铺设的一层不太规整的河卵石地面。^②

随着凿井技术的发展,周代在井水的提水技术方面也有了进步。比如,公元前 500 多年,在河南地区的郑国,有一大夫名邓析,他利用杠杆原理,创制成汲水用的桔槔提水工具,这是我国最早发明的提水机械。

另外,随着水井的大量开凿,人们对地下水的认识也日渐丰富。《管子·地员》中就系统介绍了平原、丘陵、山区等不同地势的地下水的埋藏深度等情况。其中,对于江、淮、河、济四渎间平原地区的地下水埋藏深度、地下水水质、相应的地表土壤性质以及所适宜种植的农作物品种等更是作了系统归纳。^③可见,其时人们对地下水的认知水平已经达到相当的高度。

(二)蓄水设施的进一步发展

河南登封阳城遗址内不但发现有水井,还发现有一处战国时期的蓄水池。该水池的南壁西端打破早期水井的一部分为土壁,其余主体部分均开凿在红色岩石层中,故而整个水池保存基本完好。该水池呈西宽东窄的东西长方形,口大底小,四壁斜直,修筑规整。由于水池建于东低西高的斜坡上,为了使池底成平面,水池的西部明显深于东部。池底铺有一层东西大体成行的河卵石,石缝间积存有成层的淤土。^④春秋战国时期的郑韩故城内也有蓄水设施,如韩城内位于东城中部偏南的蓄水设施,分别由进水沟、暗道和陶水管道、储水井三部分。其中,进水沟部分东西长 23 米、宽 1.65 米、深 0.5 米左右。暗道高 1 米,开

---

① 河南省文物研究所、中国历史博物馆考古部编:《登封王城岗与阳城》,文物出版社 1992 年版,第 244—245 页。

② 河南省文物研究所登封工作站、中国历史博物馆考古部:《登封战国阳城贮水输水设施的发掘》,《中原文物》1982 年第 2 期。

③ 周魁一:《中国科学技术史·水利卷》,科学出版社 2002 年版,第 30 页。

④ 河南省文物研究所登封工作站、中国历史博物馆考古部:《登封战国阳城贮水输水设施的发掘》,《中原文物》1982 年第 2 期。

在北壁上,呈拱形状,南高北低,里面铺有陶水管道,与储水井相连。[①] 这是保存得相对完整的一处周代蓄水设施。

(三)排水设施的进一步完善

位于今河南境内新郑市城关一带双洎河与黄水河之间的郑韩故城,是春秋战国时期郑国与韩国先后建都的地方,前后时间长达五百多年,此地也是当时著名的诸侯国都城之一。其中,郑都的都城布局是东西两城制,西城是郑国的政治统治中心,东城则为工商业分布区。考古工作者曾在西城内宫殿区、东城内手工业作坊区和其他大型建筑基址周围零星地发现了排水设施,这相对于后来韩城城内的排水设施而言要少很多。在郑城城外部分,考古工作者曾于西城的北墙外发现了宽50米左右的护城河,于东城外的裴大户村西头东墙东侧发现有宽10余米的内濠。[②] 这些除具有故城防御功能外,应该也是郑城排水或供水系统的一部分。

韩国灭郑后,虽然对郑都有所改造,但基本沿用了郑都时东西两城分制的基本形制,并继续使用了郑都绝大部分的基础设施。但韩都内的排水设施要比郑都时相对更多,保存也更为完整。韩城内的排水设施已经具有系统性,排水设备基本比较完整,比如道路的两侧常常有排水的路沟,有些还与城内的排水设施或城外的壕沟相连。宫城内发现了比较完善的大型排水系统,宫墙外发现有宽约15米、深5—8米的壕沟,在宫殿区边缘地带北向穿越城墙,可能与北墙外的护城河相连。在宫殿区的西墙北部还发现了横向穿过墙基的大型陶排水管道,通向墙外的壕沟内,在临近壕沟的一节管道之下,还有两块长方形石板对管道加以支撑,以免流水冲刷泥土。[③] 其精心设计可见一斑。宫殿区还有生活污水排水道,如在宫殿区东侧F1基址的南端发现一条呈东西向的人工排水壕

---

① 郭木森、孙春玲:《新郑市市直幼儿园基建地东周遗址与墓葬》,载《中国考古学年鉴(1999)》,文物出版社2001年版,第207—208页。

② 蔡全法:《郑韩故城与郑文化考古的主要收获》,载《群雄逐鹿:两周中原列国文物瑰宝》,大象出版社2003年版,第202页;马俊才:《郑、韩两都平面布局初论》,《中国历史地理论丛》1999年第2期。

③ 蔡全法、马俊才:《新郑市郑韩路东周遗址》,载《中国考古学年鉴(1996)》,文物出版社1998年版,第184页。

沟,宽5米,深3米左右,西高东低,该壕沟向东与一条南北向古河道相连,与1998年曾发现的东西向战国水沟一体,此壕沟又和宫殿区东墙外的护墙沟相连,该人工排水壕沟可能是韩城宫殿区的主要排水设施。① 此外,在西城中部的宗庙区也发现有砖砌排水管道,在一些手工业作坊遗址,如制陶作坊遗址中,亦曾发现有排水管道和设施。可见,韩城内,包括宫殿区、宗庙区和手工业作坊区等,其排水设施和排水系统都是相当完善的。

我国考古工作者在位于河南登封告成镇的阳城遗址发掘中,也发现了战国晚期的城市管道供水系统,距今已有2500多年。该供水系统事实上也属于一种排水设施,主要是当时人们为了解决城内用水而修建的,它通过地下输水管道将城外东、西两边的小河上游之水引入城中。整个供水设施由输水管道、控制水流量的控制坑、沉淀泥沙的澄水池、贮水坑和蓄水瓮等组成。输水管道有八条,总长达数千米。管道分为高低两层,由高到低布设,从城北的东侧和西侧两面引水,依照地形高低向城内的北部、中部和南部输水。管道为陶制,不但有陶直通管,而且还有陶三通排气管、陶三通分支管、陶三通斜支管、陶四通控水管等。直管道内径是12.3厘米,管首在淹没情况下输水的流量约达20—30公升/秒。整个供水系统,可以大致满足当时城内人们的用水需要。②

① 马俊才、衡云花:《新郑市宏基房地产东周至宋代遗址》,载《中国考古学年鉴(2002)》,文物出版社2003年版,第266页。

② 河南省文物研究所、中国历史博物馆考古部编:《登封王城岗与阳城》,文物出版社1992年版,第229—244页。

第二章 ——秦汉时期河南水利事业的勃兴——

　　从秦王嬴政二十六年(前221)秦国最终灭亡关东六国,建立统一的中央集权的秦王朝,中经西汉、东汉两代,直至汉献帝延康元年(220)魏王曹丕代汉,前后约440年,史称秦汉时期。

　　秦王朝定都咸阳,在地方实行郡县制,今河南省境内设有三川、颍川、南阳、河内、砀郡、陈郡和东郡等七郡。秦政暴虐,社会矛盾尖锐。阳城(今河南商水,一说方城)人陈胜和阳夏(今河南太康)人吴广率领戍卒揭竿而起,拉开了秦末农民战争的序幕。响应陈胜起义的刘邦和项羽率军入关,推翻秦王朝。刘邦在楚汉战争中战胜项羽,建立西汉王朝,定都长安。西汉实行郡国并行的地方制度,河南地区中西部的弘农、河南、河内三郡属于司隶部,直接归西汉王朝管辖,东部的梁国和淮阳国则是西汉王朝的东方屏障。西汉王朝后来外戚专权,刘秀在洛阳重建汉王朝,史称东汉。东汉时河南地域跨司、豫、兖、荆诸州,河南、弘农、河内三郡属于司隶校尉部,洛阳成为全国政治、经济、文化的中心。

　　秦、西汉王朝建都关中,河南地区的地位非常重要。西汉前期,"内地北距山以东尽诸侯地,……汉独有三河、东郡、颍川、南阳,自江陵以西至蜀,北自云中至陇西,与内史凡十五郡"[1]。在汉王朝直接控制的十五郡中,"三河"中的河南、河内和东郡、颍川、南阳五郡,均在今河南省境内。也就是说,在西汉王朝直接控制的十五郡中,河南地区即占到三分之一。今河南省的西部、中部和北部,当时均直接隶属汉朝廷,东、南部则有梁、淮阳两个诸侯王的封国。特别是曾作为周代都城的洛阳"居天下之中",在政治军事方面有着独特的区位优势。汉武帝曾说:"洛阳有武库、敖仓,当关口,天下咽喉。"[2]西汉初刘邦曾暂都洛阳,西汉末王莽曾计划迁都洛阳而未能实现。因此,西汉王朝特别重视河南地区的经

---

① 《史记》卷十七《汉兴以来诸侯王年表第五》。

② 《史记》卷一百二十六《滑稽列传》。

济发展。

　　秦汉时期水利建设事业蓬勃发展,汉武帝时期达到高潮。随着经济的发展,关东地区的经济地位越来越重要,对黄河的治理要求也更为迫切。在西汉时期,黄河水灾的记载明显增多,劳动人民在对黄河的治理中付出了艰辛的劳动,在治黄规划和治黄技术上都有显著的成就,其中以东汉初年的王景治河最为著名。这一时期在南阳盆地、淮河上游等地建成一系列的大型农田灌溉工程,显示了水利工程技术的新水平。西汉王朝又开始利用汴河和黄河干流进行漕运,将关东的粮食物资运往关中的长安。这一时期河南地区还出现了一些水力机械,水车出现,水排发明,体现了劳动人民的勤劳和智慧。

第一节　社会状况与生态环境

一、河南政区沿革

　　秦朝在全国实行郡县制,初设 36 郡,后来增加到 40 余郡,郡治设在今河南省境内的有 7 郡,郡名大多与名山大川有关。南阳郡因在南山(伏牛山)之南、汉水之北而得名,治所在宛县(今南阳市区),辖附近 14 个县邑;三川郡因境内有河(黄河)、洛水、伊水而得名,治所在洛阳,后迁荥阳,①辖附近 13 个县;东郡因位于魏国大梁以东而得名,治所在濮阳(今濮阳县),辖附近 15 个县;河内郡因黄河环绕其西、南、东三面而得名,治所在怀县(今武陟西南),辖附近 7 个县;颍川郡因境内有颍水而得名,治所在阳翟,辖附近 12 个县;砀郡因治所在砀县(今永城北)而得名,辖附近 19 个县;陈郡因治所在陈县(今淮阳)而得名,辖附近 11 个县。此外,今河南省部分地域,在秦朝分属于内史、邯郸、衡山、九江诸郡管辖。

---

①　三川郡治所历来有洛阳、荥阳两说。马非百:《秦集史》,中华书局 1982 年版,"郡县志上"引宋白云"治洛阳,后徙荥阳",并言"当以宋白说为是"。今采其说。

汉承秦制,地方制度延袭秦代的郡县体制,又局部恢复西周的分封制,在有些地方设置王国,总体上是郡县与国(王都与侯邑)并行。汉初,河南地区保留秦代的南阳、颍川、东郡、河内四郡,将三川郡改为河南郡,郡治设在洛阳。新置汝南郡,郡治设在上蔡。河南地区东部有两个重要的诸侯国:一是梁国,都城多迁,后定都睢阳(今商丘睢阳区);一是淮阳国,都陈县。汉武帝元狩元年(前122),削夺梁国的土地设立陈留郡,郡治陈留(今开封市东陈留镇),辖附近17个县。元鼎四年(前113)又分出河南郡西部地置弘农郡,治弘农(今灵宝市北),辖附近11个县。

东汉王朝建都洛阳,在河南地区设立10个郡国。与西汉不同的是,州刺史部已由朝廷派出的监察机构变成一级地方机构,形成州、郡、县三级地方政权。在都城洛阳设置相当于州一级的司隶校尉部,成为最高一级地方政权,管辖河南尹,河内、河东、弘农三郡及京兆尹、左冯翊、右扶风等,其中河南尹与河内、弘农二郡,在今河南省境内。河南尹为西汉河南郡改称,管辖洛阳附近21个县;河内郡治所仍在怀县,辖附近18个县;弘农郡治所仍在弘农,辖附近9个县。豫州治所设在谯县(今安徽亳州),管辖颍川、汝南、梁国、沛国、陈国、鲁国等6个郡国。其中颍川、汝南、梁国、陈国4个郡国在今河南境内。颍川郡治所仍在阳翟,辖附近17个县;汝南郡治所在平舆,辖附近37个县(侯国);梁国仍都睢阳,辖附近9个县;陈国系西汉淮阳国改名,都陈县,辖附近9个县。东汉保留东郡与陈留郡,东郡治所仍在濮阳县,辖附近15个县(侯国);陈留郡治所仍在陈留,辖附近17个县。二郡均由设在高邑(今山东巨野县东南)的兖州刺史部管辖。南阳郡治所仍在宛县,由设在汉寿(今湖南常德东北)的荆州管辖。

二、社会经济

秦汉时期的黄河中下游地区是全国经济最发达的地区,国家的统一使关东和关中两个经济区连成一片。除了秦末和西汉末的两次改朝换代的战争,这一地区没有发生过大规模的战争,人口迅速增殖。铁农具推广,牛耕普及,社会生产力明显提高,大大促进了农业生产的发展。《盐铁论·水旱》说:"农,天下之大业也;铁器,民之大用也。器用便利,则用力少而得作多,农夫乐事劝功。"因此,秦汉时期黄河中下游地区得到更广更深的开发。

秦、西汉时期是黄河中下游地区的第一个人口高峰期。西汉末元始二年(2),黄淮海平原地区"人口达3294万,占西汉全国人口总数的57.1%,人口密度也居全国之冠"①。地跨黄河中下游的河南地区人口最多,其次是下游的山东、河北。由于西汉末和新莽时期的严重战乱,黄河中下游地区的人口锐减,到东汉顺帝时仍未恢复到西汉末的水平。关东平原地区人口恢复较快,东汉顺帝永和五年(140)人口数为2525.7万,占当时全国人口总数的52.7%,仍超过全国人口总数的一半。

秦朝至西汉前期,关东地区的经济逐渐回升,虽然比不上关中,但在全国仍属富庶地区。西汉中后期,关东地区西部的经济已相当发达。河南地区是秦汉王朝的腹里地区,位于当时全国最大的经济区关东经济区的西部,它可细分为河南河内、颍川南阳和梁宋三个小经济区。它不仅在当时全国经济中居于举足轻重的地位,也是最为发达的地区之一。

秦、西汉时期河南地区的农业发展水平仅次于关中的三辅地区,是全国粮食和丝麻的主要产区。当时这一地区已经普遍使用铁器和牛耕,兴建了一批大型水利工程。河南地区手工业和商业的发展更为突出,在全国处于领先地位。就官营手工业而言,西汉朝廷在全国设有铁官40余处、工官8处,河南地区就有铁官6处、工官4处。陈留郡襄邑县(今睢县)设有服官,为全国仅有的两三个丝绸纺织与服装制作中心之一。河南地区还分布着较多的商业都市。史书记载武帝时全国的都市20个,河南地区就有温、轵(今济源东南)、洛阳、睢阳、陈、宛6个,将近全国都市总数的1/3②。宣帝时大夫称"富冠海内"的"天下名都"有10个,河南地区就有温、轵、荥阳、宛丘(今淮阳)、阳翟、二周(今洛阳、巩义)7个③,约占全国总数的2/3。

经过西汉200年的发展,河南地区已经形成了以若干重要都市为依托的联系密切的强大经济区,就其对全国的经济联系和控制而言,也远较关中地区优越。

---

① 邹逸麟主编:《黄淮海平原历史地理》,安徽教育出版社1993年版,第226页。

② 《史记》卷一百二十九《货殖列传》。

③ 马非百注释:《盐铁论简注》,中华书局1984年版,第20—21页。

东汉时期,富饶的关中三辅地区由于羌变波及,人口锐减,经济疲敝,其他地区经济尚未兴起,全国的经济重心东移至关东地区。地处黄河中下游之交的河南地区"人稠地狭",经济发达。东汉王朝建都洛阳,洛阳成为全国政治和经济中心。东汉朝廷特别注重河南、河内、颍川、南阳诸郡经济的发展。在经历两汉之际战乱破坏之后,这一地区经济得到迅速恢复和发展,人口增加,垦田增多,地主田庄经济壮大,手工业和商业仍在全国处于领先地位,洛阳和宛成为全国最大的商业城市。

三、水资源与环境生态

黄河是流经河南地区的一条大河。自战国中期到东汉初,黄河下游河道基本固定下来。《汉书·地理志》所谓"河水"约为战国后期至西汉末年的河道干流。汉代黄河决溢记载明显增多,主河道变化较为频繁。依据《史记·河渠书》《汉书·沟洫志》和《水经注·河水》的相关记载,秦、西汉时期黄河下游主河道大概经今河南荥阳北、延津西、滑县东、浚县南、濮阳西南、内黄东南、清丰西、南乐西北,河北的大名东,山东的冠县西,过馆陶镇后,经临清南、高唐东南、平原南,绕平原西南,由德州市东复入河北,自东光县北流向东北,至沧州市折转向东,在黄骅县境入海。在这条主河道的旁侧,还有两条较大的分支:一为南岸以下的济水。早在汉代以前,它已被纳入以鸿沟为主体的运河水系,汉代仍具有较好的通航作用。二是漯水,汉时它自东郡乐昌(今河南南乐西北)与黄河分流,经今山东莘县北、聊城西、茌平西,至禹城南向东,至滨县一带入海。

秦汉时期河南地区除了黄河流经其西部、中部和北部,在西部有黄河支流伊水与洛水,西南部有汉水支流均水(今丹江)和淯水、泚水(今唐河);中、南部有淮河及其支流汝水(今南汝河)、颍水,东部有济水和睢水,北部有沁水、淇水和漳水。

河南地区水源比较充足,湖沼较多。据著名历史地理学家邹逸麟考证,"周秦以来至西汉时代,黄淮海平原上见于记载的湖沼有四十余处",且"以上仅限于文献所载,事实上古代黄淮海平原上的湖沼,远不止此"。① 在这 46 处湖沼中,今河南境内有 20 余处:修泽(今原阳西),黄池(今封丘南),冯池(今荥阳西南),荥泽(今荥阳北),圃田泽(原圃)(今郑州、中牟间),崔苻泽(今中牟东),逢泽(池)(今开封东南),孟诸泽(今商丘东北),逢泽(今商丘南),蒙泽(今商丘东北),空泽(今虞城东北),浊泽(今长葛),狼渊(今许昌西),棘泽(今新郑),鸿隙陂(今息县北),洧渊(今新郑附近),柯泽(杜预注:郑地),汋陂(杜预注:宋地),圉泽(杜预注:周地),郹泽(杜预注:卫地),琐泽(杜预注:地阙)。

秦汉时期黄河流域的湖泊,数量和水面也都曾经达到历史的高峰。关东地区先秦时期已形成的一些湖泊沼泽,如圃田泽、孟诸泽、菏泽、巨野泽等,秦汉时虽仍然存在,但由于泥沙淤积,面积有所缩小。位于今河南荥阳市北的荥泽,这时已被黄河淤平。尚存的这些湖泊边的沼泽地植被较好,有利于调节气候,维持生态平衡。

优越的地理环境与水源条件,为农业生产的发展提供了可靠的保证。这些天然的河流湖泊为人们提供了充足的水源,也是兴修水利工程的前提条件和主要依托。

秦、西汉王朝又大力推行"移民实边"政策,黄土高原的原始植被开始受到人类活动的明显影响。西汉王朝向西北边地实行大规模的移民屯垦,在当时不合理的农业垦殖活动中,很多森林和草原遭到毁坏,黄土高原的原始植被受到严重破坏,加重了水土流失,导致黄河水中的泥沙逐渐增多,下游河床淤积抬高,河水泛滥逐渐频繁。秦始皇大规模地修建宫室砍伐了大片林木,后来又为冶炼金属而大量砍伐木材,中原地区森林破坏已相当严重。西汉人贡禹曾上书说,当时为铸钱,攻山取铜铁,"凿地数百丈,……斩伐林木亡有时禁,水旱之灾未必不由此也"。② 总之,西汉时期黄河中下游地区的林木资源已面临枯竭,从而导致气候失调,水旱灾害发生。

据《史记》记载,秦汉时期,黄河中下游的三河(河东、河内、河南)"土地小狭,民人众"。黄河下游的土壤总体上肥沃,但是下游局部地区也分布着盐碱

---

① 邹逸麟:《历史时期华北大平原湖沼变迁述略》,载《历史地理》第 5 辑,上海人民出版社 1987 年版,第 27 页。

② 《汉书》卷七十二《贡禹传》。

土,如河内郡汲县(今卫辉)等地。在黄河下游的泛滥区,盐碱土不仅分布广,而且严重。因此贾让说:"水行地上,凑润上彻,民则病湿气,木皆立枯,卤不生谷。""若有渠溉,则盐卤下湿,填淤加肥,故种不麦,更为粳稻,高田五倍,下田十倍。"①建议开渠灌溉,改良土壤,提高肥力,并改种水稻。当时人们已开始采取灌溉冲洗、放淤排水和种稻等措施对盐碱地进行改良利用。

黄河中下游平原的气候,战国至西汉初向寒冷方向波动,西汉中叶开始回暖,这个回暖过程很可能带有突变性质,东汉以后气候略微转凉,大体上与现代相差不大。②竺可桢院士说,秦朝和前汉"气候继续温和"。司马迁在《史记·货殖列传》中谈及当时黄河中下游地区的经济作物的地理分布:"河济之间千树萩;陈、夏千亩漆;齐、鲁千亩桑麻;渭川千亩竹。"当时河内郡淇园一带竹子很茂盛。这些副热带植物"均已在这类植物现时分布限度的北界或超出北界,一阅今日我国植物分布图,便可知司马迁时亚热带植物的北界比现时推向北方",而"到东汉时期即公元之初,我国天气有趋于寒冷的趋势,有几次冬天严寒,晚春国都洛阳还降霜降雪"。③"自西汉末年到东汉初年,有关严寒的历史记载相当集中。在公元前50年至公元70年这120年间,有关气候异常严寒的记载多达20余起。……此后,汉章帝时代又有如《后汉书·韦彪传》所谓'盛夏多寒''当暑而寒'等气候极端异常的记载。东汉中晚期,更多见大暑季节以严寒为特征的异常气候记录。当时最为突出的气候异象,是由各种征候表现的持续低温。"④就降雨而言,可以说是旱涝交错。西汉前期偏旱,后期又旱又涝。东汉则是先旱后涝。从永元十三年(101)到建安二十四年(219)的120年间,大旱3次,大雨水7次。特别是永初元年(107),从八月到九月初,有41个郡国、315个县雨水多,造成四渎溢,伤禾谷,坏城郭,杀人民,死者以千计的严重灾害。

总之,秦、西汉时期中原气候温和,有亚热带植物生长。东汉时期气候出现寒冷趋势,与现代气候大体相当。

在秦以前各代的1000多年中,黄河下游仅溢了8次,改道1次。这时期河

---

① 《汉书》卷二十九《沟洫志》。

② 邹逸麟主编:《黄淮海平原历史地理》,安徽教育出版社1993年版,第17—18页。

③ 竺可桢:《中国近五千年来气候变迁的初步研究》,《考古学报》1972年第1期。

④ 王子今:《中国生态史学的进步及其意义——以秦汉生态史研究为中心的考察》,《历史研究》2003年第1期。

患所以如此之少,固然因为远古记载有缺漏,也由于中游黄土高原上森林、草原面积广大,对洪水泥沙有较强的控制能力。但是到了秦、西汉时期,河患却严重起来,200 年间就漫溢 4 次,决口 7 次,改道 2 次,共发生河患 13 次。不仅如此,秦、西汉时期黄河下游每次决溢改道所造成的灾害都很严重,泛滥所及有时竟达几个郡数十个县,冲毁民房官廨动辄数万间,淹没农田多达十余万顷。这一变化在很大程度上应归因于秦与西汉王朝在黄土高原移民屯垦对自然植被所造成的破坏,以及由此所导致的水土流失的加剧。

　　总之,秦汉时期由于人口的增多、生产力的提高及封建政权的推动,黄河中下游地区农业有所扩展。农耕成为黄河中下游地区占绝对优势的生产方式。在这种农耕经济思想指导下,不断无序地开垦一切可耕土地,引起环境和产业结构的变化。森林和草原被大量开垦,造成严重的水土流失,黄河水中的泥沙含量加大:“河水重浊,号为一石水而六斗泥。”①河水开始变黄,“黄河”的称谓已出现于史书。西汉时,黄河下游大部分河段已成为河水高于地面的悬河,再加上河滩地“填淤肥美,民耕田之”,进而在其上筑室宅,遂成聚落。大水至漂没,则筑堤防以自救。于是堤内筑埝,河床变窄,加剧了主河道的淤积,一有洪水,极易决溢成灾。

第二节　黄河水患的防治与河道治理

　　早在战国时期,赵、魏、齐等国已在黄河下游地区修筑堤防,以保证本国人民生命财产的安全。但是由于当时的中国处于分裂状态,各国各自为政,甚至“以邻为壑”,谈不上对黄河进行整体治理。秦汉时期实现了国家的统一,人们开始对黄河下游河道进行整体治理。黄河下游堤防已初具规模,黄河决溢、河道变迁也有了较多记载。

　　秦、西汉时期,黄河进入平原地区后,从荥阳向东北方向流淌,经现在的滑

---

① 《汉书》卷二十九《沟洫志》。

县、濮阳、内黄等地,在今河北省境内入海。人们为了兴利除害,开始对黄河从总体上进行治理。这一时期,人们为了免除黄河水患而对河道进行治理,随着治河经验的积累和治河实践的深入,人们对黄河的认识也有所提高。西汉时期水灾频仍,黄河在河南地区的决口就有4次,当时治理决溢的办法有二:一是修筑堤防;二是堵口。东汉明帝时方对黄河、汴水进行了一次比较彻底的治理,形成了数百年黄河相对安流的良好局面。

一、频繁的黄河下游水患

秦、西汉时期,黄河下游的主河道为"北流",即经今河南荥阳北、延津西、滑县东、浚县南、濮阳西南、内黄东南、清丰西、南乐西北,出河南境,进入河北,至今河北沧州以东入海。

秦、西汉时期,由于对黄土高原地区的过度开发,其上的森林和草原几乎消失,植被受到严重破坏,水土流失加剧,河水中泥沙大量增加,淤积在下游河床,导致下游河床与堤防抬高,逐渐形成地上悬河。一遇较大洪水,河床不能承载,就发生决溢改道,河患日益频繁。西汉时期黄河决溢记载明显增多,主河道变化较为频繁。在秦、西汉王朝的200年间,黄河有记载的大决溢多达13次,其中决口7次,漫溢4次,改道2次,每次决溢改道造成的灾害都很严重。当时黄河北流,决溢大多集中在河南省北部一带,泛滥至今山东省西部、北部和河北省南部;也有两次向南大决,河水由山东西部地区流入泗水,下通淮水入海。

西汉时期黄河最早的一次决口发生在汉文帝十二年(前168)。《史记·河渠书》称:"汉兴三十九年,孝文时河决酸枣(今延津西南),东溃金堤,于是东郡大兴卒塞之。"当时东郡动用大量士兵堵塞了决口。

汉武帝元光三年(前132)瓠子决口是汉代黄河最著名的一次决口。《汉书·沟洫志》称:"孝武元光中,河决于瓠子,东南注巨野,通于淮泗。""岁因以数不登,而梁、楚之地尤甚。"《汉书·武帝纪》载,夏五月,"河水决濮阳,泛郡十六。发卒十万救决河"。黄河在瓠子决口,溃水流向东南,注入巨野泽,黄河再度汇泗入淮。河水泛滥下游十六郡,受灾面积方圆一两千里,人或相食,灾情十分严重。当年堵口失败,遂不再堵塞,直到23年以后的元封二年(前109),方将瓠子决口封堵,使黄河水回归故道。

汉成帝时黄河发生三次决溢,涉及河南地区的是第一次。据《汉书·沟洫志》载,建始四年(前29),黄河在馆陶及东郡金堤决口,"泛溢兖、豫,入平原、千乘、济南,凡灌四郡三十二县,水居地十五万余顷,深者三丈,坏败官亭室庐且四万所"。朝廷"遣大司农非调调均钱谷河决所灌之郡,谒者二人发河南以东漕船五百艘,徙民避水居丘陵,九万七千余口"。这次黄河决口,受灾面积大,人口多,百姓死亡者不计其数,仅官府从灾区迁出百姓即近10万人,并发放大量粮食、金钱赈济灾民。这是中国古代有文字记载的最早的也是较为成功的一次大型救灾活动。

新莽始建国三年(11),黄河又在魏郡东南(今河南内黄一带)决口,改道东流。《汉书·王莽传中》称:"河决魏郡,泛清河以东数郡。"由于王莽不予及时堵塞,造成黄河又一次改道,黄河与汴水混流。河水经平原、济南二郡,流向千乘入海。这次魏郡决口后,黄河在濮阳以上仍是原河道,两岸均有堤防。濮阳以下,大河漫流于清河以东诸郡。

2003年在河南省内黄县东南部的梁庄镇三杨庄发现西汉后期的黄河水灾遗址,此地正是汉代黄河下游主河道流经之地。考古工作者发掘清理出一批大规模的汉代农田和庭院建筑。农田庭院遗存距现地表面以下5米,因黄河一次大规模洪水泛滥而被整体淹没。通过对其中四处的发掘,清理出包括屋舍瓦顶、墙体、水井、厕所、池塘、农田、树木等大量重要遗址,并出土了一批反映当时生产生活状况的文物。"由于该遗址是因黄河洪水泛滥而被淤沙深埋地下,所以庭院布局、农田垄畦保存基本完好,屋顶和坍塌的墙体基本保持原状。""这次发掘还为汉代黄河治理和河道变迁等黄河水文史方面的研究提供了新的考古资料。"①因为从第二处庭院遗存的二进院内清出三枚新莽时的货币"货泉"铜钱,可以确定,这次汉代村庄农田被黄河淹没深埋,就发生在新莽始建国三年(11)的黄河魏郡决口。内黄三杨庄遗址为这次黄河泛滥改道造成的灾害提供了不可多得的实证资料。

关于西汉黄河决口改道带来的严重危害及发生决溢的原因,北魏时人崔楷的奏疏说:"河决瓠子,梁、楚(国都今江苏徐州)几危,宣防既建,水还旧迹。十

---

① 曲昌荣:《三杨庄遗址可能改变中国农学史》,《人民日报》2006年2月21日。

数年间,户口丰衍。又决屯氏(今河北馆陶县境),两川分流,东北数郡之地,仅得支存。及下通灵、鸣(今山东高唐县南),水田一路,往昔膏腴,十分病九,邑居凋离,坟井毁灭。良由水大渠狭,更不开泻,众流壅塞,曲直乘之所致也。"①

二、黄河下游的堤防修筑

黄河下游地区堤防的修筑始于战国时期。西汉人贾让说:"盖堤防之作,近起战国,雍防百川,各以自利。齐与赵、魏,以河为竟,赵、魏濒山,齐地卑下,作堤去河二十五里。河水东抵齐堤,则西泛赵、魏。赵、魏亦为堤,去河二十五里。"②可见战国时期,赵、魏两国已经修筑了黄河堤防。

秦统一六国建立秦王朝后,秦始皇曾下令"决通川防,夷去险阻"③,就是拆除一些战国时期各国自行修筑的乃至以邻为壑性质的堤防,并着手修筑两岸的一些新堤防,使黄河下游堤防连接起来。秦朝修筑的黄河下游堤防,自今河南新乡至濮阳一段,称作"金堤"。金堤在唐荥泽县(今郑州古荥镇)西北22里,汉属荥阳县地,又在酸枣县南23里。河南濮阳有"秦始皇跑马修金堤"的传说。④《滑县志》有关于"瓠子堤即秦堤"的记载。这时的黄河大堤已兼有防洪和驰道双重功用。

西汉朝廷设有河堤都尉、河堤谒者等官职,沿河诸郡有专职守护河堤的人员,少则数千人,多则上万人。每年都要投入大量经费用来筑堤治河,《汉书·沟洫志》载:"濒河十郡,治堤岁费且万万。"《后汉书·循吏列传》中言"诏滨河郡国置河堤员吏,如西京(即西汉)旧制"。可见,由于堤防时常会被洪水冲毁,堤防修筑已成为汉代经常性的河道治理工程。

汉代自今河南武陟经获嘉、新乡、卫辉,北抵浚县、滑县直至山东高唐、茌平的黄河岸均修筑有堤防。《史记·河渠书》称"汉兴三十九年,孝文时河决酸枣,

---

① 《魏书》卷五十六《崔辩传》。

② 《汉书》卷二十九《沟洫志》。

③ 《史记》卷六《秦始皇本纪》。

④ 黄河水利委员会黄河志总编辑室编:《黄河志》卷十一《黄河人文志》第一篇第二节,河南人民出版社1994年版。

东溃金堤","其后四十有余年,今天子元光之中,而河决于瓠子"。酸枣在河南延津县西南,瓠子在河南濮阳县西南,两地均在当时黄河之南。这说明汉时这段黄河南岸是有堤防的。《汉书·沟洫志》称"从黎阳北尽魏界,故大堤去河远者数十里",又"河复北决于馆陶""河决清河灵鸣犊口""河复决平原"。黎阳即今河南浚县,魏界即魏郡北界,平原郡治所在今山东平原县南,黎阳、馆陶、灵县均处当时黄河以北。可见,从今河南郑州以下至山东高唐,山东茌平至河北东光之间,沿河均有堤防。

不但平时对黄河堤防进行经常性的维修,当黄河发生洪水时,当地官吏百姓也要上堤防护抢险。例如西汉成帝时,东郡太守王尊曾带领民众防守保护金堤。史称汉成帝后期,王尊迁东郡太守,"久之,河水盛溢,泛浸瓠子金堤,老弱奔走,恐水大决为害。尊躬率吏民,投沉白马,祀水神河伯。尊亲执圭璧,使巫策祝,请以身填金堤,因止宿,庐居堤上。吏民数千万人争叩头救止尊,尊终不肯去。及水盛堤坏,吏民皆奔走。唯一主簿泣在尊旁,立不动。而水波稍却回还。吏民嘉壮尊之勇节,白马三老朱英等奏其状。下有司考,皆如言。于是制诏御史:'东郡河水盛长,毁坏金堤,未决三尺,百姓惶恐奔走。太守身当水冲,履咫尺之难,不避危殆,以安众心,吏民复还就作,水不为灾,朕甚嘉之。秩尊中二千石,加赐黄金二十斤。数岁,卒官,吏民纪之。"[①]东郡白马县吏民为王尊立祠,《元和郡县图志·河南道四·滑州·白马》称"河侯祠,在县南一里"。汉白马县在今河南滑县东。东郡太守王尊率领民众护堤抢险,坚持与河堤共存亡,使众心得安,河堤终于没有溃决。王尊又带领吏民继续对堤防进行加固。其恪尽职守、临危不惧的精神值得称颂。

汉代不仅黄河有堤,汴河上也曾修筑堤防。西汉前期,梁孝王始都大梁,以其地卑湿,东徙睢阳,乃"广睢阳城七十里,开汴河,后汴水经州城南"。梁孝王不仅开河渠引汴水到睢阳城南,而且修筑了汴水蓢堤。汴州开封县有"蓢堤,在县东北六里。高六尺,广四丈。梁孝王都大梁,以其地卑湿,东徙睢阳,乃筑此堤,至宋州凡三百里"。[②] 汴河蓢堤也是当时一项较大的水利工程。

西汉末新莽时,河南郡荥阳县境内的河道发生重大变化,导致河济分流处

---

① 《汉书》卷七十六《王尊传》。

② 《元和郡县图志》卷七《河南道三》。

堤岸严重坍塌,逐渐造成黄河、济水、汴水各支流乱流的局面。

三、黄河决口的堵塞

限于当时的历史条件,西汉时期修筑的堤防并不能保证黄河不发生决溢。洪水冲垮堤防后,必须予以堵塞,使河水回归正道。

汉代黄河决口的堵塞始于汉文帝时期。文帝十二年(前168),"河决酸枣,东溃金堤,于是东郡大兴卒塞之"①。这次黄河堤决口发生在酸枣,洪水如脱缰的野马,汹涌东流,又冲毁金堤,东郡遭受水灾,于是动用当地驻军堵塞决口。

西汉时期著名的堵口有两次:一次是汉武帝时汲仁、郭昌堵塞瓠子决口,另一次是汉成帝时王延世堵塞东郡河堤决口。

《史记·河渠书》记载,汉武帝元光三年(前132),黄河在东郡瓠子决口,汉武帝派"汲黯、郑当时兴人徒塞之,辄复坏"。河水泛滥,东南入巨野泽中,和淮水、泗水连通。丞相田蚡因自己的封邑鄃县(今山东平原县西南)紧靠黄河,常恐河水泛滥。瓠子决口后河水南流,处于下游的鄃县即可免受水灾。因此他劝说汉武帝不要堵塞决口,听任河水泛滥。因此黄河没有得到及时治理,一下子拖延了20多年。到了元封二年(前109),天旱少雨,黄河水量减少,正是治理黄河的大好时机。汉武帝方下定决心,使"汲仁、郭昌发卒数万人塞瓠子决河"。汉武帝东巡回京途中,亲自到瓠子决口察视,命令随从官员自将军以下都搬运柴草,参与施工,以填决口。东郡当地的柴草一时供不应求。当时河内郡有淇园,园中有茂密的竹林。汉武帝下令砍伐淇园的绿竹,用竹竿编成竹排插入决口,织成密集的竹墙,再用草填塞缝隙,然后填上土石。《瓠子歌》描述堵塞决口时的情景说"搴长茭兮沉美玉""颓林竹兮楗石菑"。《史记》也记载这次堵口"下淇园之竹以为楗"。茭,一说是草属,一说是竹苇编制的绳索,也有说是长竿。"颓林竹"就是"下淇园之竹"。裴骃集解引如淳解释说:"树竹塞水决之口,稍稍布插接树之,水稍弱,补令密,谓之楗。以草塞其里,乃以土填之;有石,以石为之。"这种堵口方法,就是用大竹和巨石,沿着决口横向插入河底为桩,逐

①　《汉书》卷二十九《沟洫志》。

渐加密,使口门的水势减缓,再用草料填塞其中,最后压土压石。简单说,就是先打桩,再在桩间填塞柴草、土、石。这是一种沿口门全面打桩填堵的办法。终于使决口合拢,引导河水北流。"而道河北行二渠,复禹旧迹,而梁、楚之地复宁,无水灾。"①汉武帝在此作歌两首,称《瓠子歌》,其一首说:"河汤汤兮激潺湲,北渡污兮浚流难。搴长茭兮沉美玉,河伯许兮薪不属。薪不属兮卫人罪,烧萧条兮噫乎何以御水!颓林竹兮楗石菑,宣房塞兮万福来。"此诗反映了汉武帝对黄河水患的关心和堵塞瓠子决口的实际情况。汉武帝下令在瓠子筑宫,称宣房宫。

汉宣帝地节年间,"光禄大夫郭昌使行河,北曲三所水流之势皆邪直贝丘县。恐水盛,堤防不能禁,乃各更穿渠,直东,经东郡界中,不令北曲。渠通利,百姓安之"②。采取在东郡开渠分流的办法,以保护堤防的安全。

汉成帝建始四年(前29),黄河又在东郡金堤和馆陶两地决口,"泛溢兖、豫,入平原、千乘、济南,凡灌四郡三十二县,水居地十五万余顷,深者三丈,坏败官亭室庐且四万所"。汉成帝委派河堤使者王延世堵塞东郡黄河决口。王延世带领民工"以竹落长四丈、大九围,盛以小石,两船夹载而下之。三十六日,河堤成",堵口取得成功。③竹落就是竹笼,巨大的竹笼装满石块,用两条船夹载。先从口门两端分别向中间进堵,待口门缩窄到一定程度,再用沉船的办法将竹笼沉下,然后加土使决口塞合。这是采用先自两岸向中间进堵,最后一次沉船堵合的办法。由于这次堵塞决口节约了大量的人力和经费,王延世受到汉成帝的嘉奖,赐爵关内侯,赏黄金百斤。为庆祝治河成功,特改次年年号为河平。

四、东汉初王景对黄河、汴水的彻底治理

西汉末"平帝时,河、汴决坏,未及得修"。新莽始建国三年(11),黄河又在魏郡东南决口,改道东流。由于当时黄河决口没有及时堵塞,进入东汉以后,决

---

① 《史记》卷二十九《河渠书》。
② 《汉书》卷二十九《沟洫志》。
③ 《汉书》卷二十九《沟洫志》。

口引起的河患愈演愈烈。至光武帝建武十年(34),因"河决积久,日月侵毁,济渠所漂数十许县",黄河以南漂没的范围已达数十县。阳武(今原阳东南)县令张汜上言请求"改修堤防,以安百姓"。光武帝刘秀即征发士卒营筑河工。但浚仪县(今开封)令乐俊则上言说:"新被兵革,方兴役力,劳怨既多,民不堪命。宜须平静,更议其事。"此事又被搁置下来。①

汉明帝即位后,情况更加严重。黄河的南侵使汴渠遭到很大破坏。"顷年以来,雨水不时,汴流东侵,日月益甚,水门故处,皆在河中,漭瀁广溢,莫测圻岸,荡荡极望,不知纲纪。""兖、豫之人,多被水患,乃云县官不先人急,好兴它役。"②由于朝廷对治理黄河意见不一,明帝无所适从。但是河、汴乱流,一片水乡泽国,黄河下游兖、豫两州人民长期处于困境之中,受灾百姓要求治河的呼声甚高,治理黄河和汴渠已是势在必行。永平十二年(69),汉明帝方采纳王景的治水方略,征发士卒数十万,由王景和王吴二人指挥,对黄河和汴渠进行大规模的综合治理。是年"夏,遂发卒数十万,遣景与王吴修渠筑堤,自荥阳东至千乘海口千余里。景乃商度地势,凿山阜,破砥绩,直截沟涧,防遏冲要,疏决壅积,十里立一水门,令更相洄注,无复溃漏之患。景虽简省役费,然犹以百亿计。明年夏,渠成"③。这项工程用了一年时间,花费财钱"以百亿计",终于胜利竣工,使决坏达六十年之久的黄河和汴渠得以修复,变害为利。渠成后,"河、汴分流,复其旧迹,陶丘之北,渐就壤坟"④。堤外出现面积很大的肥沃土地。明帝巡视河堤,诏令沿河郡国置河堤员吏,负责堤防的管理。

王景和王吴共同主持的这项工程,是一次综合性的大规模治水活动。他们带领数十万士卒,花费一年时间,修筑了荥阳至千乘河口千余里的黄河大堤和相应的工程,包括开凿阻碍水道的山阜,破除河道中原有的阻水工程,堵截横向串沟,防护险要堤段,疏浚淤塞的河段和渠道。又整治汴渠渠道,新建汴渠水门,设置水闸,使"河、汴分流,复其旧迹"。这次对黄河汴渠的治理,包括整治河床,修固堤防,兴建水门,工程取得显著成效,延续数十年的黄河水灾得以止息,定陶以北被水淹没的良田得以垦殖。

---

① 《后汉书》卷七十六《循吏列传》。
② 《后汉书》卷二《明帝纪》。
③ 《后汉书》卷七十六《循吏列传》。
④ 《后汉书》卷二《明帝纪》。

对于王景治河，后人有很高评价。清人魏源在《筹河篇》中说："计王景新河，初年渠身尚浅，伏秋二汛，往往溢出内堤（缕堤），漾至大堤（遥堤），故立水门，便游波有所休息，不过三四日，即退尽河槽，故言更相涧注。若数年后，新河涤深至五六丈，则大汛不复溢过内堤，而水门可等虚设，故能千年无患。"李仪祉说："窃谓河、汴分道而趋，必各自有堤。……设汴之左右均有堤，而其左堤临于黄河。设在左堤上每十里立一水门，则河水涨时，其含泥浊水注于汴渠，由各水门自上游而下游，挨次注于堤内，其所含泥沙即淀于河汴二堤之间。水落时，淀清之水复自上游而下游，挨次由各水门注入汴渠。"这样，"（一）汴渠之水不至过高以危堤岸；（二）涨水所含泥沙淀于堤后，使河与汴之间地淤高；（三）清水注入汴渠，渠水不至淤积而反可刷深。惟其如此，故可使无遗漏之患也"。"以十里水门之法固堤防而深河槽，以疏导之法减下游盛涨，下游减则其上游溃决之患自弛。奉此法也，故能使河一大治，历晋、宋、魏、齐、隋、唐八百余年，其间仅河溢十六次，而从无决徙之患。"[①]

东汉时期黄河下游河段经王景治理，从荥阳东至千乘海口筑起千里长堤，下游河道有所改变。关于当时黄河的流向，史书缺乏明确记载，但也留下一些蛛丝马迹。如《后汉书·章帝纪》载，元和三年（86）二月，章帝出巡常山，"历魏郡，经平原，升践堤防，询访耆老，咸曰'往者汴门未作，深者成渊，浅则泥涂'"。《续汉书志·五行三》载，延熹八年（165）"四月，济北（河）水清。九年四月，济阴、东郡、济北、平原河水清"。由此可见，河水大概流经东郡、魏郡、济阴、济北、平原等郡国。但是，西汉时黄河流经东郡、魏郡和平原三郡，不经济阴郡和东汉新置的济北国，王景治理后的黄河，可能是穿过东郡和济阴郡北部，然后经济北、平原，由千乘入海。总之，王景治河成功后，河道大致流经今河南濮阳，山东聊城、禹城、临沂等地，在今利津附近入海。这条河道经魏晋到隋唐五代，没有多大变化，是因为它流经西汉大河故道与泰山北麓之间的低洼地带，距海较近，地势低下，行水较为顺畅。《后汉书·王景传》称王景和作将谒者王吴共同"修作浚仪渠。吴用景堨流法，水乃不复为害"。从此黄河下游没有发生大的水患。王景、王吴治河效果明显，意义重大，形成近千年的黄河安流局面，直至北宋仁宗庆历八年（1048）黄河才又发生大的改道。

---

① 李仪祉：《后汉王景理水之探讨》，《水利》月刊，第九卷第二期（1935 年）。

第三节 农田灌溉事业的突飞猛进

秦、西汉时期实现了国家的统一,先后建都关中的咸阳和长安,关东经济区和关中经济区连为一体。秦、西汉政权严重依赖关东地区谷帛的支持,统治者重视包括河南地区在内的关东地区经济的发展。东汉定都洛阳,河南属于畿辅地区,统治者对这一地区农业生产的发展更加关注。在秦汉统治者的倡导下,河南地区的地方官吏为发展当地的农业生产,努力开发水利资源,发展农田灌溉,促进了社会经济的繁荣。

水利是农业生产的命脉。河南大部分地区属于旱作物农业区,年降水量偏少,季节分布不均。若进行灌溉,既能弥补降水的不足,解除旱情,又可栽种水稻,增加农作物品种,提高产量。流经河南地区的黄河、淮河及其一些支流又常发生洪水,防涝除害既是农业生产的重要保障,也关系到人民生命财产的安全。因此,秦汉时期的统治者不得不重视水利事业,开河渠,修堤坝,以兴利除害。

秦汉时期河南地区农田水利以南阳郡和汝南郡最为突出,在全国也占有重要地位。东汉的水利兴建,多由各郡国地方官主持,反映了地主经济的发展对水利的需求。在汝南、南阳等郡,已经形成了以陂塘、沟渠组成的长藤结瓜式水利灌溉系统。

一、南阳盆地农田水利

南阳郡所处的南阳盆地有汉水支流均水、淯水和湍水等河流,为侵蚀、冲积平原,年降水量900毫米左右,气候温和,适宜农作物生长。早在西汉中期南阳当地豪族已开始"规陂池",开展农田灌溉。西汉后期这一地区水利突飞猛进,成为当时全国水利开发的先进地区。南阳盆地农田灌溉在长江流域居领先地位,淯水、湍水流域的灌溉以今河南南阳、邓州和唐河、新野一带最为发达。东汉张衡《南都赋》描述汉代南阳郡水利的盛况道："于其陂泽则有钳卢玉池,赭阳东陂。贮水淳淳,亘望无涯。""其水则开窦洒流,浸彼稻田,沟浍脉连,堤塍相辒。朝云不兴而潢潦独臻,决溠则暵为溉为陆。冬稌夏穱,随时代熟。"①就是说,南阳盆地土地平整,河渠灌溉网规制整齐,有水闸控制水流,可以做到旱涝保收,稻麦一年两熟,正常年景,可获丰收。由此可见水利对农业生产的巨大作用。

西汉南阳水利的兴盛主要得益于志在爱民富民、以为民兴利为己任的南阳太守召信臣。召信臣字翁卿,九江寿春(今安徽寿县)人。早年以明经甲科为郎,出补谷阳(今安徽固镇)县长,举高第,迁上蔡县长。他视民如子,居官政绩多见称述,超迁零陵郡(今属湖南)太守,因病辞职还乡。后被朝廷征为谏议大夫,出任南阳太守,再迁河南太守,治行常为全国第一。后又入朝任少府,位列九卿之一。

《汉书·循吏传》称召信臣"为人勤力有方略,好为民兴利,务在富之"。汉元帝时,召信臣任南阳太守,"躬劝耕农,出入阡陌,止舍离乡亭,稀有安居时"。又"禁止嫁娶送终奢靡,务出于俭约。府县吏家子弟好游敖,不以田作为事,辄斥罢之,甚者案其不法,以视好恶。其化大行,郡中莫不耕稼力田,百姓归之,户口增倍,盗贼狱讼衰止。吏民亲爱信臣,号之曰召父"。召信臣一生虽多历职任,而以在南阳太守任上政绩最为卓著。

召信臣为南阳百姓兴利致富之道,主要是兴修水利。他"行视郡中水泉,开通沟渎,起水门提阏凡数十处,以广溉灌,岁岁增加,多至三万顷。民得其利,蓄积有余。信臣为民作均水约束,刻石立于田畔,以防分争"。在召信臣的倡导之下,南阳郡在几年之内建设水门、堤坝数十处,灌溉面积三万顷(合今200多万亩),成绩极其可观。他又重视水利工程的管理。为防止争水,他制定了"均水约束",即平均用水的规约,镌刻在石碑上,以合理调配用水,充分发挥工程效益。于是农田得到灌溉,百姓无不努力耕作,收获增加,蓄积有余。荆州刺史启奏他"为百姓兴利,郡以殷富",朝廷予以重赏,南阳吏民为他立祠。

在召信臣兴建的数十处水利工程中,以六门陂和钳卢陂最为著名。

六门陂又称六门堰、六门碣,位于南阳穰县西(今邓州西三里)的湍水之上。

---

① 〔南朝梁〕萧统编:《文选》卷四《赋》。

湍水即今南阳盆地的湍河。它发源于今河南内乡县北与嵩县、西峡县交界处的翼望山，水甚清澈，东南流经今内乡县东、邓州市北，至新野县北汇入淯水。汉元帝建昭五年(前34)，召信臣带领当地民众截"断湍水，立穰四石堨。至元始五年，更开三门为六石门，故号六门堨也。溉穰、新野、昆阳三县五千余顷。汉末毁废，遂不修理"①。可见这项工程主要是筑拦河坝壅遏湍水，设三座水门引水灌溉。至汉平帝元始五年(5)，又扩建三座石门，合为六门，因而称作六门堨。考汉代的昆阳县在今河南叶县南，距穰县较远，六门陂不可能灌溉昆阳县农田。此记载可能有误，此昆阳当为"朝阳"或者"涅阳"。朝阳县治所在今新野县西南，涅阳县治在今邓州东北。比较而言，以"朝阳"近是。至东汉末年，六门堨曾一度荒废。西晋与南朝宋时曾经修复。至唐宪宗元和年间仍继续发挥作用。可见，六门堨是一项功在当世、利在千秋的水利工程，其水量可满足穰县、新野、朝阳三县5000多顷田地的灌溉。

钳卢陂，一名玉女陂、玉池陂，最早见于张衡的《南都赋》。唐代杜佑的《通典》与李吉甫的《元和郡县图志》有较详细记载。钳卢陂亦为召信臣开凿，遗址位于今河南邓州市南25公里处。通过引淯水支流刁河水为陂，开凿有东、中、西三条渠。《通典·食货二·水利田》称："元帝建昭中，邵信臣为南阳太守，于穰县理南六十里造钳卢陂，累石为堤，傍开六石门以节水势。泽中有钳卢王池，因以为名。用广溉灌，岁岁增多，至三万顷，人得其利。"穰县"理"即穰县"治(所)"，唐人杜佑为避唐高宗李治的名讳而改称。又《元和郡县图志·山南道二·邓州·穰县》称："汉元帝建昭中，召信臣为南阳太守，复于穰县南六十里造钳卢陂，累石为堤，傍开六石门，以节水势。泽中有钳卢玉池，因以为名。用广溉灌，岁岁增多，至三万顷。"两书所记大体相同。钳卢陂后世屡有兴废，至元末方完全堙废。

此外，西汉时南阳郡还有樊陂、邓陂、堵水东西陂、唐子陂、楚堨、马仁陂，沘水上有赵渠、醴(一作澧)渠。此外，还有召渠，又称召堰，在唐县(今唐河西)，当为召信臣率领民众所开。

樊陂又称樊氏陂，位于新野县朝水之上。朝水出内乡县西北赤石山，为淯水支流。它流经冠军县(今邓州西北)、穰县故城南，"又东南分为二水，一水枝

① 《水经注》卷二十九《湍水》。

分东北,为樊氏陂,陂东西十里,南北五里,俗谓之凡亭陂。陂东有樊氏故宅,樊氏既灭,庾氏取其陂。故谚曰:'陂汪汪,下田良。樊子失业庾公昌。'"①其陂至今仍称樊陂,在今新野县之西南也。朝水又东经朝阳故城北,而东南注入淯水。樊陂是西汉后期今南阳湖阳樊氏的陂塘。湖阳人樊重,字君云,世善农稼,好货殖,三世共财。上下合力,财利岁倍,开广田土三百余顷。其所起庐舍,皆有重堂高阁,陂渠灌注。又池鱼牧畜,有求必给。樊陂由樊重与其子樊宏等修筑,水面很大,有水渠与之配套,灌溉田亩很多。魏晋以后为庾氏所有,直至北魏犹存。

邓陂又称邓氏陂,位于新野县西北淯水上。《水经注·淯水》记载:"淯水至县西北,东分为邓氏陂。汉太傅邓禹故宅,与奉朝请西华侯邓晨故宅隔陂,邓飏谓晨宅略存焉。"

堵水东西陂。堵水上有东、西两陂,位于堵阳县(今河南方城县东)西。堵水东陂见于张衡《南都赋》。堵水发源于棘阳县(今南阳市南)北山,南流至堵阳县。郦道元《水经注·淯水》说:"堵水于县,竭以为陂,东西夹岗,水相去五六里,古今断岗两舌。""堵水参差,流结两湖,故有东陂、西陂之名。""古今"二字当为"左右"。

楚堨又称楚堰,位于汉冠军县西淯水上游,六门堨之上。淯水"历冠军县西,北有楚堨,高下相承八重,周十里,方塘蓄水,泽润不穷"②。唐临淯县本汉冠军县地,有"楚堰,在县南八里。拥断淯水,高下相承八重,溉田五百余顷"③。至唐代尚可灌田五百余顷。

马仁陂在今河南泌阳县北七十里。《水经注·泚水》记载:"泚水右会马仁陂水,水出沘阴北山,泉流竞凑,水积为湖,盖地百顷,谓之马仁陂。陂水历其县,下西南,竭之以溉田畴,公私引裂,水流遂断,故渎尚存。"《清一统志·南阳府一》记载,马仁陂"上有九十二岔水,悉注陂中,周五十余里,四面山围如壁,惟西南隅稍下,可泄水。汉太守召信臣筑坝蓄水,复作水门,以时启闭,分流砾碾等二十四堰,灌溉民田千余顷,今故迹犹存"。

---

① 《水经注》卷三十一《淯水》。
② 《水经注》卷二十九《淯水》。
③ 《元和郡县图志》卷二十一《山南道二·邓州·穰县》。

　　唐子陂在今河南唐河县南百里,与湖北枣阳市交界处,又有醴渠和赵渠以引水灌溉。《水经注·沘水》记载:"板桥水又西南与南长水会,水上承唐子、襄乡诸陂散流也。唐子陂在唐了山西南,有唐子亭。……陂水清深,光武后以为神渊。"

　　安众港,在今河南邓州市东北赵河畔。《水经注·涅水》记载:"涅水又东南径安众县,竭而为陂,谓之安众港。魏太祖破张绣于是处。"

　　醴渠、赵渠在今河南唐河。沘水又西南与南长、坂门二水合,其水东北出湖阳东龙山,其水西南流经湖阳县故城南,竭之以溉田,其水南入大湖,"湖水西南流,又与湖阳诸陂散水合,谓之板桥水。又西南与醴渠合,又有赵渠注之。二水上承派水,南径新都县故城东,两渎双引,南合板桥水"。①

　　综上所述,"南阳盆地在西汉兴建水利的热潮中,表现极为突出"。"钳卢陂、六门竭等水利工程的兴起为南阳盆地农业生产的发展创造了良好条件,也加重了黄河、长江之间新开发地区的经济实力。"②

　　东汉南阳郡为中原大郡,又是"帝乡"(汉光武帝刘秀的家乡),治所宛号称"南都"。统治者非常重视此地社会经济的发展,常选择能臣为郡守,杜诗就是其中之一。

　　杜诗字君公,河内汲县人。他自少有才能,西汉末仕本郡为功曹,以公平著称。后被更始帝刘玄辟为大司马府掾属,又追随光武帝刘秀。在建武元年(25)一年内职务连升三级,任侍御史,负责安定洛阳,在平定河东的战争中建立功勋,拜成皋(今河南荥阳汜水)县令,在职三年,举政优异,迁沛郡、汝南二郡都尉,所在称治。

　　建武七年(31),杜诗"迁南阳太守。性节俭而政治清平,以诛暴立威,善于计略,省爱民役。造作水排,铸为农器,用力少,见功多,百姓便之。又修治陂池,广拓土田,郡内比室殷足。时人方为召信臣,故南阳为之语曰:'前有召父,后有杜母。'""视事七年,政化大行。"从上述《后汉书·杜诗传》中的记载可知,杜诗任南阳太守七年间,政绩卓著。他在水利方面建树有二:一是"修治陂池,广拓土田,郡内比室殷足",即修建水利工程,扩大灌溉面积,开垦土地,发展农

---

①　《水经注》卷二十九《沘水》。

②　侯甬坚:《南阳盆地水利事业发展的曲折历程》,《农业考古》1987 年第 2 期。

业生产;二是造作水排,铸造农器。铁器制造原来用人力或畜力鼓风冶炼钢铁,杜诗进行创新,改用水力鼓风,功效显著。

杜诗修复的水利设施,有钳卢陂见于记载。《通典·食货二·水利田》称西汉建昭年间,南阳太守召信臣"于穰县理南六十里造钳卢陂","人得其利。及后汉杜诗为太守,复修其业。时歌之曰'前有邵父,后有杜母'"。

东汉一代较为重视修理西汉遗留下来的水利设施并加以疏导,但论灌溉面积,东汉往往比不上西汉。

二、鸿隙陂与汝南农田水利

淮河南北地区早在春秋战国时期已出现不少小型陂塘工程。《淮南子·人间训》记载,楚庄王时,孙叔敖曾主持兴建期思陂,决期思之水而灌溉雩娄之野。期思陂在今河南商城一带,是我国最早见于记载的农田水利工程。

西汉元封二年(前 109),汉武帝亲临瓠子,堵塞黄河决口,导河水回归故道。此后各地纷纷兴建水利工程。"汝南、九江引淮","皆穿渠为溉田,各万余顷"。① 汝南郡的鸿隙陂水利工程就是这一时期兴建的。

汉代汝南郡的农田水利工程,以鸿隙陂最为著名,它是一座较大的陂泽。鸿隙陂是利用自然地势修建的用于灌溉的水库。它的陂塘面积巨大,周围有良田数千顷。鸿隙陂的兴建,使大片土地得到灌溉,从而可以种植水稻,于是汝南郡成为当时富饶的鱼米之乡。

由于距今时代久远,关于鸿隙陂的地理位置,人们有两种不同说法:一说它位于汝阳(今汝南)东汝水和洪水之间,即位于淮河上游的汝水和闰水之间。如《后汉书》记载"汝南旧有鸿隙陂",唐李贤等注曰:"陂在今豫州汝阳县东。"② 唐代的汝阳县即今河南汝南县。另一说它在河南息县西北淮、慎二水之间。《中国历史地名大辞典》说:"鸿隙陂,又名鸿郤陂、鸿郄陂。西汉武帝时开凿,引淮水

---

① 《史记》卷二十九《河渠书》。
② 《后汉书》卷八十二上《方术列传上》。

入陂灌田。在今河南正阳县与息县间。成帝时罢。……东汉初复建。……安帝后废。"①当以前者为是。

鸿隙陂水利工程几经兴废。它始于汉武帝时期,汉成帝时期被平毁。东汉初重新修复,灌溉成效显著。东汉安帝以后又被废弃。

由于西汉后期水灾频繁,鸿隙陂的修防费用较高。汉成帝时,鸿隙陂水溢,造成房屋倒塌和百姓死亡。灾情传到西汉朝廷,当时汝南上蔡人翟方进任丞相,他和御史大夫孔光派掾属视察鸿隙陂灾情后,决定挖开堤坝,放掉积水。他们认为这样做,一可无水患之忧,二可省堤防之费,三可得到大片肥沃的土地,于是翟方进上奏成帝,平毁鸿隙陂。鸿隙陂的平毁,使周围的水田失去灌溉之利,变成靠天降雨的旱地,无法种稻,只好改种耐旱的豆类作物。汉末新莽时,连年大旱,人们呼吁修复鸿隙陂。当时汝南郡有一首童谣:"坏陂谁?翟子威。饭我豆食羹芋魁。反乎覆,陂当复。谁云者?两黄鹄。"②子威是翟方进的字。但是在西汉末年的政治危机中,统治者自顾不暇,没有余力主持修复鸿隙陂工程。

东汉初南阳人邓晨任汝南太守,于建武十三年(37)辟举水利专家——汝南平舆人许扬为都水掾,主持鸿隙陂的修复工程。当地百姓在许扬的指导下,"因高下形势,起塘四百余里,数年乃立。百姓得其便,累岁大稔"③。这项工程虽然花费数年时间,动用不少民力,但成效显著,可灌溉大片农田,使农作物连年丰收。《后汉书·邓晨传》称邓晨"兴鸿郄陂数千顷田,汝土以殷,鱼稻之饶,流衍它郡"。唐代蔡州汝阳县有"鸿郄陂,在县东一十里。汉成帝时,陂溢为害,翟方进为丞相,以为决去陂水,其地肥美,省堤防之费,遂奏罢之。王莽时,尝枯旱,郡人追怨方进,童谣曰:'坏陂谁?翟子威。饭我豆食羹芋魁。反乎覆,陂当复。谁云者?两黄鹄。'及建武中,太守邓晨使许阳为都水掾,令复鸿郄陂。阳曰:'昔成帝梦上天,天帝怒曰:何故坏我灌龙池?'于是乃因高下形势,起塘四百余里,数年乃立。今废"④。鸿隙陂工程是当时全国最大的一项农田水利工程。

除鸿隙陂以外,汉代汝南郡还有慎水诸陂。汝南慎阳县(今河南正阳北)西

①　史为乐主编:《中国历史地名大辞典》,中国社会科学出版社2005年版,第2438页。
②　《汉书》卷八十四《翟方进传》。
③　《后汉书》卷八十二上《方术列传上》。
④　《元和郡县图志》卷九《河南道五》。

有慎水。“慎水又东流，集为燋陂，陂水又东南流为上慎陂，又东为中慎陂，又东南为下慎陂，皆与鸿郤陂水散流。其陂首受淮川，左结鸿陂。……陂水散流，下合慎水，而东南径息城北，又东南入淮，谓之慎口。”①由上引文可知，慎水上有燋陂、上慎陂、中慎陂、下慎陂，与鸿隙陂共同构成陂塘网络，以利灌溉。

此外，汝南郡还有申陂、青陂、墙陂和葛陂。《水经注·淮水》记载：“淮水又东与申陂水合，水上承申陂于新息县北，东南流分为二水，一水径深丘西，又屈径其南，南派为莲湖水，南流注于淮。淮水又左迤，流结两湖，谓之东西莲湖矣。……淮水又东北，申陂枝水注之，水首受陂水于深丘北，东径钓台南，台在水曲之中，台北有琴台。……淮水又东径长陵戍南，又东，青陂水注之。分青陂东渎，东南径白亭西，又南与长陵戍东，东南入于淮。”可见，申陂在新息县（治今河南息县）西。《元和郡县图志·河南道五》记载：“葛陂，在（平舆）县东北四十里。周回三十里。费长房投杖成龙处。”唐代蔡州平舆县本汉汝南郡平舆县地。葛陂上承澺水（今洪河），东出为鲖水、富水（今堙），在今新蔡县西北25公里处。青陂在新蔡县境内。汉灵帝建宁三年（170），新蔡长李言“上请修复青陂”，青陂“在县坤地，源起桐柏，淮川别流，入于潺湲，径新息墙陂，衍入褒信界，灌溉五百余顷”②。

东汉明帝永平年间，鲍昱任汝南太守。当时“郡多陂池，岁岁决坏，年费常三千余万。昱乃上作方梁石洫，水常饶足，溉田倍多，人以殷富”③。所谓方梁石洫，就是以石料修建的水门，用来调节渠中水量。既可免除水满为患，又可增多灌溉面积，可谓一举两得。

汉和帝时，何敞任汝南太守，“又修理鲖阳旧渠，百姓赖其利，垦田增三万余顷”。④ 鲖阳渠在今新蔡县北35公里处。

总之，由于汝南郡几任太守重视水利事业，东汉时期汝南郡的水利工程居全国之首位，使此地成为较为富庶的鱼米之乡。

---

① 《水经注》卷三十《淮水》。

② 《元和郡县图志》卷九《河南道五》。

③ 《后汉书》卷二十九《鲍永传附鲍昱传》。

④ 《后汉书》卷四十三《何敞传》。

三、其他地区水利工程

河南北部的太行山区,地形以山地和山前丘陵为主,中间夹有几个小盆地,耕地大多分布在小盆地和沟谷丘陵地区,其南濒临黄河,为平原地带,是耕作指数最高的地方,主要河流有漳、卫、洹、丹、沁等,为水利事业的发展奠定了良好的基础。秦时在今济源市东修有枋口堰,以木为闸门,开凿沟渠,引沁水灌溉农田,一直延续到西汉。

东汉时期,统治者对黄河流域的灌溉事业相当重视。永元十年(98)三月,汉和帝诏令:"堤防沟渠,所以顺助地理,通利壅塞。今废慢懈弛,不以为负。刺史、二千石其随宜疏导。勿因缘妄发,以为烦扰,将显行其罚。"①元初二年(115)二月,汉安帝又诏令:"三辅、河内、河东、上党、赵国、太原各修理旧渠,通利水道,以溉公私田畴。"②就是对原有渠道进行疏浚,以利灌溉。东汉时期灌溉事业在河南地区更为普及。但是从总体上说,东汉时期的大型灌溉工程不多,黄河中下游的灌溉事业不如西汉时期兴盛。

战国时期邺城附近的引漳灌溉工程,至汉代继续发挥效益。东汉安帝元初二年(115)春正月,曾"修理西门豹所分漳水为支渠,以溉民田"③。

东汉河内郡有沁水,赵国(都邯郸)有漳水。在朝廷的倡导下,前代在沁水上兴建的一些灌溉工程又普遍得到整修。今济源市东北太行山南麓沁河谷右岸山峰之间有摩刻石门铭一方,记载"师将兵徒千余人"凿开石门的情况。④

在陈留郡、东郡等地,也都兴办了一些水利工程。如鲁丕迁东郡太守,"为人修通溉灌,百姓殷富"⑤。在都城洛阳所在的伊洛平原,也兴修了一些农田水利工程。

总之,东汉时期,朝廷和地方官注重京畿和豫州诸郡水利的兴修,以遏制水

---

① 《后汉书》卷四《和帝纪》。

② 《后汉书》卷五《安帝纪》。

③ 《后汉书》卷五《安帝纪》。

④ 河南省文物局编:《河南碑志叙录》,中州古籍出版社1992年版,第15页。

⑤ 《后汉书》卷二十五《鲁恭传附鲁丕传》。

患,开展灌溉,有利于农业生产的发展。

四、水稻的种植

古时"修陂塘,开稻田"是相辅相成的水利事业。农田水利工程的兴修为种植水稻创造了条件,汉代河南不少地区种植水稻。

豫南大规模的水稻种植始于汉代。汉武帝时大兴水利,豫南是重点区域之一,为栽种水稻创造了良好条件。南阳、汝南两郡有栽植水稻的传统,兴修水利促进了水稻种植面积的扩大。

汉代召信臣、杜诗在南阳盆地大修水利,教民种稻,水稻种植盛况空前,成为当时南阳盆地的主要农作物之一。张衡《南都赋》中言"开窦洒流,浸彼稻田",就是对当时水稻种植的描写。两汉时期的水稻种植,主要分布在今南阳、邓州、唐河和新野一带。

西汉武帝时期兴建的汝南鸿隙陂,使当地大面积种植水稻,成为有名的鱼米之乡。汉成帝时水利设施被平毁,当地只能改种旱地作物。东汉初年,邓晨"兴鸿郤陂数千顷田,汝土以殷,鱼稻之饶,流衍它郡",百姓得其便,"累岁大稔"。明帝时,汝南太守何敞又修理昔时鲖阳旧渠,垦田增三万余顷,[1]发展水稻种植。

河内郡也有水稻种植。东汉顺帝时,崔瑗"迁汲令。在事数言便宜,为人开稻田数百顷"[2]。而《崔氏家传》记之较详:"崔瑗为汲令,乃为开沟,造稻田,薄卤之地,更为沃壤,民赖其利。"[3]河内郡共县(今河南辉县市)临近太行山麓,很早就用百泉水灌溉稻田。"百门陂,在县西北五里。方五百许步,百姓引以溉稻田。此米明白香洁,异于他稻,魏、齐以来,常以荐御。陂南通漳水。"[4]

汉代洛阳及其附近一直是水稻产区,所产香稻在全国著名。[5]

---

① 《后汉书》卷四十三《何敞传》。
② 《后汉书》卷五十二《崔骃传附子瑗传》。
③ 《太平御览》卷二百六十八《职官部·良令长》引。
④ 《元和郡县图志》卷十六《河北道一·卫州·共城县》。
⑤ 《北堂书钞》卷一百四十二《酒食部》。

第四节　漕运的开发

漕运是关系中国古代王朝兴衰的重要因素,漕运的实质是将经济重心区域的物质财富输送到政治中心,因此漕运线是一条连接政治中心和经济重心区域的纽带,是王朝权力中心得以生存和正常运行的物质输送线和生命线。在中国古代,漕运线路和方向一直处于变化之中。

秦、西汉王朝建都关中的咸阳和长安。关中地区虽然沃野千里,是当时全国最富庶的地区,但其农业与手工业生产收入仍满足不了京城居民的粮食布帛需求,需要从关东广大地区补给,因而借助黄河水道的东西漕运成为秦、西汉王朝的经济命脉。秦朝在关东的三川郡荥阳县北黄河南岸敖山下建立敖仓,聚集大量粮食,可通过黄河西运关中。西汉初年张良劝汉高祖刘邦西都关中,曾说:"河渭漕挽天下,西给京师;诸侯有变,顺流而下,足以委输。"①秦、西汉时期,黄河中下游地区的主要漕运水道是由渭水、漕渠、黄河及鸿沟水系构成。在运道沿岸修筑的仓储,除敖仓以外,还有位于今新安县仓头镇盐东村的汉函谷关仓库,与汉函谷关连成一体。黄河和渭水漕运在稳定国家政权、繁荣封建经济方面起着重大作用。

一、西汉黄河干流漕运

秦、西汉时期黄河中下游地区是全国农业经济最发达的地区。但是都城咸阳和长安所在的关中经济区比较狭小,而关东平原土地广阔,物产丰富,朝廷所需漕粮物资通过黄河、渭河运抵咸阳和长安,这时的漕运呈东西方向。"转粟西

---

① 《史记》卷五十五《留侯世家》。

乡,陆行不绝,水行满河"①,"鸿、渭之流,径入于河;大船万艘,转漕相过"②。这时的东西漕运主要依靠黄河干道,但是黄河潼关以东至孟津以西河段穿越三门峡和八里胡同峡,有不少激流险难。漕船溯流而上,多有困难和不便。《水经注·河水》云:

> 河水翼岸夹山,巍峰峻举,群山叠秀,重岭干霄……自砥柱以下,五户已上,其间百二十里,河中竦石杰出,势连襄陆,盖亦禹凿以通河,疑此阏流也。其山虽辟,尚梗湍流,激石云洄,澴波怒溢,合有十九滩,水流迅急,势同三峡,破害舟船,自古所患。

就地质构造言,三门峡北为太行山系,南为秦岭山脉,南北两山夹持,使三门峡成为黄河水系东流入海的主要通道。因两侧山地的持续抬升,水流下切侵蚀加剧,发育成深切峡谷;又以黄河地堑不断下降,构成盆地底部,表现出较为显著的堆积作用。河道经三门峡而明显收窄,加之从上游携带下来的河流堆积物沿途堆积,在河床上堆积成诸多深浅不一的河滩,让原本就不宽阔的水域更加拥堵。而受此影响,河水也收缩成"阏流",每每经此峡谷隘口,水势稍有增大,极易形成洪流冲下,从而对逆流而上的漕船构成严重的威胁。而在河南新安县以上,又有八里胡同峡,也很险要。

早在秦统一之后,关中地区便已出现过缺粮的现象。秦二世时"尽征其材士五万人为屯卫咸阳",而关中粮食不足,于是下令"郡县转输菽粟刍藁",关东百姓"皆以戍漕转作事苦"。③随着黄河中下游和淮河流域农业的快速发展,京师对粮食和手工业品的需求越来越依赖于关东地区。而"要将黄淮流域的粮食和其他物资运至关中,路途遥远,由陆路运输时间太长,费用也很高,所以秦始皇统一全国后就建立了水路运输的交通线,即由济水上溯入黄河,再由黄河上溯入渭水,最后到达居于渭水北岸的咸阳。秦人在济水和鸿沟从黄河分流出来的地方建立了一座巨大的粮仓——敖仓。从黄河中下游及淮河流域征集来的粮食先由济水、鸿沟水运至敖仓,然后装入在黄河中行驶的大船运抵关中"④。这条漕运交通线由东向西从河南地区穿过,敖仓就在秦汉时期的荥阳。

---

① 《汉书》卷五十一《枚乘传》。
② 《后汉书》卷八十上《文苑列传》。
③ 《史记》卷六《秦始皇本纪》。
④ 安作璋主编:《中国运河文化史》(上),山东教育出版社 2006 年版,第 87 页。

西汉一代，黄河干流漕运已初具规模。西汉初年，通过黄河从崤山以东向关中漕运粮食的数量尚不大，之后便呈现出逐渐增加的趋势。在汉文帝以前，"漕转山东粟，以给中都官，岁不过数十万石"；而到汉武帝时，"诸官益杂置多，徒奴婢众，而下河漕度四百万石，及官自籴乃足"，已增加到 400 万石；至元封元年（前 110），"山东漕益岁六百万石。一岁之中，太仓、甘泉仓满"。① 汉武帝元光年间，大司农郑当时上言："异时关东漕粟从渭中上，度六月而罢，而漕水道九百余里，时有难处。"汉宣帝五凤年间，大司农中丞耿寿昌奏言："故事，岁漕关东谷四百万斛以给京师，用卒六万人。宜籴三辅、弘农、河东、上党、太原郡谷，足供京师，可以省关东漕卒之半。"②此言被宣帝采纳，筑仓治船，近籴漕关内之粟，关东漕运减半，用漕卒亦减半。

三门峡砥柱险阻的存在，导致漕运极为不便。汉武帝元光年间，"河东守番系言：'漕从山东西，岁百余万石，更砥柱之限，败亡甚多，而亦烦费。穿渠引汾溉皮氏、汾阴下，引河溉汾阴、蒲坂下，度可得五千顷。五千顷故近河壖弃地，民茭牧其中耳，今溉田之，度可得谷二百万石以上。谷从渭上，与关中无异，而砥柱之东可无复漕。'天子以为然，发卒数万人作渠田。数岁，河移徙，渠不利，则田者不能偿种。久之，河东渠田废"③。番系主张在河东开渠田生产粮食运至长安，取代黄河干流的东西漕运，但是没有成功。其后又有人上书欲通褒斜道及漕事，言："褒水通沔，斜水通渭，皆可以行船漕。漕从南阳上沔入褒，褒之绝水至斜，间百余里，以车转，从斜下下渭。如此，汉中之谷可致，山东从沔无限，便于砥柱之漕。"④就是开凿褒水和斜水之间的山梁，修筑道路，两端利用褒水和斜水，水陆兼运，从南阳、汉中向京城长安输送粮食。朝廷遂以张卬为汉中郡守，征发数万人修筑褒斜道 500 余里。运道虽近便，但水流湍急多石，漕船不能通行。因此，漕运仍然要依靠黄河干流。

汉成帝时黄河下游发生过一次堤防决口，当时曾征"发河南以东漕船五百艘，徒民避水居丘陵"，可知当时黄河下游的漕船数量很多，汉代黄河漕运已呈现出繁忙景象。而潼关以下有砥柱当黄河中流，是黄河漕运的最大障碍。于是

① 《史记》卷三十《平准书》。
② 《汉书》卷二十四上《食货志上》。
③ 《史记》卷二十九《河渠书》。
④ 《史记》卷二十九《河渠书》。

又有人提议开凿三门砥柱,改善黄河航运条件。汉成帝鸿嘉四年(前17),"杨焉言:'从河上下,患底柱隘,可镌广之。'上从其言,使焉镌之。镌之裁没水中,不能去,而令水益湍怒,为害甚于故"①。在黄河三门砥柱段劈山凿石,目的是拓宽河道,以利航运。但是施工时大石块落入河中,反而使河水更加湍急,工程未获成功。虽然由于当时技术条件的限制,疏浚河道没有成功,但是前人开发黄河航运之利的举措却是值得肯定的。

东汉建都洛阳,通过黄河干流向长安的漕运减少。但是直至东汉末,黄河航运仍然存在。兴平二年(195)汉献帝从长安东逃至陕县(今三门峡市),遭董卓部将李傕围攻。在危急形势下,别将李乐"欲令车驾御船过砥柱出孟津"。太尉杨彪说:"臣弘农人也。自此东有三十六滩,非万乘所当登也。"宗正刘艾也说:"臣前为陕令,知其险。旧故有河师,犹有倾危,况今无师。太尉所虑是也。"②可见,东汉时已有专门负责导航的"河师",但是在黄河峡谷河段行船仍有很大风险。

二、东汉洛阳阳渠漕运与城市供排水

流经洛阳盆地的洛河、伊河、涧谷水、瀍水,同属黄河水系的洛河支系,构成古都洛阳的水环境,也是重要的水利资源。

洛河发源于陕西省南部,东流经河南卢氏、洛宁、宜阳三县而进入洛阳境,再东流穿过今洛阳城区,左合涧谷水和瀍水,又东经汉魏洛阳城南,右合伊河,又东流经故偃师城南,至巩义界内,注入黄河。《水经注·洛水》记载,洛河在宜阳县境内曾有支渎左出,东北流,至洛阳西注入涧谷水,北魏时已经干涸。

伊河发源于河南省栾川县,东流经嵩县、伊川二县,穿过伊阙进入洛阳盆地,继续东流,汇合南流注涧水,再东流经汉魏洛阳城南,注于洛河。出伊阙北口后河床高度降至海拔120米以下。

汉魏洛阳城市用水,主要依靠谷水和瀍水。虽然二水距城较远,但其海拔

---

① 《汉书》卷二十九《沟洫志》。
② 〔晋〕袁宏:《两汉纪》(下),中华书局2002年版,第544页。

多在 150 米以上,可以开渠引水自流入城。瀍水出自谷城(今河南新安)北山,东南流,经今洛阳老城东侧注于洛水。其河床高度,洛阳以北段海拔 150 米以上,洛阳东侧段海拔 140—150 米。其入洛处,距汉魏洛阳城 10 余公里。涧谷水由上游的谷、涧二水汇合而成。谷水发源于今河南渑池县,涧水发源于今河南新安县。二水东北流,至新安县汉函谷关东交汇为一水,今称涧水或涧谷水。再东流进入洛阳盆地,穿行于古郏鄏陌(今邙山)丘陵间,至古城(今河南洛阳市西北)东,南流注入洛水。涧谷水河床高度约在海拔 150 米以上,其注洛处距汉魏洛阳城约 18 公里。

综上所述,汉魏洛阳周围诸自然河流,自成一个完整体系,源远而流长,互相沟通,具备综合开发、利用其水利资源的前提条件。但是汉魏洛阳开发利用自然河流也有不利的一面。洛阳四周皆山,诸河流均有一段河道穿行于丘陵间,如遇大雨,山洪从四面八方涌入河道,容易引起河水暴涨,造成水患。因此,必须注意泄洪,防范水患。

洛河在洛阳盆地先后容纳涧谷、瀍、伊诸水,流量大大增加,且与利于行舟的黄河相连,具备充当汉魏洛阳交通中国北方及东南地区之水上干道的基础条件。洛河靠近汉魏洛阳城,无疑可以作为都城用水的来源之一,并可兼作城市排水渠道使用。

虽然洛河可作为汉魏洛阳城市用水的来源,但因其河床较低,沿岸海拔高度多在 120—125 米,而汉魏洛阳城的海拔高度却多在 120—140 米,如要依靠这一水源,尚需修建辅助工程以提高水位。即使如此,要使洛河水流遍汉魏洛阳全城亦有困难。涧谷水和瀍水的情况与洛河有所不同:它们水量小,且中上游穿行在沟壑纵横的丘陵间,显然不适宜行舟。二水下游,地势稍为平缓,沿岸海拔高度一般在 140—150 米,稍高于汉魏洛阳附近地面。它们距汉魏洛阳稍远,但其间为高平坡地,并无丘陵山险阻隔,如措施得当,完全有可能引以为供给洛阳全城的水源。[①]

早在先秦时期,洛阳盆地就有若干朝代建都,都面临城市用水问题需要解决。由于时代久远,今人已难知其详。东汉都城洛阳位于黄河支流洛水下游平

---

① 段鹏琦:《汉魏洛阳与自然河流的开发和利用》,载《庆祝苏秉琦考古五十五年论文集》,文物出版社 1989 年版,第 506 页。

原上,附近有伊、谷、瀍、涧诸水可资利用。"汉魏时期对城周围自然河流的开发利用,正是以引谷溉洛、堰洛通漕这两大工程为重点,围绕解决城市用水和漕运这两大中心问题展开的。"①二者相辅相成,以实现对天然水资源的再分配。

东汉初,为了解决都城的供水问题,开始兴修水利工程,修渠引谷、瀍二水东入洛阳城。建武五年(29),王梁为河南尹,曾"穿渠引谷水注洛阳城下,东写巩川,及渠成而水不流"②。王梁欲通漕运,率众自河南县(今洛阳市西工区)开渠,引谷水流经洛阳城下,至巩县(今巩义)汇入洛水。由于他对地势高低没有进行认真的勘测而盲目施工,最终以失败告终。

建武二十四年(48),大司空张纯上言"穿阳渠,引洛水为漕,百姓得其利"③。这项工程使河南郡的漕运渠道畅通起来。"洛阳有十二门,皆有双阙。有桥,桥跨阳渠水。按《舆地志》曰'洛阳城四面阳渠水,即周公所制也。上源出幽谷,东流注城西北角,分流绕城,至建春门外合,又折而东流,注于洛'。"④西周初是否有阳渠绕城,难以稽考。东汉这项漕渠开凿工程是由张纯亲自主持,自河南县西南引洛水,经该县城南,再北穿谷水至洛阳城(汉魏故城)西南,从城南绕过,经太仓注入鸿池陂。然后出鸿池陂,向东至偃师以东又注入洛水。"谷水周围,绕城至建春门外,东入阳渠石桥。"⑤"谷水又东屈南,经建春门石桥下……又自乐里道屈而东出阳渠。"⑥"建春门外的阳渠水道,自门址外的护城河分作两股水道,一条南流环城而行,另一条则向东流去。这条东流的水道位于建春门外大道的北侧,二者并行,相距约15米。水道较宽,最宽处达100米,一般有90米……距离建春门约800米的位置处,水道向南折拐,其东西宽度约30米,建春门外大路在此处架桥而通行……水道过建春门外大路后,复折拐向东略偏南方向延伸,穿过外郭城东城垣继续东流。这段水道宽度35至60米,

① 段鹏琦:《汉魏洛阳与自然河流的开发和利用》,载《庆祝苏秉琦考古五十五年论文集》,文物出版社1989年版,第506页。
② 《后汉书》卷二十二《王梁传》。
③ 《后汉书》卷三十五《张纯传》。
④ 〔清〕徐松辑,高敏点校:《元河南志》,中华书局1994年版,第67页。
⑤ 《洛阳伽蓝记》卷二《城东》。
⑥ 《水经注》卷十六《谷水》。

距今地表深达 10 米仍为淤土。"①建春门外的这段水道既宽且深,应当和当时的漕运行船有关系。谷水周围绕城,至永桥东南东入阳渠桥。道南有四石柱,为将作大将马宪建造。《水经注·谷水》记载,汉顺帝阳嘉四年(135),"使中谒者魏郡清渊马宪,监作石梁桥柱,敦敕工匠尽要妙之巧,攒立重石,累高周距,桥工路博,流通万里云云"。阳渠工程达到了预期目的,方便了洛阳附近的漕运。阳渠又称漕渠。"城下漕渠,东通河济,南引江淮,方贡委输,所由而至。"东方和南方的贡赋通过济水和汴渠,再由黄河入洛河,最后经漕渠到达京城洛阳。"张纯堰洛以通漕,洛中公私穰赡。是渠今引谷水,盖纯之创也。""九曲渎在河南巩县西,西至洛南。又按傅畅《晋书》云:都水使者陈狼凿运渠,从洛口入,注九曲,至东阳门。"

由于引谷水入城,且环绕城,必须建设桥梁以便人员、车马通行。《初学记》卷七《地部下·桥》引《魏略》:"景初中,洛阳城东桥、城西桥、洛水浮桥,三柱三折。"曹魏明帝景初年间距曹魏政权始建不过 20 年,如果桥梁建于曹魏时,不至于一二十年内就毁坏,推测此桥可能建于东汉。引谷水入城,又满足了城内各种生产、生活及建设用水的需求。如北魏清阳门内的永和里,"乃汉董卓宅地。里南北皆有池,卓之所造。魏时犹有水,冬夏不竭"。

三、汴河漕运

战国时期兴建的沟通黄河、淮水的鸿沟运河,西汉时称浪荡渠,"仍然通航,可是联系黄河和淮河两个水系的水运作用,已逐渐为汴渠所取代。汴渠又称汳水,是济水向东南入泗的一个支流,汴渠和鸿沟同以一个口门受黄河水补给,它西北受河,东南接泗水,成为汉代,特别是东汉以后漕运的骨干水道"②。汴渠始于荥阳的黄河口门,因称荥阳漕渠,东南流经浚仪,至彭城(今江苏徐州)入泗水,在联系江淮地区与中原地区和运输东南物资方面发挥着重要作用。《元和

---

① 中国社会科学院考古研究所洛阳汉魏城工作队:《北魏洛阳外郭城和水道的勘察》,《考古》1973 年第 7 期。

② 武汉水利电力学院、水利水电科学研究院《中国水利史稿》编写组:《中国水利史稿》上册,水利电力出版社 1979 年版,第 162—163 页。

郡县图志·河南道三》记载,西汉前期,"汉梁孝王广睢阳城七十里,开汴河,后汴水经州城南"。所谓州城即唐代宋州城,亦即睢阳县城。可见当时漕渠经过睢阳城南。

汴渠由于西汉后期黄河南侵而遭受破坏。东汉明帝时王景予以治理,建立水门,疏浚渠道,漕运得以恢复。永初元年(107)秋,朝廷曾"调扬州五郡租米,赡给东郡、济阴、陈留、梁国、陈国、下邳、山阳";永初七年(113)九月,又"调滨水县谷输敖仓"。① 这两次南粮北运,可能都通过汴渠。西汉时汴渠水门"但用木与土耳"。土木结构的水门难以经久,常要更换和维修。永初七年(113),曾"令谒者太山于岑,于石门东积石八所,皆如小山,以捍冲波,谓之八激堤"②。

汉顺帝阳嘉三年(134)二月丁丑,河堤谒者王诲奉命治河,"请以滨河郡徒,疏山采石,垒以为障",得到朝廷允许。不久王诲调离,司马登接续其事,遂率百姓,"伐石三谷,水匠致治,立激岸侧,以捍鸿波"。③ "顺帝阳嘉中,又自汴口以东,缘河积石为堰,通淮古口,咸曰金堤。"④不到一年时间,工程告竣。在荥口修建石门。汉灵帝建宁四年(171),又"于敖城西北垒石为门,以遏渠口,谓之石门……门广十余丈,西去河三里"⑤。"灵帝建宁中,又增修石门,以遏渠口。水盛则通注,津耗则辍流。"⑥水门由土木结构改为石砌,较耐冲击,可以经久,是一个较大的进步。

第五节　治河方略与技术

秦、西汉时期,特别是西汉后期,黄河下游水灾日益严重,朝野探索治河方

① 《后汉书》卷五《安帝纪》。
② 《水经注》卷五《河水》。
③ 《汉荥口石门铭》,见施蛰存撰《水经注碑录》卷二,天津古籍出版社1987年版,第47页。
④ 《水经注》卷五《河水》。
⑤ 《水经注》卷七《济水》。
⑥ 《水经注》卷五《河水》。

略的人越来越多。《汉书·沟洫志》载,汉哀帝初年曾"博求能浚川疏河者","王莽时,征能治河者以百数"。这些人竞相贡献治河方略,出现了多种治河主张。

一、汉代的几种治河方略

西汉时人对黄河的认知已较深刻。黄河为何容易泛滥成灾,从《汉书·沟洫志》可知,人们已认识到其原因有三:一是黄河水中含泥沙过多,容易淤积河床。西汉人张戎曾说:"河水重浊,号为一石水而六斗泥。"二是河南境内的黄河下游河道多弯曲,一百多里内有五次拐弯:"河从河内北至黎阳为石堤,激使东抵东郡平刚;又为石堤,使西北至黎阳、观下;又为石堤,使东北抵东郡津北;又为石堤,使西北抵魏郡昭阳;又为石堤,激使东北。百余里间,河再西三东,迫阸如此,不得安息。"三是河堤内居住农民,修小堤自我防护,造成流水不畅。百姓居黄河堤内,"或久无害,稍筑室宅,遂成聚落。大水时至漂没,则更起堤防以自救,稍去其城郭,排水泽而居之,湛溺自其宜也"。"东郡白马故大堤亦复数重,民皆居其间。从黎阳北尽魏界,故大堤去河远者数十里,内亦数重,此皆前世所排也。"

针对上述情况,人们提出了多种治理方案。

(一)分疏

自汉元帝永光五年(前39)黄河决清河郡(治今河北清河东南)灵县鸣犊口以后,灵县至东光之间有鸣犊河和大河分流,其上游自馆陶分出的屯氏河因而断流。及汉成帝建始初年(前32),由于泥沙淤积,鸣犊河已经浅涩。上游来水流泻不畅,灵县以上河段便有决口的危险。时任清河郡都尉冯逡为了避免郡境内出现新的水患,建议疏浚故屯氏河,使其与大河分流。

冯逡的主张是在总结历史经验的基础上提出来的。他说,上古时期,大禹"非不爱民力,以地形有势,故穿九河",以分洪水。近世"(清河)郡承河下流,与兖州东郡分水为界,城郭所居尤卑下,土壤轻脆易伤。顷所以阔无大害者,以屯氏河通,两川分流也。今屯氏河塞,灵鸣犊口又益不利,独一川兼受数河之任,虽高增堤防,终不能泄。如有霖雨,旬日不霁,必盈溢"。① 就是说,以往有屯氏河与大河分减洪水,所以郡境内无大的水患。如今屯氏河淤塞,鸣犊河也很不通畅,大河干流又不能容纳太多洪水,一旦河水暴涨,即使加高堤防,仍然难以容泄。如再连降大雨,必然发生决溢。因此,他主张采用分疏的方法防止河患的发生。

当时清河郡境内能够分减大河水势的,一是鸣犊河,一是"新绝未久"的屯氏河。冯逡主张利用屯氏河。他说:"灵鸣犊口在清河东界,所在处下,虽令通利,犹不能为魏郡、清河减损水害。""屯氏河不流行七十余年,新绝未久,其处易浚。又其口所居高,于以分流杀水力,道里便宜,可复浚以助大河泄暴水,备非常。"②通过比较,冯逡认为开通上游的屯氏河能更有效地减少清河与魏郡的水患。但他的建议未被采纳,三年后黄河发生两处决口,淹没 4 郡 32 县,说明他的建议是很有见地的。当洪水暴涨时,利用分疏法使洪水沿着各条支河下泄,可以削减主河道的洪峰流量,减轻洪水对主河道两岸堤防的威胁,从而避免或减轻决溢灾害。关于分水口位置的选择,应视沿岸的地形条件而定。一般说来,靠上一些可以使洪水及早从主河道分出,其减害作用会更加显著。

新莽时期,御史临淮(今江苏泗洪县东南)人韩牧也主张分疏。他说:"可略于《禹贡》九河处穿之,纵不能为九,但为四五,宜有益。"③其穿凿九河的想法未必可行,但分疏的思路无疑是正确的。

(二)改道

汉武帝时齐人延年上书说:"可案图书,观地形,令水工准高下,开大河上领,出之胡中,东注之海。如此,关东长无水灾,北边不忧匈奴。"④他建议开新河,使黄河从今后沿新河径直向东流入大海。这样,一可消除黄河下游水患,二可使黄河成为分隔匈奴和汉人的天堑。但这在当时的经济和技术条件下是难以办到的。汉成帝时的丞相史孙禁及其后的司空掾王横则提出较为切实可行的改河主张。

---

① 《汉书》卷二十九《沟洫志》。
② 《汉书》卷二十九《沟洫志》。
③ 《汉书》卷二十九《沟洫志》。
④ 《汉书》卷二十九《沟洫志》。

鸿嘉四年(前17),勃海(治今河北沧州东南)、清河、信都(治今河北冀县)三郡河水涌溢,河堤都尉许商与丞相史孙禁前往察看水情,寻求治理方略。孙禁以为:"今可决平原金堤间,开通大河,令入故笃马河。至海五百余里,水道浚利,又干三郡水地,得美田且二十余万顷,足以偿所开伤民田庐处,又省吏卒治堤救水,岁三万人以上。"①笃马河的上游在平原县(今属山东)境内。《汉书·地理志上》称平原郡平原县"有笃马河,东北入海,五百六十里"。其所流经略同今马颊河。孙禁想使黄河自平原以下,改道经笃马河入海。这样,入海的里程较近,水流较为顺畅,勃海、清河、信都三郡的泛水便可以消落。河水淹没的土地,由于河水落淤,干涸后变得更加肥美,足够补偿因改河造成的损失。这项主张大体上是可行的,但是却遭到许商的反对。许商说,笃马河不是古代"九河"流经的范围,如果改河入笃马河,必然会"失水之迹,处势平夷,旱则淤绝,水则为败"。②群臣赞同许商的意见,孙禁的主张被拒绝。

新莽时,御史韩牧提议在《禹贡》九河处穿几道渠为黄河分流,大司空掾琅邪(今山东诸城)人王横言,"河入勃海,勃海地高于韩牧所欲穿处",河水难以顺畅入海,"宜却徙完平处,更开空,使缘西山足乘高地而东北入海,乃无水灾"。③就是说,河经低洼地带入海,将受海水的顶托,导致河水在入海口一带泛滥成灾。他主张把河道改至太行山东麓的高地上。当然,河走高地也会带来一系列问题,但是王横注意到海水涨落对海口河段变化的影响,在当时是难能可贵的。

(三)滞洪

新莽时的长水校尉平陵(今陕西咸阳西北)人关并主张滞洪。他说:"河决率常于平原、东郡左右,其地形下而土疏恶。闻禹治河时,本空此地,以为水猥,盛则放溢,少稍自索,虽时易处,犹不能离此。上古难识,近察秦汉以来,河决曹、卫之域,其南北不过百八十里者,可空此地,勿以为官亭民室而已。"④曹、卫之域泛指今河南濮阳以南至山东省西南一带地方。这里在春秋战国时期是全

---

① 《汉书》卷二十九《沟洫志》。
② 《汉书》卷二十九《沟洫志》。
③ 《汉书》卷二十九《沟洫志》。
④ 《汉书》卷二十九《沟洫志》。

国经济最发达的地区之一,但是入汉以后频繁遭受黄河水害,生产与居住环境恶化,人口也相对减少。因此,关并提议空出这块地方作为滞洪区。一旦黄河洪水暴涨,即放水其间,以免下游河道发生大的灾害。

(四)以水排沙

汉代黄河的泥沙问题已较为突出。西汉末大司马史长安人张戎对黄河水量和泥沙的关系以及泥沙的危害性已有所认识,认为黄河下游的决溢主要是因为泥沙的大量淤积。他指出:"河水重浊,号为一石水而六斗泥。今西方诸郡,以至京师东行,民皆引河、渭山川水溉田。春、夏,干燥少水时也,故使河流迟,贮淤而稍浅;雨多,水暴至,则溢决。而国家数堤塞之,稍益高于平地,犹筑垣而居水也。"[①]就是说,河水中夹带大量泥沙,由于上中游引水灌溉农田,每逢春夏干旱时,下游河道的水量减少,水流速度也随之变缓,泥沙便淤积在河床里。天长日久,河床增高,河槽变浅,一来洪水,就会发生决溢。于是再增高堤防。河床增高,河堤愈高。河水高出两岸地面,成为"悬河",决溢灾害会更加严重。张戎还认识到"水性就下,行疾,则自刮除,成空而稍深",即河水有冲刷的特性,保持较高的流速,依靠河水的冲刷力排沙刷槽,可以减少或消除河患。他主张停止黄河上中游的农田灌溉,使下游有足够的水量,保证河水有较大的力量排送泥沙。

早在2000多年前,张戎就能从水流和泥沙的关系方面分析河患的成因,认识到河水夹带泥沙的能力随流速大小而改变,从而提出以水排沙的主张,是极其可贵的。但要停止上中游的农田灌溉,则难以行得通。

(五)贾让的"治河三策"

西汉后期的治河方略颇多,最为完整系统的是待诏贾让的"治河三策"。贾让分析了黄河下游水患形成的原因,他说:"古者立国居民,疆理土地,必遗川泽之分,度水势所不及。大川无防,小水得入,陂障卑下,以为污泽,使秋水多,得有所休息,左右游波,宽缓而不迫。"战国时期始"雍防百川,各以自利"。齐国和赵、魏二国以黄河为界,双方所修之堤各去河25里,两堤之间宽50里。"虽非

---

① 《汉书》卷二十九《沟洫志》。

其正,水尚有所游荡。时至而去,则填淤肥美,民耕田之。或久无害,稍筑室宅,遂成聚落。大水时至漂没,则更起堤防以自救,稍去其城郭,排水泽而居之,湛溺自其宜也。"①要之,水灾的形成在于百姓与河水争地。百姓在堤内河滩耕作居住,又修筑堤防把河水限制在一个狭小的地域内,河床不能容纳洪水,自然决溢造成灾害。

贾让提出的上策是"徙冀州之民当水冲者,决黎阳遮害亭,放河使北入海。河西薄大山,东薄金堤,势不能远泛滥,期月自定"。"此功一立,河定民安,千载无患,故谓之上策。"冀州治所在邺县,黄河故道所经主要有魏郡、巨鹿(治今河北平乡西南)、清河、安平(治今河北安平县)、河间(治今河北献县东南)、勃海诸郡国,故道附近数十里的居民属于迁徙的范围。黎阳遮害亭在今河南滑县西南,是古大河的河口。大山即太行山东麓的高地。金堤指魏郡境内的黄河北堤。贾让是要在遮害亭一带掘堤,使黄河水北流,从魏郡中部穿过,再向东北入海。这实际上是人工改变黄河走向,使之重归故河道。当然,改河是要付出一定代价的。但当时冀州人口密度不大,土地多盐碱,黄河从此经过,经济损失不大。其中策是"多穿漕渠于冀州地,使民得以溉田,分杀水怒",具体做法是"从淇口以东为石堤,多张水门",因为淇口"水适至堤半,计出地上五尺所",水势适宜引水。而且"治渠非穿地也,但为东方一堤,北行三百余里,入漳水中,其西因山足高地,诸渠皆往往股引取之,旱则开东方下水门溉冀州,水则开西方高门分河流",这样一可改造盐碱下湿地,填淤加肥;二可改旱作为水稻,产量提高 5 至 10 倍;三有舟船漕运的便利。终能兴利除害,富国安民。贾让认为,"缮完故堤,增卑倍薄",实为下策,劳费无已,数逢其害,最不可取。②

贾让的"治河三策"包括人工改道、分流和固堤三种方略,是流传至今的最早的较为全面的治河文献。"治河三策"不仅创造性地提出了防御黄河洪水的方略,还提出了放淤、改土、通漕等具体措施,不失为我国历史上第一个黄河除害兴利的规划方案。他的一些思想对今天黄河下游的治理仍有借鉴意义。

东汉王景的治河也是一次成功的治河实践。他采用人工改道、分流、固堤等多种方略,对黄河、汴水进行综合治理,使黄河出现了长期安流的局面。

---

① 《汉书》卷二十九《沟洫志》。

② 《汉书》卷二十九《沟洫志》。

二、水利技术的进步

汉代黄河中下游地区的水利工程技术与前代相比有了明显进步,主要表现在决口堵塞、沟渠开凿和淤灌改土等方面。

我国见于记载的河工堵口技术,始于西汉。当时黄河下游堵口,有两种不同方式,都发生在东郡:一是瓠子堵口,采用沿口门全面打桩填堵,"就是用竹楗等作为立柱,在决口处打桩,然后将土石材料填充其间的方法"①;一是在东郡的另一地方,河堤使者王延世采用"以竹落长四丈、大九围,盛以小石,两船夹载而下之"的方法,先从两边向中间进堵,待剩一缺口时,用两船夹载装石竹笼沉于缺口一次堵合。这两种堵口方法,以后在河工中经常使用,在实践中不断改进和提高,人们称为"平堵"和"立堵"。

西汉黄河下游的河工堵口实践表明,当时人已具有一定的水文知识,能够把握不同季节的水情变化,从而选择适当的堵口时机,以保证堵口工程的顺利进行。例如汲仁等堵塞瓠子决口那年,"旱,干封少雨"②,选择了一个干旱的年份。王延寿堵塞东郡决口,选择的时节是初春黄河水枯之时。河平年间朝廷商议堵塞平原决口时,杜钦说:"且水势各异,⋯⋯如使不及今冬成,来春桃华水盛,必羡溢,有填淤反壤之害。"③主张堵口应在冬天枯水季节完成,以免次年春天桃花开时河水盛涨,造成严重灾害。显然,西汉时人们在黄河堵口时,已经注意到河水丰枯与堵口成败的关系。

除了堵口,河工方面还采用了一些其他技术。如在河道整治上的裁弯取直。汉宣帝地节年间以前,黄河至清渊(今河北馆陶西北)折转正东,在贝丘(今山东临清南)以上的北岸形成三处急弯。"水流之势,皆邪直贝丘县"。为避免冲决堤防,危及贝丘县,光禄大夫郭昌"乃各更穿渠,直东,经东郡界中,不令北曲",④即裁除三处急弯,将河道取直。为了使河堤更加坚固,在魏郡和东郡所属

① 王星光主编:《中原科学技术史》,科学出版社 2016 年版,第 137 页。
② 《史记》卷二十九《河渠书》。
③ 《汉书》卷二十九《沟洫志》。
④ 《汉书》卷二十九《沟渠志》。

的黎阳、平刚、观下、昭阳等处，将河堤临河的一侧用石砌护，人称石堤，它的作用是抵御水流的冲刷，防护堤身的安全，如同后世堤防的护岸或护坡。及至东汉中期，在卷县（今河南原阳西）又修筑了"八激堤"。《水经注·河水》称"汉安帝永初七年，令谒者太山于岑，于石门东积石八所，皆如小山，以捍冲波，谓之八激堤"。石门即荥口石门。八激堤是当时的一大发明，它既能抵抗洪水的冲刷，又可推托溜势外移，比石堤的防护能力更强，如同后世河工上的短坝或埽。王景整修汴渠，发展了前代水门技术，在施工中"十里立一水门，令更相洄注"，这是一项在多沙河流上采用多水口形式引水的技术。

东汉王景"与将作谒者王吴共修作浚仪渠。吴用景墕流法，水乃不复为害"[①]。墕流法是当时一项创新，施行后发挥了很好的作用。

河南地区农田灌溉的蓬勃发展推动了水利科学技术的进步，在勘测技术方面有所谓"表""准""商度"等。《史记·河渠书》称"令齐人水工徐伯表"。"索引"引颜师古云"表者，巡行穿渠之处而表记之，若今竖标"。表，大概像今天标定方向和注记高度的标桩。《汉书·沟洫志》称"可案图书，观地形，令水工准高下"。准，就是观测高低。《后汉书·循吏传·王景传》还记载"景乃商度地势"。商度，是指丈量尺寸。在水力机械方面，西汉时黄河中游地区已出现"水春"，即用水力加工粮食的机械；东汉初期，又出现了"水排"，即用水力鼓风冶铁的机械。在农田灌溉上，东汉时期已经使用"翻车"和"渴乌"。翻车可能是龙骨水车的雏形，渴乌大概类似现代的虹吸管。

从战国至西汉，河南地区出现了一个人口增长的高峰。秦汉时期国家实现了统一，社会相对安定，人口数量持续增长。河南地区不仅人口数量居全国首位，也是全国人口密度最大的地区。由于劳动力的迅速增加，铁器的普遍使用，牛耕的推广，社会生产力出现了一个新的飞跃，人们开发利用自然资源、改造利用自然的力度加大，带来了农业经济的兴盛。

由于秦汉王朝实行移民屯垦政策，西北黄土高原地区大片草地森林变成村庄和农田，原始植被遭到严重破坏，生态环境开始恶化，水土流失加剧。河水中含泥沙量明显增加，开始浑浊变黄，"黄河"之名出现。大量的泥沙被河水挟带

---

① 《后汉书》卷七十六《王景传》。

到黄河下游,使河床抬高。如遇洪水,就造成决溢改道,河患愈演愈烈。秦汉时期是黄河水害的多发期。为防御洪水,黄河堤防得到修筑加强。西汉时东郡有三次堵口工程,以瓠子堵口最为著名。新莽时河南郡荥阳县黄河河道发生变化,造成黄河、济水、汴水各支流乱流,水灾所及数十县。东汉明帝永平年间,王景、王吴带领数十万士卒花费一年时间,修筑了千余里的黄河大堤,又整治汴渠渠道,设置水门,使"河汴分流,复其旧迹"。这次治水比较彻底,黄河出现了长期安流的局面。

秦汉时期河南地区的农田灌溉更为普及,南阳盆地的唐白河流域和淮河支流洪汝河流域兴修了一系列陂塘灌溉工程,沁水、漳水流域也有农田灌溉工程,不但实现了旱涝保收,而且不少地方将旱地作物改为水稻,粮食产量大大提高,成为当时最为富庶的地区。

秦、西汉王朝建都关中,粮食需要从关东补给,利用黄河水道的东西漕运成为当时的经济命脉。这条水道主要由渭水、漕渠、黄河及鸿沟水系构成,主要经过河南地区。西汉时期尝试开凿三门砥柱,改善黄河航运条件。东汉时期在都城洛阳附近开凿了漕渠——阳渠,又对汴渠进行疏浚,并建设水门,在汴口修建石门,既能实行南粮北运,黄河下游地区的粮食也可经黄河、洛水和阳渠运到洛阳。

汉代,人们在治河实践中加深了对黄河的认识,提出了一些治河方略,如分流、人工改道、滞洪、以水排沙等,较为完整的是贾让的"治河三策"。贾让不仅创造性地提出防御黄河洪水的方略,还提出放淤、改土、通漕的具体措施。它不失为中国历史上第一个黄河兴利除害的方案,对后世治黄也有借鉴意义。王景采用人工改道、分流、固堤等多种方略,对黄河、汴水进行综合治理,取得成功。汉代还发明了河工堵口技术、沟渠开凿技术和淤灌改土技术。

第三章

魏晋南北朝时期河南水利事业的延续

从黄初元年(220)曹丕代汉称帝,建立曹魏王朝,中经西晋、东晋十六国和南北朝,直至北周静帝大定元年(581)为隋文帝杨坚所取代,前后历时 360 余年,史称魏晋南北朝时期。

魏晋南北朝时期,除了西晋的短期统一,国家长期处于分裂割据和战乱状态。河南地区在三国时是魏国的境土,西晋时是王朝的腹里地区,其后为极度混乱的十六国诸政权所统治,南北朝时属于北朝的北魏、东魏和北齐。整个魏晋南北朝时期,河南地区长时间处于战乱的中心区,兵燹连年,人口锐减,生产停滞,社会经济处于破坏、恢复的循环往复之中,兴办的大型水利工程较少,农田水利事业与秦汉时期相比处于衰落之势。记述这一时期的几部正史中既没有关于水利的专篇,也很少有治黄活动和水利事业的记载。因此,清人胡渭曾感慨地说:"魏晋南北朝,河之利害不可得闻!"①实际并非如此,这一时期黄河中下游地区生态环境有所恢复,黄河相对安流,曹魏、西晋和北魏时河南地区的农田灌溉得以持续,并开凿了大量河渠以利漕运,水上交通有明显发展,河南地区与江淮、燕赵地区的交通条件大为改善,河南与周边的经济联系加强,也为隋代开凿南北大运河奠定了基础。总之,这一时期的水利事业也有许多方面值得称述。

---

① 〔清〕胡渭:《禹贡锥指》卷十三下。

第一节　社会经济的萎缩和生态环境的好转

一、河南的政区沿革

魏晋南北朝时期的地方制度为州、郡(国)、县体制。河南地区在三国时期属于曹魏的辖境,设立有3个州和12个郡国。这3个州分别是:司州,治所在洛阳;豫州,治所在安城(今正阳县东北);荆州,治所在新野。12个郡国:河南尹,治所在洛阳;河内郡,治所在怀县;弘农郡,治所在弘农。以上三郡属司州。汝南郡,治所在新息;弋阳郡,治所在弋阳(今潢川西);陈郡,治所在陈县;梁国,治所在睢阳;颍川郡,治所在许昌。以上五郡属豫州。南阳郡,治所在宛县;南乡郡,治所在南乡(今淅川西南)。以上二郡属荆州。此外还有陈留国,治所在陈留;东郡,治所在濮阳县。这两个郡国隶属于治所设在禀丘(今山东鄄城东北)的兖州。州、郡、县分别置刺史、太守、令(长)治理民事。

西晋王朝仍以洛阳为都城,在河南地区设有司、豫2个州和16个郡国的治所。司州,治所仍在洛阳;豫州,治所设在陈县。16个郡国:河南尹,治所在洛阳;荥阳郡,治所在荥阳;弘农郡,治所在弘农;河内郡,治所在野王(今沁阳);汲郡,治所在汲县;顿丘郡,治所在顿丘(今清丰西)。以上六郡隶属司州。颍川郡,治所在许昌;襄城郡,治所在襄城;汝南郡,治所在新息;弋阳郡,治所在弋阳;梁国,治所在睢阳。这五个郡国隶属于豫州。此外还有陈留郡,治所在陈留;濮阳国,治所在濮阳县。以上隶属于治所设在禀丘的兖州。而南乡郡,治所在南乡;南阳国,治所在宛县;义阳国,治所在新野。以上隶属于治所设在江陵(今湖北荆州)的荆州。

北魏孝文帝迁都洛阳后,在洛阳设立司州,管辖河南尹(治洛阳)、渑池郡、恒农郡(治今三门峡市)、荥阳郡、襄城郡、颍川郡(治长社,今长葛东)、河内郡(治野王)、汲郡(治今卫辉)、东郡(治白马,今滑县东南)等九郡及今山西省部分地区;在上蔡(今汝南)设立豫州,管辖南颍川郡(治今漯河市)、汝阳郡(治今商水西南)、南顿郡(治今项城西)、陈郡(治今沈丘)、新蔡郡、初安郡(治新怀,今驻马店西)等七郡;在息县设立东豫州,管辖汝南郡(治今息县)、新蔡郡(治苞信,今新蔡南)。此外,还有梁郡(治睢阳)和谯郡(治蒙县,今商丘市北)属于兖州(治今山东兖州)管辖,顿丘郡(治今清丰)和魏郡(治邺县)属于治所设在邺县的相州管辖。

二、社会经济的萎缩

魏晋南北朝时期河南地区战乱频仍,政权更迭频繁,社会经济处于破坏、恢复、再破坏、再恢复的波动之中。农业生产在三国西晋时期由凋敝走向复苏,十六国北朝时期又由破坏走向缓慢发展,手工业不发达,商业停滞。社会生产几经由破坏到复苏的迂回曲折的发展道路,使其原来居于全国经济重心的地位有所下降。

魏晋南北朝时期河南地区的人口数量处于波动状态,总体上比汉代明显减少,农业发展水平也"具有波浪形起伏的特点。在建安时期,由于东汉末年大动乱,百姓流离失所,农业生产处于低谷阶段。经曹魏屯田和水利事业高潮的作用,农业生产恢复到高水平状态,不仅已达两汉水平,不少方面还有超越。西晋末年的八王之乱,各少数民族因此进入中原,汉族势力大量往南迁徙,又一次使农业水平降至低点"[①]。北魏时期推行均田制,生产又有恢复和发展。

汉末的战乱导致河南地区人口锐减,十不存一,土地荒芜,岁荒民饥。曹魏时期曾实行大规模的屯田,在各地设置典农部管理屯田事宜,不属郡县。典农官相当于郡一级的称典农中郎将,县一级的称典农校尉(或都尉)。河南地区的洛阳、野王、襄城等地设有典农中郎将,弘农、原武(今原阳)、睢阳、南阳等地设典农校尉,在平县(今孟津老城东)、垂陇城(今郑州北)设典农都尉,专门管理屯田民。曹魏前期的屯田以许县(今许昌东)为中心,后来转移到淮河南北的陈、蔡地区。曹魏时期经济开始恢复,人口逐渐增加。

三国时期河南地区分属于司、豫、兖、荆、冀五州,是曹魏王朝的腹地,地位

---

① 高敏主编:《魏晋南北朝经济史》(下),上海人民出版社1996年版,第779页。

极其重要。曹魏"所恃内充府库外制四夷者,惟兖、豫、司、冀而已"①。因此,曹魏政权对这一地区十分重视,委派重臣治理,并采取一系列政策,包括实行法制、恢复统治秩序,轻徭薄赋、与民休息,实行迁民、充实人口,劝课农桑、发展生产等,加快了经济的恢复和发展。

西晋王朝实现了全国的短期统一,河南地区分属于司、豫、兖、荆四州,是西晋王朝的畿辅地区。西晋前期国家相对安定,社会经济在曹魏的基础上持续发展。

在东晋十六国的百余年间,统治河南地区的主要是后赵、前燕、前秦、后燕、后秦诸政权,东晋亦领有局部地区。这些政权之间的战争,不同民族之间的矛盾,对当时的社会生产破坏极大,社会经济凋敝。但是,各个政权为巩固自己的统治,也不得不组织社会生产,以保证国家的赋税收入。在当时战乱频仍的情况下,小农经济难以存在,其经济形态主要是坞壁经济,辅之以屯田。这一时期北方少数民族陆续进入中原,汉族百姓大量外迁,导致河南地区人口急剧减少,大片土地荒芜。北方少数民族大多以游牧为业,他们的南下也使河南地区的一些地方由农业区变为畜牧区,畜牧业经济比重有所上升。由于商业城市多遭受破坏,手工业和商业不发达,自给自足的自然经济比重增长。

北魏统一中国北方以后,河南地区出现相对安定的政治局面。北魏及其后的东魏、北齐政权推行均田制和新的租赋制度,努力劝课农桑,为河南地区经济的恢复和发展创造了条件。十六国后期至北朝,河南地区人口开始回升,北朝河南地区的农业、手工业和商业都在十六国时期的基础上有所恢复和发展。但是河南各地的经济发展不平衡,也多有波动。北魏拓跋氏入主中原时,正值中国北方经过近百年的战乱,土地大片荒芜,人民流移离散,户口损耗过半,导致生产停滞、经济凋敝。为了巩固自己的统治,北魏统治者采取了一系列的经济政治改革和发展生产的具体措施,黄河南北经济均有所发展,特别是北魏孝文帝迁都洛阳之后,黄河以南地区发展更快。但自"魏武西迁,连年战争,河洛之间,又并空竭","及文襄嗣业,侯景北叛,河南之地,困于兵革"。② 黄河以南地区在东魏、北齐时期成为边裔,经济受到严重破坏。而黄河以北的魏郡、林虑、

---

① 《三国志》卷十六《杜畿传附子杜恕传》。
② 《隋书》卷二十四《食货志》。

顿丘、汲郡、黎阳、东郡、濮阳等地处于东魏、北齐的"皇畿"之内,经济得到了优先发展。

三、生态环境的相对好转

魏晋南北朝时期黄河中游地区以务农为本的汉族人口的急剧衰退和以畜牧为生的少数民族人口的迅速增长,使耕地相应减缩,牧场相应扩展,黄土高原的植被有所恢复,下游的洪水量和泥沙量也相应有所减少。

魏晋南北朝时期黄河下游平原地区的植被也处于一个停滞的反复时期。东汉末年这一地区处于分裂和战乱的要冲,各个政治集团的争夺加剧,再加上旱、蝗等自然灾害,造成人口大减,不少农田荒芜,变成次生的草地和灌木丛。东汉的都城洛阳一带人口比较稠密,栽培植被分布较广。经过董卓之乱,变成数百里无烟火的景象。但是一些地区的次生植被恢复较快。如魏明帝时,荥阳附近百余里内,因人口耗散,土地荒芜,林木获得发展,野生动物如狼、虎、麋、鹿又在此栖息。[①] 西晋末年发生的永嘉之乱和十六国的长期战乱,导致中原汉人的大规模南迁,"使这一地区人口一再锐减,大片农田荒芜,转变成为次生的草地和灌木丛。不少农田在这个时期曾成为牧地"[②]。

魏晋南北朝时期的统治者和一些地方官曾倡导植树。如曹魏文帝时,郑浑任魏郡太守,"以郡下百姓,苦乏材木,乃课树榆为篱,并益树五果;榆皆成藩,五果丰实。入魏郡界,村落齐整如一,民得财足用饶"[③]。当时朝廷特别重视经济林木的种植。北魏孝文帝太和九年(485)诏:"诸初受田者,男夫一人给田二十亩,课莳余,种桑五十树,枣五株、榆三根。非桑之土,夫给二亩,依法课莳榆、枣。奴各依良。限三年种毕,不毕,夺其不毕之地。于桑榆地分杂莳余果及多种桑榆者不禁。"[④]经济林木的种植,既可增加百姓的收入,又可改善田野的植被。在城内的街道两旁和郊外的大路边,也栽种行道树。

---

① 《三国志》卷二十四《高柔传》。
② 邹逸麟主编:《黄淮海平原历史地理》,安徽教育出版社 1993 年版,第 55 页。
③ 《三国志》卷十六《郑浑传》。
④ 《魏书》卷一百一十《食货志》。

　　魏晋南北朝时期河南地区东部和北部有一定面积的盐碱土分布。如北魏末期,由于河流泛滥和土地盐碱化交织,一度造成"华壤膏腴,变为舄卤;菽麦禾黍,化作蒹蒲"①的局面。可见土壤盐碱化对农业生产有很大的影响。

　　魏晋南北朝时期黄淮海平原地区湖沼星罗棋布,类型众多,而且大范围的湖沼不少。先秦文献所载黄淮海平原的大量天然湖沼,到南北朝时期大部分依然存在。成书于公元6世纪的《水经注》一书中记载黄河下游有130多个大小湖泊。"这些湖泊在调节黄河及其分流的流量,农田灌溉、水运交通以及湿润当地气候等方面,都有一定的作用。"②但是比较起来,"黄河流域因受黄河决溢影响最为严重,由于泥沙的大量淤积,一者洼地普遍被充填,二者人工陂塘难以长期维持,所以流域之内湖沼极少"③。而且80%为天然湖沼,人工陂塘仅占20%。天然湖沼又大多集中在鲁西南地区,最有代表性的便是巨野泽。

　　魏晋南北朝时期河南地区的湖沼,依据文献记载,黄河以北地区有鸬鹚陂和平皋陂。鸬鹚陂在唐代相州洹水县(今河北魏县西南)和临漳县(今属河北)之间:"鸬鹚陂,在(洹水)县西南五里。周回八十里,蒲鱼之利,州境所资。""鸬鹚陂,在(临漳)县东南三十里。与洹水县同利。"平皋陂在唐怀州武德县(今河南温县东北):"平皋陂,在(武德)县南二十三里。周回二十五里,多菱莲蒲苇,百姓资其利。"④河南中部地区有圃田泽、荥泽和李氏陂。圃田泽在唐郑州中牟县和管城县(今郑州市)之间:"圃田泽,一名原圃,(中牟)县西北七里。其泽东西五十里,南北二十六里,西限长城,东极官渡。上承郑州管城县界曹家陂,又溢而北流,为二十四陂,小鹄、大鹄、小斩、大斩、小灰、大灰之类是也。""圃田泽,(管城)县东三里。""李氏陂,(管城)县东四里。后魏孝文帝以此陂赐仆射李冲,故俗呼为仆射陂。周回十八里。"荥泽在荥泽县境内。"荥泽,(荥泽)县北四里。《禹贡》济水溢为荥,今济水亦不复入也。"⑤在河南东部地区有孟渚(诸)泽和戴陂。孟渚泽在唐宋州虞城县(治今虞城县北):"孟诸泽,在(虞城)县西

---

①　《魏书》卷五十六《崔辩传附崔楷传》。

②　邹逸麟:《黄河下游河道变迁及其影响概述》,载《黄河史论丛》,复旦大学出版社1986年版,第238页。

③　邹逸麟主编:《黄淮海平原历史地理》,安徽教育出版社1993年版,第191页。

④　《元和郡县图志》卷十六《河北道一》。

⑤　《元和郡县图志》卷八《河南道四》。

北十里。周回五十里,俗号盟诸泽。"①戴陂又名大剂陂,在曹州考城县(今民权县北)与宋州襄邑县(今睢县)之间:"《国都城记》曰:'(考城)县西南有戴水,今名戴陂,周回可百余里。'盖本戴国,取此陂水为名也。""大剂陂,即戴陂也,在县西南四十五里。周回八十七里,与宋州襄邑县中分为界。"②河南南部的陂泽更多,不再叙述。这些陂泽魏晋南北朝时期面积较大,至唐代尚存。

在魏晋南北朝的三个半世纪,黄河中下游地区气候寒冷。黄初六年(225)淮河结冰,北边的黄河南北更不待言。这种寒冷气候继续下来,直到3世纪后半叶,特别是太康年间达到顶点。当时每年阴历四月(阳历5月份)降霜。北朝人贾思勰的《齐民要术》是记述6世纪华北——黄河以北农业实践的书,书中说到石榴树的栽培:"十月中以蒲藁裹而缠之,不裹则冻死也。二月初乃解放。"而现在在河南或山东,石榴树可在室外生长,冬天无须盖埋。这就表明6世纪上半叶河南、山东一带的气候比现在寒冷。

关于魏晋南北朝时期的降雨量,魏晋时大体上是先涝后旱。从黄初元年(220)到永康元年(300)的80年间,大旱1次,大雨8次。西晋时期黄河中下游地区连续发生旱灾。《晋书·五行志》中直言自太康以后"无年不旱",这在一定程度上反映了当时干旱之严重。但是在河南地区,降雨量则较多,以致酿成水灾。永康元年(300)到东晋元熙元年(419)的100多年间,大旱3次,其中1次特大旱,而大雨仅1次。南北朝时期的气候则以干旱为主,前期大旱6次,大雨水3次,后期旱、涝次数均等。

东汉王景治河以后,在新河道两岸全面筑堤,北岸分流断绝,南岸仍然保留着鸿沟水系以便通航。魏晋时期济水开始淤浅,到南朝末年,定陶县南"唯有济堤及枯河而已,皆无水"③。而汝、颍、渠(浪荡渠)、濉、涡等水之间,因为曹魏时代大兴水利,开凿濉阳渠、贾侯渠、讨虏渠、广漕渠、淮阳渠、百尺渠等人工渠道后,水运交通有所发展,曹操、曹丕时几次向东南用兵,舟师都由渠、涡、颍水入淮。鸿沟水系在隋唐以前仍起着一定的分流和通航作用。

---

① 《元和郡县图志》卷七《河南道三》。
② 《元和郡县图志》卷十一《河南道七》。
③ 《太平寰宇记》卷十二"济阴县"条引《国都城记》。

第二节　相对稳定的黄河下游河道与水患防治

一、黄河下游河道相对稳定及其原因

记述魏晋南北朝时期历史的十余部正史,都没有记载黄河下游河道的走向及改道的情况。东汉人桑钦著有《水经》一书,北魏后期郦道元为之作注,称《水经注》,增加了很多内容,成为研究南北朝以前历史地理、水利沿革的一部重要文献。《水经注》与《水经》的成书时间相距三四百年,而这两部书的说法基本一致,于是人们认为魏晋南北朝时期黄河河道相对稳定。此后的隋唐时期也没有黄河改道的信息,唐代的地理书《元和郡县图志》所记的沿河州县和《水经注》大致相同,因此学术界相继出现黄河"长期安流论"和"千年无患论"的观点。也有人对河道稳定说持怀疑态度,认为魏晋南北朝时期战乱频仍,史料多遗失,不能保证其间河道没有局部变迁。

西汉时期黄河多次改道,魏晋南北朝至隋唐的七八百年间黄河河道却相对稳定,其原因何在?这成为学术界长期探讨和争论的问题,出现了各种不同的观点。

清代学者魏源和民国时期水利专家李仪祉认为,黄河河道之所以在较长时期相对稳定,应归功于东汉王景的治河。当代一些学者不赞同这种意见,认为魏源把王景治河过于理想化了。且不说王景治河时有无缕堤,一年之内能否把黄河下游一千多里长的遥、缕四道土堤和许多水门都修起来也值得怀疑。利用水门法淤滩刷槽,黄河就可以千年无患,令人难以置信。而李仪祉的说法多有含糊不清之处,他的设想"充其量只能对汴渠起到不危及堤防、不淤积渠道的作用,解决不了黄河的问题。因而认为汴渠立水门后黄河安流八百年是说不通的"。①

---

① 《黄河水利史述要》编写组:《黄河水利史述要》,黄河水利出版社2003年版,第130、131页。

20世纪后半叶,有些学者又从黄河中游植被状况的变化来解释黄河河道稳定的原因。谭其骧认为,"战国以前黄河下游决徙很少",是因为那时"原始植被还未经大量破坏,水土流失还很轻微"。"秦与西汉两代都积极推行了'实关中'和'戍边郡'这两种移民政策。……西汉一代,尤其是武帝以后,黄河下游的决徙之患越闹越凶,正好与这一带的垦田迅速开辟,人口迅速增加相对应"。而在东汉末年黄巾起义以后,"以务农为本的汉族人口的急剧衰退和以畜牧为生的羌胡人口的迅速滋长,反映在土地利用上,当然是耕地的相应减缩,牧场的相应扩展。黄河中游土地利用情况的这一改变,结果就使下游的洪水量和泥沙量也相应地大为减少"。① 总之,他认为黄河中游植被状况的改善是东汉魏晋时期黄河之所以能够安流无事的真正原因。

诚然,黄河下游水患是由于中游黄土高原被冲刷,泥沙大量下泄淤积了下游河道造成的,从中游植被变化情况来研究黄河下游水患问题,可谓深中肯綮。但是认为东汉以后黄土高原植被状况改善是黄河长期安流的决定性原因,似乎也有值得商榷之处。首先,黄土高原地区雨量较少,草木生长比较困难。以农业为主的汉族人向后撤退,以游牧为生的少数民族占据这一地区后,植被能否立即改善尚值得研究。其次,黄河下游大平原就是黄河从中上游携带大量泥沙淤积而形成的,早在战国时期黄河就有"浊河"之称。认为战国以前黄土高原"水土流失还很轻微",似嫌证据不足。再次,"植被状况对黄河含沙量的影响是直接的,但对下游河患的影响却要通过河道的逐渐淤积抬高间接地表现出来,因而并不是植被一破坏,下游决溢改道就立即增加,植被一恢复就立即减少"。②

对于黄河河道相对稳定的原因,学术界还有许多不同看法:有人认为当时气温较高,黄河流域干旱少雨;有人认为下游河道顺直,便于泄水;有人认为下游河道宽阔,可任洪水自由泛滥;还有人认为下游分支多,分水起了作用。

黄河的情况是相当复杂的,决口改道既有自然方面的原因,也有社会方面的原因。关于黄河河道相对稳定的原因,必须从多方面进行探讨。首先,东汉以后,黄河中游的黄土高原地区人口减少,大片耕地变成牧场,植被情况可能有

---

① 谭其骧:《何以黄河在东汉以后会出现一个长期安流的局面——从历史上论证黄河中游的土地合理利用是消弭下游水患的决定性因素》,《学术月刊》1962年第2期。

② 武汉水利电力学院、水利水电科学研究院《中国水利史稿》编写组:《中国水利史稿》上册,水利电力出版社1979年版,第192页。

所改善,水土流失在一定程度上得到减轻。这就相应延缓了下游河道的淤积速度,使它有可能维持较长的安流时间。其次,东汉王景治理后的河道是一条比较理想的河道,它的走向入海距离最短,比降大,河水流速快,输沙能力强。加上黄河南岸有泰山余脉阻挡,北面是淤高了的秦汉故道,河水从比较低洼的地带穿过,可以保证下游河道的相对稳定。再次,东汉至魏晋南北朝时期,黄河下游仍然有许多分支,如汴水、济水、濮水、漯水等,还有许多湖泊、沼泽与旧的河道,汛期可以用来分出部分洪水,削弱洪峰,减少黄河干道的压力,又可以分出部分泥沙,减缓下游河道的淤积。此外,也可能有别的原因存在。总之,东汉以后黄河长期相对安流是一个人们聚讼不已的问题,尚需要继续进行深入的研讨。

郦道元的《水经注》提供了魏晋南北朝时期黄河流经地域的较多信息。经人们考证,这一时期黄河洛阳以下河道大致是经巩县北、成皋县北、荥阳县北、武德县(今武陟西南)东、卷县之扈亭(今原阳西)、酸枣、燕县(今封丘北40里)、滑台城(今滑县东)东、黎阳县南、凉城县(今滑县东北)、濮阳县、鄄城县北、范县之秦亭西、武阳县(今莘县西南)东、范县西、东阿县西、碻磝城西(今茌平西南)、杨墟县故城(今禹城县西南)、高唐县故城(今禹城西南)、平原县故城东,再经般县(今临沂县东)、乐陵、鬲县(今商河县南),至厌次县故城(今阳信县东南)、千乘城(今高清县东)北,河水分为两支:一支东南流历马常坑(今利津东南)注入济水,一支东北流经甲下邑北,又东北流入海。[①]

二、黄河水患及其防治

由于魏晋南北朝时期的政局是长期分裂割据,大河两岸兵燹连年,史书中有关水患与河道治理的史料不多,于是有人认为这一时期河患少,属于"安流"期。事实上黄河在当时并非没有灾害,只不过水患不如西汉时期频繁而已。

魏晋时期发生过河溢。首先是曹魏初期黄初四年(223)黄河支流伊洛河的大水。《晋书·五行志上》记载:"魏文帝黄初四年六月,大雨霖,伊洛溢,至津阳

---

① 《黄河水利史述要》编写组:《黄河水利史述要》,黄河水利出版社2003年版,第127页。

城门,漂数千家,杀人。"洛阳伊阙石壁上有一段铭文:"黄初四年六月二十四日辛巳,大出水,举高四丈五尺,齐此已下。"①当时的伊河洪水高四丈五尺,约合今10.9米。经水文工作者现场考察推算,是年伊河洪水流量接近20000立方米/秒。和它临近的洛水也会发生洪水,只是流量没有记载。伊洛河洪峰泻入黄河,自然会发现漫溢。

《晋书·傅玄传附傅祗传》称:"自魏黄初大水之后,河、济泛溢,邓艾尝著《济河论》,开石门而通之,至是复浸坏。"可见,从魏黄初年间到晋武帝时期的数十年间,黄河与济水不止一次泛滥成灾。史书有两次河溢的记载。一是魏太和四年(230)"八月,大雨霖三十余日,伊、洛、河、汉皆溢,岁以凶饥"。② 二是晋泰始七年(271)"六月,大雨霖,河、洛、伊、沁皆溢,杀二百余人"。③ 连续大雨造成黄河支流伊洛河及沁河同时涨水,导致黄河中下游干流暴涨漫溢,造成严重灾害。

西晋灭亡后的十六国时期,黄河流域出现分裂割据局面,战争频繁,一百多年间关于黄河的信息极为罕见。河南地区是否发生河患,史书缺乏记载。

北魏政权统一黄河流域后,北朝河患记载也渐多起来。首先是天安元年(466)的决口。是年"夏,旱,河决,州镇二十七皆饥"④。这次决口造成严重的灾荒。从延昌末年到熙平初年,在黄河北岸的冀(州治今河北冀县)、定(州治今河北定县)等州,河水不断泛滥。《魏书·崔辩传附崔楷传》记载,崔楷上疏称:"顷东北数州,频年淫雨,长河激浪,洪河汩流,川陆连涛,原隰通望,弥漫不已,泛滥为灾。""定、冀水潦,无岁不饥,幽(州治今北京城西南)、瀛(州治今河北河间县)川河,频年泛溢。"由于黄河北岸地区不断发生水患,崔楷建议施工以兴利除害。东魏武定年间,在黄河石济津(今滑县西南)也发生了一次河溢。《北齐书·阳斐传》称:"石济河溢,桥坏,斐修治之。又移津于白马,中河起石碑,两岸造关城,累年乃就。"

魏晋南北朝时期虽然史书关于黄河决溢的记载并不很多,但除了十六国这

----

① 《水经注》卷十五《伊水》。

② 《晋书》卷二十七《五行志上》。

③ 《宋书》卷三十三《五行志四》。

④ 《魏书》卷一百零五《天象志三》。

一段明显空白,关于大水的记载却不少,其中相当一部分发生在沿河诸州。① 沿河州郡频繁出现大水,黄河自然难以安澜无恙。只是当时社会分裂战乱,统治者忙于攻伐或自保,对水害不大注重,因而水患的记载较少。

综上所述,魏晋南北朝时期黄河下游河道虽相对稳定,但水患仍然存在。朝廷置有河堤谒者负责治河。曹魏后期分河堤为四部,并本部凡五谒者,西晋又合而为一。当时的统治者无暇或不愿治河,但是有些地方官员还是带领群众兴办了一些治河工程。

魏晋之际在今河南郑州一带,曾对黄河和汴口进行过两次较大的治理。《晋书·傅玄传附傅祗传》记载:"自魏黄初大水之后,河、济泛溢,邓艾尝著《济河论》,开石门而通之,至是复浸坏。"西晋时傅祗为荥阳太守,"乃造沈莱堰,至今兖(州治今山东郓城县西)、豫(州治今河南淮阳)无水患,百姓为立碑颂焉"。邓艾对黄河、济水的治理,大概是修复被洪水冲毁的东汉石门,并疏通河道。西晋武帝时,汴口又被黄河洪水"浸坏",傅祗又组织人力在汴口兴建了一道"沈莱堰",以控制黄河水进入汴水和济水的流量,从而平息水患。所谓"沈莱堰"可能是以草和土为主要材料而修筑的堰。

北魏时期也曾进行过治河活动。河南城(今河南洛阳西工区)西北,谷水之右,有石碛,碛南出为死谷,北出为湖沟。北魏太和四年(480),"暴水流高三丈,此地下停流以成湖渚,造沟以通水,东西十里,决湖以注瀍水"②。

及北魏分裂为东魏和西魏,战争连年。东魏大都督高敖曹和御史中尉刘贵等驻军虎牢(今河南荥阳汜水)。一日,高敖曹与刘贵同坐一堂,"外白治河役夫多溺死,贵曰:'一钱汉,随之死!'敖曹怒,拔刀斫贵"。③ 刘贵是鲜卑人,高敖曹是汉人,他因刘贵轻蔑汉人而恼怒。这件事说明当时在战乱年代,东魏统治者还役使大批汉人治理荥阳一带的黄河。

---

① 《黄河水利史述要》编写组:《黄河水利史述要》,黄河水利出版社 2003 年版,第 106—110 页。
② 《水经注》卷十六《谷水》。
③ 《资治通鉴》卷一百五十七《梁纪十三》。

第三节　农田水利工程的兴修

在防治河患的同时,魏晋南北朝时期的统治者和地方官吏也兴修了一些水利工程。但是由于这一时期中原战乱频仍,河南地区的水利工程时有破坏和修复,难以长期发挥效益。

早在汉魏之际,曹操在许县实行屯田时,就开始兴修农田水利工程。曹魏政权建立后,随着屯田规模的扩大,掀起了兴修水利的高潮。西晋至十六国时期,河南地区的水利事业呈现衰落之势。西晋在太康年间的短期繁荣之后,就出现了旷日持久的"八王之乱",严重消耗了国力,随后是北方少数民族的进逼,统治者无力兴修水利。因而在西晋统治的半个世纪中,河南地区除了杜预修复南阳地区的水利工程,基本上没有兴建大的水利工程。十六国时期的一百多年中,黄河流域一直处于分裂割据和战乱状态。当时农业生产遭受严重破坏,河南地区的水利事业处于停滞中。太延五年(439),北魏统一了黄河流域,结束了十六国时期的混乱局面,为农业的发展和水利的兴修带来了有利条件。太和十三年(489)八月"戊子,诏诸州镇有水田之处,各通溉灌,遣匠者所在指授"①。孝文帝在位时河南地区的灌溉事业有进一步发展。

一、河内丹沁流域的农田水利建设

古代河内丹沁流域(今河南焦作、济源一带)的灌溉之利,相传兴于秦代。东汉元初二年(115),汉安帝曾诏令修理河内等地旧渠,通水道以便灌溉。曹魏黄初六年(225)前后,司马孚为野王典农中郎将,上表称沁水"自太行以西,王屋以东,层岩高峻,天时霖雨,众谷走水,小石漂迸,木门朽败,稻田泛滥,岁功不

---

① 《魏书》卷七下《高祖纪下》。

成。臣辄按行,去堰五里以外,方石可得数万余枚。臣以为累方石为门,若天旸旱,增堰进水,若天霖雨,陂泽充溢,则闭防断水,空渠衍涝,足以成河",如此可收"暂劳永逸""云雨由人"之效。① 司马孚亲眼看到沁水流域的稻田被洪水冲毁,表明河内郡设屯田种稻是千真万确之事。司马孚改木闸门为石闸门的建议得到魏文帝的采纳,遂率领民工采取附近的方石,夹渠岸垒砌为石门,代替木枋门。枋门所在处称枋口,在今济源市东北15公里处。石门修成后,发洪水时关闭,利用入渠之雨水灌溉;枯水时开门引沁水,并增高拦河溢水堰,逼水入渠。石质水门经久耐用,可以更有效地调节灌渠水量,提高灌溉效率。

据《水经注·沁水》记述,沁口灌渠系统大概相当于朱沟水。朱沟从枋口东南流,分出奉沟水,又向东南,西边分出沙沟水,又东南流至野王县城西,东边分出一条支渠,绕城南至城东,折向北复入沁水,灌溉县城附近土地。朱沟干流东南流至近黄河处,汇入一连串湖泊。沙沟水从朱沟分出为南支,下游也汇入湖泊。奉沟在最西边,下游入济水旧道,南入黄河。沁水与丹水灌区合称丹沁灌区,当时可以灌溉今河南沁阳、温县、博爱、武陟、济源等县市相当一部分土地。

曹魏时重修的河内郡引沁灌区,进入晋朝以后,由于郡界有许多公主的水碓,阻塞流水,转为浸害,影响灌溉。广陵(郡治今江苏淮阴西南甘罗城)人刘颂转任河内太守,"郡界多公主水碓,遏塞流水,转为浸害。颂表罢之,百姓获其便利"②。由于郡守刘颂上书力争,罢除公主水碓,渠道流水通畅,当地百姓重享灌溉之利。

《魏书·沈文秀传》亦载,北魏孝文帝太和年间,吴兴武康(今浙江德兴西)人沈文秀任怀州刺史,"为政宽缓,不能禁止盗贼;而大兴水田,于公私颇有利益"。沈文秀在原沁口灌区修复水利工程,扩大水稻种植,成效显著。

东魏时沁水曾发生水灾,堤堰受损。于子建等官员联合,修建武德郡(治今温县东北武德镇)沁水石桥与堤堰,造福于当地百姓。

丹水流域大的陂泽是吴陂,又称吴泽陂。吴泽陂即春秋时之大陆泽,在古修武(今属获嘉)西北10公里处。丹水进入平原后支脉分流,其中不少是人工渠道,历来有灌溉之利。《水经注·清水》所述丹水分支有光沟、界沟、长明沟。

---

① 《水经注》卷九《沁水》。
② 《晋书》卷四十六《刘颂传》。

长明沟积为白马湖,下为白马沟。白马沟又东分为蔡沟。蔡沟东流合长明沟,下游汇入吴泽陂。"《魏土地记》曰:'修武城西北二十里有吴泽水。陂南北二丨许里,东西三丨里,西则长明沟入焉。'"蔡沟"东会长明沟水,又东径修武县之吴亭北,东入吴陂"。陂四周很多泉水汇成小河流入,有水道通清水。

共县泉多,陂塘多,有"百泉"之称。共县西北有安阳陂、卓水陂,城西有百门陂,当地百姓引陂水灌溉稻田。"百门陂,在(卫州共城)县西北五里。方五百许步,百姓引以溉稻田。此米明白香洁,异于他稻,魏、齐以来,常以荐御。陂南通漳水。"①

淇水上游支流菀水上有两个小型陂塘,即白祀陂与同山陂。在今河南淇县西北的淇水上有石堰分水为二支,一支是菀水,东南流至今县东又分水汇为白祀陂和同山陂。菀水经五穴口,"通并为二水,一水西注淇水……一水径土军东分为蓼沟,东入白祀陂,又南分东入同山陂,溉田七十余顷"。②

二、漳河流域的农田水利建设

早在战国时期,魏国邺县县令西门豹、史起先后开凿十二渠,引漳水灌溉。东汉安帝元初年间,又予以维修。建安九年(204)魏国建立,曹操以邺县为根据地,在邺县旧有渠堰基础上修建了天井堰。

关于天井堰,《水经注·浊漳水》记载:"魏武王又堨漳水回流东注,号天井堰。二十里中作十二墱,墱相去三百步,令互相灌注,一源分为十二流,皆悬水门。陆氏《邺中记》云:水所溉之处,名曰堰陵泽。"姚汉源解释说:"天井堰十二墱分为十二流,应当是原有十二渠的修复。同源异口是十二渠同引漳水,各有口门;墱是梯级,指横拦漳河的低溢流堰,二十里中共修了十二个堰。从西汉时想并十二渠为四渠推测,似乎每三渠为一组,距离较近,相距三百步,而四组之间相距较远,所以十二堰分布在二十里中,各渠的引水口在堰南端上游,皆悬水门并设有进水闸门,节制水量,十二渠口引为十二条渠,并未合为一条总干渠,

① 《元和郡县图志》卷十六《河北道一》。

② 《水经注》卷九《淇水》。

和旧式多水口引水灌渠又稍不同。"①汪家伦、张芳在《中国农田水利史》一书中对天井堰亦有相同见解,但认为十二条渠"并汇总为一条总干渠"。

天井堰是对战国时期西门豹、史起旧渠的修复。十二墱分为十二流,就是十二渠。墱是梯级,亦即横拦漳水的低滚水堰。二十里中每隔三百步修一堰。靠堰的上游,在南岸开渠引水。各渠首都有引水闸门,这是古渠道常用的多渠首引水。关于十二堰所在地望,旧说在古邺城西 14 公里。今河北临漳邺镇西15 公里,漳河南岸今河南安阳县安丰乡西高穴村西北有天平渠渠口遗址。天平渠为单一渠首,十二堰亦应在附近。灌区在邺城南,面积大约在 10 万亩以内。

漳水十二渠与天井堰自曹操修建,中历曹魏,至西晋一直受到良好的维护,堤堰不断被培筑加固,渠道时常得到疏浚,工程效益一直保持良好状态。西晋时左思所作《魏都赋》叙述当时灌渠的情况说:"西门溉其前,史起灌其后。墱流十二,同源异口。畜为屯云,泄为行雨。水澍粳稌,陆莳稷黍。"李善注云:"邺下有十二墱,天井偃(应为堰)在邺城西南,分为十二墱。"魏晋时引漳灌渠效益显著,灌区旱涝保收,水田可以种稻,旱地可植稷黍,一片繁荣景象。在西晋末的战乱中,天井堰受到破坏。

十六国后赵后期迁都邺城,又对曹魏天井堰予以修复:"石虎修西门旧迹,亦分十二磴,相去三百步,令互相灌注,其流二十余里,世号天井堰。"②东魏、北齐均建都邺城,引漳灌溉渠道再次被改造,新渠名万金渠,又名天平渠,继续发挥灌溉效益。至唐代其遗址尚存。

农田水利工程的兴修为水稻种植创造了条件。河南地区北部水稻面积的显著扩大,是在曹魏统治时期。"曹魏的兴立屯田和发展水稻生产,是密切结合在一块的。行屯田制的目的,既然主要是解决军粮困难,而提倡水稻种植,更有立竿见影的功效。因此,二者的结合是不足为怪的。"③汉魏以后,豫北水稻的分布更为广泛。但是,最集中的地区仍然是早具基础的漳河流域和沁水流域。

---

① 姚汉源:《西门豹引漳灌渠》,载《水利水电科学研究院科学研究论文集》第 12 集,水利水电出版社 1982 年版。

② 杨楞伽:《邺都故事》,见陆翙等撰,许作民辑校注:《邺都佚志辑校注》,中州古籍出版社 1996年版,第 143 页。

③ 高敏:《古代豫北的水稻生产问题》,《郑州大学学报》1964 年第 2 期。

二、淮颍流域的农田水利建设

早在汉魏之际,曹魏政权就在淮颍流域兴修农田水利工程。汉末建安年间,夏侯惇领陈留、济阳(郡治今河南兰考县堌阳镇)二郡太守,"时大旱,蝗虫起,惇乃断太寿水作陂,身自负土,率将士劝种稻,民赖其利"。[①] 夏侯惇躬率民众兴修太寿陂蓄水,开渠引水灌溉,以种植水稻。延康元年(220),魏王曹丕以贾逵为豫州刺史,"外修军旅,内治民事,遏鄢、汝,造新陂,又断山溜长溪水,造小弋阳陂,又通运渠二百余里,所谓贾侯渠者也"。[②] 小弋阳陂在今河南潢川县东。贾逵修造两三个陂塘进行灌溉,又开凿 100 多公里的运渠,人称"贾侯渠"。

淮颍水利工程建设到曹魏后期邓艾屯田时达到高峰。当时邓艾勘察了从今河南淮阳、项城以东至安徽寿县的水土情况,认为淮河两岸田土好,水不足,于是著《济河论》,主张引黄河水入汴水,再开渠由汴引水到颍水各陂塘,既可蓄水灌溉,又可以通漕运。这项主张得到采纳。司马懿于正始三年(242)"三月,奏穿广漕渠,引河入汴,溉东南诸陂,始大佃于淮北"。[③] 次年,"兼修广淮阳、百尺二渠,上引河流,下通淮、颍。大治诸陂于颍南颍北,穿渠三百余里,溉田二万顷,淮南淮北皆相连接"。[④] 邓艾所开广漕渠,引黄河水补充颍水等水源之不足。当时圃田泽东西 40 里,南北 20 里,中有 24 浦,是渠水的水柜。渠水至大梁分为两支,南流的是沙水(后代的蔡河,下游约当今之贾鲁河而偏东)。

沙水沿线有一系列陂塘。沙水在陈留县东分出一支称鲁沟,是汉代的人工渠;西边分一支是八里沟水,汇合百尺陂水、野兔陂水,在圉县(今杞县南之圉镇)西又流入沙水。再往南,西边为康沟水,沟上接洧水(在今长葛市境),有堰控制,下入沙水。康沟支流有长明沟,连接白雁陂、染泽陂、蔡泽陂,下游分为三支,北支合康沟。沙水南至扶沟县西有蔡泽陂水注入。再往南,东分支为涡水,涡水东流合鲁沟。东至东华城(今河南西华县东北)西,又东南分为甲庚沟,西

---

① 《三国志》卷九《夏侯惇传》。

② 《三国志》卷十五《贾逵传》。

③ 《晋书》卷一《宣帝纪》。

④ 《晋书》卷二十六《食货志》。

通洧水,当时已无水。百尺陂即逢泽,在今河南开封市东南。白雁陂在尉氏县洧川镇西北。《水经注》记载:"龙渊水又东南,径凡阳亭西,而南入白雁陂。陂在长社县东北。东西七里,南北十里。在林乡之西南。"蔡泽陂在尉氏县西南。《水经注》记载:"沙水南与蔡泽陂水合,水出鄢陵城西北……陂东西五里,南北十里。"庞官陂在今河南西华县东北。《水经注》记载:"沙水又南与广漕渠合,上承庞官陂,云邓艾所开也。"百尺堰在陈州项城县东北三十五里,今河南沈丘县西北。《水经注》记载,谷水"又东南注入颍,谓之交口。水次有大堰,即古百尺堰也"。"司马宣王讨太尉王凌,大军掩至百尺堰,即此堨也。"①

曹魏时在黄淮间兴建的诸陂质量较差,至西晋咸宁年间因连发大水,涝渍成灾,引起土地的碱化。咸宁三年(277),淮河南北发生严重水灾,杜预以为"自顷户口日增,而陂堨岁决,良田变生蒲苇,人居沮泽之际,水陆失宜,放牧绝种,树木立枯,皆陂之害也",他主张:"其汉氏旧陂旧堨及山谷私家小陂,皆当修缮以积水。其诸魏氏以来所造立,及诸因雨决溢蒲苇马肠陂之类,皆决沥之。"②这项建议得到晋武帝的批准,平毁了曹魏时修的陂堨和因雨水决溢而形成的苇塘及马肠陂,而将质量较高的汉代诸陂加以维修保留下来,从而逐渐缓和了黄淮间的涝灾。

在淮河南岸的光州固始县(今属河南)东南,有汉末建安年间扬州刺史刘馥率众所修的茹陂水利工程:"茹陂,在(固始)县东南四十八里。建安中,刘馥为扬州刺史,兴筑以水溉田。"南朝梁武帝大同元年(535)光州仙居县(治今光山县西北仙居店)民众自发修筑仙堂六陂水利工程,用以种稻。"仙堂六陂,在(仙居)县西南十一里。梁武大同元年,百姓堰谷水为六陂,以溉稻田。"③

曹魏的屯田和水稻的种植是密切结合的。而水稻的种植又以兴建或修复水利工程为前提。建安年间曹操初实行屯田,以许县为中心。《三国志·魏书·任峻传》记载:"是时岁饥旱,军食不足,羽林监颍川枣祗建置屯田,太祖以峻为典农中郎将,募百姓屯田于许下,得谷百万斛。郡国列置田官,数年中所在积粟,仓廪皆满。"此言许下屯田得到谷物百万斛,粮食品种不详。曹魏正始四

① 《水经注》卷二十二《渠水》。
② 《晋书》卷二十六《食货志》。
③ 《元和郡县图志》卷九《河南道五》。

年(243),邓艾奉司马懿之命,前往视察陈县、项以东至寿春地,"艾以为田良水少,不足以尽地利,宜开河渠,可以大积军粮,又通运漕之道。……今三隅已定,事在淮南。每大军征举,运兵过半,功费巨亿,以为大役。陈蔡之间,土下田良,可省许昌左右诸稻田,并水东下"。① 这表明建安年间至曹魏前期的许下屯田,至少一部分是种稻的水田。而到了曹魏中期齐王曹芳正始年间,为了应对与东吴的战事,邓艾建议放弃许昌的稻田,让河水东下,在陈、蔡之间淮河两岸开辟水田种稻,在当地积聚军粮,以避免运输之劳。此后修筑的农田灌溉工程,也大多用来种稻。

四、南阳盆地的农田水利建设

自魏、蜀、吴三国鼎立,南阳盆地"地处边疆,戎马所萃",农业生产难以正常进行,水利设施被废弃或毁坏。

西晋时期,杜预任镇南大将军、都督荆州诸军事,在南阳"修邵信臣遗迹,激用滍(今沙河)、淯诸水以浸原田万余顷,分疆刊石,使有定分,公私同利。众庶赖之,号曰'杜父'"②。晋太康三年(282),杜预修复西汉时南阳盆地的湍水、朝水之间的六门陂及其下的二十九处陂塘,重现两汉钳卢陂等塘堰的规模和部分灌溉效益。他"凡所兴造,必考度始终",并加强管理,对钳卢陂也"分疆刊石,使有定分",让"公私同利",如同召信臣所为。杜预对召信臣、杜诗的水利遗迹,"皆增广之以种稻"③。

东汉末六门竭曾一度荒废。晋武帝太康年间杜预又予以修复,南朝刘宋时继续修复使用。此外,还在滍水流域(今平顶山市鲁山、叶县一带)修建灌溉工程。《水经注》记载:"昔在晋世,杜预继信臣之业,复六门陂……六门既陂,诸陂遂断。"④"晋太康三年,镇南将军杜预复更开广,利加于民,今废不修矣。六门

---

① 《晋书》卷二十六《食货志》。
② 《晋书》卷三十四《杜预传》。
③ 雍正《河南通志》卷七《山川上》。
④ 《水经注》卷三十一《淯水》。

侧又有《六门碑》,是部曲主安阳亭侯邓达等以太康五年立。"①

　　东晋十六国时期战乱频仍,南阳盆地唐白河流域的六门陂等水利工程又被破坏或废弃。南朝宋文帝元嘉二十二年(445)沈亮任南阳太守,见唐白河流域有古时石堨遗存,遂签世祖修治之,云:"窃见郡境有旧石堨,区野腴润,实为神皋,而芜决稍积,久废其利,凡管所见,谓宜创立。"②此言旧石堨,当为淯水上的六门堨,遂予以修复。

　　六门堨"下结二十九陂,诸陂散流,咸入朝水"。六门堨之下的陂池甚多,知其名者有安众港、邓氏陂。邓氏陂在新野县境内,由淯水分出。安众港在今邓州市东北赵河畔,南北朝时尚存。"梅溪又南径杜衍县东……土地垫下,淯溪是注,古人于安众堨之,令游水是潴,谓之安众港。"③

　　在淯水上有樊氏陂、东陂、西陂、豫章大陂等。东陂和西陂位于堵阳县境内堵水之上,始修于东汉。豫章大陂位于新野县东南的士林戍附近,紧邻淯水。"淯水又东南经士林东,戍名也。戍有邸阁。水左有豫章大陂,下灌良畴三千许顷也。"④左陂在新野县境内的淯水之津上。"淯水又南入新野县,支津分派东南出,隰衍苞注,左积为陂,东西九里,南北十五里,陂水所溉,咸为良沃。"⑤

　　泚水上有马仁陂、大湖、醴渠、赵渠等陂渠。马仁陂水"出沴阴北山,泉流竞凑,水积成湖,盖地百顷,谓之马仁陂。陂水历其县,下西南,遏之以溉田畴,公私引裂,水流遂断,故渎尚存"⑥。马仁陂又称马人陂,位于唐县,即今河南泌阳县西北,水面宽25公里,在西南方出水处建水门,分流为二十四堰,溉地一万余顷。但到北魏时"水流遂断,故渎尚存"。宋南阳太守沈亮"又修治马人陂,民获其利"⑦。马仁陂一经修复使用,即发挥灌溉效益。

　　泚水又西南与南长、坂门二水合,其水东北出湖阳东龙山,南入大湖。湖水西南流,又与湖阳诸陂散水合,谓之板桥水。又西南与醴渠合,又有赵渠注之。

①　《水经注》卷二十九《淯水》。
②　《宋书》卷一百"自序"。
③　《水经注》卷三十一《淯水》。
④　《水经注》卷三十一《淯水》。
⑤　《水经注》卷三十一《淯水》。
⑥　《水经注》卷二十九《泚水》。
⑦　《宋书》卷一百"自序"。

板桥水又西南与南长水会,水上承唐子、襄乡诸陂散流也。

据考证,至南北朝后期,南阳盆地的楚堨、安众港、邓氏陂、左陂、赭水陂、豫章人陂、马仁陂、唐子陂等水利工程仍在发挥效益。[①] 此外·还有上石堰、马渡港、蜻螂堰、沙堰,均建于汉水支流淯水上,称淯水四堰;三大陂在唐州(今河南唐河县)境;斋陂在南阳县境,又有上下默河堰、白水陂等,其中不少设施至唐代尚存。

第四节　水上航运的发展

魏晋南北朝时期国家长期分裂割据,战争频繁,除需要向都城漕运粮食物资外,也需要利用水道投送军队和运输粮草。由于漕运和战争的需要,统治者不仅开发利用黄河干流的航运,对黄河河道的险要处进行整治,还在黄河南北开凿了不少人工河道,将黄河和海河、淮河、长江连通起来。这一时期河南地区的水上航运事业与秦汉时期相比有较大发展。

连接黄河和长江两大水系的南北水道,以淮河为中心。淮河以北利用从今河南、山东东南入淮的颍水、涡水、泗水等河流及附近湖泊,通过人工建造的堰渠调蓄水源,以达淮河。连接黄河与海河的南北水道则以淇水和白沟运河为中心。

早在汉末建安年间,曹操为了统一北方战争的需要,在黄河两岸开凿了不少运渠,将一些水系沟通起来,以便利水上运输。此后曹魏在淮河流域屯田,又开凿了一些运渠。这些运渠在两晋南北朝时期,成为南北交通的重要通道,在中国交通史上占有重要地位。

---

① 侯甬坚:《南阳盆地水利事业发展的曲折历程》,《农业考古》1987 年第 2 期。

一、白沟运渠的开凿

建安九年(204)，曹操北渡黄河征讨袁绍余部，在淇水入黄河处修筑枋头堰，"遏淇水入白沟，以通粮道"。"淇水，源出(卫州共城)县西北沮洳山，至卫县入河，谓之淇水口。""汉建安九年，魏武王于水口下大枋木以成堰，遏淇水东入白沟以通漕运，故时人号其处为枋头。"①唐代人李吉甫言："枋头故城，在(卫州卫县)县东一里。"②枋头即今河南浚县西北淇门渡。在此修筑堤坝拦蓄淇水东向流入白沟，并疏通白沟水道，形成可靠的后勤水运交通线。

白沟的前身是战国时期的古运河，利用太行山水源汇集于宁(秦称修武，今河南获嘉)，然后沿河堤东向，经过汲县，直到黎阳汇入淇水。白沟自淇水口枋头向东北直至安平郡广宗县(今河北威县东南)东北与清河连通。

建安十一年(206)，曹操北征乌桓，又"凿渠，自呼沲入泒水，名平虏渠；又从泃河口凿入潞河，名泉州渠，以通海"③。曹操为保证后勤补给畅通，下令开凿平虏渠和泉州渠，形成沟通漳河、滹沱河与潞河的水运航道。平虏渠以平虏城(今河北黄骅市齐家务乡)为中心，南向连接滹沱河，北向沟通潞河；泉州渠从海河下游北向连接泃河(大清河)、鲍丘水(蓟运河)，因它流经古泉州(今天津市武清区)而得名。

不久，曹操又开通新河渠，将泉州渠继续向东延伸到濡水(滦河)，使平虏渠、泉州渠和新河渠连通，构成了纵贯南北的水上交通线。此后，平虏渠、泉州渠和新河渠就与濡水水系、沽河(海河)水系相连，构成以天津为中心、以海河为主体的内河航运交通线，有水道可从中原直达幽燕地区。

建安十八年(213)九月，曹操"作金虎台，凿渠引漳水入白沟以通河"④。将漳水引入白沟，可以增加白沟水量，以利航运。是年，"太祖凿渠，引漳水东入

---

① 《水经注》卷九《淇水》。
② 《元和郡县图志》卷十六《河北道一》。
③ 《三国志》卷一《武帝纪》。
④ 《三国志》卷一《武帝纪》。

清、洹以通河漕,名曰利漕渠"①以改善邺县附近的交通条件。这些运渠的开凿,沟通了黄河和海河水系,使水上运输更为方便。

后来白沟运河一度被废弃。"魏熹平中复通之,故渠历枋城北,东出今涘,破故堨。其堰,悉铁柱木石参用,其故渎南径枋城西,又南分为二水,一水南注清水,水流上下更相通注,河清水盛,北入故渠自此始矣。一水东流,径枋城南,东与菀口合。"②"熹平"二字误,熹平为汉灵帝年号,三国曹魏无熹平年号,齐王曹芳有嘉平年号。此"熹平"为"嘉平"之讹。魏齐王曹芳嘉平年间所修新堰,铁柱木石兼用,比曹操时纯用枋木要坚固耐久。新运渠与清水连通,有利漕运。

二、淮颍运渠的开凿

睢阳渠是曹魏最早开凿的一条运渠。建安七年(202)春,曹操带兵"至浚仪,治睢阳渠"。③ 睢阳渠,从官渡(今中牟县官渡镇)东向直到浚仪,开掘运河约40公里,然后利用睢水河道,经过杞县、襄邑、宁陵、睢阳、下邑(今夏邑)、临濉(今永城市)、相县(今安徽濉溪)、沛郡(今安徽淮北市相山区)、下邳(今江苏邳州市邳城镇),直到下相县(今江苏宿迁市宿城区),最终注入泗水,形成沟通黄河与淮河的重要水道。睢阳渠就是后来的汴渠。

曹魏政权建立后,又在黄河以南、淮河以北地区开凿贾侯渠、讨虏渠、广济渠、淮阳渠和百尺渠等渠道,进一步密切了黄河与淮河水系的联系,兼有灌溉和运输之利。

贾侯渠是贾逵任豫州刺史时开凿,时间在汉献帝延康元年(220)。"这条渠道上承庞官陂,长二百里余。庞官陂在今河南西华县东北,正在浪荡渠故道的西侧,当是引用庞官陂的水,修复浪荡渠的故道,和颍水汇合的。"④贾侯渠是利用战国时期的鸿沟、西汉时期的浪荡渠故道开凿的运河渠道,也是魏晋南北朝时期连接河南地区东部与淮河下游地区的重要水运交通线。

---

① 《水经注》卷十《浊漳水》。
② 《水经注》卷九《淇水》。
③ 《三国志》卷一《武帝纪》。
④ 史念海:《中国的运河》,陕西人民出版社1988年版,第118—119页。

讨虏渠是曹魏讨伐东吴的水运渠道。曹魏初期，为应对与东吴政权之间的战事，而开凿这一东西流向的渠道。《三国志·魏书·文帝纪》记载，黄初六年（225）三月，魏文帝曹丕"行幸召陵，通讨虏渠"。"讨虏渠在县东五十里。曹魏黄初六年行幸召陵，通讨虏渠，谋伐吴也。"①讨虏渠在今河南漯河市郾城区东15里处，航程约50公里，是沟通颍水和汝水的运河渠道，由此可达寿春、合肥等地。

广漕渠是齐王曹芳正始年间开凿的运渠，是邓艾对黄河、淮水之间水道的一次大规模整治。"自魏黄初以后，河、济泛溢"，黄河汴口浸坏。正始年间，执掌曹魏朝政的司马懿试图加强对淮河流域的控制，邓艾认为淮河南北"田良水少，不足以尽地利，宜开河渠，可以大积军粮，又通运漕之道，乃著《济河论》以喻其指"，主张"省许昌左右诸稻田，并水东下"。② 这一主张得到实施。正始三年（242）三月，司马懿"奏穿广漕渠，引河入汴，溉东南诸陂，始大佃于淮北"③。次年，"修广淮阳、百尺二渠，上引河流，下通淮、颍。大治诸陂于颍南颍北，穿渠三百余里，溉田二万顷，淮南淮北皆相连接"。"每东南有事，大军兴众，泛舟而下，达于江淮，资食有储而无水害。"④

广漕渠故迹今已不可考，大约相当于汉之浪荡渠，或《水经注》之汳水及沙水（又叫渠水）。汳水、沙水大部分是人工渠道。广漕渠或其上游即利用汳水，下游为沙水改道及对其疏浚后的河道。邓艾所开广漕渠，旨在引黄河水补充颍水等水源之不足。他在汴水与黄河相接处建石门，引河水入汴；又修广淮阳渠（不详何地，一说为睢阳渠之误）、百尺渠（即浪荡渠，在今河南沈丘）作为漕运渠道。这次对漕渠进行拓宽与引河入汴，可以说是对东汉时河、汴分流工程的发展，有利于黄河、淮河之间的漕运。一旦东南有事，大军可泛舟而下，达于江淮，从而为西晋代魏后出兵灭亡吴国、实现全国统一奠定了基础。

西晋初，荥阳石门浸坏。傅祗任荥阳太守时，又予以修复，"乃造沈莱堰，至今兖、豫无水患，百姓为立碑颂焉"⑤。沈莱堰在今河南郑州市北黄河石门旁边。

---

① 〔清〕顾祖禹：《读史方舆纪要》卷四十七《河南二》。

② 《晋书》卷二十六《食货志》。

③ 《晋书》卷一《宣帝纪》。

④ 《晋书》卷二十六《食货志》。

⑤ 《晋书》卷四十七《傅玄传附傅祗传》。

　　西晋灭亡后,琅邪王司马睿和大批中原士人南迁,在建康(今江苏南京)建立东晋王朝,黄河流域则为北方少数民族建立的十六国政权所统治。江南的东晋和中原的少数民族政权在黄河和淮水之间不断发生战争。为了保证士兵和军粮的运输,除了利用黄河水系和其他天然河道,又开凿了一些新的运渠,并对一些旧有运渠进行整修。

　　当时双方军队的进退主要依靠水路。太和四年(369),东晋权臣桓温领兵进攻前燕,"进次金乡(今属山东)。时亢旱,水道不通,乃凿钜野三百余里,以通舟运,自清水入河"。这条运渠人称"桓公渎"。桓温的军队逆河而上,一直到达枋头(今浚县西南淇门渡)。与此同时,桓温又派大将袁真"伐谯、梁,开石门以通运"。袁真虽然攻下了谯、梁等地,却"不能开石门,军粮竭尽"。① 桓温不得不焚毁舟船,由陆路退回。由此可见,水上交通线是否通畅,是当时战争胜负的重要条件。

　　东晋孝武帝太元八年(383),前秦君主苻坚率领 80 万大军南伐东晋,秦军"东西万里,水陆齐进。运漕万艘,自河入石门,达于汝、颍"②,与晋军在淝水交锋。这就是历史上有名的淝水之战。前秦在这次战争中出动上万艘船只顺流而下,当时水上运输规模之大可以想见。再如义熙十二年(416),东晋刘裕北伐后秦,也沿着汴渠、黄河进军。刘裕派遣"冠军将军檀道济、龙骧将军王镇恶入自淮、肥,攻漆丘、项城,将军沈林子自汴入河,攻仓垣(今开封东北)"③。又"命宁朔将军刘遵考仍此渠(汴渠)而漕之。始有激湍东注,而终山崩壅塞。刘公于北十里更凿故渠通之。今则南渎通津,川涧是导耳"④。刘裕亲自率领大军,自淮、泗经桓公渎、清河进入黄河,经过洛阳到达陕城(今三门峡市),"龙骧将军王镇恶伐木为舟,自河浮渭",一直攻进长安。后来班师南返,也"自洛入河,开汴渠以归"。⑤ 由于水上运输士兵和军需物资比陆路方便,因而能够采用水运的则不用陆运。

　　北魏孝文帝迁都洛阳,从邺县回到洛阳,泛舟洪池。洪池即鸿池陂,在洛阳

----

① 《晋书》卷九十八《桓温传》。

② 《晋书》卷一百一十四《苻坚载记下》。

③ 《晋书》卷一百一十九《姚泓载记》。

④ 《水经注》卷七《济水》。

⑤ 《宋书》卷二《武帝本纪中》。

汉魏故城东 10 公里处,今河南偃师市西。孝文帝对李冲说:"朕欲从此通渠于洛,南伐之日,何容不从此入洛,从洛入河,从河入汴,从汴入清,以至于淮?下船而战,犹出户而斗,此乃军国之大计。今沟渠若须二万人以下,六十日有成者,宜以渐修之。"冲对曰:"若尔,便是士无远涉之劳,战有兼人之力。"①孝文帝打算从此开渠沟通洛水,为从洪池乘船由水路南伐到达淮河下游作准备。

汴渠又称汴水,即睢阳渠。它自荥阳东循浪荡渠至今河南开封,又自开封东循泲水、获水至今江苏徐州转入泗水,是当时从中原通向东南的水运干道。蔡渠又称蔡水,即古沙水,流经河南尉氏、太康,下游自淮阳东出鹿邑下今茨河,也是中原入淮的一条重要水道。北魏宣武帝时,清河东武城(今河北清河县东北)人崔亮迁度支尚书,领御史中尉,"别立条格,岁省亿计,又议修汴、蔡二渠以通边运,公私赖焉"②。宣武帝元恪为保持东南的航运畅通,遂采纳崔亮的建议,对汴渠和蔡渠进行整修。

北魏政权为了"经略江淮"和"转运中州,以实边镇",在黄河南北河渠沿岸设立许多仓储,以利漕运,其中不少在今河南境内。《魏书·食货志》记载:"自徐、扬内附之后,仍世经略江淮,于是转运中州,以实边镇,百姓疲于道路,乃令番戍之兵,营起屯田,又收内郡兵资,与民和籴,积为边备。有司又请于水运之次,随便置仓,乃于小平、石门、白马津、漳涯、黑水、济州、陈郡、大梁凡八所,各立邸阁,每军国有须,应机漕引。自此费役微省。"小平即小平津,在今河南孟津县东北;石门或称"石门",黄河津口,当在今郑州荥阳北汴河河口处;白马津在今滑县东北古黄河东岸;漳涯当在今河北临漳县境内;黑水又名野河、槐河,在今河北赞皇、元氏、高邑、赵县、宁晋县境;济州当在今山东高清县西北;陈郡治所在今河南淮阳县;大梁即今开封市。在水运枢要地区设置仓储,便于粮食物资的调运。直至北魏分裂前,黄河、汴水的航运一直发挥着重要作用。

魏晋南北朝时期河南地区还有一些渠道,例如新郑、长社两地之间有灌颍渠:"洧水,(新郑)县西北二十里。灌颍渠首受洧水,西魏遣王思政固守长社城,东魏相高澄遣将高岳攻之,筑堰通洧水渠,灌破长社城,即此渠也。"③

---

① 《魏书》卷五十三《李冲传》。
② 《魏书》卷六十六《崔亮传》。
③ 《元和郡县图志》卷八《河南道四》。

三、黄河干流河道的疏浚与漕运的发展

曹魏、西晋王朝均建都洛阳,洛阳至关中的运道畅通与否是关系国家经济、政治、军事的大事。两地的水上运输主要依靠黄河干流、支流及人工渠道。为了改善京城洛阳和关中之间的水上交通条件,曹魏时有一批固定的民工治理黄河险阻,用于拉纤的黄河栈道也屡有凿建。"魏景初二年二月,帝遣都督沙丘部、监运谏议大夫寇慈,帅工五千人,岁常修治,以平河阻。"①黄河三门峡人门栈道有摩崖石刻,曰:"石师(正)始元年作"。"甘露五年二月二十六日,治河都将左贡、□□、石师江洛善、许是□。"②位于今河南济源和新安境内的八里胡同峡栈道也在开凿。北岸东段有栈道遗迹,一般宽 0.8 米左右,侧壁上有题记:"正始贺晃领帅五千人修治此道。天大雨。正始九年正月造。"③说明曹魏时一直在开凿三门峡和八里胡同峡的栈道。

砥柱之下又有五户滩。西晋建立之初的泰始三年(267)正月,"武帝遣监运大中大夫赵国、都匠中郎将河东乐世帅众五千余人修治河滩,事见《五户祠铭》。虽世代加功,水流湍济,涛波尚屯,及其商舟是次,鲜不踟蹰难济,故有众峡诸滩之言。五户,滩名也,有神祠,通谓之五户将军,亦不知所以也"④。五户滩是一行船险处。总之,魏晋二代黄河险段的峡谷险滩一直在修凿疏通,但是难以从根本上解决问题。

泰始十年(274),晋武帝司马炎鉴于黄河三门峡砥柱段船运困难,又发动开河工程,在砥柱上流"凿陕南山,决河,东注洛,以通运漕"⑤。这项工程大概是引黄河水进入其支流涧水,凿开涧水源头的崤山,使河水穿过崤山,再沿洛水支流进入洛水。这样,洛阳至关中的水上运输就可以利用一段洛水,而可以避开

---

① 《水经注》卷四《河水》。
② 中国科学院考古研究所编著:《三门峡漕运遗迹》,科学出版社 1959 年版,第 41—43 页。
③ 河南省文物管理局、水利部小浪底水利枢纽建设管理局移民局编:《黄河小浪底水库文物考古报告集》,黄河水利出版社 1998 年版,第 65 页。
④ 《水经注》卷四《河水》。
⑤ 《晋书》卷三《武帝本纪》。

黄河砥柱之险。这确实是一项伟大的壮举,但是在当时的历史条件下,这项工程难以完成。

北魏将它和南朝宋的边界推至黄河以南后,特别是孝文帝元宏迁都洛阳以后,更加重视黄河中下游地区的水上航运。太和十九年(495),孝文帝到徐淮地区巡视,回京途中要乘船"泛泗入河,溯流还洛"。谒者仆射成淹以"黄河浚急,虑有倾危",上疏加以劝阻。孝文帝说:"朕以恒、代无运漕之路,故京邑民贫。今移都伊、洛,欲通运四方,而黄河急浚,人皆难涉。我因有此行,必须乘流,所以开百姓之心。知卿至诚,而今者不得相纳。"①孝文帝不避危险,乘船沿黄河逆流而上,想消除百姓顾虑,开发黄河水运。

鉴于陆上运输费时费力,北魏时有改用水上漕运的提议。三门都将薛钦上言:"计京西水次汾、华二州,恒农、河北、河东、正平、平阳五郡年常绵绢及赀麻皆折公物,雇车牛送京。道险人弊,费公损私。"主张造船,离河近处,先用车送至津渡,实行水运。尚书度支郎中朱元旭表示赞同,认为薛钦之说"指况甚善。所云以船代车,是其策之长者",但"计底柱之难,号为天险,迅惊千里,未易其功。然既陈便利,无容辄抑",可以进行试验。尚书崔休说:"案钦所列,实允事宜;郎中之计,备尽公理。"应该推广到京城以东地区。"漳洹夷路,河济平流,而不均彼省烦,同兹巨益。"主张"东路诸州皆先通水运,今年租调,悉用舟楫"。高阳王雍、尚书仆射李崇也表示赞同,但认为要实现水运,"必须沟洫通流,即求开兴修筑。……此冬闲月,令疏通咸讫,比春水之时,使运漕无滞"。②宣武帝诏令准许,但只是部分地区落到实处,而未能推向全国。

第五节 都城附近漕运与城市供排水

魏晋南北朝时期河南地区有两座都城:一是曹魏、西晋和北魏后期的都城

---

① 《魏书》卷七十九《成淹传》。
② 《魏书》卷一百一十《食货志》。

洛阳,二是汉建安年间的魏王国,十六国时期的后赵、前燕和南北朝后期的东魏、北齐的都城邺城。这两座都城都建有通漕和城市供排水设施。

一、洛阳城内外水利工程的兴建

洛阳盆地又称伊洛平原,它北临黄河,南依熊耳、外方山,有伊、洛、瀍、涧(谷)诸自然河流注入。汉魏时期的洛阳城位于洛阳盆地中部,水资源丰富,是水利开发的基础。虽然洛阳盆地的水资源较为充足,但谷水、瀍水距汉魏洛阳城较远,伊水、洛水又在城南地势最低处经流,城市主体部分在洛水以北高地,给水资源的利用带来不便。特别是随着城市人口的不断增加,为满足都城生产、生活用水需求,又要修建水利工程对水资源进行合理调配。

东汉王朝建都洛阳,曾对洛阳城进行大规模的建设,也包括兴建水利工程以解决都城所需的粮食物资漕运及城市供排水问题。早在光武帝建武年间,王梁率先开渠,计划引谷水注入洛阳城,但没有成功。后来张纯"穿阳渠,引洛水为漕",百姓得其利。

魏晋南北朝时期洛阳的漕运和城市供排水工程仍然是引谷溉洛和堰洛通漕两项,在东汉的基础上有新的发展,魏晋时期为恢复和改善都城洛阳附近的水运和用水而兴建的水利工程,在数百年间屡有兴废。

(一)引谷溉洛的千金埅渠系

千金埅是解决魏晋北朝洛阳城市用水的重要水利工程,它始建于曹魏,西晋又增修相关配套工程,北魏时继续修缮利用。

曹魏明帝太和五年(231),在洛阳城西十里处整修东汉谷水旧堰遗址,兴建新堤坝,取名"千金埅",并开凿沟渠五条,取名"五龙渠",又称千金渠,引谷水流入洛阳城,以通漕运。"《河南十二县境簿》曰:'河南县城东十五里,有千金埅。'《洛阳记》曰:'千金埅旧堰谷水,魏时更修此堰,谓之千金埅。积石为埅而开沟渠五所,谓之五龙渠。渠上立埅,埅之东首,立一石人,石人腹上刻勒云:太和五年二月八日庚戌造筑此埅,更开沟渠此水衡渠上,其水助其坚也,必经年历世,是故部立石人以记之云尔.'盖魏明帝修王、张故绩也。碣是都水使者陈协监造。"①这项工程是在东汉初王尊、张纯工程旧址上重新兴造,是引谷水东向流入洛阳城,随后与阳渠水汇合,流经偃师汇入洛水,然后又经过巩县连接黄河的漕运渠道。由于它极为重要,此后屡毁屡修。

曹魏时,在洛阳城内外,开渠凿池,建园林以供游观。魏文帝黄初三年(222),开凿灵芝池;五年(224),"穿天渊池"。魏明帝在园内"景阳山北结方湖"。又在广阳门北穿流杯池,又有蒙氾池,"明帝于宫西凿池,以通御沟,义取日入蒙氾为名"。②

至西晋初年,千金碣与五龙渠被洪水冲毁,晋武帝又下令予以整修。于是将千金碣加高,并在其西开凿代龙渠。晋武帝泰始七年(271)"六月二十三日,大水迸瀑,出常流上三丈,荡坏二碣,五龙泄水南注泻下,加岁久漱啮,每涝即坏,历载消弃大功,今故无令碣,更于西开泄,名曰代龙渠。……今增高千金于旧一丈四尺,五龙自然必历世无患"③。这项工程于当年十月二十三日开工,共用工235698个,至次年四月二十日告竣。"又曰:'千金碣旧堰谷水,魏时更修此堰(此谓曹魏),开沟渠五所,谓之五龙渠。晋世大水暴注,更于西开泄,名曰代龙渠,代龙渠即九龙渠也。'全氏祖望曰:'案五龙渠与九龙渠不同,五龙渠即千金渠。若九龙渠作于魏明帝青龙三年,是时崇华殿灾,郡国九龙见,明帝因更营九龙殿,引谷水为九龙池,而筑渠以堨之。善长误矣。'"④

西晋后期发生了长达十余年的"八王之乱",千金碣工程遭到人为破坏。太安二年(303),河间王司马颙派部将张方领兵进入洛阳,"决千金碣,水碓皆涸"。至西晋末永嘉初年(307),东海王司马越当政,派汝阴太守李矩、汝南太守袁孚到达京城,"率众修洛阳千金碣,以利运漕"。⑤"永嘉初,汝阴太守李矩、汝南太守袁孚修之,以利漕运,公私赖之。"⑥

北魏孝文帝迁都洛阳后,西晋修复的洛阳碣渠由于年久失修,已被毁弃。

---

① 《水经注》卷十六《谷水》。
② 〔清〕徐松辑,高敏点校:《元河南志》,中华书局1994年版,第65—66页。
③ 《水经注》卷十六《谷水》。
④ 〔清〕张穆著,安介生辑校:《〈魏延昌地形志〉存稿辑校》,齐鲁书社2011年版,第20页。
⑤ 《晋书》卷六十三《李矩传》。
⑥ 《水经注》卷十六《谷水》。

太和十八年(494),因行水积年,"渠堨颓毁,石砌殆尽,遗基见存,朝廷太和中修复故堨"①。杨播是这项工程的主持者。其墓志云:"高祖始建都之始,君参密谋焉,……又修成千金堨,引谷洛水以灌京师。"②孝文帝太和年间重新修复千金堨,对城市供水有重要作用,也产生了巨大的经济效益。"长分桥西有千金堨,计其水利,日益千金,因以为名。昔都水使者陈协所造,令备夫一千,岁恒修之。"③北魏统治者对此高度重视,建立了岁修管理制度。

千金堨的具体位置,上揭书云在洛阳"长分桥西"。今人推测在今洛阳瀍河下游东侧、塔湾村以西0.5公里处。④ 考古勘察确定在今洛阳一中附近。⑤ 千金堨的引水渠首是东周王城西北处的"湖沟"。这里是山区进入平原的谷口,谷(涧)水河道稳定,河床纵比降大,易获得落差,引水方便,可满足整个城市自流引水需要。"若沟渠久疏,深引水者当于河南城北、石碛西,更开渠北出,使首狐丘。故沟东下,因故易就,碛坚便时,事业已迄,然后见之。"⑥北魏时期重新利用湖沟引水,然后顺着王城北墙平行东去,沿渠拦截瀍水,以抬高水位,迫使谷、瀍二水交汇后东流,修建千金堨。

从千金堨以东到北魏洛阳城西北的这段渠道,称为千金渠,"水离堨东注,谓之千金渠"⑦。该渠线合理地利用了地形条件,显示出较高的规划水平和测量水平,考古勘探调查也予以证实。⑧ 千金堨水系从西来进入洛阳城,有三重功效:一是作为环绕城垣的护城河;二是从城西北枝分三支入城,流遍全城,既满足城内用水需要,又是城区排水干渠;三是作为漕运水道。

汉魏洛阳城的环城水系,文献中有阳渠、谷水、洛阳沟等多种名称。为了行文方便,这里以阳渠作为谷水环绕洛阳城流段的称谓。

关于洛阳城内的河渠,考古工作者在魏晋宫墙的外侧,"解剖发现了汉晋时

① 《水经注》卷十六《谷水》。
② 《杨播墓志》,见赵超:《汉魏南北朝墓志汇编》,天津古籍出版社1992年版,第86页。
③ 《洛阳伽蓝记》卷四《城西永明寺》。
④ 段鹏琦:《汉魏洛阳与自然河流的开发和利用》,载《庆祝苏秉琦考古五十五年论文集》,文物出版社1989年版,第511页。
⑤ 洛阳市文物考古研究院:《洛阳汉唐漕运水系考古调查》,《洛阳考古》2016年第4期。
⑥ 《水经注》卷十六《谷水》。
⑦ 《水经注》卷十六《谷水》。
⑧ 洛阳市文物考古研究院:《洛阳汉唐漕运水系考古调查》,《洛阳考古》2016年第4期。

期的大型河渠遗迹。该河渠的东岸距魏晋宫墙外侧的包砖沟槽 4.2 米。河渠南北向，东西两边均开挖在生土中，上口东西宽 29（米）、距地表深 2.4—2.5 米，底宽 20.4（米）、距地表深 5.3—5.8 米。河渠底部为夹杂大量河卵石和碎瓦片的黄褐色土夯筑的硬面，河渠内有厚 3 米的灰黑色淤积土，为多个时期淤积而成，显然该河渠经历了较长时期的使用。根据该城址地形地貌结合勘探和文献资料，该河渠为自北向南流水"。"魏晋宫墙外侧发现的不晚于汉晋时期的大型河渠遗迹，是汉魏洛阳城河道水系的首次重要发现，基本可确认其就是《水经注》等文献记载的汉魏'阳渠'遗迹。"①

　　阳渠亦名九曲渎。西晋时，都水使者陈狼凿运渠，从洛水入黄河的洛口，经巩县（今巩义）西至洛阳通九曲渎至洛阳城东偏南。关于阳渠绕城周流向，《水经注》有详细记载："谷水于洛阳城西北枝分，一东流径金墉城北……径洛阳小城北……又东历大夏门下……又东径广莫门北，又东出屈，南径建春门石桥下"；"谷水自城西北枝分，其一水南注，自阊阖门而南……径西阳门……谷水又南，东屈径津阳门南……又东径宣阳门南……又东径平昌门南……又东径开阳门南……谷水于城东南隅枝分北注，径青阳门东……又北径东阳门……又北，入洛阳沟"。②

　　阳渠不仅绕城周流，还从城之北、西分三条渠道入城：一是由北穿城入华林园，注天渊池、翟泉，最后出城东阳渠。二是从城西阊阖门入城，在宫城外分两支，一支由宫墙涵洞入城，注入灵芝九龙池；一支沿宫墙外南下折东，至阊阖门，又分两支，分别流入城南、城东阳渠。三是从城西西明门入城，穿铜驼街，东入青阳门，注入阳渠。入城三条渠道，枝分流转，水网密布，遍及全城。华林园"凡此诸海，皆有石窦流于地下，西通谷水，东连阳渠，亦与翟泉相连。若旱魃为害，谷水注之不竭；离毕傍润，阳谷泄之不盈"③。从侧面说明引谷水入城，水脉畅通，泄洪迅速，不盈不竭，水资源利用效率较高。《晋书》记载："洛阳城十二门，皆有双阙，有桥，桥跨阳渠水。"陆机《洛阳记》记载："马市在大城东，前有石桥，悉用大石，下员以通水，可过大舫。"可见，阳渠可以行船，进行运输。在建春门

---

① 中国社会科学院考古研究所、日本独立行政法人国立文化财机构奈良文化研究所联合考古队：《河南洛阳市汉魏故城魏晋时期宫城西墙与河渠遗迹》，《考古》2013 年第 5 期。

② 《水经注》卷十六《谷水》。

③ 《洛阳伽蓝记》卷一《城内景林寺》。

内有太仓,门外有常满仓。在水衡署旁有方湖。"谷水东出为方湖,东西一百九十步,南北七十步,水衡署在其所。"洛阳城南五里,有洛水浮桥。马市东有七里涧。"涧有石梁,即旅人桥。《洛阳记》曰:'城东有石桥以跨七里涧。'"出阊阖门外七里,有长分桥。"晋时,以谷水浚急,注于城下,多坏民宅,立石桥以限之。长在分流入洛,故名曰长分桥。"洛阳东石桥,在北魏建春门外一里余,"晋太康元年造,南有晋时牛马市"。建桥以控制渠水流量,水大时分流入洛水,以保证城市居民房屋财产安全,是一项发明创造,表现了古人的智慧。

关于谷水在北魏洛阳城西北分流入城的地点,考古发掘认为在今孟津县平乐镇翟泉村东北的寨墙里。谷水从这里向东、向南枝分两条绕城四面:一是从金墉城北,历大夏门、广莫门,东向折南,至建春门石桥下出城;二是从金墉城南,经阊阖门、西阳门、西明门,南下东折,至津阳门、宣阳门、平昌门、开阳门,在城东北隅枝分,其一北注,经青阳门、东阳门,最后注入阳渠。两个支流在建春门外与阳渠汇合,注入城外漕渠,最后流入洛水。

洛阳城内有排水暗渠。考古工作者"在北魏宫墙西侧约 2.7 米处的北魏时期路面之下,解剖发现有北魏时期砖砌暗渠遗迹。该渠也是在汉晋时期的河渠淤积土和瓦砾堆积层中开挖基槽,并用砖砌成。该渠为顺宫城西墙走向的南北向,较一般的砖砌暗渠规模略大。其基槽断面为口大底小的倒梯形,上口宽3.8(米)、底部宽 3.5 米。基槽上部填土经过夯筑,为灰褐色夹黄褐色花土,夯层厚度不一,厚 0.1—0.2 米。基槽内的砖砌涵洞内宽 1.4(米)、高约 1.3 米,顶部为双层拱券,底部铺砖。据勘察,该渠为宫城西墙外侧自北向南流水的一条大型排水暗渠。另外,在北魏宫墙内侧还发现两条南北向和一条东西向砌砖暗渠,拱券均已不存,沟槽宽 1.3—1.6(米)、残深 1.2—1.7 米,砖槽内宽约 0.5 米"[1]。

(二)堰洛通漕工程

"堰洛通漕"就是修建堤堰,迫使部分洛水流入城南阳渠,增大渠水流量,以便漕运。这项工程源于东汉建武二十四年(48),历经曹魏、西晋、北魏,屡废屡修,历经约 500 年的历史,至少在北魏永熙三年(534)以前,仍然承担着城东漕

---

① 中国社会科学院考古研究所、日本独立行政法人国立文化财机构奈良文化研究所联合考古队:《河南洛阳市汉魏故城魏晋时期宫城西墙与河渠遗迹》,《考古》2013 年第 5 期。

运与城内供水的功能。

北魏太和二十年(496)九月丁亥,为改善洛阳附近的水运条件,又兴建了引洛水入谷水工程。《魏书·高祖纪下》载,"将通洛水入谷,(孝文)帝亲临观",以表示支持。这一新工程可以增加谷水水量,便于航运,是东汉张纯"堰洛通漕"工程的继续,孝文帝亲自督观,可见其重要性。关于堰洛的具体方位,史书没有明确记载,2014年考古工作者确认今偃师市佃庄和河头村一带东侧即"堰洛通漕"遗址所在。堰洛通漕以后,引洛渠位于津阳门大街东侧,直对汉魏城南墙,洛水的主流输入城南漕运阳渠中,如有洪灾,洪水必然直达津阳门附近,直接危及津阳门,而通过洛河故道的水量相对较小,因此文献上不见永桥水灾记载。[1]

北魏时期洛阳城南的洛水水道与今水道不同。今洛水水道在汉魏洛阳城的流向是穿该城的南城垣东流,而北魏时期的洛水是流经城南四里之外而过。《洛阳伽蓝记·城南》明确记载:"宣扬门外四里,至洛水上作浮桥,所谓永桥也。"段鹏琦认为北魏时洛水的水道走向,"在今偃师佃庄和东大郊村南、西大郊和翟镇村北的东西一线,北距汉魏洛阳城南近2公里。北魏时的堰洛通漕工程导致洛水因缺水干涸,逐渐改道与城南阳渠合二而一"。也就是说,堰洛通漕使洛水水量逐渐减少,加上河流本身淤积而逐渐缺水干涸,最终导致洛河北移改道,城南的阳渠渐渐成为洛河的主流,也就是我们今天看到的洛河流向。

"堰洛通漕"不仅实现了城东漕渠水运的畅通,而且有助于控制洛水,防止水患,使城南新城区开发成为可能。段鹏琦指出:"正是因为有了这一大型综合性水利工程,尤其是堰洛通漕工程,使洛河等自然河流得到了合理而有效的控制,北魏时期才敢于突破洛河的局限,跨过洛河在伊、洛河之间开辟新的居民区,……使以往不敢问津的多水患地带,变成四方附化之民聚居的繁华区域。"[2]陈寅恪认为:"北魏洛阳城伊洛水旁及市场繁盛之区,其所以置市于城南者,殆由伊洛水道运输于当日之经济政策及营运便利有关。"[3]

洛阳以南的伊水经过伊阙山谷,河道狭窄,河底多石,又有沙滩,航行困难。

---

[1]　洛阳市文物考古研究院:《洛阳汉唐漕运水系考古调查》,《洛阳考古》2016年第4期。

[2]　段鹏琦:《汉魏洛阳故城》,文物出版社2009年版,第172页。

[3]　陈寅恪:《隋唐制度渊源略论稿》,中华书局1963年版,第67页。

西晋惠帝元康五年(295)曾予以疏浚。伊阙右壁有石铭云:"元康五年,河南府君循大禹之轨,部督邮辛曜,新城令王琨,部监作掾董猗、李褒,斩岸开石,平通伊阙,石文尚存也。"①

二、邺城水利工程的兴建

东汉末建安八年(203),曹操击败袁绍,占领邺县,平定冀州,遂以为根据地。建安十八年(213),汉献帝册命曹操为魏公,以冀州之河东、河内、魏郡、赵国、中山、常山、巨鹿、安平、甘陵、平原凡十郡为国土,建立魏国。曹操遂在魏郡邺县建宗庙社稷,以为都城。建安二十一年(216),献帝又进曹操爵位为魏王。

曹魏时期的邺下水利工程主要由三部分构成:城外水利工程、城内水利工程以及邺下水利工程与周围水系的连接。

魏公曹操建都邺城后,为保证邺城附近的交通运输,下令开凿利漕渠。该渠引漳河水东向到馆陶,然后北向流入斥漳(今河北曲周县),航程约120公里。利漕渠开凿后,白沟与漳河沟通,船队可以从白沟通过利漕渠进入漳河,直接到达邺城,促进了邺城的繁荣。利漕渠即邺下水利工程与周围水系的连接工程,航船可从洛阳通过洛水、黄河、白沟、利漕渠和漳河直达邺城。

城外水利工程是在战国西门豹漳水十二渠的基础上修建的天井堰,其方位在邺城西南。在邺城西有玄武陂和灵芝池。曹操曾在玄武陂训练水军,曹丕时改为玄武苑。位于邺城西的灵芝苑是一座王家苑林,其中的灵芝池,有漳水渠接通漳水。从渠上游引水至池,澄清泥沙;下游引池水至邺城内,供给城市用水。若遇旱涝,还用来调节城市供水,并有防洪作用。

曹魏时又开渠引漳水供给邺城城市用水,城内水利工程包括引水、排水工程。"魏武又以郡国之旧,引漳流自城西东入,经铜雀台下,伏流入城东注,谓之长明沟也。渠水又东径止车门下……沟水南北夹道,枝流引灌,所在通溉,东出石窦堰下,注之隍水,故魏武《登台赋》曰:引长鸣,灌街里。"②开凿的长明渠自

①　《水经注》卷十五《伊水》。

②　《水经注》卷十《浊漳水》。

城西南引漳水,经过铜雀台下的涵洞,伏流东注,又向南流经止车门,进入北宫。入宫后,分南北支流夹绕文昌殿。然后分出许多支流入西苑、后宫、外朝及各官署坊巷等地。之后再汇合一起,向东流出石窦堰下,注入城东的湟水。长明渠把城内外的水利工程连成一体,既满足了城市的生活用水,又可产生绿化、灌溉、排污等综合效益。

十六国后赵建武元年(335)九月,石虎自襄国(今河北邢台)迁都邺城,又大加营建。前燕光寿元年(357)十一月,慕容儁自蓟(今北京)迁都邺城。后赵、前燕二国均沿用曹魏的水利工程,以解决城内的供排水问题。

孝武帝永熙三年(534),北魏分裂为东魏和西魏两个政权。西魏建都关中。权臣高欢立元善见为皇帝,即孝静帝,以"邺城平原千里,漕运四通",遂迁都邺城,史称东魏。东魏为建新都,曾利用黄河和白沟,运送拆下的洛阳宫殿的木材到邺城。高欢以原邺北城窄隘,故令仆射高隆之新建邺南城,东西六里,南北八里六十步。

东魏、北齐时,邺城内外兴修了一些水利工程,包括防洪堤、渠道、陂塘及桥梁等。东魏天平初年,高隆之"领营构大将,京邑制造,莫不由之。增筑南城,周回二十五里。以漳水近于帝城,起长堤以防泛滥之患。又凿渠引漳水周流城郭,造治水碾硙,并有利于时"①。孝静帝兴和三年(541)十月,"发夫五万筑漳滨堰,三十五日罢"②。征发民夫修筑的漳滨堰计用工175万,似为沿漳水南岸筑起的一道防洪大堤。《魏书·地形志上》称:"天平中,决漳水为万金渠,今世号天平渠。"此渠在魏郡邺县。东山宫在邺城东,北齐高澄积土为山,在山上建造宫殿,又引万金渠水为行乐之所。安泽陂,在邺西漳水南,北齐天保五年(554)重修复;紫陌桥,在邺北城西北五里,北齐时,为漳水渡口;鸬鹚陂,与万金渠相通。

魏晋南北朝时期,河南地区水利工程不仅用于农田灌溉和种植水稻,也用于手工业生产。主要是建造水力机械,用以鼓风冶铁和粮食加工。如洛阳"魏晋之日,引谷水为水冶,以经国用,遗迹尚存"③。今河南安阳县西有水冶古镇,

---

① 《北齐书》卷十八《高隆之传》。
② 《资治通鉴》卷一百五十八《梁纪十四》。
③ 《水经注》卷十六《谷水》。

就是因为北魏时在此引水鼓风冶铁而得名。今尚存炼铁遗址,称铁炉沟,又有堆放的炉渣,称煤渣坡。河内"郡界多公主水碓,竭塞流水,转为浸害"[①]。在洛阳和邺城等地为省时省力,遂制造水碾、水磨,用于粮食加工。

第六节　水利知识与治河方略

魏晋南北朝时期,人们的水利知识在汉代的基础上更为丰富。北魏郦道元所著《水经注》是一部重要的历史地理著作,为研究南北朝以前的中国水系变迁和水利历史提供了弥足珍贵的资料。曹魏时期邓艾的《济河论》是关于当时中原地区水利事业的总体规划,付诸实施后成效显著。北魏时崔楷也提出了自己的治河方略,可惜其工程半途而废。

一、三国曹魏邓艾的《济河论》

邓艾,字士载,义阳棘阳人,少孤家贫,本人口吃,虽为都尉学士、稻田守丛草吏,却胸怀大志。每见高山大泽,常规度指画军营处所。后来担任典农纲纪,充上计吏,得太尉司马懿赏识,辟为掾,迁任尚书郎。

齐王曹芳正始年间,司马懿执掌曹魏朝政,计划扩大屯田,积聚粮草,然后出兵灭吴,遂派邓艾前往陈县、项县以东至寿春一带视察地理形势。邓艾视察完毕返回洛阳,"乃著《济河论》以喻其旨"。《济河论》全文已经失传,大意是以为这一地区田良水少,不足以尽地利,宜开河渠,引水浇溉,扩大稻田,以大积军粮,又通运漕之道。《晋书·傅玄传附傅祗传》称:"自魏黄初大水之后,河、济泛溢,邓艾尝著《济河论》,开石门而通之。"《济河论》是邓艾关于当时曹魏水利事业的一个总体规划,也是关于黄河与济水治理的理论,他主张开荥阳黄河口石

---

① 《晋书》卷四十六《刘颂传》。

门,通济水、汴水,以分流黄河水,扩大在淮河南北的屯田,开凿广漕渠,以便运送士兵及漕粮。邓艾的《济河论》具有战略意义,被司马懿采纳,付诸实施,收到显著成效。《三国志·魏书·邓艾传》称:"正始二年,乃开广漕渠,每东南有事,大军兴众,泛舟而下,达于江淮,资食有储而无水害,艾所建也。"邓艾《济河论》的实施不仅对黄河、济水进行了治理,而且开渠通漕,开辟了水上投送士兵的便捷途径,又在淮河两岸实行屯田,为曹魏灭吴奠定了经济基础,意义重大。

二、北魏郦道元的《水经注》

郦道元,字善长,范阳涿县(今河北涿州)人,自幼勤奋好学,博览群书。历任冀州镇东府长史、鲁阳太守、东荆州刺史、河南尹、御史中尉等职。他深感山川河流变迁和州郡废置古今差异很大,而前人所著《水经》十分简略,因此决定注释《水经》。他参阅当时能够见到的 300 多种书籍,考察许多山川河流和名胜古迹,终于撰成鸿篇巨著《水经注》。

《水经注》凡 40 卷,约 30 万字,记载大小河流 1252 条,诸渎众川源委、出入分合、方向、道里无不记述。并以水道为纲,广泛记述各地的地理、气候、物产、民俗、史迹、沿革、城市建置等,内容极为丰富,是我国关于南北朝以前历史地理的重要著作。特别是关于战国时期的西门豹引漳灌邺及漳水十二渠的开凿,都江堰、灵渠、郑国渠,幽州戾陵堰及督亢灌区车厢渠,汉代南阳灌区,曹魏运河的开凿等水利工程的记述,为研究中国古代水系变迁和水利历史提供了极为丰富又弥足珍贵的资料。

三、北魏崔楷的治河方略

崔楷,字季则,博陵安平(今属河北)人,在洛阳朝廷中任尚书主客郎中、伏波将军、太子中舍人、左中郎将。北魏宣武帝时,冀、定数州频遭水害,崔楷上疏,总结汉代以来兴利除害的经验教训,指出"计水之凑下,浸润无间,九河通塞,屡有变改,不可一准古法,皆循旧堤"。他分析当时水患的原因,在于"水大渠狭,更不开泻,众流壅塞,曲直乘之所致也",并有针对性地提出:"量起逶迤,穿凿涓浍,分立堤埒,所在疏通,预决其路,令无停蹙。随其高下,必得地形,土木参功,务从便省。使地有金堤之坚,水有非常之备。钩连相注,多置水口,从河入海,远迩径过,泻其硗潟,泄此陂泽。"①就是说,要从实际出发,根据河流的走势、地形的高下,该疏浚的疏浚,该修堤的修堤,使水有出路,洪水有所容纳,并多设分水口,使涝碱地的滞水经河道排流入海。他还对施工计划、治河后的作物种植提出具体意见,认为水利施工应安排在秋收后的冬闲季节,施工前所在县要派遣能工巧匠进行测量、规划,所在郡要审定规划方案,在辖境内分段施工,不从外地派工服役。崔楷的建议得到采纳,治河工程付诸实施。但是在"用功未就"时,崔楷就被"诏还追罢",工程半途而废。

东汉末期的战乱使河南地区人口锐减,十不一存。整个魏晋南北朝时期,这一地区的人口数量一直处于波动状态。人口数量的大幅度减少,长期战乱造成的破坏,导致生产停滞不前,经济规模缩小。虽然三国、西晋和北魏时社会经济曾有所恢复,但不久又受到破坏,难以出现繁荣景象。

魏晋南北朝时期,以游牧为主的北方少数民族入主中原,导致以农耕为主的汉族人大量外迁,黄河中下游地区的土地利用方式发生了一些改变,不少农田变为牧场。由于黄土高原地区农业开垦范围缩小,畜牧业重新占据主导地位,植被有所恢复,水土流失也相对减轻,于是黄河河水中的泥沙减少,河床淤积减轻,下游河道也相对稳定。虽然这一时期黄河相对"安流",但水患仍然存在。魏晋之际曾对黄河和汴口进行过两次较大的治理,北魏时期也有过治河活动。

曹魏为了尽快恢复战乱后残破的农业生产,在实行屯田开垦荒地的同时,也掀起兴修水利的高潮。例如曹操在漳水上兴建天井堰,引漳水进入邺城。司马孚兴建沁水枋口石门,有效调节灌渠水量,提高了灌溉效率,使丹沁灌区的灌溉事业有所发展。邓艾在黄河南岸"开广漕渠,引河入汴,溉东南诸陂",增加了不少稻田。洛阳附近兴修了千金堨和五龙渠。西晋时曾对这些工程进行维修。北魏迁都洛阳后,修复故堨,发展近郊水利。东魏、北齐时又对引漳灌渠进行改

---

① 《魏书》卷五十六《崔辩传附崔楷传》。

造。这一时期丹沁流域、漳河流域、淮颍流域和南阳盆地都存在着农田灌溉,水稻种植面积增加。

魏晋南北朝时期战争频繁,为了从水路运输士兵和粮草,先后在黄河南北开凿了不少运渠,对黄河河道三门砥柱险段也进行了整治。汉末曹操在黄河以南修治睢阳渠,引黄河水入淮;在黄河以北修筑枋头堰,引淇水入白沟,又开凿利漕渠、平虏渠。这些工程沟通了黄河和淮河、海河水系,方便了水上运输。曹魏政权建立后,又在大河南北修凿贾侯渠、讨虏渠、广济渠、淮阳渠和百尺渠等渠道,特别是正始年间邓艾对洛阳通往淮河的运渠进行大规模的整治,使南北水道明显改善,满足了魏晋南北朝时期士兵和粮草运输的需要。魏晋南北朝时期开凿的运渠不仅使当时的南北交通更为便捷,而且为隋唐大运河的开凿奠定了基础。

魏晋南北朝时期的城市供排水系统更为完善。洛阳的千金堨水利工程,邺城的天井堰水利工程,引水绕城、入城,为都城生产、生活用水提供了便利。人们更多地将水力用于冶铁、粮食加工等手工业,提高了生产效率。

魏晋南北朝时期人们对河流环境、水利资源有了较为全面系统的认识,北魏郦道元《水经注》的出现就是最好的证明。三国时期曹魏邓艾的《济河论》是关于黄河与济水、汴河治理和利用的理论,产生了重大的效益。北魏崔楷的治河方略也值得称述。

第四章

隋唐五代时期河南水利事业的兴盛

隋唐五代(后梁、后唐、后晋、后汉、后周)时期,河南气候特征是以温暖为主,呈现出寒冷—温暖—寒冷的发展趋势。公元710—750年和780—860年,是唐末两次连续的寒冷期。隋唐时期,河南在局部还呈现出干旱化发展趋势,主要表现在旱灾频繁发生,对社会危害很大。根据唐代降水和旱情的发生情况来看,在唐代长达289年的历史中,有138年里都发生了程度不同的水灾,约占唐代存在总年数的48%。[①] 公元677—787年间,气候以温暖湿润为主,特点是雨水多,天然植被丛生,特大洪水经常发生,黄河流域平均年降水量在1500毫米以上。在唐代,就有专门为水利部门制定的法律《水部式》,对水利灌溉管理规定甚详。河南大力发展灌溉,修复了许多农田水利工程,在今河南省东部,修了陈留的观省陂,灌田达百顷;在陈箕城县(今西华县),整修三国时邓艾所建的水利旧址,引颍水灌田,名邓门陂;在息县西北,扩建隋玉梁旧渠,洪陂60所,灌田达3000顷;在光山县曾建雨施陂,灌田400余顷。修复的农田水利工程,还有管城县的李氏陂、中牟的二十四陂、许昌的堤塘、平舆的葛陂、永城的大剂陂等,促进了农业生产的发展。

进入五代时期后,政权都在河南地区建都立国,在这半个世纪中,长江以北战争不断,中原人民深受其害。尤其是朱温掘开滑州黄河堤后,黄河以南又连年大水,给河南的农业生产带来了十分严重的破坏。后来契丹兵入据后晋都城汴梁(今河南开封),将这座古城及周围几百里内的城镇村庄洗劫一空。千里中原,荒草遍地,人烟稀少,河南水利设施失修废弃,社会历史的发展又出现了一次短暂的曲折。

---

① 刘俊文:《唐代水害史论》,《北京大学学报(哲学社会科学版)》1988年第2期。

第一节　社会状况与生态环境

隋唐时期的河南地区是全国经济较为发达地区之一。隋唐五代时期,河南政治区划历经隋初的州县制,隋炀帝时的郡县制,唐代的道、州(府)和县三级制。洛阳城的兴修、大运河的开通等国家政策举措对河南的经济发展起到重要推动作用。隋代建立后,河南的经济社会得到恢复并迅速发展,但隋末农民战争给河南的经济社会带来了一些破坏。同时,隋唐时期是我国经济重心南移的重要阶段,南方经济发展、北方经济衰落的原因,除战争因素之外,与中原的生态环境恶化有着密切关系。

一、政区沿革

隋初实行州县制,炀帝时实行郡县制。隋初,河南地区主要由豫州和冀州部分辖区组成。其中,豫州辖河南、荥阳、梁郡、济阴、襄城、颍川、汝南、淮阳、汝阴、上洛、弘农、南阳等 12 县,冀州辖魏郡、汲郡等县。隋末,河南主要包括豫州的 14 郡 55 县和冀州的汲郡、河内郡和魏郡。豫州辖河南郡治所在洛阳县(今河南洛阳东北),荥阳郡治所在管城县,梁郡治所在宋城县(今河南商丘),汝南郡治所在汝阳县,襄城郡治所在承休县(今河南汝州东),颍川郡治所在长社县,南阳郡治所在穰县,弘农郡治所在弘农县,淅阳郡治所在南乡县,淯阳郡治所在武川县(今河南南召县东云阳镇),淮安郡治所在比阳县(今河南泌阳)。

唐代实行道、州(府)和县三级制。唐代州县有严格的级别。州一般分辅、雄、望、紧、上、中、下七级,县则分赤、畿、望、紧、上、中、下七等。[1] 唐代河南包括河南道、河北道及山南东道、淮南道等部分区域。其中,河南道管辖河南府、汝

---

① 赵航:《唐代河南地区农业研究》,上海师范大学硕士学位论文 2005 年,第 6 页。

州、陕州、虢州、滑州、郑州、许州、陈州、蔡州、汴州、宋州、濮州和孟州等 13 州（府），河北道管辖怀州、卫州和相州，山南东道管辖邓州和唐州，淮南道管辖申州和光州。

在唐代的河南道中，河南府主要辖河南、洛阳、偃师、巩、缑氏、阳城、登封、陆浑、伊阙、新安、渑池、福昌、长水、永宁、寿安、密、河清、颍阳、伊阳、王屋等 20 县，汝州辖梁、郏城、鲁山、叶、襄城、龙兴、临汝等 7 县，陕州辖陕、峡石、灵宝等 3 县，虢州辖弘农、阌乡、湖城、朱阳、玉城、卢氏等 6 县，滑州辖白马、卫南、匡城、韦城、胙城、酸枣、灵昌等 7 县，郑州辖管城、荥阳、荥泽、原武、阳武、新郑、中牟等 7 县，许州辖长社、长葛、阳翟、许昌、鄢陵、扶沟、临颍、舞阳、郾城等 9 县，陈州辖宛丘、太康、项城、溵水、南顿、西华等 6 县，蔡州辖汝阳、朗山、遂平、上蔡、新蔡、褒信、新息、真阳、平舆、西平等 10 县，汴州辖浚仪、开封、尉氏、封丘、雍丘、陈留等 6 县，宋州辖宋城、襄邑、宁陵、下邑、谷熟、楚丘、柘城、虞城等 8 县，濮州辖濮阳和范县，孟州辖河阳、汜水、河阴、温、济源等 5 县。

在唐代的河北道中，怀州辖河内、武德、获嘉、武陟、修武等 5 县，卫州辖汲、卫、共城、新乡、黎阳等 5 县，相州辖安阳、汤阴、林虑、尧城等 4 县。在山南东道中，邓州辖穰、南阳、向城、临湍、内乡、菊潭等 6 县，唐州辖泌阳、比阳、慈丘、桐柏、平氏、湖阳、方城等 7 县。在淮南道中，申州辖义阳、钟山、罗山等 3 县，光州辖定城、光山、仙居、殷城、固始等 5 县。

二、社会经济

隋唐时期的河南地区是全国经济较为发达地区之一，中央政府的一些政令措施对河南地区的经济发展亦起到极大的推动作用，如洛阳城的兴修、大运河的开通。河南无论是在政治上还是经济上在全国都居于主要地位。战争是影响中国古代经济发展的最大因素，河南因其地理位置历来为兵家必争之地。隋末农民起义中最大的一支便是河南的瓦岗寨起义军，而且隋末农民战争的主要战役均发生在河南地区，给河南的经济带来了一些破坏。唐朝建立以后，统治者实施一系列促进社会经济发展的措施，河南的经济得到迅速恢复。

河南因其重要的地理位置，历来为统治者所重视，隋炀帝在即位之初即来到洛阳,下令营建东都。洛邑自古之都,王畿之内,控以三河,固以四塞,水陆通,贡赋等。今可于伊洛营建东京,"便即设官分职,以为民极也"。① 东都建成后,为了充实人口和经济力量,"徙洛州郭内人及天下诸州富商大贾数万家以实之"②。此后隋炀帝就很少在长安了,政治中心实际上转移到了东都,洛阳经济中心地位也逐渐形成,河南在全国的政治经济地位亦因之颇为重要。

隋炀帝在营建洛阳的同时还开凿了以洛阳为中心的大运河。大业元年(605),隋炀帝首先下诏征发河南淮北诸郡百万民工开通济渠,自洛阳西苑引谷洛二水入黄河,又自黄河入汴水,沿春秋时吴王夫差所开运河的故道,引汴水入泗水、淮水。将黄河与淮河连接起来,是隋炀帝所开运河中的最重要一段。同年,隋炀帝又发淮南民十余万开邗沟,自山阳至扬子入长江的河道,沟通江淮。大业四年(608),隋炀帝又发河北民夫百余万开永济渠,引沁水南至黄河,北接卫河,经天津到涿郡(今北京),沟通黄河与海河水系。大业六年(610),隋炀帝再次征发江南民夫对江南运河疏浚加宽,自京口(今镇江)至余杭(今杭州),沟通长江与钱塘水系。由此长达2800余公里的大运河开通。洛阳城通济桥至东,"皆天下之舟船所集,常万余艘,填满河路。商旅贸易,车马填塞,若西京之崇仁坊"③。河南因其是大运河的中心地区,社会经济得到了较大发展。

隋唐时期,河南地区的人口数量较其他地区多,这与河南地区相对发达的社会经济密不可分。随着国家的统一,社会进入稳定发展时期,加之隋初施行"大索貌阅""输籍定样"的措施,中央政府控制的户籍内人口大量增长。《隋书·食货志》载"时百姓承平日久,虽数遭水旱,而户口岁增"。据学者研究,隋代河南约有9554514人,占全国总人口的20%,④为全国最多,河南的人口重心地位凸显。河南地区在农田水利建设方面也迅速发展,东都洛阳在大业年间种植有水稻。

隋末农民起义使社会经济迅速衰败,户口锐减,特别是作为四战之地的河南,经济衰退与人口下降最为明显,"今自伊洛之东,暨乎海岱,灌莽巨泽,苍茫

---

① 《隋书》卷三《炀帝纪上》。
② 《隋书》卷二十四《食货志》。
③ 〔宋〕宋敏求:《河南志》卷四《唐城阙古迹》。
④ 袁祖亮:《中国古代人口史专题研究》,中州古籍出版社1994年版,第253—255页。

千里,人烟断绝,鸡犬不闻"①。唐朝建立后社会经济再次稳定发展,户口回升,至天宝年间河南地区的人口为7674299人。② 唐代河南地区的农田水利工程兴盛,据学者研究,唐代前期各地水利建设地域差别很大,今河南所在的河南道河北道水利工程数量约占全国的1/2。唐代中后期受安史之乱的影响,河南经济受到极大破坏,"东至郑汴,达于徐方,北自覃怀,经于相土,人烟断绝,千里萧条"③,洛阳的优势地位丧失,区域中心东移,开封崛起。

三、水资源与环境生态

隋唐时期是古代中国经济重心南移的重要阶段,南方经济发展、北方经济衰落的原因,除上文所言战争因素之外,与北方地区的生态环境恶化也有着密切关系。

魏晋南北朝时期,河南地区的水资源环境相对好转。以豫西地区为例:《水经注》所载当地河流,除单独立目作注的黄河、洛水、伊水、瀍水、涧水、谷水、甘水、丹水之外,它们的大小支流称为水、溪、涧、渎、津者,不下170条。其中卷四《河水》共记渡关以下、孟津以上,由南岸注入黄河的支流30余条;卷十五《洛水》共记洛水支流70余条;同卷《伊水》记有伊水支流30余条;卷十六《谷水》记其支流10余条;此外,汝水(流经豫西地区)的支流也有30余条。可见当时豫西的河流数量众多,枝蔓稠密,是为水源较为丰富、水系发育良好之证。

除河流以外,河南地区的湖泊也十分发达。史念海早就指出:古代华北地区曾经湖泊众多、面积广大,与现代长江下游相比亦不逊色。④ 据《黄淮海平原历史地理》一书作者统计,《水经注》所载黄淮海平原地区的湖沼(包括湖、泽、淀、泊、池、陂、渚、薮、堰、塘、渊、潭等)达190个之多,其中不少位于河南地区,豫东北23个,鸿沟以西31个,汴颍之间淮河中游5个,汴颍之间淮河上游1个,

① 《旧唐书》卷七十一《魏徵传》。
② 袁祖亮:《中国古代人口史专题研究》,中州古籍出版社1994年版,第285—287页。
③ 《旧唐书》卷一百二十《郭子仪传》。
④ 史念海:《河山集》二集,生活·读书·新知三联书店1981年版,第58页。

颍淮间淮河上游 32 个。① 由《水经注》的记载可以发现,除黄淮海平原之外,太行山、伏牛山以西地区也有不少湖泊,其中,豫西地区汝、颍、伊、洧水上游有 16 个,其中有许多为天然湖沼,有些则在天然湖沼的基础上筑堤堰水形成大陂塘。王利华认为中古时期华北地区水资源总体良好,水资源仍称丰富。②

唐代李吉甫《元和郡县图志》中记载的湖陂薮泽,数量比《水经注》少得多,但这并非因为当地湖泊至唐代已经大量埋废,而是由于二书性质不同,《元和郡县图志》对湖泊泽池多有未载之故。《元和郡县图志》所载圃田泽东西五十里、南北二十六里。唐代汝淮上游地区的人工陂塘已经消失。

各种战乱造成的滥伐林木、破坏植被、过度垦荒,以至于生态环境发生恶化,导致森林覆盖率降低,水土流失严重,加剧水患灾害。研究表明:隋唐时期黄河中游的森林地区继续缩小,山地森林受到严重破坏,丘陵地区的森林也有变化。③ 华北地区的森林史,是一部由到处是郁郁青山的多林地区,变为遍地是荒山秃岭的少林地区的历史,森林资源经历了由相当丰富转变为极其贫乏的过程。在河南省境内,森林的覆盖率唐时为 20%。总的来讲,唐代北方森林面积进一步缩小,不少林区残败,生态后果远远高于南方。④ 武则天建造“天堂”,日役万人,到处砍伐山林。修洛阳苑囿,“延木石,运斧斤。山谷连声,春夏不辍”⑤。唐代诗人陈子昂在《谏灵驾入京书》中描述道,“自河而西,无非赤地,循陇以北,罕逢青草”,足见生态破坏之严重。

唐代在安史之乱前的 130 多年里,对黄河下游平原进行了极度的开发,使下游平原的农业经济达到了汉代以来的顶峰。所以唐玄宗《谕河南河北租米折留本州诏》说:“大河南北,人户殷繁,衣食之源,租赋尤广。”从汉武帝时代开始,到 9 世纪唐代中叶,在当时生产力条件下,黄河流域的水利建设工程也都集中在黄河中下游地区。汉唐是我国封建社会鼎盛时期,黄河流域是当时人口最集中,经济、政治、文化最发达、最辉煌的地区。这种鼎盛和辉煌就是建立在黄河中下游地区耕地的不断扩大和向自然大量索取的基础之上。换言之,就是以环

---

① 邹逸麟主编:《黄淮海平原历史地理》,安徽教育出版社 1993 年版,第 165—173 页。

② 王利华:《中古华北水资源状况的初步考察》,《南开学报(哲学社会科学版)》2007 年第 3 期。

③ 史念海:《河山集》二集,生活·读书·新知三联书店 1981 年版,第 236—237 页。

④ 林鸿荣:《隋唐五代森林述略》,《农业考古》1995 年第 1 期。

⑤ 《旧唐书》卷九十七《张说传》。

境的失衡为代价的。中唐以后,黄河流域长期处在战乱状态,人口逃亡,水利失修,加上中游黄土高原的长期过度开发引起水土流失加剧,黄河泛滥严重,下游河湖都被淤被垦,最终引起水资源匮乏。《水经注》写作时期190多个湖泊,到了10世纪以后,大部分淤废。所以10世纪以后,黄河流域虽然在政局上处于和平环境之中,但河患日益严重的趋势已不可逆转,灌溉系统破坏难以修复,土壤沙碱化,水旱不时渐趋严重,整个生态环境不断恶化,造成经济逐渐衰落。

第二节　水旱灾害及其防治

隋唐时期的自然灾害频繁,种类繁多,其中水旱灾害居首位,对农田水利、漕运事业、生态环境的发展影响极大。河南水患灾害的产生原因不仅有诸如地理位置、气候变化等自然因素,而且有农业过度垦荒、大型工程扩建、树木林业退缩、农民战争的破坏等社会因素,是人类社会和自然环境变迁的结果。

一、水旱灾害频发

隋唐时期的自然灾害种类有旱灾、水灾、风灾、地震、雹灾、蝗灾、霜雪、疫病以及沙尘暴、山洪、泥石流、海潮、鸟兽鼠害等。在隋唐时期的各种灾害中,最重要的就是水旱灾害。极端气象灾害成为隋唐时期河南水患灾害发生的主要因素,主要表现在对农业生产的影响方面,在一定程度上,也影响漕运事业的发展。

(一)水灾频发

关于唐代水灾发生的情况,根据甄尽忠的统计,"在唐代的231次水灾中,因大雨、暴雨引发的有68次，占总数的29%以上"。① 由此可以看出唐代的降水偏多，雨量丰沛。据王邨等的研究，"自公元703年至公元840年年间，是近3000多年来历时最长的多雨期"。② 如贞观七年（633）八月，"山东、河南州四十大水"。贞观十一年（637）"七月癸未，黄气际天，大雨，谷水溢，入洛阳宫，深四尺，坏左掖门，毁官寺十九，洛水漂六百余家"。永徽六年（655）"秋，冀、沂、密、兖、滑、汴、郑、婺等州水，害稼"。③ 永隆二年（681）八月，"河南、河北大水，许遭水处往江、淮已南就食"。④ 永淳元年（682）六月下旬至八月初，洛阳连日大雨，"洛水大涨，漂损河南立德、弘敬，洛阳景行等坊二百余家，坏天津桥及中桥，断人行累日，先是顿降大雨，沃若悬流，至是而泛溢冲突焉，西京平地水深四尺已上"。⑤ 开元十年（722）"五月，东都大雨，伊、汝等水泛涨，漂坏河南府及许、汝、仙、陈等州庐舍数千家，溺死者甚众"。开元十四年（726）秋，"五十州言水，河南、河北尤甚"。⑥ 开元十八年（730），太康、淮阳、沈丘、项城大水害稼，次年秋复大水害稼。安史之乱时，唐将季铣于长清县边家口决大河，禹城县治所被淹而迁移。⑦ 贞元三年（787）三月，"东都、河南、江陵、汴、扬等州大水"。⑧ "东都、河南、江陵、汴州、扬州大水，漂民庐舍"。⑨ 元和八年（813），黎阳大水，开分洪道。据《旧唐书·宪宗本纪》记载，是年"河溢，浸滑州羊马城之半"。郑滑节度使薛平及魏博节度使田弘正发动万余人，"于黎阳界开古黄河道，南北长十四里，东西阔六十步，深一丈七尺"，决河分注故道以分洪，下流再回到黄河，滑州遂无水患。同光三年（925）六月，河南大雨，江、河百川皆溢。⑩

唐末五代"汴晋之争"时，为了对付沙陀族的骑兵，朱温及梁方将领先后数次决河。如乾宁三年（896）四月，朱全忠为阻挡晋军，掘开滑州黄河大堤，"河圮

① 甄尽忠：《论唐代的水灾与政府赈济》，《农业考古》2012年第1期。
② 王邨、王松梅：《近五千余年来我国中原地区气候在年降水量方面的变迁》，《中国科学（B辑　化学　生物学　农学　医学　地学）》1987年第1期。
③ 《新唐书》卷三十六《五行志三》。
④ 《旧唐书》卷五《高宗本纪下》。
⑤ 《旧唐书》卷三十七《五行志》。
⑥ 《旧唐书》卷八《玄宗本纪上》。
⑦ 《太平寰宇记》卷十九《河南道·齐州·禹城》。
⑧ 《新唐书》卷三十六《五行志三》。
⑨ 《旧唐书》卷十二《德宗本纪上》。
⑩ 《旧五代史》卷三十三《唐书·庄宗本纪第七》。

于滑州","散漫千余里"。① 龙德三年(923),由于唐军攻下郓州(今山东东平西北),梁将段凝自酸枣决河东泛郓州,以隔绝唐军,号"护驾水"。② 上述连续的人为决口对黄河河患的影响较大,在后唐灭梁以后,这些决口仍经常为患决溢。五代时期前后总共55年,其中18年黄河发生决溢。③

在气候暖湿的情况下,洛河洪水频发,洛阳城市毁坏严重,房屋被淹,桥梁被冲毁,雨水断路时常发生。开耀元年(681)"五月丙午,东都霖雨,乙卯,洛水溢,溺民居千余家"。④ 神龙元年(705)七月,"洛水涨,坏百姓庐舍二千余家"。⑤ 开元十年(722)"五月,东都大雨,伊、汝等水泛涨,漂坏河南府及许、汝、仙、陈等州庐舍数千家,溺死者甚众"。⑥ 同光三年(925)六月,京师(洛阳)雨。自是月大雨至九月,昼夜阴晦,未尝澄霁。洛水泛涨,坏天津桥,漂近河庐舍,以舟为渡,没者日有所闻。巩县河堤破,坏廒仓。八月赦:如闻天津桥未通,往来百官以舟船济渡。⑦ 另外,唐代黄河发生决溢的年份共计23年,每14年决溢一次,且决溢地点多在河北、山东和河南北部,⑧其主要原因是黄河中下游地区降水量大增导致河溢频发。

(二)旱灾频繁

干旱是又一种常见的自然灾害,隋唐史料中对旱灾的记载主要有"旱""不雨""无雪"等类型。唐代发生旱灾的年份占39%,仅次于水灾。⑨ 据统计,唐代受灾493次,其中旱灾125次,水灾115次,风灾63次,地震52次,雹灾37次,蝗灾34次,霜雪灾害27次,疫病16次。⑩ 隋唐时期旱灾在一年四季各个月份都有发生,但春、夏季节比较多。区域上主要集中于黄淮流域的干旱地区及长

① 《新唐书》卷三十六《五行志三》。
② 《新五代史》卷四十五《段凝传》。
③ 钮仲勋:《黄河变迁与水利开发》,中国水利水电出版社2009年版,第3页。
④ 《资治通鉴》卷二百零三《唐纪十九》。
⑤ 《旧唐书》卷三十七《五行志》。
⑥ 《旧唐书》卷八《玄宗本纪上》。
⑦ 《旧五代史》卷一百四十一《五行志三》。
⑧ 李燕:《古代黄河中游环境变化和灾害对于都市迁移发展的影响研究》,陕西师范大学硕士学位论文2007年,第42页。
⑨ 王玉德、张全明等:《中华五千年生态文化》(上),华中师范大学出版社1999年版,第12页。
⑩ 邓云特:《中国救荒史》,商务印书馆2011年版,第40—41页。

江中下游以北地区。旱灾一般持续时间比较长,从而对农业生产造成严重破坏,并往往导致大规模的饥荒。所以虽然旱灾的作用过程比较缓慢,其后果却是毁灭性的。隋唐时期河南旱灾频发。如神龙二年(706)"冬,不雨,至于明年五月,京师、山东、河北、河南旱,饥"。① 神龙三年(707)夏,"山东、河北二十余州大旱,饥馑死者二千余人"。② 贞元六年(790)春,京畿、关辅、河南大旱无麦苗,夏大旱,井皆无水,人渴。咸通二年(861)"秋,淮南、河南不雨,至于明年六月"。③

唐朝早中期(618—880,共计263年),洛阳平均5.16年发生一次旱灾。水旱灾害发生频率均较高,尤其旱灾更为严重,700—720年,760—780年,820—840年,旱灾发生频率在8次/20年,并且大多地区比洛阳的旱灾发生频率高。就灾况而言,大多是"旱",造成"大饥",多次出现"大旱",并发生"人相食"的情形。开封地区在这一阶段记载旱灾8次,在这样一个灾害频发的时期,开封地区史料记载的旱涝灾害发生均较少。唐朝后期(880—907,共计28年),洛阳地区旱灾无记载。④ 五代时期,洛阳地区发生旱灾9次,开封地区发生旱灾3次。

由于旱灾或涝灾会引起河南农业歉收、农业劳动力南迁、漕运中断,从而引发饥荒,在文献中经常出现斗米千钱、百姓食不饱腹的现象。在发生旱涝灾害的过程中,流民数量增多,人口开始大规模迁移流动,这为瘟疫的传播流行提供了更为有利的途径。同时,由于受感染人群在人口迁移队伍中逐渐增多,随着其流动范围的扩大,瘟疫的传播速度也加快。如唐末黄巢起义的直接原因就是自然灾害,尤其是旱灾和蝗灾。"仍岁凶荒,人饥为盗,河南尤甚。"⑤地方政府对灾情却熟视无睹,不仅不救灾,反而继续征税征徭,终于激发了黄巢起义。

---

① 《新唐书》卷三十五《五行志二》。
② 《旧唐书》卷三十七《五行志》。
③ 《新唐书》卷三十五《五行志二》。
④ 李燕:《古代黄河中游环境变化和灾害对于都市迁移发展的影响研究》,陕西师范大学硕士学位论文2007年,第35—37页。
⑤ 《旧唐书》卷二百下《黄巢传》。

二、水旱灾害频发的主要原因

隋唐河南水患灾害的形成原因不仅有地理位置、气候等自然因素，还有农田垦荒、修筑宫室、烧炭取暖、区域战争等社会因素，是自然环境和人类活动的结果。

一方面，隋唐时期，疆域气候变化，地理条件复杂，气候呈现多样性，并出现一定的波动。黄河中下游地区属于暖温带大陆性季风气候。春季风多干燥、降水少、蒸发量大，土壤失墒快，春旱严重；夏季炎热多雨，具有雨热同季的特点。受到大陆性季风气候的影响，降雨不均或者降雨延期，容易引起部分地区水灾、旱灾、蝗灾等气候灾害。再如洛阳盆地属暖温带山地季风气候，冬季寒冷干燥，春季较短且干旱多风，夏季炎热多雨，秋季晴朗气爽。一年中光热充足，河谷冲积平原区土壤肥沃，灌溉便利，非常适宜农作物的种植和生长，为古代洛阳农业经济的发达奠定了基础。降水年际变化不稳定，是造成盆地旱涝不均的主要因素。降水季节分配不均匀，降水多集中在夏季 7 月下旬、8 月上旬，春季降水稀少，易形成春旱。洛阳的降水量受季风环流的影响，季节性明显，降水高值集中在 6—9 月，尤以 7 月份降雨最多，冬季雨雪稀少，干、雨季分明。

另一方面，黄河中下游地区天然植被除了自然的原因，更受到人类活动的影响，如农业生产、修筑宫室、烧炭取暖、战争等。人类活动对生态环境的改变主要是对天然植被的破坏，史念海认为，黄河中游的森林破坏大致经历了四个阶段：春秋战国时代的前期，黄河中游有大片森林覆盖，到了后期，平原多被开垦，林区显著缩小；秦汉以及唐宋时期，采伐范围不断扩大，山地森林已受到严重破坏；明清时期，黄河中游森林更受到毁灭性破坏。[①]

魏晋南北朝、隋唐时期宫殿取材多自吕梁山、陇山，再加上连年的战争造成破坏，黄河中游地区地面覆盖植被丧失殆尽。隋唐一统中原后，河南出现第二次开发森林的高潮。唐宋时期，对木材也如盐、铁、酒一样，逐渐实行了专卖。林木的管理和采伐，开始和日益发展的商品经济结合起来，以东都洛阳和汴京

---

① 史念海：《河山集》二集，生活·读书·新知三联书店 1981 年版，第 236—237 页。

为中心的中原商品经济的发展,也促进了中原本土天然林木的进一步开发。①唐代将作监在今嵩县、伊川县设太阴、伊阳二监,"掌采伐材木",②豫北竹林也设司竹监。③

唐代是黄土高原政治、经济、文化发展的鼎盛时期,建筑与薪柴都要砍伐大量的树木。由于人类活动的破坏,加上气候旱化的影响,黄土高原草原的南界大大向南推移。人口的增长为农业生产提供了更多的劳动力,促使了农业生产的进一步发展,使垦田面积不断扩大。反过来垦田面积的增大,对生态环境的影响也是颇大的。隋唐时期,黄河下游仍然保持较高的人口密度,渭河及汾河流域的人口也有较大幅度增长,特别是唐代的长安一带已经有密集的人口,每平方公里人口超过 50 人。④ 据《通典·田制》载,开皇九年(589),垦田面积为1900 余万顷,到隋炀帝大业五年(609),已增至 5500 余万顷。20 年间增加了3600 多万顷,增长率为 190%左右。唐代最高垦田数字是开元十四年(726)的1440 余万顷,是汉代最高垦田数 800 余万顷的约 1.8 倍,使农业获得了很大的发展。⑤ 同时,由于这一时期人口增加,必然需要开垦大量耕地来维持生存,因此最盛时,平原、山地甚至是沿海滩涂都成为当时人们开垦的目标。但在这一时期对于山地以及沿海滩涂地的开垦,很大程度上是盲目的。⑥

根据史书记载,从唐朝初年到安史之乱爆发,全国户数一直处于从低到高的发展过程中。唐高祖武德年间全国约"二百余万户"⑦,太宗贞观年间上升到不及三百万户,高宗初年增加到 380 万户,唐玄宗天宝十三载(754),全国人口达到最高峰,为 9619254 户。⑧ 隋唐时期在长安、洛阳人口分布集中,人口过多造成土地紧张,从而使人们逐渐将开发的矛头转向易发生灾害的山地。如隋朝

---

① 徐海亮:《历代中州森林变迁》,《中国农史》1988 年第 4 期。

② 《旧唐书》卷四十四《职官志三》。

③ 《唐六典》卷十九《司农寺》。

④ 国务院人口普查办公室、中国科学院地理研究所编:《中国人口地图集》,中国统计出版社 1987年版,第 6 页。

⑤ 曹贯一:《中国农业经济史》,中国社会科学出版社 1989 年版,第 499 页。

⑥ 闵祥鹏:《中国灾害通史·隋唐五代卷》,郑州大学出版社 2008 年版,第 5 页。

⑦ 《通典》卷七《食货·历代盛衰户口》。

⑧ 《旧唐书》卷九《玄宗本纪下》。

大业年间关内户口达到 904502 户[1]，使得关中地区人满为患。关中地区人口压力所带来的粮食问题十分突出，出现过度垦殖以扩大粮食种植面积，导致水土流失，土地沙漠化趋势严重。到了唐朝中叶，北方已"耕者益力，四海之内，高山绝壑，耒耜亦满"[2]。

唐代为巩固边防进行大规模屯田并取得显著成效，但同时也破坏了生态环境，导致水土流失、土地退化、沙化、水害等自然灾害的发生。唐五代时期的政府屯田以及其他垦殖活动推动了沿海湿地、滩涂的大规模开发，但由于当时的开发手段过于落后，根本没有在保持原有生态景观的前提下进行垦殖的技术水平和思想意识，因此破坏了当时沿海原有的生态平衡。[3] 在 8 世纪中叶以后整个东亚季风区气候转冷、生态环境恶化的背景下，北方突厥族赖以生存的草场萎缩、水源枯竭，生存受到威胁，向南侵入农耕区，对唐代后期统治构成威胁。而唐王朝同样由于气候环境的转变，灾害频发、经济萧条、战乱频繁，最终酿成了安史之乱，使长期发展起来的黄河流域的农业生产受到严重的破坏，唐王朝由此走向衰落。据《旧唐书·郭子仪传》载，当时"东至郑汴，达于徐方，北自覃怀，经于相土，人烟断绝，千里萧条"。《资治通鉴》也说"洛阳四面数百里州县，皆为丘墟"，接踵而来的藩镇割据和五代十国的纷扰局面，更使黄河流域经济一蹶不振。

三、治理水旱灾害的应对措施

隋唐两代都高度重视农业。唐太宗在贞观初就向大臣们坦言："国以民为本，人以食为命，若禾黍不登，则兆庶非国家所有。"[4]隋唐统治者制订和实行了一系列有利于农业发展的切实措施。比如推行均田制，有开垦荒地、扩大耕地面积之作用。《隋书·食货志》记载："男女三岁已下为黄，十岁已下为小，十七已下为中，十八已上为丁，丁从课役。六十为老，乃免。自诸王已下，至于都督，

---

① 胡道修:《开皇天宝之间人口的分布与变迁》,《中国史研究》1984 年第 4 期。
② 〔唐〕元结:《元次山集·问进士第三》。
③ 袁祖亮、闵祥鹏:《唐五代时期海洋灾害成因探析》,《史学月刊》2007 年第 4 期。
④ 《贞观政要》卷七《务农·第三十篇》。

皆给永业田,各有差,多者至一百顷,少者至四十亩。其丁男、中男永业露田,皆遵后齐之制。"唐玄宗开元七年(719)对均田作了更详细的规定:"凡道士给田三十亩,女冠二十亩,僧尼亦如之。凡官户受田,减百姓口分之半。凡天下百姓给园宅地者,良口三人已上给一亩,三口加一亩,贱口五人给一亩,五口加一亩,其口分、永业不与焉。凡给口分田,皆从便近,居城之人,本县无田者,则隔县给授。凡应收授之田,皆起十月,毕十二月;凡授田先课后不课,先贫后富,先无后少,凡州县界内,所部受田悉足者,为宽乡,不足者为狭乡。"①隋文帝曾于开皇十二年(592)"发使四出,均天下之田"②。其次是轻徭薄赋,减轻农民负担。隋朝建立时沿用北齐北周的赋役制度,男子18岁成丁,承担国家的徭役赋税,60岁为老,方可免除。每丁每年服役30天;向国家交纳的租调为粟三石,绢一匹(四丈),绵三两。唐承隋制,将这一措施发展为租庸调制,田租减为二石,并将输庸代役的措施制度化。这在不同程度上起到了解放生产力的作用,从而推动了农业的发展。

在传统重农防灾思想的影响下,仓储思想应运而生,隋朝出现义仓之法,唐代继之以用。③因此,以义仓之粮备荒救灾成为隋唐时期的重要措施之一。贞观二年(628)四月,尚书左丞戴胄上言:"今请自王公以下,爰及众庶,计所垦田稼穑顷亩,至秋熟,准其见在苗以理劝课,尽令出粟。稻麦之乡,亦同此税。各纳所在,为言义仓。若年谷不登,百姓饥馑,当所州县,随便取给。"④唐政府规定:"凡义仓之粟,唯荒年给粮,不得杂用。若有不熟之处,随须给贷及种子,皆申尚书省奏闻。"⑤常平仓是唐代设立的全国性的大型粮食储备中心。唐宪宗元和元年(827)制曰:"应天下州府,每年所税地子数内,宜十分取二分,均充常平仓及义仓,仍各逐稳便收贮,以时粜籴,务在救乏赈贷,所宜速须闻奏。"⑥由此可见,常平仓的储粮主要用于荒年赈贷,同义仓的性质趋于同一。元和六年(832)二月曰:"如闻京畿之内,旧谷已尽,宿麦未登,宜以常平、义仓粟二十四万石,贷

---

① 《唐六典》卷三《尚书户部》。

② 《通典》卷二《食货二》。

③ 周一良:《隋唐时代的义仓》,《食货》1935年第6期。

④ 《旧唐书》卷四十九《食货志下》。

⑤ 《唐六典》卷三《户部郎中》。

⑥ 《唐会要》卷八十八《仓及常平仓》。

借百姓,诸道州府有乏少粮种处,亦委所在官长用常平、义仓米借贷。"①

唐朝减灾执行是国家行政组织及其成员实施减灾决策指令,以期达到预定减灾目标的管理活动。减灾行政执行采取的是一种二元体制,即常设性执行机构组合与临时性执行机构组合并行的体制。在减灾执行过程中,地方政府与中央职能机关之间,抑或在平级的高层地方政府之间,还经常遵照中央的部署,或者在朝廷的支持下,进行沟通协调,互相密切配合,努力建立起和谐的协作关系,以便有效地实现共同的减灾目标。② 如唐德宗在《水灾赈恤敕》中就曾明文指示:"应诸道遭水漂荡家产、淹损田苗乏绝户,宜共赐米三十万石。所司务据州府乏绝户多少,速分配每道合给米数闻奏,并以度支见贮米充。度支即与本道节度、观察使计会,各随便近支付,委本使差清干官请受。分送合赈给州县,仍令县令及本曹官同付人户。务从简便,无至重扰,速分给讫,具状闻奏。"③

唐代在灾后重建机制中还有减免租税、徭役、债务等政策。如唐太宗针对灾情的轻重与灾民受灾的程度对灾区采取程度不等的减免赋税政策,其标准是为"水、旱、霜、蝗耗十四者,免其租;桑麻尽者,免其调;田耗十之六者,免租调;耗七者,课、役皆免"④。武德七年(624)律令规定,水、旱、虫、霜等灾,十分损四以上免其租;桑麻尽者,免其调;损六以上者,免租调;损七以上,课役俱免。"若已役已输者,听免其来年,经二年后,不在折限。"⑤元和二年(807)"二月壬申,制以浙江西道,水旱相乘,蠲放去年两税上供三十四万余贯"⑥。租税的减免,无疑减轻了农民的负担,有利于灾民快速恢复生产。

同时,唐政府采取诸如放贷粮种、官给耕牛、提供医药的措施,以促进灾区人民恢复生产和灾后重建工作。如唐太宗为了尽快恢复农业生产,继灾害期间赈济之后,还往往对无力生产的灾民借贷粮种。如贞观十二年(638),"各州水旱,贷种粮"⑦唐武宗在《雨灾减放税钱德音》中曰:"如闻贫人未及种麦,仍委

---

① 《旧唐书》卷四十九《食货志下》。
② 李帮儒:《论唐代救灾机制》,《农业考古》2008 年第 6 期。
③ 《全唐文》卷五十四《德宗·水灾赈恤敕》。
④ 《新唐书》卷五十一《食货志》。
⑤ 《唐令拾遗》卷二十三《赋役令》。
⑥ 《册府元龟》卷四百九十一《邦计部·蠲复三》。
⑦ 《册府元龟》卷一百五十《帝王部·惠民二》。

每县量人户所要,贷与种子,宽限至麦熟日填纳,如京兆府自无种子,即据数闻奏,太仓给付。"①天宝十二载(753)正月丁卯诏曰:"河东及河淮间诸郡,去载微有涝损,至于乏绝,已令给粮。"②

第三节　农田水利建设事业的崛起

从地理分布上看,唐代河南地区新修水利工程的分布比较广,几乎各州都修筑过大的水利工程,而且有的地方还不止一项。从灌溉面积来看,河南地区既有像召渠、马仁陂这样灌溉面积在万顷以上的大型水利工程,也有像秦渠、玉梁渠、枋口堰这样灌溉面积在千顷以上的中型水利工程,还有更多像观省陂、雨施陂、弘胪水这样的灌溉面积在百顷左右的小型水利工程。就河南地区水利工程经营的主体而言,虽然由帝王直接下诏兴修水利,但主要是由地方政府的刺史、县令等人经营,而各级政府的兴修水利必然是社会的一些基层组织出面推动的。唐代河南地区的水利事业经营已经逐渐由中央普及到各级地方政权乃至民间,并为全民所重视。③

一、豫南农田水利建设

豫南地区是河南省重要的农业生产基地,位于亚热带湿润性季风气候向暖温带半湿润季风气候过渡的地带,生物资源丰富,降水充沛,农作物以小麦和水稻为主。唐代,豫南百余年间桴鼓不鸣,百姓安居乐业,人口迅速增长,各地还修复和新建了许多水利工程,如光州的雨施陂、新息县的玉梁陂,颍州南椒陂塘

---

① 《全唐文》卷七十七《武宗·雨灾减放税钱德音》。
② 《册府元龟》卷一百五十《帝王部·惠民二》。
③ 黄耀能:《隋唐时代农业水利事业经营的历史意义》,《中山学术文化集刊》1983年第30集。

等。至唐代中叶,本地农业经济呈现出新的繁荣,这里再次成为中央王朝粮食、财源、兵源的重地。光州、申州出产的石斛、绯、葛、苎布、赀布、茶叶均成为年年必送的贡品,绢布质量居全国第五位。安史之乱后,唐王朝江河日下,由盛转衰,地方藩镇乘机崛起。自唐代宗大历十四年(779)起,李希烈、吴少诚、吴少阳、吴元济先后割据淮西,控制申、光、蔡三州,对抗中央王朝达38年之久。其间,叛乱与平叛的战争持续不断,淮西经济日渐凋敝。唐末农民大起义后,淮河上下又成为重要战场。五代时期,淮河两岸屡经战乱,闾里丘墟,饿殍盈野,人口锐减。据统计,唐天宝元年(742)本地有74000多户43.8万人,至唐末仅剩4000多户2万余人,五代后经过100多年的发展,到宋崇宁元年(1102)才恢复到4万户21万人。

信阳成为唐代中央王朝粮食、兵源和财源的重地,经济力量雄厚。据统计,唐天宝元年(742),信阳有74000多户43.8万人,较隋代36754户190018人,增加了一倍以上。[①] 当时,政府在淮河上游各地修复和新建了许多水利工程,如雨施陂、玉梁陂等。永徽四年(653),光州刺史裴大觉在光山县西南八里修建雨施陂,积水溉田百余顷。[②]

玉梁陂(渠)始建于隋代,位于今息县北50里,是渠塘结合(长藤结瓜)式古代灌溉工程。唐开元年间,由县令薛务主持,进行疏导整治,使渠道两岸16座陂塘相连,灌溉面积达3000余顷。玉梁陂引用淮河支流慎水(今闾河)作为主要水源。这一带是古鸿陂灌区,陂塘、河道密集是修建玉梁陂的有利地理条件。

二、豫北农田水利建设

豫北指河南省内黄河以北的地区,西北部为太行山地丘陵,东南部为广阔的平原。山地丘陵由于地势的缘故,少有灌溉之利,历史上兴修的灌溉渠系大部分都在平原上。豫北地区的河流密布,黄、卫、沁、丹、淇等河交汇其间,构成

---

① 信阳地区地方史志编纂委员会编:《信阳地方志》(下),生活·读书·新知三联书店1991年版,第849页。
② 《新唐书》卷四十一《地理志五》。

一个天然水网,给水利灌溉提供了有利条件。[1] 隋唐时代,豫北地区的农田水利得到进一步发展。

隋初,怀州刺史卢贲修利民渠和温润渠。利民渠很可能是后代利人渠的前身,因避李世民之讳而改为利人渠。温润渠是使用利民渠的水分流到温县,其主要作用是引水洗碱,改良盐碱田。隋初,还在卫州修建运河,可以说明当地农田水利工程发达,有多余的粮食可以运往长安。大业四年(608),隋朝开永济渠,这条运河是以沁、清、淇三水作为水源,通过豫北地区的中部,主要是航运之用,但也有灌溉之利。

唐代豫北建渠导水的工程主要有安阳县的高平渠、河内温县的秦渠、济源县的千仓渠、唐州的召渠、怀州修武县的新河等。渠水在唐代河南地区的农业灌溉中发挥着主导作用。相州刺史李景开安阳西二十里高平渠,引安阳水东流溉田,东流至城西南,越官道过广润陂,又东与卫水合,沿途灌田二十村。五代时期,豫北地区由于战乱及军阀决堤引起黄河水灾,农业经济遭到严重破坏。

沁水灌区是古灌区之一,位于济源东北五龙口的枋口堰,创建于秦汉,又称秦渠。曹魏黄初六年(225),司马孚重修,改引水木枋门为石门,增高拦河堰。在北魏时也有修筑记载。隋开皇十年(590),怀州刺史卢贲复修,名利民渠,灌溉河内等县。又分支入温县,名温润渠。唐代屡次修浚,已有广济渠之名。贞元五年(789),刺史李元淳引沁开渠七十余里。广德元年(763),怀州刺史杨承仙就“浚决古沟,引丹水以溉田,田之污莱遂为沃野”。[2] 宝历元年(825),河阳节度使崔弘礼“治河内秦渠,溉田千顷,岁收八万斛”。[3] 大和七年(833),河阳节度使温造“修防(枋)口堰,役工四万,溉济源、河内、温县、武德、武陟五县田五千余顷”。[4] 北宋仁宗时枋口堰坏,至元代重修。大中年间,怀州修武县令杜某“自六真山下合黄丹泉水南流,入吴泽陂[5]。引沁灌区的东面是丹水灌渠,主要溉今博爱、修武的土地,唐代也有整修。

① 钮仲勋:《黄河变迁与水利开发》,中国水利水电出版社 2009 年版,第 130 页。
② 《文苑英华》卷七百七十五《颂德上》。
③ 《新唐书》卷一百六十四《崔弘礼传》。
④ 《旧唐书》卷十七下《文宗本纪下》。
⑤ 《新唐书》卷三十九《地理志三》。

三、豫东农田水利建设

豫东指河南省东部地区,属于华北平原南部,平原面积占全区总面积的99%以上,粮食产量占河南省的30%左右,境内有沙河、颍河、贾鲁河等。武则天时期承袭了唐高宗时期的兴修热潮,水利建设不断。武则天载初元年(689),在汴州陈留郡开封县修建了湛渠,引汴水注入白沟,以通曹、兖赋租。在陈州西华县20里柳城旁边的邓艾故址,有邓门陂,神龙中邑令张馀庆复开,引颍水入陂水灌溉农田。贞观十年(636),刘雅在汴州陈留修建观省陂,灌田百顷。①

四、豫西农田水利建设

豫西指河南省西部地区,西接关中,东靠中原,北临黄河,南接蜀汉,处于我国地势第二级阶梯向第三级阶梯过渡的地带,地形千差万别,落差大,较大的河流有洛河、伊河等,均是黄河支流。隋朝,汝州梁县东二十五里的地方修筑的黄陂,南北七里,东西十里,有灌溉之利,隋末废坏。乾封初,有诏增修,百姓赖其利焉。② 武德元年(618),在河南陕州,陕东道大行台金部郎中长孙操主持开凿广济渠,"引水入城,以代井汲"③。广济渠直到宋、金、元、明还屡加修浚。④ 贞观十一年(637),武侯将军丘行恭在陕县修建南北利人渠。⑤ 据清《河南通志·水利下·陕州》记载,利人渠在(陕)州东南,分东、西二渠,其东渠隋开皇六年(586)凿,其西渠唐贞观十一年凿,引水入城,民受其利。显庆五年(670)五月,在洛水上又修水波堰。⑥

① 《新唐书》卷三十八《地理志二》。
② 《元和郡县图志》卷六《河南道二·汝州》。
③ 《新唐书》卷三十八《地理志二》。
④ 雍正《河南通志》卷十九《水利下·陕州》。
⑤ 《新唐书》卷三十八《地理志二》。
⑥ 《册府元龟》卷十四《帝王部·都邑二》。

河南的水利灌溉工程,除了前面已经提到的,比较重要的还有洛阳的洛水渠和大明等五渠,宜阳的宣德等三渠,永宁的宣利等十二渠,叶县的昆水三堰,正阳的石塘陂,新野的鲷阳渠,汝州的仁义二十七渠,宝丰的石渠,西华的邓门陂,郑州的圃田泽,灵宝的中水等三渠,新乡的槐林闸等。这些陂、塘、渠、堰促进了中原地区农业经济的繁荣。

第四节 大运河的开凿与河南漕运事业的繁荣

隋朝大运河是我国运河开凿的顶峰,耗时六年,通达黄河、淮河、长江、钱塘江、海河五大水系,成为中国古代南北交通的大动脉。唐宋时期在隋朝大运河的基础上有所承继发展。隋朝大运河北通涿郡,南达余杭,解决了古代位于北方都城的人民的生活问题。隋朝大运河以洛阳为中心,漕运发达,达到了"隋氏资储遍于天下,人俗康阜"的阶段。隋朝大运河不仅促进了南北经济、文化的交流,带动了沿岸城镇的发展,而且具有政治、军事功能,加强了中央政权对地方的统治,巩固了国家的统一。

一、大运河的开通与漕运事业的繁荣

漕运起源于春秋战国,发展在秦汉,繁荣在隋唐。隋炀帝开凿通济渠,连接河、淮、江三大水系,形成沟通南北的新的漕运通道,奠定了后世大运河的基础。如开皇三年(583),隋文帝先后在河南、陕西运渠沿岸置黎阳、河阴、常平和广通等仓。召募运丁,运储河北、山西、山东等地粮食。隋灭陈后,长安粮食大部分由江淮输送。唐朝对大运河进行了艰苦不懈的疏浚、修整和开凿,如梁公堰的修复、汴渠漕运的复航、三门峡的开凿、黄河漕运的疏通等,建立了漕运仓储制度。

(一)隋朝大运河

大运河最初由春秋吴国为伐齐国而开凿,隋朝人幅度扩修并贯通至都城洛阳且连涿郡,元朝翻修时弃洛阳而取直至北京。隋唐时期,我国内河航运进入一个新的历史发展时期。

开皇四年(584),隋文帝开凿了广济渠,引渭水从大兴城(长安)到潼关,长300余里。隋大业元年(605),隋炀帝杨广下令,三月,"发河南、淮北诸郡民,前后百余万,开通济渠"①,八月渠成。通济渠又名御河,后世又称汴渠或汴河。从洛阳西苑,引谷水、洛水到黄河,再从板渚(今河南省荥阳境内)引黄河水东南流,经成皋、中牟、开封、陈留、杞县、宁陵、商丘、夏邑、永城、宿县、灵璧至盱眙县北入淮河。同年,隋炀帝"又发淮南民十余万开邗沟,自山阳至扬子入江"。同时还进一步疏浚了山阳渎。通济渠和山阳渎共长1000余公里,渠宽40步,两岸筑御道,并种柳树护岸和遮荫。由此可见,当时主要是开凿通济渠和永济渠。黄河南岸的通济渠工程,是在洛阳附近引黄河水,行向东南,进入汴水(今已埋塞),沟通黄、淮两大河流的水运。通济渠是黄河、汴水和淮河三条河流水路沟通的开始。隋朝的都城是长安,所以当时的主要漕运路线是:沿江南运河到京口渡长江,再顺山阳渎北上,进而转入通济渠,逆黄河、渭河向上,最后抵达长安。黄河以北开凿的永济渠,是利用沁水、淇水等河为水源,引水通航,在天津西北利用芦沟(永定河),直达涿郡。隋大业六年(610),南北大运河完工,大大便利了南北交通,加强了京都和河北、江南地区的水上运输。当年,航行在运河里的船队,南来北往,舳舻千里,呈现出一派繁忙景象。至此,以洛阳为中心的大运河,沟通起钱塘江、长江、淮河、黄河、海河五大水系。

目前国外著名的大运河主要有苏伊士运河、巴拿马运河、列宁·卡拉库姆运河等。这些运河的长度不但都比我国的京杭大运河短得多,而且也都比隋朝开凿南北大运河的时间晚1000多年。

(二)隋朝漕运的发展与兴盛

大运河漕运不仅为中央专制政府提供粮食供应,而且具有加强地方控制、

---

① 《资治通鉴》卷一百八十《隋纪四》。

稳定封建王朝统治的作用,其政治意义也不容忽视。隋炀帝开凿大运河的一项重要政治目的就是沟通南北,加强对东南地区的控制。

仓储和运河是漕运系统中重要的组成元素。隋唐以来,关中地区地狭人众,"号称沃野,然其土地狭,所出不足以给京师、备水旱"①。而离关中地区较远的黄河下游、河北平原和江淮流域,粮食生产则较为发达。因此,将这些地区的粮食和其他物资调运至长安的漕运问题,成为隋唐两代统治集团重要的财政问题。

为了配合漕运,隋唐时代在运河沿线设置了很多粮仓。如隋代有著名的洛口、黎阳、回洛等仓。隋炀帝大业初年,"置回洛仓于洛阳北七里,仓城周回十里,穿三百窖"②。隋初定都长安,因关中地区物资相对贫乏、漕运不畅,故"始建东都,以尚书令杨素为营作大监,每月役丁二百万人。徙洛州郭内人及天下诸州富商大贾数万家以实之。新置兴洛及回洛仓"③。隋炀帝在迁都洛阳的同时,在洛阳城外修建回洛仓,主要是为了保障洛阳的粮食供应,也是为了方便东南漕粮随时入库。近年来的考古发掘资料显示,回洛仓拥有仓窖 700 座左右,是目前国内考古发现仓窖数量最多的古代粮仓。④ 入唐以后又增设了河阴等大型粮仓,其他还有几处规模较小的粮仓,建立起了一套完备的粮食储存体系,为社会发展奠定了良好的物质基础。

隋唐时期,华北平原上的永济渠是调运河北地区粮食的主要通道,也是对北方用兵时输送军粮的主要路线。同时,永济渠还承担着转运江淮地区物资北上的重要使命。隋炀帝征辽东时就充分利用永济渠上的黎阳仓,调运粮草和物资。在对黎阳仓的考古发掘中,在仓城北中部发现了宽约 8 米的漕渠遗存,形成了一个完整的粮仓与黄河、永济渠相互贯通的漕运水系。直至隋末,积储在涿郡的仓粟、器仗仍十分丰富。唐贞观末年至总章之际,数次对辽东用兵的军粮绝大部分取自河南、河北二道。开元年间改革漕运,"凡三岁,漕七百万石",效果显著。开元十八年(730)在魏州州城(今河北大名)西永济渠旁建楼百余

---

① 《新唐书》卷五十四《食货志》。

② 《资治通鉴》卷一百八十《隋纪四》。

③ 《隋书》卷十九《食货志》。

④ 王炬、吕劲松、赵晓军等:《洛阳隋代回洛仓遗址 2012~2013 年考古勘探发掘简报》,《洛阳考古》2014 年第 2 期。

间,以贮江淮之货。

　　隋唐时期,通向东南地区的通济渠、山阳渎和江南河是输送江淮地区粮食、物资的主要渠道。据文献记载,长江流域和珠江流域的租庸调都先运至扬州,再由通济等渠运至洛阳。地处永济渠一侧的清河郡,在安史之乱时就集结了大量从江淮、河南地区征调来的布帛钱粮,被称为"天下北库"。唐人李敬芳在《汴河直进船》中写道:"东南四十三州地,取尽脂膏是此河。"形象描述了当时运河的漕运功能。可以说,隋唐时期的运河是整个封建王朝的经济大动脉,发挥着重要的漕运价值。

　　显德四年(957),后周世宗柴荣下诏疏汴水,北入五丈河,使齐鲁舟楫达汴。六年(959),"自大梁城东导汴水入于蔡水,以通陈、颍之漕"①。此后,汴蔡漕运成了宋代的生命线。

二、梁公堰的修复与汴渠漕运的复航

　　唐朝对隋朝大运河进行了艰苦不懈的疏浚、修整和开凿。唐王朝对漕运水道的开凿、疏浚和征敛尽了极大的努力,通过长期的修凿和治理,使漕运的干流和支流都得以通行流畅,出现了兴旺发达的漕运事业。

　　梁公堰,位于郑州河阴县黄河和汴河之间。汴河是连接黄河和淮河的中原渠道,由于该渠首连接黄河,河水所含泥沙量较大,最容易淤塞。唐朝初年,每年初春就要"塞长茭,决沮淤",疏通堰口,修理渠道。否则,堰口阻塞,黄河水不能引入渠道,漕运就会中断。开元二年(714),河南尹李杰奏:汴州东有梁公堰,年久堰破,江淮漕运不通。奏可,乃发汴、郑二州丁夫进行修复,使断绝多年的汴渠漕运又复通航。② 开元十五年(727),堰口再次塞阻,"行舟不通",唐玄宗命令疏决开旧河口,"安及遂发河南府怀、郑、汴、滑、卫三万人,疏决开旧河口,旬日而毕"③。开元二十七年(739),唐朝新开广济渠。

----

① 《资治通鉴》卷二百九十四《后周纪五》。
② 《唐会要》卷八十七《漕运》。
③ 《旧唐书》卷四十九《食货志下》。

汴渠是连接黄淮的必经水道。它自洛阳西苑引谷水、洛水入黄河，又在板渚引黄河水入汴口，再从开封以东导入泗水，再由泗水流入淮水。由于汴河水源主要取自黄河，含沙量较大，故有"汴水浊流"的说法。因为此道易淤塞，所以需要经常疏浚。然而，"河、汴自寇难以来，不复穿治，崩岸灭木，所在厐淤，涉泗千里，如冈水行舟"[①]。安史之乱造成北方动荡，使汴渠长期得不到修浚，以致埋废无法通航，运河的水利作用深受影响，航行极其艰难，载重粮船更无法通行。

唐朝刘晏仔细勘察河道，到处访问群众，调查研究，然后疏浚汴渠，恢复了汴渠的运输能力。运河水运交通修复后，每年运输江淮粮食四十万斛。虽然与安史之乱前每年漕运数百万石相比还有很大差距，但这一成果改变了关中物价昂贵的局面，同时减轻了京师三辅人民的重赋，还有利于恢复东都经济，并且带动了沿岸经济的发展，为唐朝振兴创造了重要条件。

三、凿石开河与疏通黄河漕运的努力

黄河漕运历史悠久，在国家经济社会发展进程中曾发挥过重要作用。纵观黄河漕运历史，第一次大规模地开发利用黄河航运功能发生在战国时期。战国七雄之一魏国为称霸中原，于魏惠王九年（前362）迁都大梁后，本着发展经济、富国强兵的目的，从改善交通状况入手，前后两次用了20多年的时间，在黄河下游开挖了沟通河、淮的鸿沟水系。

隋唐时期，黄河漕运又一次进入发展的快车道。隋朝的建立，结束了我国长期分裂的局面，使社会生产力获得了恢复和发展。在统一的短暂的几十年中，黄河中下游先后完成了广通渠、通济渠和永济渠等大型人工运河，形成了以西安、洛阳为中心，西通关中，南至余杭，北抵涿郡，沟通长江、淮河、黄河、海河水系，长达5000余里的水运交通网。及至唐代，仍发挥着重要的作用。据《隋书·食货志》记载，在杨坚晚年，全国已呈现出"户口滋盛，中外仓库，无不盈积"的局面。隋炀帝时，则结合漕运兴建了大量的粮仓，如洛阳附近的含嘉仓、回洛仓等。新中国成立后，在已发掘探明这一时期的粮仓中，大的可储粮10000多

---

① 《新唐书》卷一百四十九《刘晏传》。

石,小的也可储粮数千石。有一个窖内尚存留有 50 万斤已炭化了的谷子。在唐代,通过黄河、汴渠从关东和江淮地区运往京都的粮食每年多达数百万石。如天宝二年(743),一年内运抵关中的粮食达 400 万石,创造了唐代运输的最高纪录。可以想象隋唐时期黄河漕运的繁荣景象。

由于受黄河河道及其泥沙和洪涝灾害的影响,黄河漕运有着非常大的局限性。统治者在不断兴修新的渠道的同时,为改善漕运状况,维持漕运畅通,还不得不经常对河道、渠道加以整治和疏浚,并加强管理。

三门峡河段槽窄、滩陡、水流急,是制约黄河航运的首要河段。因此,在河道整治上,主要是对黄河三门峡险段的治理。随着西安至潼关广通渠的建成开通,为进一步提高黄河漕运能力,隋唐对该河段进行了整治。隋开皇十五年(595)"六月戊子,诏凿砥柱"[1],对三门峡航道进行整治。显庆元年(656),唐高宗接受褚朗的建议,"发卒六千人""开砥柱三门,凿山架险",[2]试图只在三门陆运,三门上下全通水运。过了一段时间,将作大将杨物廉又在陕州三门凿山、烧山,岩侧施栈道牵船。所雇拉船民夫"皆令系二钲于胸背,落栈着石,百无一存,满路悲号,声动山谷"[3]。尽管采用这样残酷的方法,通漕仍然十分困难。开元二十九年(741),陕郡太守李齐物为使漕船避开三门峡之险,"凿砥柱为门以通漕,开其山颠为挽路,烧石沃醋而凿之。然弃石入河,激水益湍怒,舟不能入新门,候其水涨,以人挽舟而上"[4]。开元年间,在人门北边的岩石中开出了一条长 280 米、宽 6—8 米、深 5—10 米的人工河道,史称"开元新河"。开元新河是为避三门险恶水势以通漕船而人工开凿出的一条专用水道,河身南北向,很直,仅北端与人门相汇的出口处稍向西曲转,两岸均为凿开未经修饰的峭壁。这条运河开通后,漕船即主要由此通过三门天险。至此,三门峡险段的航运条件才有所改善。

隋唐以后,江淮等南方地区因受战乱影响较小,经济发展速度加快,逐步成为我国的经济中心,但黄河中下游仍是当时的政治中心。政治中心与经济中心的分离,在很大程度上也促进了漕运事业的发展。因此,尽管战乱不断,但黄淮

---

① 《北史》卷十一《隋本纪上》。

② 《唐会要》卷八十七《漕运》。

③ 《朝野佥载》卷三。

④ 《新唐书》卷五十三《食货志三》。

间的漕运仍相当发达。

四、洛水穿城——都城水利的转折

"居中而治,四塞险固,山河拱戴"是中国封建王朝建都选址的既定理念。综观历代都城,几乎无一例外地依山傍水而建,说明古代都城的选址对于以山川河流为载体的水源的高度依赖。汉魏洛阳故城就是在周王城的基础上发展而来,居于涧水之东、瀍水之西,邙山之下,洛水北岸。洛河自西而东从盆地中穿过;瀍、涧(谷)二水于盆地西部纳入洛水;伊河于盆地中部汇流于洛河。成周选址在伊洛河之北,依山面河,由山麓至河岸,海拔高度缓缓下降,平均海拔在120—140米。洛水虽流量大,但河床海拔低于120米,因此,想要河流自主流入洛阳城是很困难的。而且由于季节性因素,洛河水量不稳,汛期水量增加,极易对洛阳城居民生活产生威胁。谷水和瀍水虽海拔相对较高,注入洛水前海拔高度达150米,但谷水距洛阳城较远,且穿越地段地势较崎岖,减弱了谷水的流量。可以看到洛阳虽然与河流关系密切却在利用水资源方面遇到了不小的限制,因此修建了阳渠、千金堨等水利工程,完善城市水系。同时还修筑三重城垣以抵御水灾。

隋代建立以后,隋炀帝下诏兴修新的洛阳城,新城位于汉魏洛阳城的西南,横跨洛水南北,"前直伊阙,后据中山,左瀍右涧,洛水贯其中"[①]。隋唐洛阳城最为突出的特点就是洛水穿城,开辟了我国古代都城建设的新纪元。以往的城市选择都是居于河流的一侧,河流在供给水资源的同时起到城防的作用,且城市距离自然水系有一定距离,可以在一定程度上减小水灾对城市的破坏。隋唐洛阳城的选择打破了上述规则,自此之后水系穿越都城成为常态,后世之开封城、北京城均有水系穿城。

隋唐洛阳城的水系由自然水系与人工水系两大部分组成。自然水系有洛水、谷水、伊水、瀍水。洛水从洛阳城西南部流入,东流到皇城南门端门外,再自西向东将整个城分为南、北两个区域。城内的供水以洛水为主要水源,洛水自

---

① 《新唐书》卷三十八《地理志二》。

西向东横贯全城。谷水自洛阳城西北向东南流经神都苑,于上阳宫北部分为三支,第一支向东引入宫城,第二、三支分别在上阳宫东西侧汇入洛水。谷水是当时皇家园林的重要水源,最终汇入洛水。伊水自城之南分为二支北流入外郭城,于城内合为一股,经城内数坊又过永通门、建春门向东流入南运渠,是魏洛阳城东南生活用水与漕运的重要组成部分。瀍水在洛水之北,由东城之东第三南北街最北的修义坊西南流入城中,向南流至东城之东第二南北街最南的归义坊流入漕渠。人工水系主要有漕渠、泄城渠、写口渠、通济渠。漕渠与洛水、瀍水、泄城渠相连,最终汇入洛水。漕渠是隋唐洛阳城连接大运河的命脉,也是交通要道。泄城渠由城北入城,可以连通含嘉仓城与漕渠。写口渠是连接泄城渠与漕渠的一段人工渠。通济渠,故阳渠也。隋大业元年(605)重新疏浚开凿,自西苑引谷水、洛水达于河,自板渚引河通于淮,为隋唐大运河的重要组成部分。洛阳水系选择利用多条自然水系和人工水系组成网状水系,采用了以洛水为主干的水系规划,其他水系汇入洛水而归于黄河,形成了极具特色的城市水利。

由于洛阳特殊的政治经济地位,辅之以完善的城市水利与隋唐大运河连通,加上通济渠凿成后,与邗沟便成为黄河、淮河、长江三大流域的交通大动脉,南来北往的船只多走这一水道。水运推动洛阳的经济社会文化迅速发展,使东都洛阳成为当时国内乃至世界上最大的商业大都市。

第五节　水利法规的制定与水利技术的提高

隋唐时期,为应对水患灾害对社会造成的影响,唐政府设置水部郎中、水部员外郎、都水使者和渠堰使,专职负责中央和地方的水利工作,并制定水利法规《水部式》,采取减灾防灾措施,形成一套高效水利管理模式,推动水患治理的法制化发展。同时,农田水利工具的改进和水利工程技术的提高,在一定程度上促进了隋唐时期水利事业的发展。

一、水利管理和水患治理的制度化

(一)水利职官与治水机制

在封建中央,设有管理水利的专门机构,颁布了一系列有关河渠、灌溉的法律命令,兴建了大量的渠、塘、陂、堰。在中央集权的统治之下,唐朝的水利灌溉工程更是蓬勃发展。为加强管理,唐政府设立了专门的水利管理机构,中央在尚书省工部中设水部郎中、水部员外郎的官职,《唐会要》卷五十九"水部郎中"记载:"隋为水部郎。武德三年,加中字。龙朔二年,改司川大夫。咸亨元年,复为水部郎中。水部员外郎改复与郎中同。"水部郎中的官职是依隋朝而来,原称为水部郎,唐高祖武德年间将其改为水部郎中,唐高宗龙朔年间改为司川大夫,唐高宗咸亨年间又改为水部郎中。水部郎中和水部员外郎的职责均是"掌天下川渎陂池之政令,以导达沟洫,堰决河渠,凡舟楫溉灌之利,咸总而举之"①。由此可知,唐代水部郎中兼管全国航运、灌溉事务。

在地方上,州郡的刺史和县令都有修堤筑堰的责任。因此,各级官员都相当重视水利建设。在特别重要的堰渠,专设渠堰使,《唐会要》卷八十九"疏凿利人"记载了唐朝特设渠堰使、渠堰副使等职务,专门主持陂塘的修筑工作,"贞元十六年十一月,以东渭桥纳给使徐班,兼白渠、漕渠及升原、城国等渠堰使","大历二年二月,以诏应令刘仁师充修渠堰副使",以加强较大范围内各有关灌渠的领导。重要的渠口还设置专人管理,"贞元四年六月二十六日,泾阳县三白渠限口,京兆尹郑叔则奏:六县分水之处,实为要害,请准诸堰例,置监及丁夫守当。敕旨依"。唐德宗贞元年间,京兆尹郑叔则奏请朝廷在六县分水口像其他堰渠一样设监及丁夫看守,证明看守堰渠的要害地区已经成为唐政府设置的一项遍布全国各地农田水利灌溉工程的制度了。

朝廷对京畿之内的沟渠更为重视,专设官吏管理,《唐六典》卷二十三记载,"每渠及斗门置长各一人。至灌溉时,乃令节其水之多少,均其灌溉焉"。设有水部郎中一人,为五品以上官员;员外郎一人,为六品以上官员;主事二人,为九

---

① 《旧唐书》卷四十三《职官志二》。

品以上官员;令史四人,书令史九人,掌固四人。另外,又设都水监,使者二人,为正五品以上官员。使者"掌川泽津梁之政令,总舟楫、河渠二署之官属,凡虞衡之采捕,渠堰陂池之坏决,水田斗门灌溉,皆行其政令"。[①] 又有河渠署,专门负责修补堤堰渔钓之事。唐政府每年都要派遣官员督察水利设施的修建和管理情况,并且将之作为官员晋级的依据。

(二)水利法规与水利运作机制

唐代中央政府颁行的水利管理法规以《水部式》为代表。现存《水部式》系在敦煌发现的残卷,共 29 自然段,按内容可分为 35 条,2600 余字。包括农田水利管理、碾的设置及用水量的规定、航运船闸和桥梁渡口的管理和维修、渔业管理以及城市水道管理等内容。《水部式》对于黄河、洛水、灞水上的大型桥梁的管理维护作出了明确而具体的规定,充分保障了法律的有效执行。

灌区管理的中心环节是制订合理的灌溉用水计划。其主要内容是根据气候的变化和作物生长的需要合理地分配灌溉用水,以达到增产的目的。《水部式》中有关灌溉用水制度的规定,主要包括以下内容:渠系上均设置斗门控制灌水流量,为了达到按比例配水的目的,必须严格控制灌溉闸门的闸底高程和闸门宽度,因而闸门的修建只能按照官府给定的尺寸进行,并需接受检验。灌区正是借助这些闸门,调节干支渠的分水比例;即使干渠水位较低,以至支渠难以实行自流灌溉时,也不得人为抬高上游水位,在干渠上拦河造堰。不过,为了使支渠附近位置比较高的农田能够自流灌溉,要求在支渠内临时筑堰壅高水位者,则可听之任之;灌区内各级渠道控制的灌溉面积大小均需预先统计清楚,实行轮灌,合理地安排轮灌先后次序,"溉田自远始,先稻后陆","凡用水,自下始"。所谓"自远始""自下始",即灌区末端的渠道先用水,这个规定有助于避免上下游之间的用水矛盾。所谓"先稻后陆",是在旱作与稻作相间的地区,先灌水田,再浇旱地,这又是根据作物的耐旱程度确定的轮灌次序。当某渠道控制范围内的田地灌溉完毕,应立即关闭该渠斗门,务必使灌区内各部分田地能够普遍均匀受益,不得有所偏废。

在水源不充足的情况下,农业用水和水力机械用水、航运放木用水以及宫

---

① 《旧唐书》卷四十四《职官志三》。

廷和园林用水等经常发生矛盾，因而需要按照各自的重要性，规定必要的法律条款，以保证最合理、最有价值地利用有限的水源，这些在《水部式》中均有详细规定。在唐代，妨碍灌溉效益最显著的是设置在渠系上的碾硙。《水部式》残卷中有关于碾硙用水的规定，如每年正月一日至八月三十日，碾硙进水闸门必须加锁封印，以杜绝碾硙用水，保证灌溉；其余非灌溉季节或灌区内降雨较多，不需灌溉时，则可听凭碾硙自行用水。可见对于渠系上的碾硙用水的限制是很严格的。除碾硙用水外，航运与灌溉争水矛盾也很普遍，《水部式》明确规定：在同一水源上，既有灌溉又可航运时，只有当完成运输任务之后，或在水量充沛、引水灌溉不妨碍行船的情况下，方可灌溉。也就是说，当水源不足，航运与灌溉不能兼顾时，应首先满足通航要求，因为航运关系的是整个国家运输动脉的畅通，牵扯政治和经济全局利益，而农田灌溉则只涉及一个地区的农业收成和社会安定。和灌溉用水有冲突的还有放木和宫廷园林用水，《水部式》就规定灌溉用水应有节制，不得影响放木。此外，供应皇宫用水的产水，一般也是禁止引灌的，只有在大旱年份才偶尔例外。《水部式》残卷中还有一些条文包含了有关水运、海运、桥梁、水产等方面管理维护的内容。

对于地方水利的管理，《水部式》规定：州县两级地方政府的行政长官，均负有管理辖境内的水利之责，每年各差一次检校，长官及都水官时加巡察，若用水适当，田畴丰殖，及用水不平并虚弃水利者，年终录为功过附考。比如永徽年间，郑白渠灌溉面积有 1 万多顷。由于官吏豪强设置大量水磨，浪费了水，到大历年间仅灌 6200 余顷。前后虽四五次下令废毁水磨，但得不到有效贯彻。郑白渠的管理制度在《水部式》中有具体规定。灌区除设泾堰监等专管机构外，并受京兆少尹（首都副行政首长）的统辖。渠道上的主要枢纽如彭城堰等，还设专人管理。较大的渠道上建有木质闸门，根据预先编制的用水计划，轮流定量供水。渠道和渠系建筑物维修有一定的报批手续和监督办法，不许私自拆修。每年农历正月一日至八月三十日将沿渠水磨封存，以保证灌溉用水。这时干渠进水闸为 6 座石门，渠首处建有拦河壅水石坝，称为"将军"，"长宽皆百步，捍水雄壮"，后毁于水。

总之，《水部式》作为一部专门水法，在水利管理中有着十分重要的意义，有助于保护和稳定封建制度下的生产关系，协调有关各方利益，调解水利纠纷，充分利用自然资源。从现有文献记载看，《水部式》是我国历史上第一部由中央政府作为法律正式颁布的系统的水利法典,是唐代水利管理的一项重要创造。

监管水利是地方行政长官的重要职责之一,尤其是在水利工程的兴建及水利设施的修整等方面。《唐律疏义》卷二十七载:"依《营缮令》,近河及大水有堤防之处,刺史、县令以时检校,若须修理,每秋收讫,量功多少,差人夫修理。若暴水泛溢,损坏堤防,交为人患者,先即修营,不拘时限。"全国各地的农田水利工程,包括河北、河东道在内,百分之九十以上都是地方行政长吏主持修建的,并将水利事业的状况作为考绩地方长吏的一项重要依据。也曾有不少地方长吏因监修或管理有功而受到褒奖。县内各灌渠、斗门也有专人管理,称渠长、斗门长,他们在府县督察下,具体负责行水事宜,即使在一渠之内,又设堰若干,堰是具体的行水单位,指定堰头负责。①

二、农田水利工具的改进

农田水利是农业生产的命脉。自北魏末年传统旱作技术体系基本定型之后,农业生产的提高主要表现在精耕细作基础上进一步兴办农田水利事业和扩大耕地面积等方面。

大业四年(608),隋炀帝开挖永济渠,由东都洛阳的沁水与清、淇二水相接,东北流入河北、天津,再向西北行至涿郡,全长 1000 余公里。大业五年(609),隋炀帝开凿通济渠,形成了以洛阳为中心,沟通南北的大运河航运系统,大大促进了我国南北经济的交流。②

唐代河南十分重视兴办农田水利。唐代屯田还开有许多水屯,如开元二十二年(734)六月,"遣中书令张九龄充河南开稻田使"。八月,"遣张九龄于许、豫、陈、亳等州置水屯"。③ 唐玄宗时,仅陈、许、豫、寿四州便设置了 100 多处水屯。④ 上述地区若无屯田士卒出动兴修水利,是很难完成旱地向水田的改造的。

---

① 李增高:《隋唐时期华北地区的农田水利与稻作》,《农业考古》2008 年第 4 期。

② 胡廷积主编:《河南农业发展史》,中国农业出版社 2005 年版,第 83 页。

③ [英]冀朝鼎著,朱诗鳌译:《中国历史上的基本经济区与水利事业的发展》,中国社会科学出版社 1981 年版,第 135 页。

④ 刘磐修:《隋唐农业区发展原因探析》,《徐州师范大学学报(哲学社会科学版)》2002 年第 4 期。

随着水利的发展,唐代的灌溉工具也有相应的进步。当时,除了之前已有的桔槔、辘轳、翻车还在普遍使用,人们又创造了连筒、桶车、筒车和水轮等灌溉新工具,这些都大大提高了灌溉效率。其中最典型的要数水车了,水车即汉代的翻车,自毕岚发明后,马钧又进行了改良。

唐代,龙骨水车开始在农业上得到推广,《唐会要》卷八十九"疏凿利人"载:"(大历二年)三月,内出水车样,令京兆府造水车,散给沿郑白渠百姓,以溉水田。"即由政府选定水车的式样和规格,再由京兆府大量制造散发,以供郑白渠沿渠的百姓使用,其对水车的重视程度和水车的应用范围之广可想而知。[①]唐代的水车不但普及全国,还传到了日本。据日本《类聚三代格》卷八记载,日本天长六年(829)五月《太政府符》命制作水车在日本民间推广:"耕种之利,水田为本。水田之难,尤其旱损。传闻唐国之风,渠堰不便之处,多构水车。无水之地,以斯不失其利。此间之民,素无此备,动若焦损。宜下仰民间,作备件器,以为农业之资。其以手转、以足踏、服牛回等,备随便宜。若有贫乏之辈,不堪作备者,国司作给。经用破损,随亦修理。"[②]马钧的翻车"令儿童转之,而灌水自覆",应是手摇式的,而由上述记载可知唐朝的水车已经改进为手摇、脚踏和牛转数种了。另外还出现了辘轳汲水与架空索道相结合的"机汲"灌溉工具的进步和普及,就具体地标志着农田水利事业的发展。

唐统一全国以后,农业生产开始恢复,到玄宗开元年间发展到高峰。开元十三年(725),"东都斗米十五钱,青、齐五钱,粟三钱"[③]。开元年间,唐玄宗就注重兴修农田水利工程,积极促进农耕生产的发展。开元二年(714),分别开凿了甘泉渠、荡沙渠、灵长渠三条水渠,引文谷之水灌溉农田数千顷。开元四年(716),在今河北三河,又修建了渠河塘、孤山陂,溉灌农田三千顷。天宝十二载(735),"是时中国强盛,自安远门西尽唐境万二千里,间阎相望,桑麻翳野,天下称富庶者无如陇右"[④]。"甘州诸屯,皆因水利,浊河灌溉,良沃不待天时,四十余屯并为奥壤"。其他州郡的农业生产形势很好,如河州(今甘肃临夏)"大田

---

① 《旧唐书》卷十七下《文宗本纪下》也称,大和二年闰三月,"内出水车样,令京兆府造水车,散给缘郑白渠百姓,以溉水田"。

② 唐耕耦:《唐代水车的使用与推广》,《文史哲》1978 年第 4 期。

③ 《资治通鉴》卷二百一十二《唐纪二十八》。

④ 《资治通鉴》卷二百一十六《唐纪三十二》。

多稼,人和岁丰,饟军廪师,处勤余裕",唐高宗也说:"河州军镇要冲,屯田最多。"天宝八载(749),全国各地出现"州县殷富,仓库积粟帛,动以万计""帑藏充牣,古今罕俦""国用丰衍"的情况,正是以开元年间的生产发展为基础的。对以上记载,一般的解读认为该时期是适宜农耕生产的,并进一步推论当时应该是属于较为温暖湿润的气候。但根据文献的记载,这一时期农业生产的巨大发展在很大程度上应该归功于农耕生产技术的提高。

三、水利工程技术的提高

隋初,河南地区的农田灌溉水利设施主要有颍州汝阴郡的大崇陂、鸡陂、黄陂、湄陂等,[1]隋代末年废毁。此外,隋代怀州刺史卢贲在任期间,兴修了颇具规模的农田水利工程,收到了显著的功效。[2]

唐朝继隋之后,在农田水利方面对黄河中下游地区的水源进行了更加充分的利用,具有代表性的工程有郑白渠和成国渠。郑白渠的前身为汉代所修的白渠,秦汉时期曾广收灌溉之利。到了唐代,郑白渠改名为太白渠、中白渠、南白渠,仍可收灌溉之利。高宗永徽年间,可灌田1万多顷。代宗大历年间,还可灌田6000顷有余。[3]

此外,河南地区的水利工程还有郑县的利俗渠、罗文渠,龙门县的瓜谷渠、泸渠、马鞍坞渠,下蔡县的大崇陂、鸡陂、黄陂、湄陂,长社县周围180余里的堤塘,西华县的邓门陂,陈留县的观省陂,济源县的枋口堰,武陟县的新河,安阳县的高平渠,邺县的金凤渠,尧城县的万金渠,临漳县的菊花渠、利物渠,新乡县的新河,等等,均为唐代各地方官员组织百姓所开,灌溉效益颇为可观。[4]

唐代河南的水利建设主要表现在对原有水利工程的恢复和改造。如开元四年(716),时任陕州刺史的姜师度在郑县(今陕西华县)疏通旧渠,引水溉田,又修坝筑堤以防水害。开元七年(719),在同州刺史姜师度主持下,重建引洛灌

---

① 《新唐书》卷三十八《地理志二》。

② 《隋书》卷三十八《卢贲传》。

③ 《元和郡县图志》卷二《关内道二·泾阳县》。

④ 马雪芹:《隋唐时期黄河中下游地区水资源的开发利用》,《宁夏社会科学》2001年第5期。

区。《旧唐书·姜师度传》称,姜师度"又于朝邑、河西二县界,就古通灵陂,择地引洛水及堰黄河灌之,以种稻田"。《新唐书》中也有类似的记载:"师度喜渠漕,所至骚役纷纭,不能皆便,然所就必为后世利。"

元和八年(813),观察使田弘正及郑滑节度使薛平于卫州黎阳县开新河,长十四里,宽六十步,深有七尺,引黄河注入原来的河道,滑州便再也没有水患了。据统计,唐代兴修水利工程约 264 项,[1]而"天宝以前者,居什之七"[2],其中,黄河流域又占绝大多数。[3]

隋唐水利工程兴修多集中在黄河流域,这是由当时的自然环境和历史条件决定的。黄河流域是中华民族的重要发祥地之一,这里农业生产的发展有着悠久的历史。由于黄河流域大部处于我国大陆北部,大陆性季风气候显著,年降水大半集中在盛夏,而六月至七月上旬春耕播种需水时却干旱少雨。在民间就流传着这样的说法:"五年一小旱,十年一大旱。"这里的农业生产从来就与水利灌溉息息相关。[4] 研究表明,中唐以前北方地区水利复兴,将西汉时期的水利工程完全恢复,并新建了一些新的灌区。特别是引黄灌溉的成功和关中水利的恢复。据学者统计,唐代有水利工程 253 项,宋代为 1048 项,但唐代北方地区有103 项,宋代北方地区则只有 78 项。[5] 这说明唐代北方地区的农业水利建设是十分突出的,对于以北方为核心区的唐代文明兴盛具有举足轻重的作用。

①　邹逸麟:《从唐代水利建设看与当时社会经济有关的两个问题》,《历史教学》1959 年第 12 期。

②　〔清〕顾炎武:《日知录》卷十二《水利》。

③　潘京京:《水利建设与"开元、天宝盛世"》,《曲靖师专》1982 年创刊号。

④　潘京京:《水利建设与"开元、天宝盛世"》,《曲靖师专》1982 年创刊号。

⑤　李剑农:《中国古代经济史稿》第 2 卷,武汉大学出版社 2006 年版,第 58 页。

第五章

宋金元时期河南水利事业的曲折发展

北宋王朝建立后,建都于开封,河南又一次成为全国的政治、经济和文化中心,为水利的发展提供了极好的机遇。在农田水利中,还利用黄河水、沙资源淤溉改良土壤,在陈留等8县,"引黄、汴河水淤溉",仅京畿一路的淤田,每年就可增产粮食几百万石。在京都开封附近,兴建了水网工程,能将涝水排出导入泗水,而且汴河、惠民河、五丈河、金水河贯穿全城,水运交通,四通八达。北宋名画《清明上河图》生动地描绘了开封汴河已成为把经济中心的南方和政治、军事中心的汴京联系起来的运输大动脉,汴河是维持中央集权统治供给的生命线,因此,水利开发主要是围绕汴河修复治理进行的,并把农田水利推向法制化轨道。水利建设为推动农业发展和社会繁荣作出了重要的贡献。

金元时期,是河南社会历史发展的中衰时期。由于元朝建都大都(今北京),河南不再是全国的政治、经济和文化中心,特别是经历了金元时期的残酷掠夺和连续不断的战争破坏,运河淤废、水患日益频繁,黄河夺淮达700年之久,水利时兴时废,水害深重,仅在某些时候,开展过一些治理活动。再加上中原地区战乱不断,河南地区社会经济出现严重的衰退,在元代全国著名的大城市中,河南只有开封一个,也仅仅是有20万人口的地区性政治、经济、文化中心。

第一节　社会状况与生态环境

北宋时期,河南成为全国的政治、经济和文化中心。宋朝实行州、县二级制行政管理,金朝实行路、州(府)、县的管理体制,元初实行行省制度,推动河南经济社会的发展。宋代定都开封,政府大力整治汴河,发展漕运,再加上对豫北、豫东地区的农田水利事业的重视,河南成为全国主要的商品经济集散地,在汴河两岸形成了繁荣发达的商业经济带。宋金战争时期,河南经济遭到破坏。金占领河南以后,由于开封的重要地位,以及河南作为南下攻宋的前沿阵地,中原地区的经济得到短暂的发展。金元战争期间,由于河南处在攻打南宋的前沿,曾大规模砍伐木材造船,生态环境恶化。元朝建立后,对中原地区掠夺性的开发减少了,森林植被和生态环境逐渐恢复。

一、政区沿革

北宋建都于开封,河南依然是全国的政治、经济和文化中心。北宋靖康元年(1126),金军攻占开封,次年宋徽宗和宋钦宗二帝被掳北迁,北宋覆灭。靖康二年(南宋建炎元年,1127),赵构在南京(今河南商丘南)即位,是为宋高宗,史称南宋。宋朝行政区划实行州、县二级制,同时在地方设置路,路是直辖于中央并高于府、州、军、监的一级监察区。北宋河南地区行政区域主要由京畿路、京东东路、京东西路、京西北路、河北东路和河北西路部分地域组成。其中,京畿路属开封府。京东西路属应天府(原京东东路),辖曹、郓、济、单、濮等州,属军在淮阳。京西北路属河南府、颍昌府,辖郑、滑、孟、蔡、陈、颍、汝等州,属军在信阳。河北东路属大名府,辖澶、沧、冀、瀛等州。河北西路属真定府,辖相、定、怀、卫、洛等州。

1127 年,女真民族政权金灭亡了统治中原地区的北宋政权,从此开始了其在河南地区的统治,直至 1234 年被蒙古政权所灭。金朝沿袭宋、辽制度,实行路、州(府)、县三级行政管理体制。金代河南地区行政区域被划分为南京路、大名府路、河北西路、河东南路等进行管辖。其中,南京路所辖地区包括今河南地区的大部分。南京路属河南地区的有开封府、归德府、河南府,辖睢州、陕州、邓州、唐州、裕州、嵩州、汝州、许州、钧州、亳州、陈州、蔡州、息州、郑州等 14 州。[①] 其中,开封府管辖开封、祥符、阳武、通许、泰康(今太康)、中牟、杞、鄢陵、尉氏、

---

① 　郭奇龙:《金代河南地区民族关系研究》,西南大学硕士学位论文 2015 年,第 9—10 页。

扶沟、陈留、延津、长垣、封丘等县,归德府管辖睢阳、宁陵、下邑、虞城、谷熟(今商丘梁园区东南)等县,河南府管辖洛阳、登封、孟津、芝田(今巩义南)、新安、偃师、宜阳、巩等县。

元初推行行省制,至元代中叶,将全国分为中书省直辖区、宣政院辖地及 10 个行中书省。省下有路、州(府)、县,路归省管。元初,沿袭金朝称呼,仍为南京路。至元二十五年(1288),改南京路为汴梁路,为河南江北行中书省治。元代河南地区行政区域辖境包括今河南省大部以及江苏、安徽、湖北三省当时黄河以南长江以北地区,所以称河南江北行省,是元代政治中心、经济中心与西北、西南联系的纽带。因此,河南先后属河南行省管辖和中书省直辖,治所京师大都,主要包括彰德路、大名路、怀庆路、卫辉路、陕州路和直隶府。

二、由盛而衰的河南经济

唐末五代中原地区为各势力争夺政权的关键,所以对河南经济破坏较大。960 年,赵匡胤建立宋朝,定都开封,结束了五代十国的分裂割据局面。宋代实行重文抑武的政策,实行土地私有制,大力发展社会经济文化,取得了空前的成就。农业方面,宋代河南地区北部为京畿地区,农田水利事业得到重视,大规模地引黄灌淤改良土壤。在有条件的地方利用水资源种植水稻。南部地区由于水资源基础较好,所以在社会安定、地方官勤加治理的情况下,农田水利事业得到了较大发展。宋代河南的商品经济也得到了充分发展,河南是全国的政治中心与经济中心,水陆交通四通八达,是全国主要的商品集散地。沿着汴河两岸形成了一条商业带。宋代河南的第二大城市洛阳商品经济发展也比较发达,所谓"京洛之民窳堕事末利,不重垦稼"[1]。虽然宋代开封地区高度繁荣,但河南地区经济社会的发展并不平衡,南部地区相对落后一些。总体而论,宋代河南的经济实力属于最发达的地区之一。以人口为例,宋代河南人口占全国总人口的 6.3%,据程民生考证,宋徽宗时河南人口约有 1000 万人。[2] 较之唐代的

---

[1] 《文同全集编年校注》卷二十六《都官员外郎钱君墓志铭》。

[2] 程民生、程峰、马玉臣:《古代河南经济史》(下),河南大学出版社 2012 年版,第 209 页。

20%,其总体经济地位可见一斑。

1127年,女真人攻陷开封,北宋灭亡。宋金战争期间,东京留守杜充掘开黄河大堤试图水淹金兵。然而黄河之水并未阻断金兵,却淹死沿岸百姓20余万人。黄河南流入淮,黄淮之间流离失所之人不计其数,河南经济受到重创。金灭北宋后,刘豫的伪齐政权、金海陵王都曾短暂定都开封。两宋之际由于宋金战争,河南经济遭遇了灭绝式的破坏。金人占领河南以后,由于开封的重要地位,以及河南作为南下攻宋的前沿阵地,对这一地区的经济发展也较为重视。正隆二年(1157),就有诏"以河南州郡营造有劳,新邦百姓宜在优恤,遣使者观察风俗赈恤困乏,仍令各修水田,通渠灌溉"①,农业恢复较快。文献记载,黄河北岸的怀州、卫州、孟州,南岸的开封、商丘一带生产恢复迅速,如卫州"土温且沃……稻塍莲荡,香气蒙蒙,连亘数十里"②。

1214年,迫于蒙古军队的压迫,金宣宗迁都开封,为河南作为全国政治中心的最后一个阶段。开封城的建设得到重视并恢复了以往盛况,其实金代末期国家尚且处于存亡攸关之际,经济发展不过是外强中干。

1234年,蒙古灭金。河南又成为蒙古南下灭宋的前线,因此蒙古采取了诸多措施恢复河南经济,在河南设立专门的屯田机构,最初是为了筹集军粮,后来在实施中推动了河南地区的农业恢复与发展。另外还在中原地区推行税收优惠政策,减免赋税。1271年元世祖下诏改京师中都为大都,大都成为全国的政治中心。政治中心北移,经济重心南移,河南丧失了中心地位,不再有以往的凝聚力与向心力。元代将大运河裁弯取直,河南的中转地位也丧失了,在全国的经济地位较于金代之前可谓天壤之别。元末统治腐朽,至正四年(1344),河南大饥,人口锐减,社会经济受到破坏。水利失修,黄河泛滥,河南地区首当其冲。至正十一年(1351),贾鲁受命治河,治河虽然成功,却间接引发了农民起义。可见,元代末期河南的社会经济情况较差,社会矛盾尖锐。

① 《大金国志》卷十四《海陵炀王中》。
② 〔清〕张金吾编:《金文最》。

三、水环境与生态的恶化

　　北宋政府花费极大的力气整治汴河,发展水运,故而宋代开封附近的水资源保护利用情况较好。政府对于豫北、豫东地区的农田水利事业也非常重视。汴河在东京内河航运中占有举足轻重的地位。北宋政府为了维持汴河的长久通航,采取了多种较为有效的治理措施,但因汴河高含沙量的特性,其"地上河"之势是难以避免地形成了。宋代河南的水资源最大的变量就是黄河,整个宋金元时期黄河频频决溢,给当时的河南生态环境造成了较大的影响。宋代黄河河患的加重是华北地区生态环境恶化的一个重要表现与推动力,河患的加重致使华北地区民生艰难,生态环境趋于恶化,且两者相互影响和掣肘,尽管也出现了淤田这一变水害为水利的创举,但并不足以从根本上扭转生态环境恶化的趋势。① 宋代河南地区为当时全国的政治中心,开封城内的人口百余万,每日的薪柴、粮食供给都对河南地区的生态环境构成一定压力。汴京城里设有专门的事材场、退材场,但国初之营建材木,已取之于河南境外。宋代都城的营建耗费了巨大数量的木材,东京城所消费的木材中,最主要的来源地是西北边地的秦陇地区。此外,河东的吕梁、太行山区,江南的两浙、福建、江西、湖南等地区也先后向东京城输送木材。可见宋代河南地区的森林已经消耗到一定程度,以至于东京城的木材用料不得不从外地调运。有学者指出,到北宋末河南天然林面积只占土地总面积的1/7 至1/6。②

　　金元时期,中原的气候条件发生了重大的变化。气温迅速转凉,气候变得干燥,唐宋大规模地砍伐伏牛山—淮河以北山林之后,气候条件的恶化极不利于次生林木的恢复。一些原来在亚热带生长的天然林木,逐渐向南移动,一些则退出了河南。金元之际河南地处南下攻宋的前线,曾大规模砍伐木材造船。战争之后掠夺性的开发减少,植被略有恢复。

　　整体而论,河南地区的生态环境继续恶化,由于唐宋时期的经济社会发展,

---

① 　聂传平:《宋代环境史专题研究》,陕西师范大学博士学位论文2015 年,第57 页。
② 　徐海亮:《历代中州森林变迁》,《中国农史》1988 年第4 期。

黄土高原地区的植被受到破坏,黄河下游河患日益严重的趋势已不可逆转,而这种趋势早在唐代后期就已经开始显现,即谭其骧在其研究中指出的,"唐代后期黄河中游边区土地利用的发展趋向,已为下游伏下了祸根。五代以后,又继续向着这一趋势变本加厉地发展下去"①。至宋代已经开始在黄河下游有所反应,自宋代开始黄河下游开始频繁决溢,黄河的决溢又进一步扰乱黄河下游的其他水系,使之或淤积或改道。河南地区的植被破坏也令淮河流域的河流水沙情况发生了一些变化。以汝河为例,汝水在 13 世纪以后决溢概率明显加大,恰恰与豫西、豫中山区的森林自北向南的破坏过程几乎同步,大约在北宋末,森林植被的破坏程度已足以在一定的气候条件下,对地面径流变化造成决定性的影响。问题在 12—13 世纪充分地暴露出来。元代是中国历史上黄河河患非常严重的一个时期,黄河南下夺淮,河道形势更为复杂,淤积严重,决口频繁,有时一次多达几处、十几处甚至几十处,淹没数十州县,不仅给开封等城市带来安全威胁,而且恶化了河淮间部分区域的生态环境,给人们的生命财产带来巨大损失,同时也不利于地区的社会稳定。

第二节　河道的变迁与水患的治理

宋元时期,黄河一改 800 年安流局面,进入多灾多难的时期,不断在中下游地区决溢,致使黄河中下游的区域范围不断在变化。北宋建立以后,黄河灾害日益严重,根据《宋史》《续资治通鉴长编》等有关资料的统计,北宋 167 年中有 73 个年份有决溢记载,平均两年多一次。据黄河水利委员会统计,自五代到北宋时期黄河决口频率约为 2.4 年一次。据统计,澶、滑地区决溢最多,是多灾多难之地。澶州有 28 个年份有明确的决溢记载,滑州有 18 个年份记载有决溢发生。北宋历史上黄河 7 次大的决溢和改道,就有 6 次发生在澶、滑地区。宋室

①　谭其骧:《何以黄河在东汉以后会出现一个长期安流的局面——从历史上论证黄河中游的土地合理利用是消弭下游水害的决定性因素》,《学术月刊》1962 年第 2 期。

南渡后,宋金对峙大体以淮河流域为界限,黄河在金朝统治区域内。据统计,从金太宗天会五年(1127)到金哀宗天兴三年(1234)前后的 108 年间,有可靠记载的黄河决溢有 18 次,频率为 6 年　次。自金代黄河由淮河入海以后,整个元朝,黄河夺淮入海没有改变,河患更加严重。从至元九年(1272)改道到至正二十六年(1366),仅据《元史·河渠志》等有关史料的记载,90 余年中就有 44 个决溢年份,不仅决溢地点多,而且决口宽,泛滥时间长,导致灾情严重。至正二十三年(1363)十月,黄河大决溢。这次决溢后,黄河形成从涡水入淮之势。

一、黄河水患与河南水灾

北宋中后期,黄河水患频繁,对河南社会经济发展产生重要影响。金元时期,战乱频繁导致黄河决堤,加剧中原地区的动荡和不安。宋金元黄河水患和河南水灾,使河南的农业发展在劳动力、农田、资金等方面都受到严重影响,从而制约了河南农业的正常发展。历史的变迁说明,黄河治则河南兴,黄河乱则河南衰。①

(一)北宋黄河水患与河南水灾

北宋建立以后,黄河灾害日益严重。《宋史·河渠志·黄河上》载,景祐元年(1034)"七月,河决澶州横陇埽","久不复塞"。从此黄河离开了行水千年的汉唐故道,"黄河自此决而北流,经今清丰、南乐,进入大名府境,大约在今馆陶、冠县一带折而东北流,经今聊城、高唐、平原一带,经京东故道之北,下游分成数股,其中赤、金、游等分支,经棣(治今惠民县)、滨(治今滨县)二州之北入海"②。宋人称之为"横陇故道"。不过黄河只在横陇故道运行了 14 年,由于横陇故道淤塞,河流改为北上在商胡埽(今河南濮阳境)决溢。

《宋史·河渠志·黄河上》载,庆历八年(1048)"六月癸酉,河决商胡埽,决

① 　王渭泾:《黄河治乱与河南兴衰》,《黄河科技大学学报》2008 年第 4 期。

② 　邹逸麟:《宋代黄河下游横陇北流诸道考》,载《文史》第 12 辑,中华书局 1981 年版。

口广五百五十七步,乃命使行视河堤"。这次黄河决水后,"王景之河始废"①,"河道改由北流,经河北平原中部,下游汇入御河(今南运河)、界河(今海河)至今天津入海。为宋代黄河北派,也是宋代黄河北流由渤海湾西岸入海之始"②。宋人称这条河道叫"北流"或"北派"(原入海处在今山东利津附近)。

宋仁宗嘉祐五年(1060),黄河在大名府魏县第六埽(今河南南乐西)决口,即"大名决口"。这次决口,从原来的地方又向东冲出一条宽60多米的新支流,向东北流经今山东堂邑、夏津等地,经旧马颊河故道,在冀、鲁之间入海。宋人称这条新支流为"东流"或"东派"。

黄河分成北流和东流后,时人称为"二股河",形成北宋时代黄河下游两股分流的自然现象。此后,黄河有时单股东流,有时单股北流,也有时东、北二流并行。据统计,北流单行49年,东流单行16年,二股并流15年。在此期间,统治集团内部围绕着北流与东流的问题争论不休。总体来说,这一时期黄河的主流,基本上还是保持在纵贯河北平原中部至天津入海一线上。《宋史·河渠志》所记载的就是这一河道。

总之,黄河在北宋时期,不管是北流还是东流,其受灾地区,仅以下游地区而言,西以河阴为起点,东南到宿州,东北到今天津以南,整个扇形面积几乎包括了历史上黄河成灾的全部地区。其中大部分都遭受黄河灾害:河流向东,则郑、卫、澶、滑、大名、濮、郓、德、棣、齐、滨等州府受灾;河流向北,则郑、卫、澶、滑、恩、冀、深、瀛、沧等州泛滥;河流向南,则澶、滑、曹、泗、宿等地为患。③ 水灾造成了江河横溢,河堤决口,是宋代威胁农业生产安全的主要因素之一。《宋史·五行一上》记载,宋太祖开宝六年(973),"郓州河决杨刘口。怀州河决获嘉县。颍州淮、淠水溢,漂民舍、田畴甚众。七月,历亭县御河决。单州、濮州并大雨水,坏州廨、仓库、军营、民舍。是秋,大名府、宋、亳、淄、青、汝、澶、滑诸州并水伤田"。

---

① 〔清〕康基田:《河渠纪闻》卷六。

② 邹逸麟:《宋代黄河下游横陇北流诸道考》,载《文史》第12辑,中华书局1981年版。

③ 武汉水利电力学院《中国水利史稿》编写组:《中国水利史稿》中册,水利电力出版社1987年版,第158页。

（二）金代黄河水患与河南水灾

宋室南渡后，宋金对峙大体以淮河流域为界限，黄河在金朝统治区域内。由于泥沙含量增加，黄河"河底渐淤积，则河行地上"①。无论是北流还是东流，都难以为继，决口泛滥，"水势趋南"已成定局。②《金史·河渠志》载："金始克宋，两河悉界刘豫，豫亡，河遂尽入金境。数十年间，或决或塞，迁徙无定。"可以说，金朝时期，黄河极不稳定。

南宋建炎二年（1128）冬，东京留守"杜充决黄河，自泗入淮，以阻金兵"③。为了阻止金人南下，杜充在滑县的李固渡（今河南滑县南沙店集南三里许）以西决堤，决口后由延津、长垣、东明注入梁山泊，经泗水南流，夺淮河注入黄海。此次决河改道，使黄河由合御河入海一变而为合泗入淮，由淮入海。从此大河离开传统的北流和东流，进入以南流为主的时期，黄河由泗入淮为常。加上金人占领黄河流域后，"又利河南行"，使黄河长期趋南由淮入海，黄河从此离开了历时数千年东北流向渤海的河道，摆动于今豫北、鲁西南和豫东地区，其决口泛滥主要集中在今豫北及鲁西南地区。

大定六年（1166）和八年（1168），黄河两次决溢后，下游在阳武以下分为东支和西支。东支沿着东明向定陶、郓城、寿张等县流去，由大清河入海。西支沿着宋代北流故道东向滑、浚，并自李固渡分成两股：一股东南从东明穿过东支冲出曹、单，直下徐、邳；另一股循宋代北流故道。可见当时宋代的北流故道未断，黄河仍处于南北分流的局面。大定二十年（1180）决溢，黄河又出现较大的改道，是年，"河决卫州及延津京东埽，弥漫至于归德府。检视官南京副留守石抹辉者言：河水因今秋霖潦暴涨，遂失故道，势益南行"④。到大定二十七年（1187），黄河又发生决溢，这次之后，黄河正道和分支，北至汲县、濮阳、郓城南、嘉祥一带，南及延津、开封、杞县、睢州、宋城、萧县、彭城会泗入淮。⑤及至金章

---

① 《宋会要辑稿·方域一五》。
② 《金史》卷二十七《河渠志·黄河》。
③ 《宋史》卷二十五《高宗本纪二》。
④ 武汉水利电力学院《中国水利史稿》编写组：《中国水利史稿》中册，水利电力出版社 1987 年版，第 206—210 页。
⑤ 《金史》卷二十七《河渠志》。

宗明昌五年(1194),河决阳武光禄村。胡渭《禹贡锥指》的记述是:"是岁河徙自阳武而东,历延津、封丘、长垣、兰阳、东明、曹州、濮州、郓城、范县诸州县界中,至寿张,注梁山泺,分为两派:北派由北清河入海,今大清河自东平历东阿、平阴、长清、齐河、历城、济阳、齐东、武定、青城、滨州、蒲台,至利津县入海者是也;南派由南清河入淮,即泗水故道,今会通河自东平历汶上、嘉祥、济宁,合泗水,至清河县入淮者是也。"至此"北流绝,全河皆入淮",黄河从此不再进入河北平原达 600 多年,这是黄河史上的一个重大变化。

(三)元朝黄河水患与河南水灾

自金代黄河由淮河入海以后,整个元朝,黄河夺淮入海没有改变,河患更加严重。正大九年(1232),元军围攻归德,在凤池口(今商丘西北)决河攻城,河水由濉入泗。天兴三年(1234),元军决开封北寸金淀,以灌宋军,宋军多溺死。[①] 此次决口后,黄河可能由封丘南、开封东至陈留、杞县分为三股:一股经鹿邑、亳州等地汇涡水入淮;一股经归德、徐州,合泗水南下入淮;一股由杞县、太康,经陈州汇颍水至颍州南入淮。[②]

仅据《元史·河渠志》等有关史料的记载,从至元九年(1272)改道到至正二十六年(1366),90 余年中就有 44 个决溢年份,不仅决溢地点多,而且决口宽,泛滥时间长,导致灾情严重。至正二十三年(1363)十月,黄河大决溢。这次决溢后,黄河形成从涡水入淮之势。清人康基田《河渠纪闻》卷七说:"是时阳武改流,由涡入淮之势已形成,北派之水皆并于南,南北故河道俱堙,水聚于上而不得下,汴南皆成巨壑。"至元二十五年(1288),黄河决溢,致使淮河流域尽成汪洋泽国,至此,黄河之水全部入淮。后来又发生大德元年(1297)、至正四年(1344)大决溢,造成严重的危害。如至正四年(1344),黄河决白茅(今曹县境内),泛滥豫东、鲁西南达 7 年之久。[③] 由于黄河中下游广大农耕区受河灾的影响,农业遭到很大破坏。人民流离失所,社会动乱不定,给元朝统治带来很多不稳定因素。为了稳定黄河由淮入海,不对会通河的安全通航造成影响,元至正十一年

---

① 《续资治通鉴》卷一百六十七。
② 钮仲勋:《黄河变迁与水利开发》,中国水利水电出版社 2009 年版,第 4 页。
③ 《新元史》卷五十二《河渠志·河防》。

(1351),在右丞相脱脱的主持下,任命贾鲁大规模地治理黄河。① 贾鲁治河把黄河干道挽向归德出徐州,再由徐州入泗水入淮河。这条河道就是历史上著名的"贾鲁河"。此后,黄河河道虽较为稳定,但贾鲁堵塞了分流入涡、颖的河口,这样黄河失去排泄的路径,仅仅隔了十四年,至正二十五年(1365),便河决东平,复进入大清河了。

与此同时,宋金元时期旱灾对河南农业发展、水利灌溉和航运漕粮等造成严重影响,且容易导致蝗虫灾害。《续资治通鉴长编》载,从宋太祖建隆元年(960)到宋哲宗元符二年(1099),由皇帝下诏进行的大型祈雨活动有113次。② 旱灾引起农作物水分失衡导致减产甚至绝收,造成大量的人员死亡。"建炎元年,汴京大饥,米升钱三百,一鼠直数百钱,人食水藻、椿槐叶,道殣,骼无余胔。三年,山东郡国大饥,人相食。时金人陷京东诸郡,民聚为盗,至车载干尸为粮。"③因为旱灾频仍,粮价飙升,民众生活日益困难。乾统八年(1108)十二月,"山前诸路大饥,乾、显、宜、锦、兴中等路,斗粟直数缣,民削榆皮食之,既而人相食"④。干旱使得农牧业生产极不稳定。由于长期的干旱,北宋中后期蝗灾很多。在大中祥符元年(1008)以前,旱蝗主要发生在京畿、京东西、河北等地,如宋建隆三年(962)滑、濮、郓、齐、德、沧等州,春夏不雨。⑤ 大中祥符九年(1016)六月,京畿、京东、京西、河北路蝗蝻继生,弥覆郊野,食尽田土上的庄稼,并飞入公私房舍伤人。七月,蝗群过京城,连云障日,不见其际。次年春,开封府及京东、陕西、江淮、两浙、荆湖路百余州军又遭蝗旱,诸路民饥。天禧元年(1017)二月,仅开封、京东西、河北、陕西、两浙、荆湖等地就有30州郡暴发蝗蝻。⑥

金朝时期,尤其是金章宗时期,旱灾非常严重。其在位总共20年,而有祈雨记事的年份多达11年,祈雨次数更多达32次,平均每年有1.6次之多。明昌年间、承安年间、泰和年间,国家多次在社稷坛、太庙、江河湖海等地举行祈雨活

① 《新元史》卷五十二《河渠志·河防》。
② 葛全胜等:《中国历朝气候变化》,科学出版社2011年版,第425页。
③ 《宋史》卷六十七《五行志五》。
④ 《辽史》卷二十八《天祚皇帝本纪二》。
⑤ 魏光兴、孙昭民主编:《山东省自然灾害史》,地震出版社2000年版,第21页。
⑥ 《宋史》卷六十二《五行志一下》。

动。① 金代蝗灾也比较多。如大定十七年（1177）"（三月）辛亥,诏免河北、山东、陕西、河东、西京、辽东等十路去年被旱蝗租税"②。

进入元朝,华北地区持续干旱达 49 年,占元朝统治华北时间的 37%,农业灾害频频发生。③ 元代蝗灾有 244 次,其中河北、山东、河南三省就有 189 次,约占 73%。如大德二年（1298）六月,"山东、河南、燕南、山北五十处蝗,山北辽东道大宁路金源县蝗"④。至大三年（1310）八月,"汴梁、怀孟、卫辉、彰德、归德、汝宁、南阳、河南等路蝗"⑤。泰定三年（1326）七月,卫辉、淮安等路屯田蝗。⑥泰定四年（1327）十二月,"卫辉、济宁、南阳八路属县蝗"⑦。至顺元年（1330）七月,"怀庆、卫辉、益都、般阳、济南、济宁、河南、河中、保定、河间等路及武卫、宗仁卫、左卫率府诸屯田蝗"⑧。至正十二年（1352）六月,大名路开、滑、浚三州,元城十一县水旱虫蝗,饥民七十一万六千九百八十口。⑨ 至正十九年（1359）五月,"山东、河东、河南、关中等处,蝗飞蔽天,人马不能行,所落沟堑尽平,民大饥"⑩。

二、商胡改道与北宋治河的论争

入宋以后黄河河患频繁,多次南犯入淮。自宋仁宗庆历八年（1048）河决商胡埽,形成"北流",以及嘉祐五年（1060）河决魏郡第六埽形成"二股河"即"东流"之后,回河之争便出现了。三次回河之争是北宋后期黄河治理的主要议题,北宋治河的成败也体现于此。

---

① 孙荣荣:《金章宗时期的旱灾及赈灾措施》,《东北史地》2007 年第 5 期。
② 《金史》卷七《世宗本纪中》。
③ 王邨、王松梅:《近五千余年来我国中原地区气候在年降水量方面的变迁》,《中国科学（B 辑化学 生物学 农学 医学 地学）》1987 年第 1 期。
④ 《元史》卷十九《成宗本纪二》。
⑤ 《元史》卷二十三《武宗本纪二》。
⑥ 《元史》卷三十《泰定帝本纪二》。
⑦ 《元史》卷二十九《泰定帝本纪一》。
⑧ 《元史》卷三十四《文宗本纪三》。
⑨ 《元史》卷四十二《顺帝本纪五》。
⑩ 《元史》卷四十五《顺帝本纪八》。

（一）第一次回河之争：庆历八年至嘉祐元年（1048—1056）

庆历八年（1048）六月，河决商胡埽，河水改道北流，经大名、恩州（今河北清河西北）、冀州（今河北冀县）、深州（今河北深县）、瀛洲（今河北河间）、永静军（今河北东光）等地，至乾宁军（今河北青县）合御河入渤海，史称"北流"。皇祐元年（1049），黄河同永济渠汇合注乾宁军，次年黄河又在大名府馆陶县的郭固决堤。皇祐四年（1052），"塞郭固而河势犹壅，议者请开六塔以披其势"。贾昌朝请复故道和李仲昌开六塔河都是促使黄河东流的措施，这是东流、北流之议的开始。至和元年（1054），朝廷遣使行视，准备在秋天"兴大役，塞商胡，开横陇，回大河于古道"。欧阳修对此表示反对，他上疏反对轻易兴工，"当此天灾岁旱、民困国贫之际，不量人力，不顺天时"，回河不可能成功，并列举了五个原因。同年九月，欧阳修再次上书，既反对贾昌朝欲复故道之说，也不同意李仲昌请开六塔之意，认为"且河本泥沙，无不淤之理"，"大约今河之势，负三决之虞：复故道，上流必决；开六塔，上流亦决；河之下流，若不浚使入海，则上流亦决"。建议朝廷"选知水利之臣，就其下流，求入海路而浚之"。预议官翰林学士承旨孙抃等都主张大河东流，建议开六塔河："开故道，诚久利，然功大难成；六塔下流，可导而东去，以纾恩、冀金堤之患。"在中书省的推动下，皇帝下诏修六塔河。欧阳修上书请罢六塔之役，由于宰相富弼也支持李仲昌，欧阳修的疏奏被置一旁。嘉祐元年（1056）四月，朝廷动工"塞商胡北流，入六塔河，不能容，是夕复决，溺兵夫、漂刍藁不可胜计"。"怀恩、仲昌仍坐取河材为器，怀恩流潭州，仲昌流英州，施昌言、李璋以下再谪，蔡挺夺官勒停。""由是议者久不复论河事。"第一次回河之争草草收场。[①]

（二）第二次回河之争：嘉祐五年至元丰四年（1060—1081）

嘉祐五年（1060），"河流派别于魏之第六埽，曰二股河"，形成黄河的东流河道。此后，黄河又不断地决溢。神宗熙宁元年（1068），都水监丞宋昌言与屯田都监内侍程昉献议，开二股以导东流。司马光支持宋昌言，王安石也持东流说。提举河渠王亚等表示反对："黄、御河带北行入独流东砦，经乾宁军、沧州等

---

① 《宋史》卷九十一《河渠志一》。

八砦边界,直入大海。""其势愈深,其流愈猛,天所以限契丹。议者欲再开二股,渐闭北流,此乃未尝睹黄河在界河内东流之利也。"李立之力主在恩、冀、深、瀛等州"创生堤三百六十七里以御河"。皇帝采纳宋昌言的建议,熙宁二年(1069),命司马光都大提举修二股工役。七月,"二股河通快,北流稍自闭"。张巩等上奏大河东徙,北流浅小。皇帝"诏奖谕司马光等,仍赐衣、带、马"。但由于北流被塞,不久"河自其南四十里许家港东决,泛滥大名、恩、德、沧、永静五州军境"。朝廷调来正在疏浚御河的兵卒三万多人"专治东流"。① 此后,黄河不断在澶州决口,元丰元年(1078),黄河北流。元丰四年(1081),皇帝下诏:"东流已填淤不可复,将来更不修闭小吴决口,候见大河归纳,应合修立堤防,令李立之经画以闻。"②第二次回河东流的努力也以失败告终。

(三)第三次回河之争:元丰八年至元符二年(1085—1099)

元丰元年(1078)黄河北流之后,还不断决口,元丰八年(1085)宋哲宗即位后,黄河又决大名,河北诸郡皆被水灾。"知澶州王令图建议浚迎阳埽旧河,又于孙村金堤置约,复故道。本路转运使范子奇仍请于大吴北岸修进锯牙,擗约河势。于是回河东流之议起。"朝臣以文彦博为首,包括吕大防、安焘等都主张回河东流,他们以为:"河不东,则失中国之险,为契丹之利。"范纯仁、王存、胡宗愈及户部侍郎苏辙、中书舍人曾肇等人却主张维持北流,他们批驳回河东流可以防辽的观点。认为即使黄河东流,也不能起到险阻的作用,"御契丹得其道,则自景德至今八九十年,通好如一家,设险何与焉? 不然,如石晋末耶律德光犯阙,岂无黄河为阻,况今河流未必便冲过北界耶?"当时执政的皇太后犹豫不决,终于在元祐五年(1090)二月,下诏开减水河。元祐七年(1092)十月"以大河东流,赐都水使者吴安持三品服,北都水监丞李伟再任"。③ 但元符二年(1099)六月,黄河于内黄决口,东流断绝,又回北流。吴安持、郑佑、李仲、李伟等东流派都受到惩罚,第三次回河之争结束。左正言任伯雨在建中靖国元年(1101)的奏章里说:"河为中国患,二千岁矣。自古竭天下之力以事河者,莫如本朝。而徇

---

① 《宋史》卷九十一《河渠志一》。
② 《宋史》卷九十二《河渠志二》。
③ 《宋史》卷九十二《河渠志二》。

众人偏见,欲屈大河之势以从人者,莫甚于近世。"①可谓一针见血的评价。

三、河事专职官员的设置与治河制度的完善

北宋中央政府主管水利的常规部门沿袭唐制,归六部中的工部,工部"掌天下城郭、宫室、舟车、器械、符印、钱币、山泽、苑囿、河渠之政"。其首脑工部尚书,"掌百工水土之政令,稽其功绪以诏赏罚"。工部下设有水部,常设水部郎中和员外郎。其主要职责是"掌沟洫、津梁、舟楫、漕运之事。凡堤防决溢,疏导壅底,以时约束而计度其岁用之物。修治不如法者,罚之;规画措置为民利者,赏之。分案六,置吏十有三。绍兴累减吏额,四司通置三十三人"。②所以,工部中的水部就是中央河政管理中的总管部门。治河物资的调配、治河工程的兴建、河政官吏的考核及赏罚都归工部管理。

北宋初年,盐铁使"掌天下山泽之货,关市、河渠、军器之事,以资邦国之用"。其分掌七案:一曰兵案,二曰胄案,三曰商税案,四曰都盐案,五曰茶案,六曰铁案,七曰设案。这里的第二案——胄案"掌修护河渠、给造军器之名物,及军器作坊、弓弩院诸务诸季料籍"。③显然,河渠之事当时尚处于军事管理体制之下。此后,又设立了河渠司,"皇祐三年五月庚戌,以恩、冀州旱,诏长吏决系囚。壬申,置河渠司"。④

北宋初年并没有设立专门的治河机构,但随着河患的日益频繁,都水监便应运而生了。"昔嘉祐中,京师频岁大水,大臣始取河渠案置都水监。"⑤具体是在嘉祐三年(1058),"始专置监以领之。判监事一人,以员外郎以上充。同判监事一人,以朝官以上充。丞二人,主簿一人,并以京朝官充。轮遣丞一人出外治河埽之事,或一岁再岁而罢,其有谙知水政,或至三年。置局于澶州,号曰外

---

① 《宋史》卷九十三《河渠志三》。
② 《宋史》卷一百六十三《职官志三》。
③ 《宋史》卷一百六十二《职官志二》。
④ 《宋史》卷十二《仁宗本纪四》。
⑤ 《宋史》卷三百三十九《苏辙传》。

监"①。随着都水监的设置,河渠司便被废除了。"(嘉祐三年)十一月癸酉,议减冗费。己丑,置都水监,罢三司河渠司。"②

北宋都水监的首脑是判监事,另有同判监事一人、丞二人、主簿一人,共五人,且都是以朝官充任,看出当时都水监尚处于草创阶段。其中丞是治河的直接负责人,任期从一年到三年不等。在河患频繁的澶州设立"局",相对于都水监而言,被称为"外监"。直到元丰年间,治河的专监才正式命名为"都水监"。"元丰正名,置使者一人,丞二人,主簿一人。使者掌中外川泽、河渠、津梁、堤堰疏凿浚治之事,丞参领之。"总管修治堤堰和疏浚河道等事务,具体包括制定治河的具体措施、颁布禁令、对治河物资的管理调度、确定河役兴工的时间并根据治河功过进行赏罚。另外还设"南、北外都水丞各一人,都提举官八人,监埽官百三十有五人,皆分职莅事;即干机速,非外丞所能治,则使者行视河渠事"。③都水监之外,还有外都水监。都水监隶属于工部,是北宋治理河患的直接管理结构。"大观元年夏,京畿大水。诏工部都水监疏导,至于八角镇。"④

由于河患在不同时期不同地区轻重不同,所以都水监的设置也不固定,时而设置,时而取消。都水监作为治河的专门机构,加大了治河的力度,都水监提出的一些合理化建议,也往往被朝廷采用。《宋史·河渠书》中亦多有记载。如熙宁七年(1074)秋,判大名府文彦博建议:"河溢坏民田,多者六十村,户至万七千,少者九村,户至四千六百,愿蠲租税。"朝廷从之。政和五年(1115)十一月丙寅,都水使者孟揆言:"大河连经涨淤,滩面已高,致河流倾侧东岸。今若修闭枣强上埽决口,其费不赀,兼冬深难施人力,纵使极力修闭,东堤上下二百余里,必须尽行增筑,与水争力,未能全免决溢之患。今漫水行流,多碱卤及积水之地,又不犯州军,止经数县地分,迤逦缠御河归纳黄河。欲自决口上恩州之地水堤为始,增补旧堤,接续御河东岸,签合大河。"被皇帝采纳。同时,都水监的压力也很大。同年,因未能及时上报河患情况,时任外都水监丞的程昉"以忧死"。但是,都水监的设置也有一些弊端,分工过细,导致中央和地方相互牵制,办事效率较低。元丰七年(1084)七月,"河溢元城埽,决横堤,破北京",王拱辰言:

---

① 《宋史》卷一百六十五《职官志五·都水监》。
② 《宋史》卷十二《仁宗本纪四》。
③ 《宋史》卷一百六十五《职官志五》。
④ 《宋史》卷六十一《五行志一上》。

"河水暴至,数十万众号叫求救,而钱谷禀转运,常平归提举,军器工匠隶提刑,埽岸物料兵卒即属都水监,诸司在远,无一得专,仓卒何以济民? 望许不拘常制。"

都水监之外,还有修河司等临时机构,负责统管治河经费和各类物资的存储和调度。具体到地方,设立了一些兼职,对治河进行专门的管理。乾德五年(967)正月,宋太祖赵匡胤"以河堤屡决",诏开封大名府等州"长吏,并兼本州河堤使,盖以谨力役而重水患也"。开宝五年(972)三月,宋太祖又下诏设置专管河堤的官员,河堤使和河堤判官都是由州长吏兼领。在具体的操作中,他们仍要受中央节制。

在具体的治河过程中,还需要其他部门的配合。如沿河诸路转运司供给钱谷,提举负责常平,提刑派遣工匠等。后来,随着各类徭役和河患的不断加重,对于不同的家庭又有让"上户出钱免夫,下户出力充役"的规定。而每当河决灾情严重时,派军队防洪救险。大的工程和常年的维护费用主要由朝廷支付,同时地方也要筹措一些资金。常年修护黄河的一些专职人员和工匠,在各河段也均有配置,如急夫、制绿工、埽兵、河清兵士、医生等,并对其采取准军事化管理。

四、杜充决黄河与金世宗的治河举措

建炎二年(1128)冬,金兵南下,开封留守杜充弃城南逃时,扒开黄河大堤,企图以此阻挡身后的追兵。杜充决河非但未能阻止金军南下,还致使当地20余万名百姓被淹死,因流离失所和瘟疫而造成的死亡人数数倍于此。金灭宋后,开封改名为汴京,金朝分别于1161年、1213年两次迁都到汴京城。金世宗完颜雍即位后,停止侵宋战争,发展农业生产,减轻农民的负担,招收流亡,开垦土地,兴修水利,大力恢复北方农业经济。

(一)杜充决黄河

杜充(? —1141),两宋之际相州(治今河南安阳)人,字公美。北宋末,累官至集英殿修撰、知沧州。南宋初,颇得高宗信任,历任北京留守、东京留守兼开封府尹。但杜充害怕和金军打仗,先是全部放弃了抗金起义不断的河北(黄河渭河以北）各地，以致河北所有起义都被金军镇压，由此彻底丢掉了北宋末年被金国侵占的三分之一多的土地，陕西关中和河南一带由此变成了新的"河北"，江南则变成了新的"河南"。

南宋建炎二年（1128），为了阻止金兵南进，开封留守杜充在河南滑县以西决河，使黄河水自泗水入淮，企图以此阻挡身后追兵。决口以下，河水东流，改经滑县南、濮阳、东明之间，再经巨野、嘉祥一带汇入泗水，由泗水南流，夺淮河入黄海。自此，大河逐渐南移，北流之局基本结束。这时正当黄河从北流转向南流夺淮入海时期，《金史·河渠志》只简单地记载"金始克宋"，"数十年间，或决或塞，迁徙无定"。杜充决河非但没有阻止金国东路军，还致使当地百姓被淹死 20 万以上，因流离失所和瘟疫而造成的死亡人数数倍于此。北宋时最为富饶繁华的两淮地区毁于一旦，近千万人无家可归，沦为难民。河分数股入淮。此次改道，使黄河由合御河入渤海一变而为合泗入淮，长时期由淮河入黄海。金章宗明昌五年（1194）河决阳武，当时黄河流路大致经今原阳、封丘、长垣、砀山到徐州入泗，夺淮入黄海。元、明两代治河，以保漕运为主，在堤防方面重北轻南。

（二）金世宗的治河

金世宗即完颜雍，原名乌禄，金太祖完颜阿骨打之孙。金熙宗时，以宗室子授光禄大夫，封葛王，为兵部尚书。海陵王时，完颜雍先后任燕京留守、济南尹、西京留守和东京（辽阳府，今辽宁辽阳）留守，晋封赵王。金正隆六年（1161）十月，海陵王率大军攻宋，完颜雍在东京被女真贵族拥立为帝，改元大定，废黜海陵王。金世宗在位 29 年，躬行改革，励精图治，促进金朝最终完成了从奴隶制向封建制的过渡，从而进入黄金时代。

金灭辽和北宋以后，由于连年战乱以及女真贵族实行掠夺政策，北方的农业生产遭到严重的摧残和破坏。"两河之民，更百战之役，田野三时之务，所至一空。"①因战事频繁，兵兴岁歉，仓廪久匮。当时社会是否兴旺发达、经济是否繁荣，主要是取决于农业生产的好坏。因此金世宗的经济改革，也侧重于恢复和发展北方的农业生产。兴修水利，根除黄河水患是其重要措施之一。

---

① 《三朝北盟会编》卷一百零三。

金代黄河水患较多。《金史·河渠志》记载，大定八年(1168)，黄河于李固渡决口，曹州、单州虽遭水患，但两州本以水利为生。所害农田无几。大定十七年(1177)秋大雨，黄河决丁白沟。金世宗下令"发六百里内军夫，并取职官人力之半，余听发民夫，以尚书工部郎中张大节、同知南京留守事高苏董役"，共征发10000多人修筑河堤。大定二十年(1180)，黄河在卫州等处决口，河水弥漫于归德府，来势很猛，征发役夫每天24000人增筑河堤。事后，又增加巡河的官员以加强防患工程。金世宗贬黜了不顾百姓死活、利用河患发财的官员，并追究决口而不报告的原因。水患之时救护百姓有功的，他都给予升迁赏赐，并下令，"自今河防官司怠慢失备者，皆重抵以罪"。大定二十九年(1189)五月，黄河于曹州溢，又征用工608万多，固护河堤。黄河经多次治理，大大减少了水患灾害。

除了防患，金世宗很重视兴修水利，扩大灌溉面积。这些都说明由于金世宗重视水利建设，在许多地区已经收到实际效果，即使遇到河道决口，农田受害也不多。金世宗的经济改革以水为先，从而为振兴北方农业奠定了可靠的基础。

第三节　农田水利事业的新进展

北宋定都开封，河南为全国的政治、经济和文化中心，为河南农田水利的发展提供了极好的机遇。王安石变法，掀起农田水利建设新高潮。但是北宋时期，河南农田水利事业区域发展状况很不均衡，如唐、邓、蔡、汝等经济基础较差的地区，农田水利工程建设不足，导致农业经济无法有效发展，人口外流，形成恶性循环，又进一步阻碍了区域发展。与此同时，宋金元时期，黄河水灾受灾范围越来越广，决口地点分布越来越广，黄河改道、改流和分流频繁，为害范围之广、程度之重前所未有。在北宋的167年中，黄河有74年决溢记载；金代119年中,史书上记载黄河有 21 年决溢。有的年份还多处决溢。① 宋金元时期,黄河频繁决溢不仅给自然和环境带来不良影响,如吞没农田和城镇,擢下大片沙荒碱地,淤淀河流,埋废湖泊,阻塞交通,而且给人民生命财产带来巨大的损失,严重破坏社会经济,在一定程度上影响农田水利事业的发展。

一、农田水利生态环境的逐步恶化

宋太宗端拱初,度支判官陈尧叟等指出:"自汉、魏、晋、唐以来,于陈、许、邓、颍暨蔡、宿、亳至于寿春,用水利垦田,陈迹具在。望选稽古通方之士,分为诸州长吏,兼管农事,大开公田,以通水利。"建议兴复陈、许、邓、颍暨蔡等州的旧有水利工程,并择选江淮下军散卒充役,开垦水田。② 为恢复南阳灌区,谢绛、赵尚宽等人作出了很大的努力和成绩。如谢绛出使契丹归来,"请知邓州。距州百二十里,有美阳堰,引湍水溉公田。水来远而少,利不及民。滨堰筑新土为防,俗谓之墩者,大小又十数,岁数坏,辄调民增筑。奸人蓄薪茭,以时其急,往往盗决堰墩,百姓苦之。绛按召信臣六门堰故迹,距城三里,壅水注钳庐陂,溉田至三万顷"③。嘉祐时期,唐州知州赵尚宽委派推官张询在唐州主持兴复大渠一条、大陂四所,可以灌溉田地"几数万顷"。同时督民自为小陂支渠数十条,改善了当地的农业生产条件,使数万顷土地,"变硗瘠为膏腴"。④ 熙宁五年(1072),提举京西常平陈世修"乞于唐州引淮水入东西邵渠,灌注九子等十五陂,溉田二百里"。⑤

熙宁二年(1069),宋神宗支持王安石变法,同时颁布了法令《农田利害条约》,并设立各路农田水利官,主持全国水利和地方水利。《农田利害条约》规定,无论官员还是百姓提出兴修水利的建议,不管是创议新建工程还是修复原有的水利设施,在实行以后,根据效益大小分别给以奖励,收效大的可以量才录

---

① 姚汉源:《中国水利史纲要》,水利电力出版社 1987 年版,第 237 页。
② 《续资治通鉴》卷十八。
③ 《宋史》卷二百九十五《谢绛传》。
④ 《宋史》卷一百七十三《食货志上一》"农田"条。
⑤ 《宋史》卷九十五《河渠志五》。

用。对群众兴修水利而经济上有困难的,由国家以低息贷款给以扶助。因而调动了人们兴修水利的积极性,出现了"四方争言农田水利,古陂废堰悉务兴复"的水利建设高潮局面。[①]

在农田水利建设过程中,还利用黄河水、沙资源淤溉改良土壤,在陈留等8县,"引黄、汴河水淤溉",仅京畿一路的淤田,每年就可增产粮食上百万石。当时的汴渠不仅已经成为连接南方经济中心和汴京政治、军事中心的运输大动脉,而且已经成为维持中央集权统治供给的生命线。因此,水利开发主要围绕汴渠修复治理进行,并把农田水利推向法制化。水利建设为推动农业发展和社会繁荣作出了重要的贡献。

金元时期是河南社会历史发展的中衰时期。由于河南不再是全国的政治、经济和文化中心,特别是经历了金元时期的残酷掠夺和连续不断的战争破坏,运河淤废,水患日益频繁,黄河夺淮长达700年之久,水利时兴时废,水害深重,仅在某些时候开展过一些治理活动。金章宗明昌五年(1194),"河决阳武故堤,灌封丘而东"[②],黄河改道夺淮,河南首当其冲,灾难深重。

元朝建都大都,把大运河改建为南北向,直通京都,河南汴渠漕运逐渐废弃。元代黄河决溢频繁,自至元九年(1272)到至正二十六年(1366)的95年中,就决溢44年,有时一年就决口十几处或几十处。随后,几乎年年决溢,"塞河之役,无岁无之"[③]。据资料分析,自宋端平元年(金天兴三年,1234)蒙古军在开封以北寸金淀决河以灌宋军以后,黄河可能由封丘南、开封东至陈留、杞县分为三股:一股经鹿邑、亳州等地汇涡水入淮;一股经归德、徐州,合泗水故道南下入淮;一股由杞县、太康经陈州汇颍水至颍州南入淮。至元二十三年(1286),河决开封、祥符、陈留、杞县、太康、通许、鄢陵、扶沟、洧川、尉氏、阳武、延津、中牟、原武、睢州15处。元大德元年(1297),黄河在杞县蒲口决口,黄水直趋200里,至归德横堤以下和古汴水合流入淮河。至正四年(1344),黄河在白茅口决口,泛滥7年,到至正十一年(1351)四月,朝廷才派贾鲁治河。

贾鲁治河"有疏、有浚、有塞":整治、疏浚旧河道;筑塞小口,培修堤防,从

---

① 《宋史》卷三百二十七《王安石传》。

② 《金史》卷二十七《河渠志》。

③ 《元史》卷一百七十《尚文传》。

"归德府哈只口至徐州路三百余里,修完缺口一百七处";用沉船法堵塞白茅决口,使河归故道。共动用民工 15 万人,军兵 2 万人,总共用"中统钞百八十四万五千六百三十六锭有奇",动用了大量的人力、财力,至当年十一月竣工。[①] 后世评价"贾鲁修黄河,恩多怨亦多,百年千载后,恩在怨消磨"[②]。

二、王安石变法与河南境内的农田水利建设

　　为改变北宋建国以来积贫积弱的局面,宋神宗年间,王安石变法以"理财""整军"为中心,涉及政治、经济、军事、社会、文化等方面,是中国古代史上继商鞅变法之后又一次规模巨大的社会变革运动。由于"灌溉之利,农事大本",所以,发展农田水利被列为变法理财的重要内容之一。熙宁二年(1069)十一月,北宋政府颁布了《农田利害条约》,农田水利建设形成热潮,尤其是河南的放淤活动规模空前,成为古代农田水利史上的壮举。《宋史·食货志》记载,在王安石执政的六七年间,全国兴修(包括修旧和新建)的农田水利就达一万零七百九十三处,溉田三十六万一千一百七十八顷。

　　北宋时期,沿黄河地区还有很多大片的盐碱地,这也就是史书上说的"渴卤""咸地"和"斥卤"。为了改良东京附近的大片盐碱地,宋代曾采用淤田的方式进行治理。当时东京附近,汴河沿岸的中牟、祥符、陈留等地都是淤田比较集中的地区。[③] 熙宁二年(1069),秘书丞侯叔献上疏称,汴河两岸有公私废田二万余顷,其少半用来牧马,余万余顷为不耕之地。"观其地势,利于行水。欲于汴河两岸置斗门,泄其余水,分为支渠,及引京、索河并三十六陂,以灌溉田。"建议得到朝廷批准。次年,以侯叔献和杨汲"并权都水监丞,提举沿汴淤田"[④]。熙宁二年(1069),政府设立了"淤田司",专门负责有关引水淤田的工作。到熙

---

① 《元史》卷六十六《河渠志三》。

② 〔明〕蒋仲舒:《尧山堂外纪》。

③ 据《宋史》卷九十五《河渠志五》"河北诸水"条记载,神宗熙宁八年(1075)九月,提举出卖解盐张景温言:"陈留等八县碱地,可引黄、汴河水淤溉。"同时,"淤田司引河水淤酸枣、阳武县田,已役夫四五十万"。为淤田役夫四五十万,其规模浩大,可见需要淤溉的土地不在少数。

④ 《宋史》卷九十五《河渠志五》。

宁四年(1071),汴河放淤取得了显著效果,开封以西许多"瘠土皆为良田"①,仅中牟一带淤田即达四千余顷。宋神宗曾派内臣去淤区考察,归报淤田"视之如细面","见一寺僧,旧有田不可种,去岁以淤田故,遂得麦",肯定了放淤的作用。② 至熙宁五年(1072)程昉引漳河、洛河淤地,面积达二千四百余顷。此后,他又提出了引黄河、滹沱河水进行淤田的主张。

熙宁六年(1073)夏,侯叔献又引汴水淤开封府界闲田。熙宁八年(1075)四月,负责京东淤田的李孝宽建言:"矾山涨水甚浊,乞开四斗门,引以淤田,权罢漕运再旬。"为淤田而暂罢漕运,可见朝廷对放淤的重视。是年九月,张景温建议"陈留等八县碱地,可引黄汴河水淤灌",得到朝廷允许,"诏次年差夫"兴办。熙宁十年(1077),程师孟等更是大规模地进行淤田,"引河水淤京东、西沿汴田九千余顷;七月,前权提点开封府界刘淑奏淤田八千七百余顷"。"元丰元年二月,都大提举淤田司言:'京东、西淤官私瘠地五千八百余顷,乞差使臣管干。'"③

总之,从熙宁至元丰年间,京畿周围的中牟、开封、陈留、咸平(今通许)等县,不断放淤以改盐碱地和瘠薄之地为良田,直至元丰二年(1089),引洛水通汴,黄河水不再入汴,才停止放淤。淤灌后的土地比较肥沃,汴河沿岸,京西唐、邓、许、汝等州种植大量水稻,每年就可增产粮食几百万石。熙宁二年(1069),宋神宗接受侯叔献、林瑛等人的建议,将汴河两岸夹河之间的 2 万余顷牧马地,引汴河、京索河及三十六陂之水灌溉,形成万顷稻田。北宋中后期在京畿一带将"引水不利之地一万二千余顷,并置图籍拘管,入稻田务,召人承佃"④。这说明当地水稻种植面积是相当大的。东京的开封、陈留、咸平三县"取汴河清水入塘灌溉"⑤。京西唐、邓、许、汝等州也是重要的水稻分布区。唐州"昔之菽粟者,多化而为稌"⑥;许州当地人本来"不善种稻",在张邓公担任地方官时,"召

① 《宋史》卷三百五十五《杨汲传》。

② 《续资治通鉴长编》卷二百二十一。

③ 《宋史》卷九十五《河渠志五》。

④ 《宋会要辑稿·食货》。

⑤ 《续资治通鉴长编》卷二百六十四。

⑥ 〔宋〕王安石:《临川先生文集》卷三十八《新田诗》。

襄汉佃户教种公田"①；颍州"山水之郡，最为京西鱼稻之乡"②；汝州早在宋初就有"内园兵士种稻"，宋真宗时"募民二百余户，自备耕牛，就置团长，京朝官专掌之，垦田六百顷，导汝水浇溉，岁收二万三千石"③。苏辙《栾城集·崔公度知颍州》载，"汝阴土沃民夥，有鱼稻之饶"。苏颂也记曰："汝阴地濒淮颍，厥土良沃，水泉鱼稻之美，甲于近甸。"④到宋徽宗时进一步发展，官方在此设立了"稻田务"，这是专门的种稻组织。⑤当时西京洛阳由于水源充足，水稻种植较多，"洛下稻田亦多"，并有无芒稻。⑥洛宁、嵩县等地也有水田，当地的人民引种水稻，生活非常富足，"闻永宁、嵩县亦已有水田，其民颇称饶裕"⑦。可以说，水稻是京西各州当地很普遍的农作物。金朝贞祐年间，曾在京东、京西、京南三路开治水田，"秔稻之利，几如江南"⑧。入元后，河南诸地仍是主要产稻区。南阳盆地"邓之属邑，多水田，业户三万家"⑨。唐州泌阳县县令赵鹏见泌阳"土腴而桑鲜，及知玉池、泡坡等陂，民尝资以莳稻，岁获千万钟"，于是"散理沟洫，复作斗门"，开辟大片稻田。⑩怀孟路（治今河南沁阳）境内有沁水，水源充足，利于种稻。这里在元初又是南宋降民的主要聚居区，江南之人多数精于水稻种植，所以世祖中统三年（1262）十二月，"诏给怀州新民耕牛二百，俾种水田"⑪。怀州修武县清真观"旁近出大泉，溉千亩，稻塍莲荡"⑫。卫辉路有清水河中穿其境，"川原衍沃，泉流交贯"，"厥田宜稻与麻"⑬。至大元年（1308），彰德、卫辉两地水灾，损毁稻田达5370顷。⑭这也是一个产稻区域，水稻的种植规模非常可观。

---

① 〔宋〕宋祁：《景文集》卷二十三《湖上见担稻者》。
② 〔宋〕陆佃：《陶山集》卷七《颍州谢上表》。
③ 《续资治通鉴》卷二十。
④ 〔宋〕苏颂：《苏魏公文集》卷六十一《少府监致仕王君墓志铭》。
⑤ 《宋史》卷一百七十四《食货志二上》。
⑥ 〔宋〕朱弁：《曲洧旧闻》卷三。
⑦ 《明经世文编》卷三百八十三。
⑧ 《天府广记》卷三十六《水利》。
⑨ 〔金〕元好问：《元遗山集》卷三十三《创开滻水渠堰记》。
⑩ 〔元〕王恽：《秋涧先生大全集》卷五十二《金故朝请大夫泌阳县令赵公神道碑铭》。
⑪ 《元史》卷五《世祖本纪二》。
⑫ 〔金〕元好问：《元遗山集》卷三十五《清真观记》。
⑬ 〔元〕王恽：《秋涧先生大全集》卷二十六《博望侯庙辨记》。
⑭ 《元史》卷五十《五行志一》。

汴梁路水稻种植区域依然较大,元政府甚至于此设稻田提举司加强管理。①

总的来说,北宋熙宁年间,在王安石的倡导下开展了大规模的引淤灌溉、改土工作,范围遍及豫北、冀南、冀中以及晋西南、陕东等广大地区,②使大片的土地得到改良,取得了广泛的效益。这些事例都充分说明水利技术是土壤改良的重要措施,它对于有效扩大土地的使用面积起到了积极的作用。据统计,北宋熙宁年间,河南淤灌改土的地区一共有 18 处之多,其中有淤田面积记载的共 9 处,面积达 645 万亩。③ 关于熙宁年间引黄淤灌情况,可以参阅下表。

北宋熙宁年间引黄淤灌情况表

序号	年代	淤灌地区	资料出处
1	熙宁二年(1069)	祥符、中牟	《宋史·河渠志》、《续资治通鉴长编》(以下简称《长编》)卷 214
2	熙宁三年(1070)	开封等	《宋史·河渠志》、《长编》卷 214
3	熙宁四年(1071)	开封、荥泽、阳武	《宋史·河渠志》,《长编》卷 223、226
4	熙宁四年(1071)	澶州、阳武	《长编》卷 247
5	熙宁四年(1071)	睢阳	《梦溪笔谈》
6	熙宁五年(1072)	开封等	《长编》卷 238
7	熙宁六年(1073)	开封、陈留等	《长编》卷 245
8	熙宁六年(1073)	阳武	《宋史·河渠志》
9	熙宁六年(1073)	澶州等	《宋史·河渠志》、《长编》卷 247
10	熙宁七年(1074)	开封等	《长编》卷 263

① 《元史》卷八十七《百官志三》。
② 武汉水利电力学院《中国水利史稿》编写组:《中国水利史稿》中册,水利电力出版社 1987 年版,第 117 页。
③ 梁家勉主编:《中国农业科学技术史稿》,农业出版社 1989 年版,第 391 页。

（续表）

序号	年代	淤灌地区	资料出处
11	熙宁七年（1074）	酸枣、阳武	《长编》卷258
12	熙宁八年（1075）	京东（今开封以东）各县	《宋史·河渠志》、《长编》卷262
13	熙宁八年（1075）	雍丘（今杞县）等	《宋史·河渠志》、《长编》卷266
14	熙宁八年（1075）	开封府界	《宋史·河渠志》
15	熙宁九年（1076）	京东、西沿汴河	《宋史·河渠志》、《长编》卷238
16	熙宁九年（1076）	陈留等八县	《宋史·河渠志》、《长编》卷268
17	熙宁十年（1077）	京东、西各县	《长编》卷288
18	元丰元年（1078）	开封等	《宋史·河渠志》、《长编》卷295

北宋时期，政府和社会的大规模放淤和淤灌收到了明显的效益，调动了农民淤灌的积极性。正如沈括在《梦溪笔谈》卷十三里所记载的一样："深、冀、沧、瀛间，惟大河、滹沱、漳水所淤，方为美田；淤淀不至处，悉是斥卤，不可种艺。"有些地方甚至自动组织起来请求政府代淤。如熙宁六年（1073），"阳武县民邢晏等三百六十四户言：（私有）田沙咸瘠薄，乞淤溉，候淤深一尺，计亩输钱，以助兴修。诏与淤溉。勿输钱"。①

伴随着农田水利工程的广泛兴修，许多荒芜之地重新得到开发和利用，成为农产基地。熙宁二年（1069），汴河两岸由于引灌汴、京索诸河及陂水，使原来的2万余顷牧马之地成为膏腴之田。高赋任唐州知州期间，"作陂堰四十四"，"比其去，田增辟三万一千三百余顷，户增万一千三百八十，岁益税二万二千二百五十七"。② 熙宁三年（1070）二月，在中牟县曹屯村袁家地建水硙，修斗门灌田千余顷。同年十二月，在许州长社等县，决邢山潩河等水，灌溉已废的牧马地四百余顷，使之成稻田。③ 总之，通过大规模开发水利，农业生产条件有所改善，

① 《宋史》卷九十五《河渠志五》。
② 《宋史》卷四百二十六《高赋传》。
③ 《宋会要辑稿》卷七《食货七》。

水旱灾害有所减轻,农业面貌有所改变。诗句"万户康宁五谷丰,江淮相接至山东"①基本上反映了熙宁时农业经济的真实面貌。

王安石变法在一定程度上改变了北宋积贫积弱的局面,充实了政府财政,增强了国防力量,对封建地主阶级和大商人非法渔利也进行了打击和限制。但是,变法在推行过程中由于部分举措的不合时宜和实际执行中的不良运作,也造成了百姓利益受到不同程度的损害,加之新法触动了大地主阶级的根本利益,所以遭到他们的强烈反对。元丰八年(1085),变法因宋神宗去世而告终。

三、郭守敬兴修水利的建议与沁河水利工程的兴建

郭守敬,字若思,河北邢台人。生于宋绍定四年(1231)。幼年从科学家刘秉忠、张文谦等人学习,21岁时曾参加家乡一座石桥的修建,初次显示了他的智慧与才能。中统三年(1262),张文谦在上都(今内蒙古多伦)向元世祖推荐时说他"习知水利,且巧思绝人"。32岁的郭守敬当即向元世祖提出了兴修华北灌溉和航运工程的六项建议,获得元世祖赞赏。翌年授予他副河渠使职务,次年随张文谦赴宁夏,修复了汉唐以来的引黄灌溉渠道。

至元八年(1271),郭守敬升任都水监,负责全国的水利建设。在其任职的五年间,曾重点勘察了山东、河北的水道并测绘成图册,为日后南北大运河的开凿提供了可靠的依据。至元二十八年(1291),郭守敬提出了兴修水利的十一项建议,兴修通惠河工程。

中原地区农田水利的兴修,主要集中在南阳陂塘工程的修复和河内引沁灌区方面。在引沁灌区,宋初渠首枋口堰废毁,嘉祐八年(1063)兴复引济水的千仓渠。熙宁间京西路提举陈知俭制定《千仓渠水利科条》,其中就有关于浇灌稻田的用水规定。金末元初时,丹沁灌区在战乱中受到严重破坏。到元代中统元年(1260),豫北干旱,在怀孟路地方官谭澄的主持下,开始重建引沁灌区的唐温渠,引沁水以灌田,民用不饥。② 次年,元世祖忽必烈下诏,继续在沁水下游修建

---

① 〔宋〕孔平仲:《朝散集》卷五。
② 《元史》卷一百九十一《谭澄传》。

广济渠。这项工程由提举王允中、大使杨端仁督修,募集丁夫 1651 人,从太行山南麓引沁水入河。共修石堰长一百余步,宽二十余步,高一丈三尺;造石斗门桥一座,高二丈,长十步,宽六步;浚大渠四条,总长 338.5 公里,经济源、河内、河阳、温、武陟五县,村坊 463 处;又在渠北岸开减水河,防止涨水时淹没民田。工程竣工后,可灌五县土地三千余顷,"浇溉近山田土,居民深得其利"。因受利较大,因此名为广济渠。但 20 余年以后,"因豪家截河起堰,立碾磨,壅遏水势。又经霖雨,渠口淤塞,堤堰颓圮。河渠司寻亦革罢,有司不为整治,因致废坏"。直至文宗天历三年(1330),当地官吏和百姓呼吁重修渠堤,并提出了具体方案,改渠首的土堰为石堰,"与枋口相平,如遇水溢,闭塞闸口,使水漫流石堰,复还本河",又建议"减水河亦增开深阔,禁安磨碾,设立闸堰,自下使水,遇旱放闸浇田,值涝闭闸退水,公私便益"。朝廷采纳了这项建议,"委官相视施行"。①

四、黄河频繁决口与贾鲁的治河功绩

北宋不到 200 年间黄河下游共发生 74 次决口,大改道 8 次。② 造成黄河下游决溢改道的根本原因是洪水和泥沙,而洪水和泥沙又主要来自中游的黄土高原。所以黄河下游的决溢改道与中游的水土流失相关联。黄土高原的土质疏松,具垂直节理,容易受侵蚀,又多暴雨,因此一旦植被为垦荒所破坏,水土流失就十分严重。③ 北宋黄河中游侵蚀产沙急剧增加,河床升高,河患加剧。例如 1048 年决口造成大约 100 万人死亡或流离失所,毁坏农田超过万顷。北宋灭亡后,黄河中下游先后是金元游牧民族政权统治地域。由于金元深受汉族农耕文明影响,都很重视农业生产,大力奖励开荒,人口剧增,从而导致水土流失空前加剧。由于黄河河道高悬,黄河决口破坏极大,治理黄河成为宋金元政府的首要任务。元代黄河白茅决口后,对整个社会政治、经济造成了重大影响。贾鲁在当朝统治者的支持下,毅然担负起汛期堵决的治河重任,并在堵口工程中表

---

① 《元史》卷六十五《河渠志二·广济渠》。
② 陈蕴真:《黄河泛滥史:从历史文献分析到计算机模拟》,南京大学博士学位论文 2013 年,第 28 页。
③ 钮仲勋:《黄河变迁与水利开发》,中国水利水电出版社 2009 年版,第 9 页。

现出超出常人的智慧和勇气,使堵决终于获得成功。贾鲁堵口治河在古代治河史上具有重要地位。

(一)黄河频繁决口

北宋时期,黄河决溢频繁,河道变迁空前剧烈。加之北宋的京城开封处于黄河下游,河患与都城的安危和漕运的顺畅与否密切相关。北宋中前期的洪涝灾害,主要是由雨水过多造成的。北宋开封地区前 70 年内洪灾频发,1020 年则高达 7 次。[①] 如淳化四年(993)七月,"京师大雨,十昼夜不止,朱雀、崇明门外积水尤甚,军营、庐舍多坏"。大中祥符三年(1010)"五月辛丑,京师大雨,平地数尺,坏军营、民舍,多压者。近畿积潦"。天禧四年(1020)"七月,京师连雨弥月。甲子夜大雨,流潦泛溢,民舍军营圮坏大半,多压死者。自是频雨,及冬方止"。[②] 天圣四年(1026)六月十六日,大雨震电,平地水数尺,坏京城民舍,压溺死者数百人。[③] 治平二年(1065)"八月庚寅,京师大雨,地上涌水,坏官私庐舍,漂人民畜产不可胜数。是日,御崇政殿宰相而不朝参者十数人而已。诏开西华门以泄宫中积水,水奔激,殿侍班屋皆摧没,人畜多溺死,官为葬祭其无主者千五百八十人"[④]。南宋后期到元前期经常有暴雨发生。如至正四年(1344)夏五月,"大雨二十余日,黄河暴溢,水平地深二丈许,北决白茅堤。六月,又北决金堤。并河郡邑济宁、单州、虞城、砀山、金乡、鱼台、丰、沛、定陶、楚丘、武城,以至曹州、东明、钜野、郓城、嘉祥、汶上、任城等处皆罹水患,民老弱昏垫,壮者流离四方"[⑤]。

金元时期,黄河夺淮入海,河道改变频繁,河患此起彼伏。据统计,在至元九年(1272)到至正二十六年(1366)的 95 年中,有明确记载的黄河决溢 265 次,平均 4 个多月就发生一次,有时一年就决口十几处或几十处,几乎"塞河之役,无岁无之"。元代治河主要的活动就是修治河堤,以至元二十三年(1286)规模最大。是年,黄河先后"决开封、祥符、陈留、杞、太康、通许、鄢陵、扶沟、洧川、尉

---

① 楚纯洁、赵景波:《开封地区宋元时期洪涝灾害与气候变化》,《地理科学》2013 年第 9 期。
② 《宋史》卷六十五《五行志三》。
③ 《续资治通鉴长编》卷一百零四。
④ 《宋史》卷六十一《五行志一上》。
⑤ 《元史》卷六十六《河渠志三》。

氏、阳武、延津、中牟、原武、睢州十五处",情势危急,政府"调南京(路治在今河南开封)民夫二十万四千三百二十三人,分筑堤防",①但是两年以后,黄河再次发生大的决溢,政府只好又征发10万民夫堵塞决口。从结果看,强行堵塞的措施并没有多大成效。黄河同时决口近百处,历史罕见。这段时期,黄河几乎是年年堵,年年决,不但治河官员疲于奔命,百姓也赋役沉重,苦不堪言。

(二)贾鲁堵口治河

贾鲁是元代著名的河防大臣,也是一位治理黄河卓有成效的水利专家。贾鲁(1297—1353),字友恒,河东高平(今属山西晋城)人。曾任宋史局官、东平路儒学教授、户部主事、中书省检校官、行都水监等职。贾鲁被任命为工部尚书、总治河防使,进序二品,授以银章。贾鲁率人修筑黄河河堤,多次领导治理黄河,拯救民众于洪水之中。

至正四年(1344)五月,黄河决河改道,河水在山东曹县向北冲决白茅堤,平地水深二丈有余。六月,又向北冲决金堤,沿岸州县皆遭水患。今河南、山东、安徽、江苏交界地区成为千里泽国。为保证运河通航,保护山东、河北沿海地区的盐场不被黄河冲毁,缓和黄泛区民众的反抗,元政府不得不大规模治理黄河。至正八年(1348)二月,元政府在济宁郓城立行都水监,任命贾鲁为都水使者。次年五月,立山东、河南等处行都水监,专治河患。丞相脱脱召大臣研讨"治河方略",贾鲁力排众议,主张"河必当治""必疏南河、塞北河,使复故道,役不大兴,害不能已"。此间,贾鲁"考察地形,备其要害"。循行河道,往返数千里,掌握了河患的要害所在,他将观察所见绘成图,并提出两种治河方案:一是修筑北堤,以制横溃;一是疏塞并举,挽河东行,以复故道。② 最后决定采用后一种方案。

至正十一年(1351)四月初四,元惠宗下诏中外,令贾鲁以工部尚书为总治河防使,堵口治河。是月二十二日鸠工,七月疏凿成,八月决水归故河,九月舟楫通行,十一月水土工毕,诸埽、诸堤成,河乃复故道,南汇于淮又东入于海。③

---

① 《元史》卷十四《世祖本纪十一》。
② 《元史》卷一百八十七《贾鲁传》。
③ 《元史》卷六十六《河渠志三》。

贾鲁堵口时采取疏、浚、塞并举的措施,对故河道加以修治。黄河归故后,自曹州以下至徐州河道,史称"贾鲁河"。

元翰林承旨欧阳玄撰《至正河防记》一书,详述此次堵口施工过程及主要技术措施。据记载,此次堵口动用"军民人夫二十万,疏浚河道二百八十余里,堵筑大小缺口一百零七处,总长共三里多,修筑堤防上自曹县下至徐州共七百七十里;工程费用共计中统钞一百八十四万五千多锭;动用物料大木桩二万七千根,杂草等七百三十三万多束,榆柳杂梢六十六万多斤,碎石二千船,另有铁缆、铁锚等物甚多"①。贾鲁堵口工程规模之浩大,为封建时代治河史上所罕见。

贾鲁治河能够成功,一是因地制宜,就地取材,根据具体情况及现实条件采用适宜的施工技术,如生地、故道、河身各不相同;挑流采用刺水堤,拦河采用截水堤;进占采用栏头埽,护岸采用护岸埽及龙尾埽等。二是在堵口的时候已进入秋汛,河水暴涨,贾鲁利用已有的经验创造性地使用石船堤,因为石船堤可以迅速将大量堵口材料沉入水底,而且更加牢固。②贾鲁治河成就受到当时和后人的高度评价。清人徐乾曾说:"古之善言河者,莫如汉之贾让,元之贾鲁。"清代水利专家靳辅对贾鲁所创的用石船大堤堵塞决河的方法非常赞赏:"贾鲁巧慧绝伦,奏历神速,前古所未有。"③参加此次堵口的河工都是贫苦遭灾的饥民,被强迫征为河工,又被迫在军队的监视下劳动,不满情绪增加。在安徽阜阳人刘福通与河北栾城县人韩山童的号召下,河工们纷纷参加红巾军农民起义,直至元朝灭亡。堵口两年后,贾鲁随丞相脱脱镇压农民起义,死于军中。

---

① 黄河水利委员会黄河志总编辑室编:《黄河大事记》(增订本),黄河水利出版社 2001 年版,第 56 页。
② 张振旭、朱景平、王玮:《浅析贾鲁在治河中运用的方法与技术》,《中国水运(下半月)》2015 年第 3 期。
③ 许永忠:《炎帝故里 文脉高平》,《文史月刊》2016 年第 1 期。

第四节　漕运事业的兴衰

北宋是一个漕运业空前发展的时代,形成了以汴河为中心,包括黄河、汴河、蔡河、广济河在内的四通八达的漕运网,漕运量从唐代每年一百万石猛增至六百万石,多时曾达到八百万石,成为全国漕运史上的最高纪录。[①] 汴河是开封赖以建都的生命线,也是东南物资漕运东京的大动脉,不仅对京城有重要作用,而且还保证了北方边疆军事上的需要。北宋灭亡后,南北分裂,汴河长期得不到疏浚,逐渐淤塞废弃。

金代河南主要在黄河以南地区,不包括现在的豫北地区。河南南部自北宋时就地旷人稀,经宋金战乱且又为宋金边防地区,至金代长期仍人口稀少,经济落后,漕运走向低谷。元朝定都大都,大都成为全国的政治、经济中心,漕粮取之江南。最初采用水陆联运,由江淮溯黄河至封丘的中滦镇,陆运 180 里至淇河镇,再由御河(今卫河)至直沽(今天津市),再溯白河(今北运河)至通州,然后陆运至大都。其后为缩短运输路程和解决陆运的困难,自南向北先后开凿济州河、会通河、通惠河,形成了沟通南北的京杭大运河,成为元明清时期的经济交通命脉。[②] 但是大运河改建为南北向,直通京都,再加上黄河频繁决溢,河南汴渠漕运逐渐废弃。

一、惠民河、广济河等开浚与豫皖、豫鲁水运的通行

宋代初年在以首都开封为中心的漕运四渠(汴河、惠民河、广济河、金水河)中,惠民河的地位仅次于汴河,在我国水运史上也是一条较为重要的运河。整

---

① 胡廷积主编:《河南农业发展史》,中国农业出版社 2005 年版,第 83 页。

② 钮仲勋:《黄河变迁与水利开发》,中国水利水电出版社 2009 年版,第 37 页。

条运河以开封为中心分为上、下两个河段,上段河道称闵河,下段河道称蔡河。①
建隆元年(960)四月,宋太祖命中使浚蔡河,设斗门节水,自京距通许镇。建隆
二年(961),诏发畿甸、陈、许丁夫数万,又浚蔡水,南入颍川。乾德二年(964)
二月,令陈承昭率丁夫数千凿渠,"自长社引溴水至京师,合闵水。渠成,溴水本
出密县大隗山,历许田。会春夏霖雨,则泛溢民田。至是渠成,无水患,闵河益
通漕焉"。② 开宝六年(973),闵河被赐名为惠民河。随后,连与之相连的蔡河
及长平镇至河流镇的一段水道,统称惠民河。惠民河自闵河始,贯京师,南出经
通许县西北,入扶沟境内,经长平镇至河流镇,接颍水入淮河。开凿惠民河的目
的有二:一是解决蔡河的水源,二是扩大漕运的地域范围。闵河经新郑、尉氏等
地,贯穿京城开封与蔡河相接,又经陈州注入颍河,循颍河经颍州(今阜阳),至
寿春入淮。惠民河所输送的粮食产地是陈、颍、许、蔡、光、寿等六州。太平兴国
六年(981),"惠民河粟四十万石,菽二十万石"。③

　　惠民河在漕运价值上虽不如汴河,但在航运价值上却不低于汴河。汴河主
要沟通东南一路,惠民河却沟通东南和西南二路。东南一路由蔡河经颍河入
淮,自淮以下分为两道:一道逾淮达寿春,经巢肥之间水陆通道到达长江;一道
由淮水顺流而下抵盱眙,经过新开的龟山运河,由江淮间的山阳渎进入长江。
西南一路由开封向西南,经蔡河、沙河与南阳、襄樊地区相通。惠民河自开通后
就一直是中原地区最重要的水运航道之一,在北宋时期作用尤为突出,可以称
为北宋王朝的生命线。宋代惠民河的淤废当始于元初,终于明代。

　　广济河是北宋"漕运四河"之一,属于沁水支流。广济河自河南济源县北分
沁水东南流,经沁阳、温县,又东南入黄河,其在济源、沁阳者,即古朱沟水,其至
温县入河者,即古沙沟水。《元史·河渠志》记,中统二年(1261),于太行山下
沁口古迹,置分水渠口,开浚大河四道,历温、陟入黄河,约五百余里,渠成,名曰
广济。济源、河内、河阳、温、武陟五县民田三千余顷受益。

　　五代时,为加强京师开封与山东北部滨海地区的物资运输,后周世宗柴荣
疏汴水北入白沟(南济水故道),东流入济水,以通齐鲁之漕。河床被展拓至五

①　邹逸麟:《宋代惠民河考》,《开封师院学报(社会科学版)》1978 年第 5 期。
②　《宋史》卷九十四《河渠志四》。
③　《宋史》卷一百二十八《食货志上三·布帛和籴漕运》。

丈,俗称"五丈河"。北宋时期,太祖建隆二年(961)正月,宋太祖命令在监门卫将军陈承昭在京城西面"夹汴水造斗门,引京、索、蔡河水通城濠入斗门,俾架流于汴水之上,东进于五丈河,以便东北漕运"。"遣使往定陶规度,发曹、单丁夫数万浚之。三月,(太祖)幸新水门观放水入河。"政府继续疏通齐鲁水道,西引京、索诸水横绝于汴,入开封城东汇于五丈河,以增水量。岁调夫役疏浚河道,沿流置坝闸以助运。开宝六年(973),改名为广济河。广济河从汴京城西北,引京、索、蔡诸水为源,东北经定陶,通大清河入渤海。广济河不仅沟通豫、鲁水运,"岁漕上供米六十二万石",而且起分泄汴河洪水的作用。如宋徽宗宣和二年(1120),汴渠将溢,"募人决水下流,由城北注五丈河,下通梁山泺"。元丰七年(1084)八月,因修京城,都大提举汴河堤岸司又建议"令役兵近汴穴土,使之成渠,就引河水注之广济,则漕舟可通,是一举而两利也";因引入汴水又带来泥沙淤积,到哲宗元祐元年(1086)再次以京、索河水为源,在宣泽门外置槽架水,"由旧河道复广济河源,以通漕运"。[①] 宋室南迁之后,由于南北争战,汴渠水停顿,广济河也逐渐废弃。

二、方城运河、襄汉漕渠等的开凿及其功败垂成

为解决湘潭漕粮循江而下,绕道淮扬运河、汴渠运抵京师的耗时费资,太平兴国三年(978)西京转运使程能奏议开凿"自南阳下向口(今新店镇北)置堰,回水入石塘、沙河,合蔡河达于京师"的方城运河。随即宋太宗批准程能的奏议,派两朝重臣率唐、邓、颍、许、蔡、陈、郑诸州兵丁数万人赴南阳、方城,壅回白河,利用古道方城隘口,开凿方城运河。堑山填谷,经过博望(今博山镇)、罗渠(今赵河镇西南)、少柘山(方城附近的罗汉山),约百里,到方城隘口。原计划过方城隘口后,回水入石塘河(在叶县东北,是汝水上源的一支),通过沙河、蔡河,再达京师。但因方城地势高,回水不能至,后虽通水,仍不能漕运。接着山洪暴发,石堰被冲毁。这条运河未能挖掘成功。在兴建方城运河失败后,转而修建将商水引入蔡河的运河,之后又陆续修建了广济河、金水河和淮南运河。

---

① 《宋史》卷九十四《河渠志四·广济河》。

这样一来,以京畿为中心的运河内网构建完毕,战略上调整了南北经济布局,农业上灌溉了土地,经济上建立起了超越前代的漕运队。蔡河是北宋时期联系南面及西南面的重要渠道。为了保证漕运的畅通,北宋也十分注意蔡河的治理工作。北宋初年便组织人力疏浚河道,并设置斗门调节水量。建隆二年(961)又调发陈、许等州丁夫数万人,浚蔡河,南入颍川。对蔡河的治理,宋人不仅注意疏导,也注意采取别的途径来提高蔡河的运输能力。

乾德二年(964),宋太祖"令陈承昭率丁夫数千凿渠,自长社引潩水至京师,合闵水"。过去春夏雨水多的时节,水时常"泛溢民田",而把水引入闵水以后,"无水患,闵河益通漕焉"。这段渠道的修成,不仅解决了河水泛滥的问题,而且增加了闵河的水量,更加有利于漕船往来,可谓一举两得。"神宗熙宁四年七月,程昉请开宋家等堤,畎水以助漕运。八月,三班借职杨琰请增置上下坝闸,蓄水备浅涸。"[①]熙宁八年(1075),神宗下令要把西京的米运往河北,由于担心蔡河舟运不能达河北,侯叔献、刘浍等人便建议汴河可因故道凿堤置闸,把汴河的水引入蔡河,以通舟运。虽然这一工程完工后不能行船,后只好放弃,但它表明宋人是在不断地想方设法来增加蔡河水量的。

三、"四水贯都"与开封的兴盛

开封是水陆都会,素有"北方水城"之美誉,境内河流众多,金水河、五丈河(广济渠)、蔡河、汴河等四条河流穿城而过,分别通往江南、山东和河南中部,航运十分便捷,各方物资源源不断集中到开封城里。汴河更加显得重要,《宋史·河渠志》载汴河"横亘中国,首承大河,漕引江湖,利尽南海,半天下之财赋,并山泽之百货,悉由此路而进"。由此可知,北宋时期不仅江南,而且远至南海的物资都由此水路运到开封,所覆盖的范围已占宋代领土的一半左右。由于位居华北腹地,成为南来北往的陆路中心。

汴河是北宋漕运的重要交通枢纽、商业交通要道。由于唐宋汴河水源自黄河,致使汴河淤积严重,为了通航漕运,宋代对汴河的疏浚极为重视。大中祥符

---

① 《宋史》卷九十四《河渠志四·蔡河》。

八年(1015),太常少卿马元方曾"请浚汴河中流,阔五丈,深五尺";后改在浅涩处筑锯牙束水,并定为"自今汴河淤淀,可三五年一浚"。① 天圣九年(1031),又"调畿内及近州丁夫五万",对汴河进行一次大规模的清浚。② 皇祐三年(1051)五月,还设立河渠司负责汴渠的清淤工作。北宋画家张择端画的《清明上河图》以长卷形式,采用散点透视构图法真实地描绘了当时汴河上交通运输繁忙的景象,展现了宋代城市的发展及形形色色市民活动的场景,也是宋代风俗画的最高成就。画中汴河上穿梭往来的船只、漕船运粮的繁忙景象,证明了汴京的繁华。河里船只往来,首尾相接,或纤夫牵拉,或船夫摇橹,有的满载货物逆流而上,有的靠岸停泊正在紧张地卸货。横跨汴河上的是一座规模宏大的木质拱桥,它结构精巧,形式优美,宛如飞虹,故名虹桥。有一只大船正待过桥。船夫们有用竹竿撑的,有用长竿钩住桥梁的,有用麻绳挽住船的,还有几人忙着放下桅杆,以便船只通过。邻船的人指指点点,像在大声吆喝着什么。船里船外都在为此船过桥而忙碌着。桥上的人,也伸头探脑地为过船的紧张情景捏了一把汗。这里是名闻遐迩的虹桥码头区,车水马龙,熙熙攘攘,是一个名副其实的水陆交通的会合点。

开封在唐末称汴州,是五代后梁、后晋、后汉、后周的都城。北宋统一,仍建都于此,也称为汴京或者东京(另有西京洛阳、北京大名、南京商丘)。这里离江南鱼米之乡比较近,大运河的作用就更为明显了。开封建都的水运优势,《旧五代史・后晋・高祖纪三》曰:"为国之规,在于敏政。建都之法,务要利民。历考前经,朗然通论,顾惟凉德,获启丕基。当数朝战伐之余,是兆庶伤残之后,车徒既广,帑廪咸虚。经年之挽粟飞刍,继日而劳民动众,常烦漕运,不给供须。今汴州水陆要冲,山河形胜,乃万庾千箱之地,是四通八达之邻。爰自按巡,益观宜便,俾升都邑,以利兵民。汴州宜升为东京,置开封府。"显德四年(957),"疏汴水一派,北入于五丈河,又东北达于济,由是,齐鲁舟楫皆至京师"③,又"浚汴口,导河流达于淮,于是江淮舟楫始通"④。显德六年(959),"发徐、宿、宋、单等州丁夫数万浚汴河";"发滑、亳二州丁夫浚五丈河,东流于定陶,入于济,以通

① 《宋史》卷九十三《河渠志三・汴河》。
② 《续资治通鉴长编》卷一百一十。
③ 《续通典》卷十四《食货十四》。
④ 《资治通鉴》卷二百九十四。

青、郓水运之路";"疏导蔡河,以通陈、颍水运之路"。①《宋史·河渠志三》载:"国家漕运,以河渠为主。国初浚河渠三道,通京城漕运,自后定立上供年额:汴河斛斗六百万石,广济河六十二万石,惠民河六十万石。广济河所运,止给太康、咸平、尉氏等县军粮而已。惟汴河专运粳米,兼以小麦,此乃大仓蓄积之实。今仰食于官廪者,不惟三军,至于京师士庶以亿万计,太半待饱于军稍之余,故国家于漕事至急至重。然则汴河乃建国之本,非可与区区沟洫水利同言也。近岁已罢广济河,而惠民河斛斗不入大仓,大众之命,惟汴河是赖。"

汴河是开封赖以建都的生命线,也是东南物资漕运东京的大动脉,不仅对京城有重要作用,而且还保证了北方边疆军事上的需要。江淮、荆湖、两浙、福建,远至四川、两广的漕运物资,也都在真(今江苏仪征)、扬(今江苏扬州)、楚(今江苏淮安)、泗州改装纲船,经汴河运送京师。汴河里长年漕运的纲船达六千艘,每纲每年往返运输四次。由于汴河沿线往来舟船、客商络绎不绝,临河自然形成为数众多的交易场所,称为"河市",最繁华的河市应属东京河段。北宋时,统治阶级每年通过大运河由江南运到开封的粮食,一般都在五六百万石,多时还曾达到八百万石,超过了唐朝的漕运量。② 至于金银、布帛、香药、茶叶和其他土特产品所运送的数量就不好统计了。

第五节　水利法规制度与水利技术

由于河患严重,北宋明确确定了治河责任制度。开宝五年(972)三月,宋太祖赵匡胤下诏设置专管河事的官员;咸平三年(1000),宋真宗赵恒令"缘河官吏,虽秩满,须水落受代。知州、通判两月一巡堤,县令、佐秩巡堤防,转运使勿委以他职"③。宋朝通过上述诏令,不仅明确了治河官的责任,治河不力者要受

---

① 《旧五代史》卷一百一十九《后周·世宗纪六》。
② 王崇焕:《中国古代交通》,商务印书馆 1996 年版,第 32 页。
③ 《宋史》卷九十一《河渠志一》。

到处分,对任期已满的官吏,也规定水落后才能交卸去职。这是以往所未见的治河制度。

熙宁二年(1069),宋神宗支持王安石变法,同时颁布了法令《农田利害条约》,并设立各路农田水利官,主持全国水利和地方水利。根据《农田利害条约》规定,无论官员还是百姓提出兴修水利的建议,不管是创议新建工程还是修复原有的水利设施,在实行以后,根据效益大小分别给予奖励,收效大的可以量才录用。对群众兴修水利而经济上有困难的,由国家以低息贷款给予扶助,因而调动了人们兴修水利的积极性,出现了"四方争言农田水利,古陂废堰悉务兴复"的水利建设高潮局面。①

大定二十七年(1187),金世宗下令每年汛期到来时,"令工部官一员沿河检视"。以南京府、归德府、河南府、河中府等"四府十六州之长二(府、州正副长官)皆提举河防事,四十四县之令佐皆管勾河防事","仍赦自今河防官司怠慢失备者,皆重抵以罪"。② 泰和二年(1202),颁布《河防令》十一条,其中规定"六月一日至八月终"为黄河涨水月,沿河州县官必须轮流进行防守。③ 宋人沈立曾编《河防通议》一书,金代予以增补,是记述河工具体技术的最早著作。

一、治理黄河的机制和举措

黄河是一条泥沙含量非常大的河流,早在公元前 4 世纪的时候就因为河水中含有大量的泥沙而有"浊河"之称。公元 1 世纪的时候又有"河水重浊,号为一石水而六斗泥"的说法。到北宋时期,黄河是"河流混浊,泥沙相半"④。唐五代以来,汴州已形成水陆交通枢纽,后周的修治将蔡河、五丈河与汴水沟通,交通更为便利,地位更为重要,开封成了"车马辐辏,水陆会通,时向隆平,日增繁盛"⑤的大都市,但是流经开封的黄河故道是地上悬河,黄河在开封地段河道变

---

① 《宋史》卷二百三十七《王安石传》。
② 《金史》卷二十七《河渠志》。
③ 《河防通议》。
④ 《宋史》卷九十三《河渠志三》。
⑤ 《五代会要》卷二十六《城郭》。

宽,加之落差的影响,水流较快,渠道多泥沙淤积,河床不断提高。为维护京师的安全和漕运的通畅,北宋通过颁布法律,设立"巡河供奉官""巡河""都大巡河"官职,建立巡查机制,完善堤防管理,形成岁修制度,有效地维护黄河的安流。

(一)颁布法令和派人巡视

汉代已经有正式的水令或水法。北宋熙宁二年(1069)十一月,制置三司条例司制定《农田利害条约》,皇帝下诏颁诸路。其主要内容为:

一是无论官员还是居民,只要熟谙农田耕作或水利修建工程,都可向各级官府陈述自己的意见,经各级官员商量或按视清楚,如确属有利,即由州官实施。其中较为巨大的工程,即奏明朝廷决定,等到实施完毕,按功利的大小,对条陈意见的人给予一定奖励。兴利极大的,即量才录用。

二是令各州县将所辖区域的荒田,以及需要浚修或可兴建的水利工程都进行详细调查,绘制成图,同时说明进行修建的具体办法,呈报给上级官府,其中一州一县不能解决的各项问题,也可以陈述己见,听候处理。

三是各项工程的兴建都需要一定的人力和物力,因此又制定如下几项办法,以便于工作的进行。所有居民,按户等出工出料,如有故意阻挠、不出工料的,另加科罚。如因财力不足,不能兴建,官府即贷以青苗钱,利息较低,归还日期也比较长。官府财力不足,可劝告家产富足的地主出钱贷于贫民,以例出息,官府为之督理。私人能出钱鸠工兴建水利的,按其功利大小酬奖。

这项法令激发了人们兴修农田水利的积极性,一些吏胥甚至农商因"争言水利"而受到朝廷重用,并由此获得官职。如进士程义路因条陈蔡、汴等十河利害的文字,从而参与了上述河道的浚修工作;潭州湘阴县李度因前此"率人修筑两乡塘堤,灌溉民田"被布为"本州长吏";一般新进如王廷老、俞希旦等也都"以农田水利为职"。[①]

经常对黄河进行巡视也是治理黄河的一项举措。巡河属于巡检司的下属

---

① 转引自河南水利志编辑室编:《河南水利资料》第 1 辑,1984 年印,第 126 页。

机构，①至于都大巡河，"走马承受，诸州都监、都同巡、都大巡河，并视节镇判官"②。淳化二年(991)三月，皇帝下诏："长吏以下及巡河主埽使臣，经度行视河堤，勿致坏隳，违者当置于法。"淳化四年(993)十月，河决澶州，在巡河供奉官梁睿的建议下于五年(994)正月开凿了滑州言新渠。③巡河官时而废置，元丰五年(1082)正月己丑，诏立之："凡为小吴决口所立堤防，可按视河势向背应置埽处，毋虚设巡河官，毋横费工料。"④政和五年(1115)，臣僚上言"愿申饬有司，以日继月，视水向著，随为堤防，益加增固，每遇涨水，水官、漕臣不辍巡视"，皇帝下诏工部侍郎孟昌龄处理。皇帝还不定期地遣使行视，对黄河水患的治理进行指导监督，"嘉祐元年四月壬子朔，塞商胡北流，入六塔河，不能容，是夕复决，溺兵夫、漂刍藁不可胜计。命三司盐铁判官沈立往行视，而修河官皆谪"。英宗时，由于商胡埋塞，"乃遣判都水监张巩、户部副使张焘等行视，遂兴工役，卒塞之"。⑤

（二）堤防管理和岁修制度

治水的措施主要是分水和堵水，堵水主要靠河堤和埽等束水设施。"埽之制，密布荻索，铺梢，梢芟相重，压之以土，杂以碎石，以巨竹索横贯其中，谓之'心索'。"⑥埽其实是河堤的组成部分。河堤、埽一旦决溢或坍塌，就会造成水患。所以北宋对堤防的管理尤其重视，黄河"河防一步置一人"⑦，大观年间，"河防夫工，岁役十万"⑧。天禧年间，黄河两岸设45埽，到元丰四年(1081)发展到59埽。⑨为对埽进行专门管理，北宋在设立都水监的同时还设监埽官一百三十五人，皆分职莅事。⑩河堤的管理，其主要措施是：设置专管河堤的官员，对

①　《宋史》卷一百六十七《职官志七》。

②　《宋史》卷一百七十二《职官志十二》。

③　《宋史》卷九十一《河渠志一》。

④　《宋史》卷九十二《河渠志二》。

⑤　《宋史》卷九十一《河渠志一》。

⑥　《宋史》卷九十一《河渠志一》。

⑦　《金史》卷二十七《河渠志》。

⑧　《宋史》卷九十三《河渠志三》。

⑨　张金库：《引黄济汴与北宋东京的盛衰》，《黄河史志资料》1997 年第 2 期。

⑩　《宋史》卷一百六十五《职官志五》。

河堤进行岁修;在河堤植树造林,严禁盗伐河堤林木和盗决堤防。如乾德五年(967)正月,宋太祖诏开封等州长吏,并兼本州河堤使,"盖以谨力役而重水患也"。开宝五年(972)三月,宋太祖又下诏设置专管河堤的官员,"自今开封等十七州府,各置河堤判官一员,以本州通判充;如通判阙员,即以本州判官充"。①

北宋对黄河堤防的岁修也作了具体规定。宋太祖乾德五年(967),"帝以河堤屡决,分遣使行视,发畿甸丁夫缮治。自是岁以为常,皆以正月首事,季春而毕"。每岁春季缮修河堤作为常制沿袭下来,是北宋治河的一个重大举措。这是由于春季是相对的农闲时间,也是水患发生之前的一段时间,"旧制,岁虞河决,有司常以孟秋预调塞治之物,梢芟、薪柴、楗橛、竹石、茭索、竹索凡千余万,谓之'春料'。诏下濒河诸州所产之地,仍遣使会河渠官吏,乘农隙率丁夫水工,收采备用"。为了保护堤防,对堤上植树也有规定。开宝五年(972),宋太祖下诏:"应缘黄、汴、清、御等河州县,除准旧制种艺桑枣外,委长吏课民别树榆柳及土地所宜之木。仍案户籍高下,定为五等:第一等岁树五十本,第二等以下递减十本。民欲广树艺者听,其孤、寡、茕、独者免。"咸平三年(1000),宋真宗又"申严盗伐河上榆柳之禁"。②

为保护堤防,北宋还对盗决堤防的处以重刑,如《宋刑统》规定:盗决堤防,致使漂溺杀人,害及十家以上,主谋及同案犯皆处死刑。后来,盗决堤防律也适用于盗决塘泺者,"塘泊益广,至吞没民田,荡溺丘墓,百姓始告病,乃有盗决以免水患者,怀敏奏立法依盗决堤防律"。③

对河堤的防护采取了分段管理的办法,1987年在汲县柳卫村东北一公里处出土的河南汲县古黄河河堤埄堠碑,上有3行文字。中间一行8字,字形稍大,文曰"汲县河堤下界埄堠",这是碑的题名;左右行各5字,字形较中间一行略小,右行文曰"西至上界永",左行文曰"福村八十里",两边行10字为一组,自右向左连读为"西至上界永福村八十里"。其意思是说,此碑是汲县河堤下界的一块界碑,汲县河堤的上界在永福村,二者之间的距离(堤线长)是80里。碑的制作年代,据杨国顺考证,"应是北宋元祐二年以后的产物。宋元祐二年以后只有

① 《宋史》卷九十一《河渠志一》。
② 《宋史》卷九十一《河渠志一》。
③ 《宋史》卷九十五《河渠志五》。

39 年时间,第四十年便是南宋建炎元年,该碑的制作与埋没,大致不出这个时间,不会比这个时间再晚"。① 这说明在北宋已经有了对河堤分段负责的防护制度。

(三)黄河的疏浚和分水措施

除了筑堤,在堤防栽树严格保护堤岸,开渠分水和疏浚河道也是治理黄河的重要措施。宋太宗初年赵孚认为"治遥堤不如分水势,于是建议于澶、滑二州立分水之制"。② 由于朝廷重惜民力,建议被搁置。淳化五年(994),"帝又案图,命昭宣使罗州刺史杜彦钧率兵夫,计功十七万,凿河开渠,自韩村埽至州西铁狗庙,凡十五余里,复合于河,以分水势"。正所谓"治遥堤不如分水势",在分水河上还修建有斗门来控制泄水,"其分水河,量其远迩,作为斗门,启闭随时,务乎均济"③。北宋还有专门的分水令,"分水令张升佐、宜兴令陈以卖田稽违,各贬秩罢任"④。王自中"淳熙中,登进士第,主舒州怀宁簿,严州分水令"⑤。

为疏浚黄河,北宋还设立了"疏浚黄河司",熙宁六年(1073)"四月,始置疏浚黄河司"⑥。浚川杷是疏浚河道的一种工具。"初,选人有李公义者,请以铁龙爪治河,宦者黄怀信沿其制为浚川杷,天下指笑以为儿戏,安石独信之,遣都水丞范子渊行其法。子渊奏用杷之功,水悉归故道,退出民田数万顷。"⑦在具体疏浚的时候,需要工部、都水监等多个部门的协调工作。元祐八年(1093)十月诏:"权工部侍郎吴安持、都水使者王宗望、监丞郑佑同北外监丞司,自阚村而下直至海口,逐一相视,增修疏浚,不致壅滞冲决。"⑧"宋代对泥沙问题的严重性和泥沙淤积规律,有了较深刻认识,而且试图以机械疏浚河道,但从治黄思想上

---

① 杨国顺:《汲县古黄河河堤烽堠碑解读与制作年代考》,《黄河史志资料》1998 年第 3 期。
② 《宋史》卷二百八十七《赵安仁传附父孚传》。
③ 《宋史》卷九十一《河渠志一》。
④ 《宋史》卷一百七十三《食货志上一》。
⑤ 《宋史》卷三百九十《王自中传》。
⑥ 《宋史》卷九十二《河渠志二》。
⑦ 《宋史》卷三百一十三《文彦博传》。
⑧ 《宋史》卷九十三《河渠志三》。

讲,仍然是主张筑堤防洪与分洪泄水。"①北宋对泥沙治理的主要方法是放淤,王安石变法时期是放淤的高峰期,放淤也是农田水利建设的主要内容之一。

姚汉源认为,宋代放淤"和现代人差异最大的恐怕就是利用泥改变土壤或肥田问题"②。北宋政府先后设置"都大提举淤田司""总领淤田司"等专门机构主持淤田事务,而放淤的水源是黄河、汴河、漳河、滹沱河等多泥沙河流以及涧谷的山洪。仅熙宁年间短短几年内共淤地约5万顷。③淤田本来是农田水利建设方面的措施,但淤田调沙对治理黄河的泥沙发挥了一定作用。

(四)治河的责任和奖惩制度

在河防中,北宋王朝逐步建立了较为完备的考课和奖惩机制,对治河作出贡献的官员和百姓进行奖励,同时对治河官员因渎职等因素所造成的失误亦有相应的惩处规定。这种奖惩机制,对激励和制约官员致力于河政也发挥了重要作用。

淳化二年(991)三月,宋太宗下诏:"长吏以下及巡河主埽使臣,经度行视河堤,勿使坏隳,违者当置于法。"④凡所河事管理不当,堤防失修并造成损失的官吏都要严查严办。如开宝四年(971)十一月,黄河在澶州决口,通判姚恕弃市,知州杜审肇坐免。在庆历六年(1046),朝廷下诏:"黄河诸埽官吏,如经大水抹岸,岁满并于远地官。"⑤特别是沿河州郡地方官吏,若不懂防治河患,往往就会因处理河患不当而丢官。政和五年(1115)十月,冀州枣强埽决,知州辛昌宗武臣,因"不谙河事,诏以王仲元代之"⑥。而对出于各种不同动机盗掘堤防林木和窃取河防财物的罪犯,更是以重刑治罪。如有盗伐沿河林木者,据天圣四年(1026)颁布的法令,赃钱不满千钱者,刺面发配;赃钱千钱以上者,还要服重役。

---

① 郭涛:《潘季驯的治黄思想》,载中国科学院、水利电力部水利水电科学研究院:《水利史研究室五十周年学术论文集》,水利电力出版社1986年版。

② 姚汉源:《中国古代的农田灌溉及放淤问题》,载中国科学院、水利电力部水利水电科学研究院:《水利史研究室五十周年学术论文集》,水利电力出版社1986年版,第73页。

③ 周魁一:《中国科学技术史·水利卷》,科学出版社2002年版,第140页。

④ 《宋史》卷九十一《河渠志一》。

⑤ 《宋会要辑稿·方域一四》。

⑥ 《宋史》卷九十三《河渠志三》。

尤其是"故意盗林木,以就决配,依旧收管;若三犯,即决配广南远恶州牢城"。①
相反,若治河有功或作出贡献者,将会得到奖赏。如天禧五年(1021)春,"知滑
州陈尧佐以西北水坏,城无外御,筑大堤。又叠埽于城北,护州中居民;复就凿
横木,下垂木数条,置水旁以护岸,谓之'木龙',当时赖焉。复并旧河开枝流,以
分导水势。有诏嘉奖"。② 元祐七年(1092)"十月辛酉,以大河东流,赐都水使
者吴安持三品服,北都水监丞李伟再任"。③

对地方河政官吏治河政绩的考核,归六部中的吏部掌管。吏部设有考功郎
中和员外郎,掌"文武官选叙、磨勘、资任、考课之政令"。考课的常规内容有"以
七事考监司"和"以四善、三最考守令",④其中,"七事"之一的兴利除害和"三
最"之一的农桑垦殖、水利兴修,主要指治理黄河的业绩。另有专门条例约束沿
河地方官吏。宣和四年(1122)四月,"都水使者孟扬言:'奉诏修系三山东桥,
凡役工十五万七千八百,今累经涨水无虞。'诏因桥坏失职降秩者,俱复之,扬自
正议大夫转正奉大夫"。⑤

二、狭河木岸技术的运用

北宋时期,为治理黄河水患,政府十分重视大堤的修防工作,并在汴河上最
早使用狭河木岸处理泥沙和护岸工程。嘉祐元年(1056)朝廷下诏:"自京至泗
州置汴河木岸。"⑥嘉祐六年(1061)都水奏:"河自应天府抵泗州,直流湍驶,无
所阻。惟应天府上至汴口,或岸阔浅漫,宜限以六十步阔,于此则为木岸狭河,
扼束水势令深驶。"⑦这项建议实施后,取得"旧曲滩漫流,多稽留覆溺处,悉为
驶直平夷,操舟往来便之"的效果。以后这项技术在清汴河工程中得到广泛

---

① 《宋会要辑稿·方域一四》。
② 《宋史》卷九十一《河渠志一》。
③ 《宋史》卷九十二《河渠志二》。
④ 《宋史》卷一百六十三《职官志三》。
⑤ 《宋史》卷九十三《河渠志三》。
⑥ 《宋史》卷十二《仁宗本纪四》。
⑦ 《宋史》卷九十三《河渠志三》。

应用。

乾道五年(967)正月,"帝以河堤屡决,分遣使者行视,发畿甸丁缮治。自是岁以为常……修利堤防,国家之岁事"①。黄河下游两岸大堤的岁修,从此开始形成制度,即每年秋冬开始备料,次年正月分派使臣行视河堤,并调动当地民工对河道堤防进行检查,加高培厚加固,至三月底完成。据《宋史·河渠志》载,朝廷还建立了针对黄河修防主管官员的检查监督及奖惩制度。宋政和四年(1114),皇帝下诏明示:"检计修作不能如式以致决坏者,罚亦如之。"②在岁修技术上,宋代已开始运用锥试或锥探法来检查堤防的工程质量。③ 北宋黄河护岸技术比前代有较大的发展,主要护岸方法有以下几种。

(一)束埽护岸

黄河决堤是治黄中每每遇到的一个老问题。要防决河于未然,河堤的加固是十分重要的。黄河沿岸多是黄土地带。黄土土质疏松,结构松散,用以筑岸,其牢固性十分有限。宋人于是就地取材,利用各种薪柴竹石之类,筑成和种以竹石为骨架,再加黄土以填塞混合而成的河堤,以加强河堤的稳固性,宋人称之为"埽岸"。

关于埽岸的建造,《宋史·河渠志一》中有详细的记载:"旧制,岁虞河决,有司常以孟秋预调塞治之物,梢芟、薪柴、楗橛、竹石、茭索、竹索凡千余万,谓之'春料'。诏下濒河诸州所产之地,仍遣使会河渠官吏,乘农隙率丁夫水工,收采备用。凡伐芦荻谓之'芟',伐山木榆柳枝叶谓之'梢',辫竹纠芟为'索'。以竹为巨索,长十尺至百尺,有数等。先择宽平之所为埽场。埽之制,密布芟索,铺梢,梢芟相重,压之以土,杂以碎石,以巨竹索横贯其中,谓之'心索'。卷而束之,复以大芟索击其两端,别以竹索自内旁出。其高至数丈,其长倍之。凡用丁夫数百或千人,杂唱齐挽,积置于卑薄之处,谓之埽岸。"埽岸的施工方法是:"既下,以橛臬阁之,复以长木贯之,其竹索皆埋巨木于岸以维之。"

这种埽岸在黄河沿岸的开封府、澶州、通利军、滑州等地都广泛设置,其具

---

① 《宋大诏令集》卷一百八十二。
② 《宋史》卷九十五《河渠志五》。
③ 韦公远:《古代黄河的修防制度》,《水利天地》2003 年第 9 期。

体情况为："凡缘河诸州,孟州有河南北凡二埽,开封府有阳武埽,滑州有韩房二村、凭管、石堰、州西、鱼池、迎阳凡七埽,旧有七里曲埽,后废。通利军有齐贾、苏村凡二埽,澶州有濮阳、大韩、大吴、商胡、王楚、横陇、曹村、依仁、大北、冈孙、陈固、明公、王八凡十三埽,大名府有孙杜、侯村二埽,濮州有任村、东、西、北凡四埽,郓州有博陵、张秋、关山、子路、王陵、竹口凡六埽,齐州有采金山、史家涡二埽,滨州有平河、安定二埽,棣州有聂家、梭堤、锯牙、阳成四埽。"①

（二）木笼护岸和石版护岸

埽岸的缺点是不能经久。为此,北宋人又采用木笼护岸和石版护岸的方法来防止河水冲刷堤岸。木笼护岸的办法是："就凿横木,下垂木数条,置水旁以护岸,谓之'木龙',当时赖焉。"②这大约可作为岸的一种补充。陈尧佐于天禧五年(1021)知滑州时,曾采用木笼护岸。"天禧中,河决,起知滑州,造木龙以杀水怒,又筑长堤,人呼为'陈公堤'。"③再如元丰三年(1080),用木料做成木岸,"扼束水势令深驶",即狭河木岸,将河床束窄,水深加大,易于改善航道,减轻淤积。狭河木岸是汉代"水力刷沙"治黄理念的重要技术实践。

石岸,类似于汉人所修的石堤,一般为三层,通高二丈,全由石块砌成,可用于护堤岸。关于修砌石岸的施工方法,沈立的《河防通议》有较详细的记载,"凡修砌石岸,先开掘槛子嵌坑,若用阔二尺,深二丈,开与地平,顺河先铺线道板一片,次立签桩八条,各长二丈,内打钉五尺入地",后"先用整石修砌,修及一丈,后用荒石再砌一丈"。可以看出,施工程序比较周密,特别是对石堤基础要求较为严格。如李若谷知延州时用石版护岸方法做本州附近河堤护岸："州有东西两城夹河,秋夏水溢,岸辄圮,役费不可胜纪。若谷乃制石版为岸,押以巨木,后虽暴水,不复坏。"④

（三）栽树护堤

黄河下游地区大部分是黄土地带,黄土的特性是颗粒细,孔隙多,垂直节理

①　《宋史》卷九十一《河渠志一》。
②　《宋史》卷九十一《河渠志一》。
③　《宋史》卷二百八十四《陈尧佐传》。
④　《宋史》卷二百九十一《李若谷传》。

发育,干燥时坚如岩石,遇水则变成流泥,耐冲性很差。这种特性使黄河流域水土流失严重,沿河用黄土所筑的堤岸受洪水袭击便比较容易决堤。宋人注意到了植树对保持水土的作用,采取在堤上种树来加固堤防的办法。

宋太祖建隆三年(962)十月诏:"缘汴河州县长吏,常以春首课民夹岸植榆柳,以固堤防。"①开宝五年(972),宋太祖就规定:"自今沿黄、汴、清、御河州县人户,除准先敕种桑、枣外,每户并须创柳及随处土地所宜之木,量户力高低,分五等,第一等种五十株,第二等四十株,第三等三十株,第四等二十株,第五等十株,如人户自欲广种者,亦听,孤者、残患、女户、无男女丁力作者,不在此限。"②政和八年(1118),宋徽宗也下诏:"滑州、浚州界万年堤,全藉林木固护堤岸,其广行种植,以壮地势。"③

政府在大力提倡种树护堤外,还对护堤林采取保护措施,颁布禁令,严禁乱砍滥伐,并严格执法。宋初不仅注意到栽树对防止水土流失的作用,而且还知道要根据土质情况不同来植不同的树种,确是明智之举。王嗣宗以秘书丞通判澶州时,也曾"并河东西,植树万株以固堤防"④。在河堤上广种树木用树来加强河堤的稳固性防止水土流失,实践证明这种方法是行之有效的,也是符合科学的。

三、《农田利害条约》《河防令》等水利法规

宋金元时期水利的管理制度逐渐完备。北宋在王安石变法时期对于兴修水利特别重视,熙宁二年(1069)颁布《农田利害条约》,这是中央政府为促进兴修农田水利工程而颁布的政策性法令,对各地兴修农田水利的组织审批方式、经费筹集、责任和权利分担、建议人与执行官吏的奖赏等都有具体规定,对于推动农田水利建设高潮的兴起发挥了重要作用。在防洪方面,现存最早的河防法令是金泰和二年(1202)颁布的《河防令》,它是在宋代治河法规基础上制定的。

① 《宋史》卷九十一《河渠志一》。
② 《宋会要辑稿·方域一四·治河》。
③ 《宋史》卷九十三《河渠志三》。
④ 《宋史》卷二百八十七《王嗣宗传》。

元代专设"都水监""河渠司"等水利机构,元代的水利法规较详细地反映在《通制条格》中。《通制条格》是《大元通制》的一部分,共有 27 个篇目,其中《河防》《营缮》与防洪关系甚为密切,《田令》对农田水利规定较为详细。

(一)《农田利害条约》

王安石是北宋时期杰出的政治家、文学家和思想家,历任知县、通判、知府、参知政事等职。他在浙江鄞县任知县时,执法严明,为百姓做了不少有益的事。他组织民工修堤堰,挖陂塘,改善农田水利灌溉,便利交通。在青黄不接时,将官库中的储粮低息贷给农户,帮助百姓渡过饥荒困难。后王安石得到宋神宗重用,对北宋王朝的政治、经济、军事、文教进行全面的改革,先后推行均输、青苗、免役、方田均税和农田水利等 10 多种新法。其中的《农田利害条约》,是王安石变法的重要内容之一,是我国第一部比较完整的农田水利法。

《农田利害条约》(本章内以下简称《条约》)又称《农田水利约束》,正式颁布于 1069 年。《条约》拟定前,政府曾派官员到全国各地调查水利情况,同时指令各地方官府提出当地的水利建设建议并分设勘察本地水利的专职官员,把勘察结果和有关意见汇总后制定条文,以法令形式颁行全国。

据《宋会要辑稿》等文献记载,《条约》全文共分 8 条,1200 余字。其主要内容如下:

(1)支持兴修水利,鼓励为农田水利建设献计献策。《条约》规定,无论官民,均可向各级官吏提出有关农田水利的意见和建议。经勘察属实,小型工程由州县实施,大型工程则由中央政府组织实施。工程完工后,对建议人按照功劳大小进行酬奖。

(2)要求各州县将本县境内荒废的田地亩数、荒废原因、所在地点、水利状况、需修复和新建的水利设施、实施方案及招募垦种等情况,详细绘成图册报送州府,以便全面掌握情况。要求各县对那些屡经水灾的地区作出治理规划,经上级核准后,限期加以实施。各县官吏能用新法兴办农田水利并有成效者,要给予不同的奖励,对贪污工程款项者给予严惩。

(3)规定了组织人力物力实施水利工程的具体办法。《条约》规定,所有的老百姓都应该支援水利建设,任何人不得阻挠破坏。小型水利工程的经费由受益人出工出钱,而大型工程经费,民间可向官府借钱,允许那些一次还不清的借贷分两次、三次归还;若官府借贷不足,允许州县富户出钱借贷,依例出息,由官府负责催还。

(4)要求各州县设专管官员负责推行《条约》,并特设都大提举淤田司,实行大规模的淤灌。《条约》的颁布和实施,大大调动了全国人民兴修水利的积极性,出现了"四方争言农田水利,古堰陂塘悉务兴复"的喜人景象。许多地方的百姓在新法的鼓励下,自动组织起来,自筹经费大兴农田水利,形成了一次水利建设的高潮。据《宋会要辑稿》记载,《条约》颁布6年间,京畿和各路兴修的农田水利多达10793处,灌溉田亩3000多万亩,淤灌得田700多万亩,农业生产显著提高,充分印证了《条约》实施的效益。

(二)《河防令》

《河防令》是我国现存最早的河防法令,它是在宋以前的治河法规基础上制定的。《河防令》共分11条,原文早佚,删节后的条文收在《河防通议》一书中。

据有关文献中的记载,金元时期北京及其周围地区防洪工作日趋重要,海河流域多次发生水灾,政府也进行了修治工程,有关防洪工程及防洪管理的法令就应运而生了。金泰和二年(1202),金朝政府颁布了《泰和律令》,它由29种法令组成,其中一种就是著名的《河防令》。

《河防令》的主要内容如下:

(1)中央由户部、工部两部门每年分别派出大员巡视黄河,监督和检查都水监派出的分治都水监和地方州县的河防工作。

(2)河防工作人员在必要时可使用当时最快的交通工具,通过驿站快马传递有关消息。

(3)各州县河防官员每年六月至八月必须轮流上堤,参加并指挥汛期河务等事宜。

(4)各县兼管河防的县官在非汛期也要轮流指挥河防事务。

(5)沿河州县官吏在河防工作中的功过都必须据实向上奏报。

(6)河工、埽兵平时按规定给予休假,遇有河防急务如防汛、堵口等危急之时,则停止给假。

(7)河防汛情紧急,防守人力不足时,沿河州府负责官员可与都水监官吏及都巡河官商定,有权随时征调丁夫及河防物资等。

（8）河防军夫如患病,由都水监安排送往附近州县治疗,医病所用经费及药品由官府发给。

（9）有河防紧急情况时,由分都水监及各地都巡河官指挥官兵及时指挥抢修和保护河堤及堤防设施等;河埽情况必须每月按时上报工部,由工部转呈主管朝廷政务的尚书省。

（10）除了设有埽兵守护的滹沱河、沁河等,其他有洪水灾害的河流出现险情,主管部门及地方官府要派出人夫紧急进行抢险。

（11）每年六月一日至八月底为黄河涨水月,沿河州县的河防官兵必须轮流进行防守。卢沟河由县官和埽官共同负责守护,汛期要派出官员监督、巡视、指挥。

虽然现存《河防令》文字不全,但仍可看出其主要的内容和指导思想。《河防令》作为一项专门的防洪法规,在中国水利史上占据着相当重要的地位,为以后各代制定防洪法规奠定了基础。

（三）《通制条格》

元仁宗即位后,为便于各级官吏检索遵行,下令将由世祖至成宗、武宗时期颁发的有关法令文书斟酌损益,类集折中,汇辑成书。后经元英宗增删审核,定名为《大元通制》。其中的"条格"部分即《通制条格》,主要有《户令》《学令》《选举》《军防》《仪制》《衣服》《禄令》《仓库》《厩牧》《田令》《赋役》《关市》《捕亡》《赏令》《医药》《假宁》《杂令》《僧道》《营缮》等,包含了元朝典章制度、社会经济和阶级关系等珍贵史料。其中,《田令》中记载了元朝统治者在农田、水利、树艺、渔畜、教育、勤惩等方面发展农业的政策和措施。[①]

《通制条格·田令》记载,诸县所属村疃,凡五十家立为一社,不以是何诸色人等,并行入社,令社众推举年高通晓农事有兼丁者,立为社长。如一村五十家以上,只为一社,增至百家者,另设社长一员。如不及五十家者,与附近村分相并为一社。若地远人稀,不能相并者,斟酌各处地面,各村自为一社者听。或三村,或五村,并为一社,仍于酌中村内选立社长。

---

① 石华、张法瑞:《元代农业管理的纲领性文件——〈通制条格〉"劝农立社事理条画"相关问题研究》,《古今农业》2006年第1期。

《通制条格·田令》中对水利灌溉措施的规定:隋路皆有水利,有渠已开而水利未尽其地者,有全未曾开种并创可挑概者。委本处正官员,选知水利人员,一同相视,中问别无违碍。许民量力开引。如民不能者,申覆上司,差提举河渠官相验过,官司添力开挑外,据安置水碾磨去处,如遇浇田时月,停住碾磨,浇溉田禾。若是水田浇毕,方许碾磨依旧引水用废,务要各得其用。虽有河渠泉脉,如是地形高埠,不能开引者,仰成造水车,官为应副人匠,验地里远近,人户多寡,分置使用。为此,元朝政府于1291年在中央设都水监,在地方设河渠司,掌管水利,并主持兴修水利工程,大大促进了农田灌溉事业的发展。

四、水利著作与水利技术

北宋时期,传统治水防洪技术已趋于成熟,集中表现在宋金元时期编撰的水利著作《宋史·河渠志》和《河防通议》。当时对黄河水文及防汛有形象而准确的命名,并对河工修防的关系有清晰的记载;对于当年河工测量技术的施测方法有详细记载,对主要工程形制如砌石、卷埽、筑堤等方法都有具体规定,对于各种工程所用物料的计算方法也都有明确说明。

(一)正史中的《河渠志》

在我国二十四史中,隋唐以前专门记载水利的只有《史记·河渠书》《汉书·沟洫志》,隋唐以后每代的正史均有《河渠志》来记载同时期的重要水利事件,是研究历史上水利问题的基本线索。主要有《宋史·河渠志》《金史·河渠志》和《元史·河渠志》等。

《宋史·河渠志》是元代官修《宋史》的十五志之一,系宋代水利专史,分为7卷,全文6万多字,署名脱脱等撰。《河渠志》的取材范围除个别部分追溯前代外,上起北宋,下迄南宋末年,采用先按水系或地区分门别类,再按史事发生的年代先后依次编述,形成与《史记·河渠书》等水利通史相区别的断代水利史的新体裁。所记叙内容有具体河名、水系和年代可考的,约580事。按照该志的编排次序,首先是总序。接着是黄河167事,记述954—1126年黄河史事,篇幅占整个《宋史·河渠志》的三分之一以上。次为汴河63事,洛水3事,蔡河22

事,广济河 18 事,金水河 9 事,白沟 5 事,京畿沟洫 11 事,白河、三白渠(附邓、许等州沟渠)6 事,漳河 3 事,滹沱河 6 事,御河 12 事,塘泺 25 事,河北诸水 77 事,岷江水 4 事,褒斜六堰 2 事,东南诸水 62 事,记载这些河流水系的治理、兴利情况。《宋史·河渠志》的著述旨意主要是北宋黄河水患的原因,再兼顾其他流域的情况,内容丰富,是研究宋代水利的基本文献。该志的缺点是史料编排有些杂乱,分类不科学,体裁不太统一,导致头绪混乱,阅读不便,这有待于治史者好好调整理顺,更好地为水利事业服务。《宋史·河渠志》的一半内容都在叙述河南地区的黄河、汴河、洛河等水系的决溢、航运、农田水利情况,为我们研究宋代河南地区的水利史提供了最基本的史料。

《金史·河渠志》是元代官修《金史》的十四志之一,系金代水利专史,全文8000 多字。该志首记黄河自 1138 年至 1217 年的 38 项史事,篇幅占总志的一半以上,可见是其重点内容。次记槽渠 18 事,卢沟河 6 事,滹沱河 3 事,漳河 3 事,共计 68 事。从《金史·河渠志》可以看出,金朝治河的出发点主要还是考虑控制河患,尽量减少黄河灾害对本境的影响。但由于金代水利科技水平和财力的局限,不可能提出根治河患的有效主张,其治河议论也不出宋人的方策。当时金和南宋以淮河为界,形成北南对峙之势,所以《金史·河渠志》主要是记述金版图下的黄河、海河流域水利史事,正好和《宋史·河渠志》互相补充,方能代表宋金时期全国的水利概况。

《元史·河渠志》是明代官修《元史》的十三志之一,宋濂等著,是元代水利专史,分为 3 卷,全文计 3 万余字,前两卷为 1369 年初修,记述 1235—1330 年史事;后一卷为 1370 年续修,记述 1304—1360 年史事。按所叙内容有具体河名、水系和年代可考的,约 165 事。其初修编排顺序是:首先是总序,总序之后分别是通惠河 5 事,坝河 2 事,金水河 3 事,隆福宫前河 2 事,海子岸 3 事,双塔河 2 事,卢沟河 2 事,白浮瓮山 6 事,浑河 9 事,白河 10 事,御河 6 事,滦河 7 事,河间河 2 事,冶河 3 事,滹沱河 4 事,会通河 33 事,黄河 13 事,济州河 2 事,涤河 2 事,广济渠 4 事,三白渠 2 事,洪口渠 4 事,扬州运河 3 事,练湖 5 事,吴松江 3 事,淀山湖 3 事,盐官州海塘 7 事,龙山河道 2 事。续修编排顺序为黄河 5 事,蜀堰 1 事,径渠 8 事,金口河 1 事。《元史·河渠志》是元代水利的基本文献,但由于是宋濂等人仓促撰成,只收录了一些元代文牍档案,未经考订及编排,杂乱无章,缺陷很多:缺乏元初情况,顺帝一朝只收录了欧阳玄。编排方面也有失当,如因两次分修,致使黄河分置两卷;如通惠河、金水河、隆福宫前河、海子岸、白浮瓮山,本为同一水系今通惠河,却被割裂为五处;卢沟河、浑河同为一条河(今永定河),而被分割两处,三白渠、洪口渠、径渠,本同 渠系而被分割为二,等等。但是瑕不掩瑜,《元史·河渠志》仍是今天研究元代水利的重要文献。

(二)治理黄河文献

由于黄河的母亲河地位,治黄历来是古代治水的重中之重,关于治黄的专著也最为丰富,在现存水利古籍中所占比例最大,内容最丰富。较著名的有宋沈立与元沙克什《河防通议》、金代范构《树石埽记》、元欧阳玄《至正河防记》、明万恭《治水筌蹄》和潘季驯《河防一览》、清靳辅《治河方略》和《南河成案》、民国《豫河志》等,现择要介绍宋金元时期治理黄河的文献。

《河防通议》是宋、金、元三代治理黄河的重要文献,也是我国现存最早的一部河工技术专著,记述了10—14世纪的河工技术、施工管理、河防组织、河政法令等内容。原著作者是宋人沈立,原书共8篇。金代都水监也辑有《河防通议》一书,共15门。元人沙克什将上述二书加以删削,合并为现在的通行本《河防通议》。本书分为6门:第一是河议,概括介绍治河的起源、埽堤利病和信水名称、各种波浪名称、辨土脉和河防令等;第二是制度,介绍开河、闭河、定平、修岸等过程方法;第三是料例,介绍修筑堤岸、安设闸坝以及卷埽、造船的用料定额;第四是工程,介绍修筑、开掘、砌石岸、筑墙以及采料等工作的计工法;第五是运输,介绍各类船只装载量、运输计工、所运物料体积及重要的估算、历步减土法的计工等;第六是算法,举例说明计算土方和用料数量等。《河防通议》一书反映了宋元时期的水利技术水平,是现在能见到的记载具体河工技术的最早著作,对研究宋元水利意义重大。

《至正河防记》是元人欧阳玄所著的水利著作,总结了元自至正四年到十一年(1344—1351)贾鲁主持堵塞黄河决口的施工方法和经验,系统地反映了14世纪我国水工技术的高超水平。这次施工步骤是:整治旧河槽以便恢复故道;疏浚减水河以便分流;先堵较小决口,后堵主要决口;创造了沉船筑坝(石船坝)逼溜等施工方法。疏、浚、塞三法并提是本书的主要特点,改变了过去三者互相排斥的片面观点,对三法作了积极意义的解释,指出根据具体条件把疏、浚、塞结合起来用于治河实践中去。书中还根据河流溃决的不同情况,将决口分为溪口、决口和龙口三类,堵口时应根据不同的类别采用不同的堵口方法。《至正河防记》还将堤和埽进行了分类,堤分为刺水堤、决口堤、护岸堤、缕水堤、石船堤等数种,埽分为岸埽、水埽、龙尾埽、栏头埽、马头埽等几类,这些不同名称的堤和埽除了表示它们的作用不同,还表明它们的施工方式和要求也是各不一样的。这些都是河工理论的重大发展,对后世治河有重要参考价值。

(三)埽工技术

为了巩固堤防,古人发明了埽工技术,用以加固险工地段,整治河道、防汛堵口等。尤其是在多泥沙的黄河上,埽工成就最为突出,成为我国独特的防洪工程。

埽是我国特有的一种以树枝、秫秸、柴草为主,杂以土石,并用桩、绳盘结捆扎而成的河工建筑构件。单个的埽又称为捆、埽由等,多个埽叠加连接构成的建筑物则称为埽工,是由若干埽段构成的河工建筑物。埽工技术最早出现在黄河上,是黄河河防工程的重要组成部分,常用于抢修堤岸、堵塞决口。

早期的埽工称作"茨防"。茨是芦苇、茅草类植物。战国时期,人们就以芦苇、茅草之类的植物作为茨防来堵塞决口。这种"防"大约就是最早的草埽。北宋初年,这种水工构件有了专门的术语"埽"。

埽工按其形状和功用不同而有鱼鳞埽、磨盘埽、凤尾埽以及约、马头、锯牙等名称。埽工的固定方式有二:一是用长木桩贯穿埽体,直插河底;二是用绳索将埽体固定在事先埋于堤上的桩橛。有时两种固定方式并用,有时单纯使用绳索固定。

从《宋史·河渠志》记载的情况,我们可以知道卷埽制作的方法:先选择宽平的堤面作为埽场。在地面密布草绳,草绳上铺梢枝和芦荻一类的软料;再压一层土,土中掺些碎石;再用大竹绳横贯其间,大竹绳称为"心索",然后卷而捆之,并用较粗的苇绳拴住两头,埽捆便做成了。埽捆推下水后,将竹心索牢牢拴在堤岸的木柱上,同时自上而下在埽体上打进木桩,一直插进河底,把埽体固定起来。这样,埽岸就修成了。埽工技术能在深水情况下(水深20米上下)施用,可用来构筑大型险工和堵口截流,也可以分段分坯施工;使用梢草、土石等散料,但可以用绳索桩木等联结固定成整体。梢草、秸料使埽工具有良好的柔韧性,便于适应水下复杂地形(尤其是软基);在多沙河流上使用,便于泥沙充填进埽体,凝结坚实;用埽工构筑施工围堰,完工后便于拆除。因此,黄河埽工技术是中国古代水工建筑中的一大发明,也是世界河工史上的一大杰作。但埽工也存在严重的缺陷,主要是梢草、秸料和绳索等易于腐烂,需要经常修理更换,花费较多。同时埽体的整体性较石工等永久性建筑物差,往往一段坍陷,牵动上下游埽段连续坍塌、走移等,容易形成险情。

(四)堤防技术

北宋时,有了双重堤防之说,到了元明时期,堤防按位置及用途分成遥堤、缕堤、格堤、月堤、子堤、戗堤、刺水堤、截河堤等多种形式的堤防。但是,元初诗人王恽于至元十六年(1279)提到黄河"堤防不议四十年,河行虚壤任徙迁"①,为此姚汉源先生曾经指出:"淮河下游先为蒙古兵南下与金兵相持者二三十年,灭金(1234)后为蒙古与南宋兵交战者四十余年,至至元十三年,元虽统一,未注意河防又近三十年,这一期间黄河下游政局混乱,杀伐屠戮,民不聊生,农业经济残破不堪,几沦为牧场。"②由此可见,该时期堤防技术主要体现在宋代。

北宋时期,黄河大堤已全面贯通。③ 北宋河堤的种类不少,仅据《宋史》的记载就有正堤、遥堤、缕堤、月堤、横堤、直堤、签堤等。这些堤名,大抵均由堤的作用而得名。大河两岸的正堤,一般只称为堤;遥堤则为正堤以外的最外一重堤,主要作用是在大河汛期,将河水限定于遥堤以内的地方行流,尽量把泛溢的地方控制在一定范围内。遥堤一般是相对临河大堤而言的,距离河的距离多远为遥,史无明文。河决频繁的酸枣县就有遥堤存在。宋代黄河上屡有遥堤兴作。④

遥堤约水之说,源于北宋之初,贯穿整个北宋时期。这一主张的代表人物是任伯雨。他在宋徽宗建中靖国元年(1101)春奏论治河之策时,提出了"宽立堤防,约拦水势"的遥堤约水方策。就具体遥堤的修筑情况而言,又分下游全线

① 〔元〕王恽:《秋涧集》卷八《泾阳镇中秋赠马君》。

② 姚汉源:《中国水利发展史》,上海人民出版社2005年版,第304页。

③ 周魁一:《隋唐五代时期黄河的一些情况》,载《黄河史论丛》,复旦大学出版社1986年版,第126页。

④ 《宋史》卷九十一《河渠志一》。

兴筑遥堤拦水、局部河段兴筑遥堤稳定河道两种。① 据水官李立之于元丰四年（1081）奏称：“北京、南乐、馆陶、宗城、魏县，浅口、永济、延安镇，瀛州景城镇，在大河两堤之间，乞相度迁于堤外。”②这显然是指遥堤之内外，由此可见，遥堤之间还是比较宽阔的。胡三省曾注《资治通鉴》说：“遥堤者，远于平地为之，以捍水。”

与遥堤相对应的，距离主槽较近的大堤日后统称为缕堤。遥堤和缕堤是黄河上的骨干堤防。缕堤是介于正堤和遥堤间的第二重堤，缕堤有“预备堤”的作用，若正堤决溢救治不及，则加强缕堤临时抵挡水势。如熙宁七年（1074），都水监丞刘璯奏：“蒲泊已东，下至四界首，退出之田，略无固护，设遇漫水出岸，牵回河头，将复成水患。宜候霜降水落，闭清水镇河，筑缕河堤一道以遏涨水。”③

辅助堤防中，还有称作月堤（或越堤）的，是圈帮于遥堤或缕堤单薄地段的堤防，最早见于北宋天禧四年（1020）。当年在著名险工段天台口堤段“旁筑月堤”④。月堤的作用大抵与缕堤相当，不过月堤只保护某一堤防单薄之处或险工段，比缕堤规模要小，因修筑成月形，故得名。

签堤、直堤、横堤的定名原因和作用未见确切记载，但宋代史籍往往提及。一种可能性是因河而名，因宋代有签河、直河等名称，如元祐元年（1086）张问言：“请于南乐大名埽开直河并签河，分引水势入孙村口，以解北京向下水患。”⑤元祐五年（1090），苏辙奏：“今岁八月，涨水东流，几与北京签横堤平。”⑥另一种可能性是护城堤外的另一重相隔缕堤（成垂直）的堤防，起保护城镇的作用。筑堤挡洪、导洪、增加泄洪能力是最古老的、在一定条件下也是最有效的防洪措施。比较系统的堤防首先在黄河形成，而治河方略由以疏为主转变为以堤为主，这是人口增长、土地需求增加、社会经济发展需要的必然结果。

---

① 张宇明：《北宋人的治河方略》，《人民黄河》1988 年第 2 期。
② 《宋史》卷九十二《河渠志二》。
③ 《宋史》卷九十二《河渠志二》。
④ 《宋史》卷九十一《河渠志一》。
⑤ 《宋史》卷九十二《河渠志二》。
⑥ 〔宋〕苏辙：《栾城集》卷四十五《乞罢修河司札子》。

第六章

明代河南水利事业的式微

在明朝的 276 年间,历代皇帝都比较重视水利建设事业。然而,由于全国经济中心的南移和政治中心远离河南,加上水旱灾害频发和黄河决溢频繁,河南布政司(习惯上仍称行省或省)所辖范围内的农田水利建设事业逐渐落后于浙江、江苏等江南地区,其内河航运事业也因京杭大运河远离河南而日渐式微。

第一节　经济社会发展与生态环境变迁

"从来河患,河南为甚。"[①]从总体上看,虽然明代河南的政治、经济、社会发展状况相对比较稳定,但这一时期河南境内的水旱灾害较前朝明显增多,水旱灾害对河南农田水利和航运事业的影响比前朝更加突出。

一、行政区划演变

元置河南、江北等处行中书省,管辖今河南、湖北大部分和江苏、安徽各一部分,治汴梁,河南省省名由此开始。明洪武元年(1368),置中书分省,治开封府。洪武二年(1369),更名为河南等处行中书省。洪武九年(1375),改行中书省为承宣布政使司,将原属河南行省的今安徽和江苏的部分地区划归南直隶管辖,将黄河以北的彰德府、卫辉府和怀庆府划入河南版图,领开封、彰德、卫辉、

---

① 〔清〕崔维雅:《河防刍议》卷二。

怀庆、河南、南阳、汝宁等 7 府,辖 12 州 82 县。[1] 到嘉靖二十四年(1545)归德升格为府,以后渐成定制,河南共辖 8 府 1 个直隶州(汝州),共 11 散州和 96 县。当时属彰德府的磁州、临漳、涉县、武安今属河北省管辖,今属河南行政区的濮阳市和清丰、南乐、内黄、滑县、浚县、长垣等县隶属于北直隶(京师)大名府,范县隶属于山东东昌府。

开封府府治祥符,下辖陈州、许州、禹州、郑州等 4 州,祥符、陈留、杞县、通许、太康、尉氏、洧川、鄢陵、扶沟、中牟、阳武、原武、封丘、延津、兰阳、仪封、新郑、商水、西华、项城、沈丘、临颍、襄城、郾城、长葛、密县、荥阳、荥泽、河阴、汜水等 30 县。

河南府府治洛阳,下辖陕州、洛阳、偃师、巩县、孟津、宜阳、永宁、新安、渑池、登封、嵩县、卢氏、灵宝、阌乡,共 1 州 13 县。

汝宁府府治汝阳,下辖信阳州、光州等 2 州,汝阳、真阳、上蔡、新蔡、西平、确山、遂平、罗山、光山、固始、息县、商城等 12 县。

南阳府府治南阳,下辖邓州、裕州等 2 州,南阳、镇平、唐县、泌阳、桐柏、南召、内乡、新野、淅川、舞阳、叶县等 11 县。

怀庆府府治河内,下辖河内、济源、修武、武陟、孟县、温县等 6 县。

卫辉府府治汲县,下辖汲县、胙城、获嘉、新乡、淇县、辉县等 6 县。

彰德府府治安阳,下辖磁州、安阳、汤阴、林县、临漳、涉县、武安,共 1 州 6 县。

归德府府治商丘,下辖睢州、商丘、宁陵、鹿邑、夏邑、永城、虞城、考城、柘城,共 1 州 8 县。

汝州直隶州州治汝州,下辖鲁山、郏县、宝丰、伊阳等 4 县。[2]

二、经济社会发展与环境

与明代北方其他省份相比,"以河南的经济形势最好,受明中期以来衰退大

---

① 程有为、王天奖主编:《河南通史》第 3 卷,河南人民出版社 2005 年版,第 386 页。
② 闫娜轲:《清代河南灾荒及其社会应对研究》,南开大学博士学位论文 2013 年,第 40—41 页。

势影响也较小"①。明代河南的经济社会发展整体向好,综合起来主要表现在以下几个方面。

(一)人口得到恢复和发展

元末明初,河南接连遭受战乱以及水、旱、蝗等自然灾害,不少地方的老百姓非死即逃,以致河南人口急剧减少。"中原诸州,元季战争受祸最惨,积骸成丘,居民鲜少。"②"今丧乱之后,中原草莽,人民稀少,所谓田野辟、户口增,此正中原今日之急务。"③这场战乱不仅使大河南北满目疮痍,经济凋敝,而且使人民流离失所,人口剧减,自开封到黄河以北,"道路皆榛塞,人烟断绝"④。洪武十四年(1381),饱受战乱之苦的河南布政司辖区只有314895户1891087人,平均每平方公里为12.85人。⑤

为恢复和发展经济,明中央政府首先考虑的就是将开垦土地和增殖人口作为第一要务。正如洪武元年(1368)朱元璋任命宋冕为开封知府时叮嘱的那样,"汝往治郡,务在安辑人民,劝课农桑"⑥。到洪武二十六年(1393),河南的人口迅速增加到1912542人。⑦据《明史》《明实录》等文献记载,明初50年里,从山西洪洞大槐树迁往全国各地的移民就有18批。其中,直接迁往河南的就有10批之多。如洪武二十一年(1388)八月,迁山西潞、泽二州民户之无田者于彰德、归德、太康等地闲旷之处,置屯耕种。关于明初自山西向河南移民的大致情况,在不少方志、家谱中都有记载。民国《孟县志》卷四记载:"明洪武三年,徙山西民于河北,而迁至孟州者十九,皆山西洪洞籍。"从总体上看,明代河南各地的人口都得到不同程度的增长。如南阳府在洪武二十四年(1391)只有116977人,到成化十八年(1482)增加到322023人,到嘉靖三十一年(1552)更是增加到388433人。⑧

---

① 程民生:《河南经济简史》,中国社会科学出版社2005年版,第227页。
② 《明实录·太祖实录》卷一百七十六。
③ 《明实录·太祖实录》卷三十七。
④ 《明实录·太祖实录》卷二十九。
⑤ 王兴亚:《明初迁山西民到河南考述》,《史学月刊》1984年第4期。
⑥ 《明实录·太祖实录》卷三十四。
⑦ 万历《明会典》卷二十《户部五》。
⑧ 嘉靖《河南通志》卷九《户口》。

(二)耕地面积不断增加

人口数量的增加,有效促进了河南耕地面积的增加以及地方经济的恢复和发展。洪武三年(1370)三月,面对百废待兴、百业待举的社会局面,时任郑州知州的苏琦向朝廷提出"垦田以实中原"的建议。他认为:"为今之计,莫若计复业之民垦田外,其余荒芜土田,宜责之守令,召诱流移未入籍之民,官给牛种,及时播种。"①永乐元年(1403)三月,河南裕州知州奏报朝廷说当地地广民稀,而山西的泽、潞等州县人口稠密,耕地缺乏,建议将该地区无田农户迁至本州开垦荒地,从事耕种,得到成祖恩准。② 垦荒政策的推行,不仅调整了土地占有关系,激发了农民垦荒的积极性,有助于防止农民流亡,促进社会安定,而且对恢复和发展农田水利事业以及农业生产都起到了重要作用。洪武二十四年(1391),河南的耕地面积只有275309顷,到弘治十五年(1502)增加到416294顷,到嘉靖三十一年(1552)进一步扩大到736153顷,到万历三十六年(1608)再度增加到954176顷。217年间,平均每年增加3000余顷。③

在河南招募流民垦荒或从山西等地迁移民众充实河南以实行民屯的同时,一些驻扎在河南等地的军队就地垦荒屯田。洪武七年(1374)正月,朱元璋派遣都督金事王简前往河南彰德负责当地军屯事务。次年正月,又派遣中山侯汤和前往彰德,指挥冯俊、孙通、赖镇往汝宁,率当地卫所兵兴起军屯。④ 很快扭转了因战乱造成的田土荒芜局面,并在一定程度上减轻了人民的负担。

(三)农业种植结构和家庭手工业日益多样化

随着人口和耕地面积的不断增加,河南各地除了种植粮食,还种植了大量经济作物。"太祖初立国,即下令:凡民田五亩至十亩者,栽桑麻木棉各半亩;十亩以上倍之。"⑤气候适宜、土地肥沃的河南,农业经济很快得到恢复和发展,到

① 《明实录·太祖实录》卷五十。
② 张民服:《明前期中原经济发展探析》,《郑州大学学报(哲学社会科学版)》1998年第2期。
③ 程民生:《河南经济简史》,中国社会科学出版社2005年版,第227页。
④ 张民服:《明前期中原经济发展探析》,《郑州大学学报(哲学社会科学版)》1998年第2期。
⑤ 《明史》卷七十八《食货志二》。

弘治年间,"中州沃壤,半植木棉,乃棉花尽归商贩;民间衣服,率从贸易"①。可见,河南的棉花种植已经得到普及。除了普遍种植棉花,花草果木、药材等经济作物也得到广泛种植。农民在生产过程中,既有从事种植业的,也有从事手工业或采集业的。嘉靖《尉氏县志·风土类·民业》记载:"为农者,或田而稼,或圃而蔬,或园而果,或野而牧,或植木棉,或种蓝草,或给舂磨,或操版筑,或卖佣工,或涂占盖,或穿窦窖,或采樵,或渔猎,以食其力。"

棉花等经济作物的广泛种植,为家庭手工业提供了比较充足的原料,从而带动了手工业的发展。手工业中"有攻木之工,有攻皮之工,有染工,有陶工,有缝衣絮衣之工。又有麦帽、麻鞋、线履、柳斗、簸箕、织布、结网、熬糖、编苇席、织箔之工。其攻金石者,则间有之"②。手工业的发展又促进了商业的发展和人们生活水平的提高。如万历间的温县,"民间纺织无问男女,每集蚩氓抱布而贸者满市。远商来贸,累千累百,指日而足。贫民全赖于是,亦勤织之一验也"③。

人口增殖和耕地增加固然促进了河南经济社会的发展,但长期大规模土地垦殖,特别是大面积的森林被砍伐,直接带来水土流失、土地沙化等生态问题,并导致水旱灾害的频繁发生。

三、水旱灾害对经济社会与生态环境的影响

明代,河南水旱灾害频发,不仅对农业经济和水利事业造成毁灭性的破坏,而且对人们的生产生活及赖以生存的生态环境都带来严重影响。

(一)水涝灾害对经济社会和生态环境的破坏

明代河南水灾较大的有100多次,平均不到3年发生一次。从地域分布上来看,处于黄河南泛区的开封府、归德府受灾相对比较严重,南阳府、汝宁府等地相对比较轻。其中,规模较大的水灾主要有以下几次。

---

① 《荒政丛书》卷五。
② 嘉靖《尉氏县志》卷一《风土类·民业》。
③ 万历《温县志》卷上《物产》。

明成化十八年(1482)水灾。当年沁、丹、黄等多条河流同时涨水,不知有多少城池被毁,也不知有多少房屋和人畜被洪水淹没和冲走。时任尚书何文定的碑文中也有"该年大水,为前所未有"之类的记载。① 另《明实录·宪宗实录》记载:"(明成化十八年八月)乙卯,河南自六月以来,雨水大作,怀庆等府宣武等卫所坍塌城垣共一千一百八十八丈,漂流军卫有司衙门坛庙居民房屋共三十一万四千二百五十四间,溺死军民男妇一万一千八百五十七,漂没马骡等畜一十八万五千四百六十九。"据葛兆帅、杨达源、谢悦波等人的考证,成化十八年(1482),沁河流域发生了一次持续时间较长的降水过程,"使梯沟流域发生泥石流并导致沟口右岸岩壁崩塌,形成堰塞坝,造成沁河河道阻塞,过水断面减少,九女台附近河段水位壅高,并保持了近40天的时间,堰塞坝最终溃决,导致沁河下游怀庆府发生严重的洪水灾害"②。

明嘉靖三十二年(1553),河南全省"普降大雨,暴雨如注,伊、洛、汝、颍并溢,平地水深丈余,淹没田庐,人畜死伤无算"③。其中受灾较为严重的就有39个州县。这一年的豫南地区从农历四月份开始阴雨连绵,到五月份向北扩展到洪河、汝河、沙颍河流域。豫西南地区的南召、裕州等地普降大雨。裕州在这一年的农历五月十一日,"暴雨异常,众流汇聚,河水横溢,势高数丈,龙泉寺冲没,仅余佛殿,寓人淹没,漂溺僧众,荡析离居"④。农历六月份,暴雨继续停留在豫南、豫西南地区,并迅速扩展到豫东、豫西、豫北地区,直到农历七月份,洛阳、偃师、巩县、延津等地的暴雨才基本停止。豫东地区的兰考因黄河泛滥加上雨水连绵,庄稼尽淹,百姓大饥;淮阳一个月之内连续多次发生狂风暴雨,有的树木被连根拔起,房屋被毁,庄稼被淹,饥民大增。豫西地区的洛阳"夏六月大雨,伊洛涨溢入城,水深丈余,漂没公廨民舍殆尽,民木栖,有不得食者七日,人畜死者甚重";巩县"六月霖雨连旬,山水汇聚,伊洛泛涨,民居、官舍、公廨、官厅尽行冲空,荡然无存,漂没人畜不可胜数,百姓逃亡,死者枕籍,无人掩埋,昼夜嚎泣,哀

---

① 河南省水利厅水旱灾害专著编辑委员会编著:《河南水旱灾害》,黄河水利出版社1999年版,第39页。

② 葛兆帅、杨达源、谢悦波等:《历史上的一次溃决洪水——1482年沁河流域大洪水》,《自然灾害学报》2004年第2期。

③ 河南省水利厅水旱灾害专著编辑委员会编著:《河南水旱灾害》,黄河水利出版社1999年版,第40页。

④ 转引自温彦主编:《河南自然灾害》,河南教育出版社1994年版,第31页。

声四起,惨不忍闻";鲁山"黑云蔽天,倾雨如注,平地水深丈余"。豫北地区的林县"夏五月乃雨,此后暴雨大作无虚日,六月二十二日夜大雷雨有声如燕乱鸣,腥气逼人",延津"六月暴雨如注,大水如河汉,漫流弥月,民苦";①阳武"八月河溢,平地深丈余"②。

明万历二十一年(1593),河南不少地方从春夏到入秋都雨水较多,"沙颍、洪汝、淮南、唐白河皆发生特大洪水。春夏淫雨,入秋更甚,势若倾注。舟行于途,人栖于木。白骨枕原野,诚人间未有之灾"③。其中,淮河流域项城、淮阳、新蔡等41个州县遭到空前水灾。豫东地区的项城"四月初淫雨至于八月,舟筏遍地,二麦漂没,秋不得播种,民间室庐冲圮,米珠薪桂,百姓嗷嗷,始犹食鱼虾,继则食树皮,后同类相残,尸骸枕籍,白骨累累"④,淮阳"夏五月大水,淹麦。秋大水淹稼,淫雨弥月,平地水深数尺,破堤浸城,四门道路不通,出入以舟。沙颍等河决堤,横流,桑田成河,漂没民舍,死者无算,城圮坏,灾伤甚重"⑤。豫西南地区的裕州"五至七月大雨,禾稼尽伤,民食草根、树皮",内乡"四月雨至七月方止,六月尚未收麦,是岁大饥,人相食"。⑥豫西地区的鲁山"大霖雨四至八月,平地为渊,夏秋禾不登"⑦,临汝"淫雨害稼,自夏徂秋,平地水高丈余,人多溺死"。河南地区这一年的暴雨先从南到北,再从北折回南边,时而倾盆大雨。6月17日至19日,江淮地区暴雨;6月28日至7月12日,黄淮地区暴雨;7月23日至25日,淮河以南地区暴雨;8月1日至15日,伊洛河流域暴雨;8月31日至9月2日,降雨又回到黄淮之间。据统计,这次全省范围内的水灾,共有82个州县受灾,死亡13万人、33万头牲畜。⑧ 时任刑科给事的杨明东在其给万历皇帝

---

① 河南省水文总站编:《河南省历代旱涝等水文气候史料》,1982年印,第97页。
② 河南省水利厅水旱灾害专著编辑委员会编著:《河南水旱灾害》,黄河水利出版社1999年版,第38页。
③ 河南省水利厅水旱灾害专著编辑委员会编著:《河南水旱灾害》,黄河水利出版社1999年版,第41页。
④ 河南省水文总站编:《河南省历代旱涝等水文气候史料》,1982年印,第366页。
⑤ 河南省水文总站编:《河南省历代大水大旱年表》,1982年印,第114页。
⑥ 河南省水利厅水旱灾害专著编辑委员会编著:《河南水旱灾害》,黄河水利出版社1999年版,第38页。
⑦ 河南省水文总站编:《河南省历代旱涝等水文气候史料》,1982年印,第101页。
⑧ 河南省水利厅水旱灾害专著编辑委员会编著:《河南水旱灾害》,黄河水利出版社1999年版,第51—52页。

上的一份奏折中,描述了他在家乡河南亲眼所见的水灾情况:"去年(1593)五月,二麦已见垂成,忽经大雨数旬,平地水深三尺,麦禾既已朽烂,秋苗亦复残伤。且河决堤溃,冲舍漂庐,沃野变为江湖,陆地通行舟楫,水天无际,雨树含愁。民乃既无充腹之资,又鲜安身之地,于是扶老携幼,东走西奔,饥饿不前,流离万状。夫妻不能相顾,割爱离分;母子不能两全,绝裾抛弃。老羸方行而辄仆,顷刻身亡;弱婴在抱而忽遗,伶仃待毙。跋涉千里,苦旅舍之难容;匍匐归来,叹故园之无倚。投河者葬身鱼腹,自缢者弃命园林。"①

明崇祯五年(1632),河南全省各流域遭到特大水灾,各流域的河水暴涨,加上黄河在孟津等地决口,豫东地区的水患尤为严重。豫西地区的陕州当年秋天"淫雨四十天,大雨两昼夜,民房倾坏大半,黄河涨溢至上河头街,河神庙没"②,襄城"六月大水,先是淫雨十数日,后大雨如注者一昼夜,至十九日黄昏,水出平地深二丈余,漂没人口、牲畜、庐舍无算;又水自东、西、北三门涌入,西门更甚,十字街东西水相隔仅四十步,城内木筏往来"③。豫东地区的西华、商水、尉氏等地均出现程度不同的洪水。如商水"五月淫雨至八月止,河水泛滥,遍地舟航,庐舍倾颓,压死男女无数"④。豫北地区的新乡、汤阴等地也是大水可以行舟,导致不少房屋倒塌。豫西南的内乡"六月湍河水溢四十余日,沿河庐舍尽淹,平地水深数尺",邓县"夏五月大水,湍河泛滥,水浸外堤,民多溺死"⑤。

(二)旱灾对经济社会和生态环境的影响

明代特别是明中后期河南旱灾不仅次数多,而且持续时间长。据统计,明代河南共发生大旱28次,其中,崇祯十年至十四年(1637—1641)的河南旱灾,无论是从严重程度上还是从持续时间上看均为历史上所罕见。

明成化十九年至二十一年(1483—1485),河南持续干旱少雨,粮食奇缺。

---

① 《虞城县志》卷八《艺文》。
② 陕县地方史志编纂委员会编:《陕县志》,河南人民出版社1988年版,第46页。
③ 康熙《襄城县志》,转引自河南省水利厅水旱灾害专著编辑委员会编著:《河南水旱灾害》,黄河水利出版社1999年版,第164页。
④ 河南省水利厅水旱灾害专著编辑委员会编著:《河南水旱灾害》,黄河水利出版社1999年版,第164页。
⑤ 河南省水利厅水旱灾害专著编辑委员会编著:《河南水旱灾害》,黄河水利出版社1999年版,第39页。

刚上任不久的怀庆府温县知县胡宣在"请荒疏"中说:"臣一入县境,田野荒芜,流民载道,烟火断绝,鸡犬无闻,啼饥号寒而哀声动地,抛妻弃子而怨声冲天,积尸惟存其骨,林木尽去其皮,观此灾异,实为可怜。"①明成化二十年(1484)九月,巡抚河南右副都御史赵文博等奏:"境内荒旱,流移载道,苟有啸聚之患,民兵军余不足发调,请留属卫防戍,京营及诸边官军相兼操练。"朝廷给他这样的答复:"京营操兵以备非常,不可既废。今弘农、南阳、河南、怀庆、嵩县五卫所被灾尤甚,其秋班未至者宜留本境,同春班当休者城守操侯,余宣府诸卫之后期者,仍遣赴京而贷其罪,若明年春班则必趣使依限,诸边戍兵亦宜视此例而留遣之。"同年十月,赵文博再次奏请朝廷:"河南旱灾特甚,民多流亡,各王府请修府第、仓廒、坛庙、仪仗乞暂为停止;又河南都司、宣武等卫所逋负军器,亦请暂免征,以俟丰年。"②由此可见河南这场旱灾的严重性。

嘉靖七年(1528)春夏之际,一场大旱波及整个河南布政司,除豫北彰德府外无一幸免。其中,开封府的31个州县中有一半的州县遭灾,卫辉府只有一个县没有遭灾,怀庆府和汝州直隶州全境遭灾。③ 据一些地方志记载,可以看出河南这场旱灾的严重程度。比如,怀庆府的修武县"七年夏,大饥,人相食,秋蝗结块如斗,飞行蔽天"④。开封府扶沟县嘉靖七年(1528)"夏,旱,苗尽枯",八年(1529)"夏六月,蝗旱,晚禾俱伤"。⑤ 汝州直隶州鲁山县"嘉靖七、八年,相继旱荒无收,民饿死者太半,活者相食,间有父子夫妻相残而不忍观者"⑥。

明崇祯十年至十四年(1637—1641),河南连续5年大旱。在这5年中,河南的旱灾经历了一个从轻到重,再由重到轻的发展过程。波及的范围也有一个类似的规律,即河南的受灾州县从崇祯十年(1637)的26个逐步发展到崇祯十三年(1640)的84个,然后再从崇祯十三年(1640)的84个减少至崇祯十四年(1641)的53个。⑦ 崇祯十一年(1638),灵宝县"天道亢旱,赤地千里,寸粒不

① 雍正《河南通志》卷七十六《艺文·疏》。
② 《明实录·宪宗实录》卷二百五十七。
③ 张耀仁:《明代河南灾荒与官民的对应措施》,暨南国际大学硕士论文2014年,第53页。
④ 民国《修武县志》卷十六《祥异》。
⑤ 光绪《扶沟县志》卷十五《灾祥志》。
⑥ 嘉靖《鲁山县志》卷十《识杂·灾祥》。
⑦ 河南省水利厅水旱灾害专著编辑委员会编著:《河南水旱灾害》,黄河水利出版社1999年版,第185页。

收,人民饥死者十之四五"①。崇祯十二年(1639),继续大旱,黄河流域的嵩县、陕县、沁阳等地,淮河流域的睢县、鄢陵、泌阳、郑州、登封等地,海河流域的内黄、清丰等地以及长江流域的内乡等县均有这一年旱灾方面的记载。崇祯十三年(1640),由于前几年连续干旱少雨,全省有 70 多个州县的县志上有饿死人甚至"人相食"之类的记载。比如,杞县有"人相食,市有卖人肉者"的记载,睢县有"人相啖食,食死尸者"的记载,扶沟有"母食其子,妻烹其夫"的记载,夏邑有"大饥,人相食"的记载,洛宁有"父子、母子、夫妻相食者"的记载,等等。崇祯十四年(1641),受灾范围虽然较前一年有所减少,但仍有 53 个州县旱情比较严重。其中,淮河流域的杞县、长葛、西华、商水、永城、淮阳,黄河流域的洛阳,海河流域的辉县、安阳、濮阳等地最为严重。

(三)水旱灾害频发的主要原因

明代河南境内水旱灾害频发主要有以下几个方面的原因。

一是全球性气候变冷的影响。从 13 世纪中叶开始,全球气候发生了比较明显的变化,即气温呈总体下降趋势,转入一个新的寒冷期,气候学上称之为"全球性的小冰期"。这一寒冷期一直持续到 19 世纪中叶,成为中国古代最为寒冷的时期。② 而这一个寒冷期覆盖了整个明代,尤其是明末清初更是属于气候变化的寒冷期或严重恶化期,这种恶劣的气候对包括河南在内的广大中原地区的生态环境产生了重要影响。"元后期至清末,黄淮海平原有两个基本的特征,其一,整个平原气候寒冷化,气温比现代低。其二,气温方差增大,气候具有不稳定性,年内和年际的波动比现代大。"③这种恶劣气候使河南境内的生态环境变得更加恶劣,一旦遭到破坏就很难在短时间内得到恢复。

二是战乱的严重破坏。元末统治者的残酷统治及农民战争使包括河南在内的中原地区"道路皆榛塞,人烟断绝"。温县牛洼村《牛氏族谱》记载:"兵戮河南,赤地千里。"因元军和地主武装对农民起义军所据之地采取"拔其地、屠其城"的镇压措施,使河南等地的居民"十亡七八",当时的河南已到了"春泥归来

---

① 光绪《灵宝县志》卷八《祧祥》。
② 竺可桢:《中国近五千年来气候变迁的初步研究》,《考古学报》1972 年第 1 期。
③ 邹逸麟主编:《黄淮海平原历史地理》,安徽教育出版社 1993 年版,第 48 页。

无栖处,赤地千里少人烟"的窘境。明朝建立后,大量移民开始流向这一地区,其中最著名的是洪洞移民。河南人口数量逐步恢复,并在明中期形成一个高速增长期。据统计,在洪武十四年(1381)河南人口总数只有189.11万人,到万历六年(1578)就增加到519.36万人。① 人口数量的增加推动了河南农业的发展。河南耕地面积在洪武二十四年(1391)只有275309顷,到万历三十六年(1608)就猛增到954176顷。

　　三是乱砍滥伐和过度开垦。乱砍滥伐和滥垦使黄河中游地区的森林、地表植被与土壤遭到严重破坏,导致缘边地区的土地退化、沙化。到唐宋时期,黄河中下游的原始森林已经十分罕见。到明代,因修建北京城和长城等,大量砍伐树木,以致到终南山和长城附近砍伐树木的人往往"百家成聚,千夫为邻,逐之不可,禁之不从","延烧者一望成灰,砍伐者数里如扫"。② 与此同时,明代在黄河中上游地区进行"军屯"和"民屯",大面积植被破坏殆尽。陕西榆林附近地区"一望黄沙,弥漫无际,寸草不生,猝遇大风,即有一二可耕者,曾不终朝,尽为沙碛,疆界茫然"③。这样,黄土高原的水土流失程度变得更加严重,黄河中下游的水变得更加混浊。从阌乡至虞城的黄河"流日久,土日松;土愈松,水愈浊。故平时之水,以斗计之,沙居其六,一入伏秋,则居其八矣"④。

　　四是政府决策失当使豫东等地的水患更加频繁。为保护运河和保障漕运畅通,从明成化年间到万历年间,历朝统治者在治理黄河水患与保证运河畅通发生矛盾时,都会毫不犹豫地选择"保漕""护陵"。明弘治皇帝曾经说过:"古人治河,只是除民之害。今日治河,乃是恐妨运道,致误国计。"⑤明知黄河在河南、山东交界处的地势为西南高、东北低,却逆水之性,强行堵绝黄河北流,迫使黄河河水全部南流。这种不顾自然规律的"北堵南分"治河方略给黄河下游两岸广大地区造成了严重灾害,尤其是归德、曹县、单县、砀山一带的水患最为严重。翻开归德府各州县的地方志有关自然灾害的一节,几乎每一页上都有"水患"二字。比如,洪武年间,河决归德,经夏邑、永城诸县;成化年间,河决鹿邑、

① 貂琦主编:《中国人口》(河南分册),中国财政经济出版社1989年版,第40页。

② 《明经世文编》卷四百一十六《摘陈边计民艰疏》。

③ 《明经世文编》卷三百五十九《清理延绥屯田疏》。

④ 《明经世文编》卷三百七十五《题为陈愚见议两河经略疏》。

⑤ 《明实录·孝宗实录》卷七十二。

虞城诸县;弘治年间,河决归德、考城、夏邑、永城诸县;嘉靖年间,河决鹿邑、归德、永城、虞城、睢州、宁陵、商丘诸县;万历年间,河决鹿邑、虞城、永城、商丘、鹿邑、夏邑、宁陵诸县;崇祯年间,河决睢州、永城、鹿邑、虞城诸县;等等。①

　　五是负责水利的官员贪污腐化。元末,贾鲁以工部尚书为总治河防使,奠定了河道总督的雏形。永乐九年(1411),"遣尚书治河,自后间遣侍郎、都御史。成化后,始称总督河道";成化七年(1471),"命王恕为工部侍郎,奉敕总理河道。总河侍郎之设,自恕始也"。② 在明代,总督河道并未形成定制,往往以管理漕运的都督兼管河务,每当遇有洪灾,就临时派遣总河大臣前往指挥治理,事毕即撤。由于治河管理体制的不完善,在治河过程中因管理上的混乱而滋生的腐败屡见不鲜。在黄河治理方面,明代中前期虽然曾有"三年一小挑,五年一大挑"的惯例,但到明万历以后,这一制度已经名存实亡。因得不到经常性的疏浚,黄河河床越淤越高,以致"连年冲决"③。而对一些河官而言,他们早就将黄河的修治作为自己营私舞弊、中饱私囊的机会。他们对日益频繁的黄河决口,不仅不着急,反而幸灾乐祸,甚至自觉不自觉地期待黄河发生决溢。正如顾炎武所说的那样:"天启以前,无人不利于河决者。侵克金钱,则自总河以至闸官,无所不利;支领工食,则自执事以至于游闲无食之人,无所不利。""于是频年修治,频年冲决,以驯致今日之害,非一朝一夕之故矣。"④可见,官员的贪得无厌,也是明中后期黄河频繁决口以及水旱灾害频发的重要原因。

第二节　黄河决溢改道及治理

　　明代河南黄河段出现多次决溢和改道。决口次数之多和改道之频繁在黄

---

①　刘森:《明代河南的黄河水患与地方社会——以归德府为例》,《华北水利水电学院学报(社科版)》2009 年第 5 期。

②　《明史》卷七十三《职官志二》。

③　〔明〕文秉:《烈皇小识》卷六。

④　〔清〕顾炎武:《日知录》卷十二《河渠》。

河水利史上都是十分罕见的。面对这些决溢和改道,中央和地方政府都先后采取了一些防治措施,并取得了一些成效,为后来的治河积累了一些经验。

一、黄河的决溢改道

根据黄河水利委员会所编的《人民黄河》统计,仅在明代的 276 年间,黄河决口和改道就达 456 次,平均约每七个月一次,其中大改道 7 次。① 据陈志清的统计,明代黄河决口 312 次,平均 0.88 年决口一次。② 另据郑肇经统计,明代黄河决口共计 301 次,漫溢 138 次,迁徙 15 次。③

从明太祖洪武元年(1368)到明孝宗弘治十八年(1505)近 140 年间,黄河的决溢和改道次数比前代有增无减。其中,开封上下的河段是河患的高发区。据史书记载,从洪武年间至弘治年间的 138 年中就有 59 个年份发生黄河决溢。其中百分之八九十又都发生在兰阳(今河南兰考)、仪封(今河南兰考东)以上的河南境内。仅开封(包括祥符区)有决溢记载的年份高达 26 年之多。④

洪武八年(1375),"河决开封太黄寺堤"⑤;洪武十四年(1381)八月,河南"原武、祥符、中牟诸县河决为患"⑥;洪武十五年(1382)七月,黄河"决荥泽、原武";洪武十七年(1384)八月,河"决开封东月堤,自陈桥至陈留横流数十里,又决杞县,入巴河";洪武二十二年(1389),"河没仪封,徙其治于白楼村";洪武二十三年(1390)春,黄河"决归德州东南凤池口,径夏邑、永城";洪武二十四年(1391)四月,黄河"决原武黑洋山,东经开封城北五里,又东南由陈州、项城、太和、颍州、颍上,东至寿州正阳镇,全入于淮。而贾鲁河故道遂淤";⑦洪武二十五年(1392)正月,"河决开封府之阳武县,浸淫及于陈州、中牟、原武、封邱、祥符、

---

① 张含英:《明清治河概论》,水利电力出版社 1986 年版,第 11 页。

② 陈志清:《历史时期黄河下游的淤积、决口改道及其与人类活动的关系》,《地理科学进展》2001 年第 1 期。

③ 郑肇经:《中国水利史》,商务印书馆 1939 年版,第 104 页。

④ 程有为主编:《黄河中下游地区水利史》,河南人民出版社 2007 年版,第 183—184 页。

⑤ 《明史》卷八十三《河渠志一》。

⑥ 《明实录·太祖实录》卷一百三十八。

⑦ 《明史》卷八十三《河渠志一》。

兰阳、陈留、通许、太康、扶沟、杞县等十一州县"①,造成大面积受灾;洪武三十年(1397)八月,"决开封,城三面受水",同年冬"蔡河徙陈州。先是,河决,由开封北东行,至是下流淤,又决而之南"。②

在明成祖永乐年间,即1403—1424年这22年之中,黄河决溢泛滥多达11个年份,仅开封段黄河决溢就多达5次。由于此段黄河早已成为悬河,河水居高临下,开封城多次遭到破坏。永乐三年(1405),"河决温县堤四十丈","淹民田四十余里";永乐八年(1410)秋,"河决开封,坏城二百余丈,民被患者万四千余户,没田七千五百余顷";永乐十四年(1416),黄河再次于开封决口,并形成一支分流,"经怀远,由涡河入于淮"。③

正统年间即1436—1449年,河南段黄河决溢的次数也不少。正统二年(1437),"筑阳武、原武、荥泽决岸。又决濮州、范县";正统三年(1438),"河复决阳武及邳州,灌鱼台、金乡、嘉祥";正统十年(1445)九月,黄河决于封丘金龙口、阳谷堤及张家黑龙庙口,致使"徐、吕二洪亦渐浅,太黄寺巴河分水处,水脉微细";④正统十年(1445)十月"辛亥,河南睢州、磁州、祥符、杞县、阳武、原武、封丘、陈留、安阳、临漳、武安、汤阴、林县、涉县皆以今夏久雨河决";⑤正统十三年(1448),河南境内黄河多处发生决口,黄河改流为二:"一自新乡八柳树决,由故道东经延津、封丘入沙湾。一决荥泽,漫流原武,抵开封、祥符、扶沟、通许、洧川、尉氏、临颍、郾城、陈州、商水、西华、项城、太康等处,没田数十万顷,而开封为患特甚。"⑥

在景泰、天顺年间,即1450—1464年的15年中,黄河决溢多达11次。其中绝大部分决溢发生在河南段。景泰四年(1453)五月,"沙湾决,舟船不得前"⑦。天顺五年(1461)七月,河"决汴梁土城","城中稍低之处水深丈余,官舍民居漂没过半,公帑私积荡然一空。周府宫眷并臣等各乘舟筏避于城外高处",军民死

---

① 雍正《河南通志》卷十四《河防四》。
② 《明史》卷八十三《河渠志一》。
③ 《明史》卷八十三《河渠志一》。
④ 《明史》卷八十三《河渠志一》。
⑤ 《明实录·英宗实录》卷二百一十五。
⑥ 《明实录·英宗实录》卷二百三十。
⑦ 《明实录·英宗实录》卷二百二十七。

者"不可胜纪"。①

成化年间即 1465—1487 年,河南境内较大的河患有所减少,而到弘治年间即 1488—1505 年,河患又呈多发态势。"弘治二年五月,河决原武,支流为三:一决封丘金龙口,漫祥符下曹、濮,冲张秋长堤,一出中牟,下尉氏,一泛滥仪封、考城、归德,入于宿。"②

1641 年,李自成率起义军从陕西进入河南南阳,一路攻克宜阳、偃师、密县、宝丰,沿途归顺起义军的饥民就有数万人之多。其中,杞县人李岩、永城人宋献策、卢氏人牛金星等先后投靠李自成。李自成农民军于崇祯十五年(1642)四月底第三次攻打开封,采取长期围困的策略,开封城处于孤立无援、坐以待毙的境地。困守开封的巡抚高名衡、推官黄澍、巡按御史严云京等人认为,开封城墙高大坚固,而开封城外地势平坦,李自成军老营驻地阎家寨地势较低,一旦黄河决口,势必水淹农民起义军军营以解开封之围。然而,因当时黄河水量不大,掘开黄河堤防后,既没有淹没农民起义军军营,也没有淹没开封城,只不过是把原来干涸的护城壕沟灌满,给官军守城加了一道屏障。九月十五日,黄河水从六月底所掘之口漫出,水势迅速扩大,波涛汹涌,势不可挡。十六日,洪水首先冲开曹门,然后四门皆被冲开,开封遭受灭顶之灾。开封城被淹之后,洪水几乎与城墙齐高,城内一片汪洋,水面上只看见钟鼓两楼及延庆观,还有周王府、大相国寺的殿脊。周王及其家眷数百人乘船提前逃出开封。城内数十万居民,除少数人爬上高地、高房获救外,其余绝大部分淹死水中,其状惨不忍睹。洪水淹了开封之后,滚滚向东南方向奔去,注入涡河、淮河,沿途河南、安徽、江苏三省大片土地被淹,数百万人口受灾。这次决口正值兵荒马乱时期,堵口及救灾工作无法进行,人民生命财产所受损失巨大,无法估量。直到清顺治四年(1647)决口才被堵住。

二、黄河的治理及其成效

中国古代治水发展到明代,已经达到了一个新的高度,涌现出王永和、徐有

---

① 《明实录·英宗实录》卷三百三十。
② 乾隆《曹州府志》卷五《河防志》。

贞、白昂、潘季驯、万恭、刘大夏、刘天和等治河名臣。他们的治河思想及治水实践不仅对明代黄河的治理产生了重要的积极作用，而且对后世水利建设事业也产生了深远的影响。

（一）王永和等人的治河实践

明正统初年，黄河屡次北决，威胁沙湾运道。正统十三年（1448），"陈留水夏涨，决金村堤及黑潭南岸。筑垂竣，复决。其秋，新乡八柳树口亦决，漫曹、濮，抵东昌，冲张秋，溃寿张沙湾，坏运道，东入海"①。同时，荥泽孙家渡也决口，河水东南漫流原武、开封、祥符、扶沟、通许、洧川、尉氏、临颍、郾城、陈州、商水、西华、项城、太康十数州县，"没田数十万顷"②。八柳树决口后，漕运受阻，朝廷命工部侍郎王永和主持疏浚事宜。王永和主持疏浚原武黑洋山、西湾，引水由太黄寺接济运河，修筑沙湾堤大半而不敢尽塞，置分水闸，设三孔放水，自大清河入海，且设分水闸二孔于沙湾西岸，以泄上流。虽然朝廷同意王永和的请求，但由于八柳树决口暂停堵塞，这次治河未竟全功。景泰二年（1451），朝廷特令山东巡抚都御史洪英、河南巡抚都御史王暹协同治河。不久，又命工部尚书石璞前往治河。石璞到任后，不仅疏浚了从黑洋山到徐州的黄河故道，而且筑石堤于沙湾"以御决河"，并"开月河二，引水以益运河，且杀其决势"。由于采取了上述措施，到次年五月，"河流渐微细，沙湾堤始成"③。但是不到一个月时间，黄河又在沙湾北岸决口，"掣运河之水以东，近河地皆没"④。朝廷又命山东巡抚都御史洪英督促地方官修筑，并命中官黎贤、武艮，工部侍郎赵荣也一道前往督治。

（二）徐有贞对沙湾的治理

徐有贞，字元玉，号天全，江苏吴县（今苏州）人。他"究心经济，于天官、地

---

① 《明史》卷八十三《河渠志一》。

② 河南黄河河务局编：《河南黄河大事记》，黄河水利出版社2013年版，第49页。

③ 转引自许广州、郭庆杰、杨晓新等：《台前大运河——大运河台前段历史沿革与运河文化研究》，东北师范大学出版社2011年版，第42页。

④ 《明史》卷八十三《河渠志一》。

理、兵法、水利、阴阳、方术之书无不博览"①。景泰四年(1453)正月,黄河在新塞口之南决口。至四月,决口堵塞。五月,遭遇大雷雨,沙湾北岸再度决口,"掣运河水入盐河,漕舟尽阻"。面对屡治屡决的严峻局面,经群臣举荐,是年十月,徐有贞以金都御史之职受命治理沙湾决口。徐有贞至沙湾进行实地勘察后,向朝廷上书提出治河三策:一是"置水闸门",二是"开分水河",三是"挑深运河"。所谓置水闸门,就是"置闸门于水而实其底,令高常水五尺。小则拘之以济运,大则疏之使趋海,则有通流之利,无埋塞之患矣"。关于开分水河,他认为:"凡水势大者宜分,小者宜合。今黄河势大恒冲决,运河势小恒干浅,必分黄水合运河,则有利无害。"为此,他建议:"请度黄河可分之地,开广济河一道,下穿濮阳、博陵及旧沙河二十余里,上连东、西影塘及小岭等地又数十里,其内则有古大金堤可倚以为固,其外有八百里梁山泊可恃以为泄。至于新置二闸亦颇坚牢,可以宣节,使黄河水大不至泛滥为害,小亦不至于干浅以阻漕运。"②当时有人对此提出异议。明代宗朱祁钰特派使臣当面询问徐有贞,徐有贞为使臣做了一次水箱放水试验:"徐出示二壶,一窍五窍者各一,注而泻之,则五窍者先涸。使归而议决。"③至于挑深运河,徐有贞认为:"水行地中,避高趋卑,势莫能遏。故河道深,则能蓄水,浅则弗能。今运河自永乐间尚书宋礼即会通河浚之,其深三丈,其水丈余,但以流沙,……恒多淤塞。后平江伯陈瑄为设浅铺,又督军丁兼挑,故常疏通。久乃废弛,而河沙益圩不已,渐至浅狭。今之河底乃与昔之岸平,其视盐河上下固悬绝,上比黄河来处亦差丈余,下比卫河接处亦差数尺。所以,取水则难,走水则易,诚宜浚之如旧。"④

明景泰四年(1453)年底,徐有贞所上三策得到朝廷批准,便将其付诸实施。治河工程自次年春开始,"设渠以疏之,起张秋金堤之首,西南行九里至濮阳泺,又九里至博陵陂,又六里至寿张之沙河,又八里至东、西影塘,又十有五里至白岭湾,又三里至李鞬,凡五十里。由李鞬而上二十里至竹口莲花池,又三十里至大潴潭,乃逾范暨濮,又上而西,凡数百里,经澶渊以接河、沁,筑九堰以御河流

---

① 《四库全书总目》卷一百七十《武功集》。

② 《明史》卷八十三《河渠志一》。

③ 《明经世文编》卷五十四《宿州符离桥月河记》。

④ 〔明〕徐有贞:《徐武功文集》,见《明经世文编》卷三十七。

旁出者,长各万丈,实之石而键以铁"。"沙湾之决垂十年,至是始塞。"①竣工于景泰六年(1455)夏。徐有贞这次治理使沙湾发生了翻天覆地的变化:"昔也,沙湾如地之狱,今也,沙湾如天之堂。"②从此,"河水北出济漕,而阿、鄄、曹、郓间,田出沮洳者,百数十万顷"③。

(三)白昂、刘大夏等人对张秋决河的治理

明弘治二年(1489)五月,黄河从封丘金龙口决堤,使黄河发生有史以来的第五次改道。河水过沁水溢流为二:一自祥符于家店,经兰阳、归德至徐州、邳州等地流入淮河;一自荆隆至仪封黄陵冈,东经曹州、濮州等地流入张秋运河。所到之处"坏民庐舍,且势损南北运道"④。九月,朝廷任命江南(今江苏)武进人白昂为户部侍郎,修治河道,并"赐以特敕,令会山东、河南、北直隶三巡抚,自上源决口至运河,相机修筑"⑤。白昂溯淮河而上,抵达河南中牟等县,进行实地考察。当时黄河决口后,十分之三的河水南流,十分之七的河水北流。"南决者,自中牟杨桥至祥符界析为二支:一经尉氏等县,合颍水,下涂山,入于淮;一经通许等县,入涡河,下荆山,入于淮。又一支自归德州通凤阳之亳县,亦合涡河入于淮。北决者,自原武经阳武、祥符、封丘、兰阳、仪封、考城,其一支入金龙等口,至山东曹州,冲入张秋漕河。"⑥次年正月,白昂上书朝廷,主张在南岸"宜疏浚以杀河势",而"于北流所经七县,筑为堤岸,以卫张秋"⑦的建议得到批准。于是在娄性的协助下,"役夫二十五万,筑阳武长堤,以防张秋。引中牟决河出荥泽阳桥以达淮,浚宿州古汴河以入泗,又浚睢河自归德饮马池,经符离桥至宿迁以会漕河,上筑长堤,下修减水闸。又疏月河十余以泄水,塞决口三十六,使河流入汴,汴入睢,睢入泗,泗入淮,以达海,水患稍宁"⑧。

---

① 《明史》卷八十三《河渠志一》。
② 〔明〕谢肇淛:《北河纪》卷三《治水功成题名记》。
③ 《明史》卷八十三《河渠志一》。
④ 黄河水利委员会黄河志总编辑室编:《黄河志》卷十一《黄河人文志》,河南人民出版社1994年版,第302页。
⑤ 河南黄河河务局编:《河南黄河大事记》,黄河水利出版社2013年版,第51页。
⑥ 河南黄河河务局编:《河南黄河大事记》,黄河水利出版社2013年版,第51页。
⑦ 河南黄河河务局编:《河南黄河大事记》,黄河水利出版社2013年版,第51页。
⑧ 《明史》卷八十三《河渠志一》。

时隔两年，黄河又发生多处决口。"时河溢沛、梁之东，兰阳、郓城诸县皆被其患，复决杨家、金龙等口东注，溃黄陵冈，下张秋堤。"①"于是张秋上下势甚危急，白堂邑(·今山东鱼台西北)至济宁多崩圮，而戴家庙减水闸浅隘不能泄水，小有冲决。"②朝廷又派工部侍郎陈政督治。不久，陈政以身殉职。

明弘治六年(1493)夏，天降大雨，河流骤涨。荆隆口一支洪水冲决张秋运河东岸，合汶水东注入海，造成运道淤涸，漕舟断绝。朝廷以湖广华容人刘大夏为副都御史，负责治理张秋决河。在任命刘大夏的上谕中，明孝宗阐述了此次治理张秋的重要性。他指出："今日治河，乃是恐妨运道，致误国计，其所关系，盖非细故。"并告诫刘大夏"即移文总督漕运巡河管河等官约会，自济宁循会通河一带，至于临清"，"必使粮运通行，不至过期，以失岁额。粮运既通，方可溯流寻源，按视地势，商度工用，以施疏塞之方，以为经久之计。必使役不再兴，河流循轨，国计不亏"。③

明弘治六年十二月，巡按河南御史涂升上书朝廷，明确提出治理黄河水患的四条对策："一曰疏浚。荥、郑之东，五河之西，饮马、白露等河皆黄河由涡入淮之故道。其后南流日久，或河口以淤高不泄，或河身狭隘难容，水势无所分杀，遂泛滥北决。今惟躐上流东南之故道，相度疏浚，则正流归道，余波就壑，下流无奔溃之害，北岸无冲决之患矣。二曰扼塞。既杀水势于东南，必须筑堤岸于西北。黄陵冈上下旧堤缺坏，当度下流东北形势，去水远近，补筑无遗。排障百川悉归东南，由淮入海，则张秋无患，而漕河可保矣。"④涂升的这几条治河建议的核心观点是重北轻南，并以保漕为主。他的这些建设性意见和建议因符合明王朝的根本利益而受到朝廷的充分肯定。

明弘治七年(1494)五月，朝廷又派太监李兴、平江伯陈锐前往张秋，协助刘大夏治河。刘大夏在实地考察中发现，下游"河流湍悍，决口阔九十余丈"⑤，要想直接在下游堵塞决口，显然有很大难度。于是他决定首先在"决口西南开月河三里许，使粮运可济"，然后"浚仪封黄陵冈南贾鲁旧河四十余里，由曹出徐，

①　《明史纪事本末》卷三十四《河决之患》。
②　《明史》卷八十三《河渠志一》。
③　《明实录·孝宗实录》卷七十二。
④　《明史》卷八十三《河渠志一》。
⑤　《明史》卷三十《五行志》。

以杀水势。又浚孙家渡口，别凿新河七十余里，导使南行，由中牟、颍川东入淮。又浚祥符四府营淤河，由陈留至归德分为二。一由宿迁小河口，一由亳涡河，俱会于淮"。最后"沿张秋两岸，东西筑台，立表贯索，联巨舰穴而窒之，实以土。至决口，去窒沉舰，压以大埽，且合且决，随决随筑，连昼夜不息"。① 经过上下齐心协力，终于堵塞住张秋决口，明孝宗为此下令改张秋镇为安平镇。这次堵口取得成功，反映了明代河南人民与河患作斗争的智慧和坚定信念。

为遏制河水北流，在筑塞张秋决口后，刘大夏又于弘治八年（1495）正月，筑塞了黄陵冈及荆隆口（金龙口）等口门7处。因河南诸口唯黄陵冈堵塞最为困难，"故既塞之后特筑堤三重以护之。其高各七丈，厚半之。又筑长堤荆隆口之东西各二百余里，黄陵冈之东西各三百余里，直抵徐州"。② 其中大名府长堤，"起胙城，历滑县、长垣、东明、曹州、曹县抵虞城，凡三百六十里"，称作太行堤；西南荆隆等口新堤"起于家店，历铜瓦厢、东桥抵小宋集，凡百六十里"，到当年秋天即大功告成。因有"大小二堤相翼，而石坝俱培筑坚厚"，从而有效地阻挡了黄河北流。从此，黄河"复归兰阳、考城，分流径徐州、归德、宿迁，南入运河，会淮水，东注入海"。③ 黄河既南行故道，下游张秋遂无溃决之患。

（四）刘天和、万恭等人的治河实践

刘天和（1497—1546），字养和，湖广麻城（今属湖北）人。曾以都察院右副都御史的身份总理河道，著有《问水集》6卷。他虽然主持治河的时间不长，但注重调查研究，"历汴及淮，浮汶达济，周回数千里，断港故洲，渔夫农叟亦无不咨询"④。无论在河工理论还是治河实践上，他都有独到的建树。一是通过数据的量化分析，得出了黄河中下游泛决频繁的主要原因："孟津以下，河流甚广，荥泽漫溢至二三十里，封丘、祥符亦几十里许。而下流甚隘，一支出涡河口，广八十丈；一支出宿迁小河口，广二十余丈；一支出徐州小浮桥口，亦广二十余丈；

---

① 《明史》卷八十三《河渠志一》。

② 左慧元编：《黄河金石录》，黄河水利出版社1999年版，第58页。

③ 《明史》卷八十三《河渠志一》。

④ 中国水利史典编委会编：《中国水利史典·黄河卷一》，中国水利水电出版社2015年版，第54页。

三支不满一里。中州之多水患,不在兹欤?"①二是创造性地提出以柳护堤的生物固堤技术。他在总结前人经验的基础上,提出"植柳六法"。自嘉靖十四年(1535)正月中至四月初,刘天和主持治理黄河时,"及于堤两边,纵横遍栽高柳、卧柳、编柳、低柳、深柳共二百七十二万五千三百零九株"②。三是弄清黄河迁徙频繁的原因。他在《问水集》开篇《统论黄河迁徙不常之由》一文中就探讨了黄河迁徙不常的主要原因:河水至浊易淤;河流湍悍堤防难御;开封段以下黄河已成地上河;缺乏湖泊调节;孟津而下地势平缓,无群山束隘;中州南北土质易崩善决。四是亲手创制了全新的平准仪和其他治水工具。③

万恭,字肃卿,江西南昌人。明中后期著名大臣、治河专家,著有《治水筌蹄》等。隆庆六年(1572),万恭以兵部左侍郎兼都察院右佥都御史总理河道,与工部尚书朱衡协同治河。万恭在分析黄河水情和治河实践的基础上,采纳了河南虞城一位秀才提出的"以河治河"(筑堤束水,刷槽淤滩)的建议,首次在《治水筌蹄》中提出"筑堤束水,以水攻沙"之说,其首倡之功实不可没。④ 此外,万恭还仿照"飞报边情"的办法,创立了从上游向下游传递洪水情报的制度。《治水筌蹄》中说:"上自潼关,下至宿迁,每三十里为一节,一日夜驰五百里,其行速于水汛。凡患害急缓,堤防善败,声息消长,总督者必先知之,而后血脉通贯,可从而理也。"这就为及时了解黄河的洪水和工情及部署防汛争取了主动性。

(五)潘季驯的治河活动

潘季驯,字时良,浙江乌程(今浙江湖州)人,16世纪中国著名的治黄水利专家,著有《河防一览》《总理河漕奏疏》《两河经略》等。嘉靖四十四年(1565)至万历二十年(1592),他曾四次总理河道,奉命治理黄河,为明代的治河事业作出了杰出贡献。

---

① 中国水利史典编委会编:《中国水利史典·黄河卷一》,中国水利水电出版社2015年版,第57页。

② 中国水利史典编委会编:《中国水利史典·黄河卷一》,中国水利水电出版社2015年版,第93页。

③ 卢勇:《明代刘天和的治水思想与实践——兼论治黄分流、合流之辨》,《山西大学学报(哲学社会科学版)》2016年第3期。

④ 吴海燕、郭孟良:《万恭及其〈治水筌蹄〉初探》,《河南师范大学学报(哲学社会科学版)》1991年第4期。

嘉靖四十四年(1565)七月,潘季驯第一次总理河道,通过实地考察和调研,就提出了"开导上源,疏浚下流"的治理方案。潘季驯第三次总理河道时,针对黄河水流含沙多的特点,明确提出了"筑堤束水,束水攻沙,蓄清刷黄"的治河方略。万历七年(1579),潘季驯采取"塞决口以挽正河""筑堤防以杜溃决""复闸坝以防外河""创滚水坝以固堤岸""止浚海工程以省糜费""寝开老黄河之议以仍利涉"等治理办法,使黄河由兰阳经归德、虞城境北、徐州等地归于一流,至清河汇淮入海,由此出现了"留连数年,河道无大患"的良好局面。①

第三节　农田水利事业的新发展

明前期,中央政府和河南地方政府都比较重视农田水利建设,并取得了不少成绩。河南农田水利事业得到较快发展,不仅大兴陂塘,而且兴建了一批骨干工程。然而,明中后期的河南与全国其他地区一样,各地水利严重失修,水利设施逐渐荒废,大大削弱了抵御自然灾害的能力,使自然灾害没有任何因素制约而频繁发生。"旱涝无备""一遇小水,辄成大灾"就是对水利失修状态下灾害频仍的形象描述。

一、农田水利建设的主要成就

在中央和地方政府的高度重视下,明代特别是明中前期大河南北地区的农田水利事业都有了一定程度的发展。

(一)明中前期中央政府对发展农田水利事业的高度重视

明初中央政府对水利建设非常重视,多次颁布谕旨,晓谕官民重视兴修农

---

① 《明史》卷八十四《河渠志二》。

田水利。明太祖朱元璋曾颁布圣旨:"凡各处闸坝陂池,引水可灌田亩以利农民者,务要时常整理疏浚。如有河水横流泛滥、损坏房屋田地禾稼者,须要设法堤防止遏。或所司呈禀,或人民告诉,即便定夺奏闻。若隶各布政司者,照会各司。直隶者,札付各府州,或差官直抵处所,踏勘丈尺阔狭,度量用工多寡。若本处人民足完其事,就便差遣。傥有不敷,着令邻近县分添助人力。所用木石等项,于官见有去处支用。或发遣人夫,于附近山场采取。务在农隙之时兴工,毋妨民业。如水患急于害民、其功可卒成者,随时修筑以御其患。"①

为加强对全国水利建设事业的督促,明太祖在洪武二十七年(1394)再次颁布谕令:"凡天下陂塘湖堰,可潴蓄以备旱暵、宣泄以防霖潦者,皆因其地势修治之。勿妄兴工役、掊克吾民。又遣监生及人材分诣天下,督吏民修治水利。"②明永乐时期,中央政府对兴修水利也很重视,尤其是对南北大运河进行了大规模治理。

明中期,尤其是英宗、宪宗、孝宗期间,政府对水利事业仍然比较重视。明英宗就曾多次下发兴修水利的谕令。如正统二年(1437)秋七月发布谕令:"凡各处闸坝陂堰圩田、滨江近河堤岸有损坏当修筑者,先计工程多寡,于农隙之时量起人夫用工。工程多者,先修要紧之处。其余以次用工,不许迫急。其起集人夫,务在受利之处验其丁力,均平差遣,勿容徇私作弊。凡所作工程,务要坚固经久,不许苟且。府县正佐官时常巡视,毋致损坏。"③

正统六年(1441)十一月,明英宗再次昭告天下:"农作以水利为要,各处堤防闸坝,或年久坍塌,不能蓄泄。陂塘淤塞及旧为豪强占据,小民不得灌溉,已令修复。或有未修复者,该管官司仍即依例整理。应修筑者,悉令修筑,不许怠慢。敢有倚恃豪强占据水利者,以土豪论罪。布政司、按察司官、巡按御史巡历提督,务见实效。若苟具文书,虚应故事,一体论罪。"④

明中期以后,随着政府腐败、财政困难的加剧,明政府不太重视水利建设,"有司者既不以时奏闻,而民间又不肯自出其力,随处修治,遂至于大坏,而潴泄

---

① 《明会典》卷一百九十九《水利》。
② 《明会典》卷一百九十九《水利》。
③ 《明实录·英宗实录》卷六十九。
④ 《明实录·英宗实录》卷八十五。

之法,皆失其常","虽素称沃壤之田,皆荒落不治。而耕稼之民,困饿流离,无以为命"。①

(二)黄河以南地区的农田水利建设

清河灌区的修建与维护。位于河南省东南部固始县境内的清河灌区,是一个著名的古老灌区。早在春秋时期,楚相孙叔敖就在家乡期思史河东岸的蒋集修建了期思陂。东汉建安五年(200),扬州刺史刘馥又在今固始史河岸边的卧龙集修建了茹陂。明代的清河灌区就是在古期思陂和茹陂灌溉工程的基础上进行了重新修复和扩建。其引水口在固始县的黎集,在史河上打沙土坝,凿开东岸的石咀头引水向北,称为清河;又在史河下游自东岸开渠引水称为湛河,引水向东湛河中部与清河尾相会。由于清河长 90 里,湛河长 40 里,合计百余里,故又有"百里不求天"灌区之称。灌区陂塘遍布,灌溉用水先由渠入陂,然后由陂入田,是一种典型的渠塘结合的灌溉工程。

据嘉靖《固始县志》记载,在清河和湛河上分别建有两座石闸、十几座控制蓄水的土坝及 36 处陂塘。从明英宗天顺三年(1459)开始重新修建清河、湛河两大灌区。这两个灌区在发挥了 60 多年的效益之后,世宗嘉靖年间进行了整修扩建,使两大灌区连成一片,形成了著名的"百里不求天"的灌区雏形。明成化十五年(1479)重新修建了清河上的均济闸,新修的闸上可以行走车马。洪武二年(1369)和嘉靖三年(1524)两次修理了清河上的中闸。成化三年(1467)疏浚了湛河,并将溥惠和匀利两闸由原来的木闸改为石闸。自穆宗隆庆年间以后,由于天灾人祸接连不断,这两个灌区的水利日渐荒废,特别是在神宗万历年间,一场特大水灾使水利工程遭到严重破坏,在以后近百年的时间内,一直没有得到很好的恢复。②

明代汝宁府各级官吏都非常重视兴修水利。洪武八年(1375),汝宁知府万孟雅在汝南城北主持修筑汝河大堤,并建有泄水闸两座。成化年间,西平县令将西平城两侧的洪河河道进行裁弯取直,大大减轻了当地的水患。嘉靖年间,西平境内乾江河改入洪河故道,大片良田被淹。知县王诰带领当地人民疏浚渠

---

① 《明经世文编》卷二百一十一《修水利以保财赋重地疏》。

② 康复圣:《淮河流域古代农田水利》,《古今农业》2000 年第 4 期。

道,加筑堤坝,使乾江河水复入澧河。新蔡知县间东带领当地人开九沟,使新蔡段的洪汝水直接注于淮河。万历年间,汝阳知县岳和声派大司农金钱在汝河东岸主持修筑一条 25 公里长的河堤,并疏浚沟渠,重修鸿隙陂。遂平知县徐世隆在沙河两岸筑修河堤以防水患。天启元年(1621),遂平知县胡来进因石羊河水东流漫溢,在吴家桥处开挖一条 1.5 公里长,宽、深各 2 丈的新河,引石羊河水汇流于沙河,使水患得以缓解。[①]

六门堰、钳卢陂的重修与豫西南地区的农田水利建设。明代南阳地区水利建设事业以邓州最为显著。邓州的水利设施于元代末年堙废殆尽,洪武年间渐为修复,其后"户繁土辟,水利益兴,灌溉稻畦,遍于四境"[②]。弘治六年(1473),明孝宗曾下诏兴修召公渠。[③] 正德年间疏导陂堰 40 余处,其后又有堙废。嘉靖三十一年(1552),又修复了 36 陂 14 堰,并筑堤浚渠,[④]水利事业兴盛一时。湍水四渠在明代也曾多次修复。宣德年间修复上石堰、马渡港,[⑤]正统年间修复沙堰。[⑥] 这一时期修复疏浚前代遗迹的有邓州的黄家堰、下默河堰、楚堰、黑龙堰、塘堵堰等,内乡的郑渠堰、东俞公堰、西俞公堰、默河堰等,新野的沙堰、黑龙堰等,镇平的西河堰、上石堰、下石堰、棘林堰、柳林堰等,南阳县的上石堰、马渡港、聚宝盆、泉水堰。新建的水利工程主要有邓州的吕公堰、马龙堰等,内乡的珍珠堰、黄水河堰、木寨堰、北峪堰、长城堰、西河堰、螺丝堰、三层堰、塔子湾堰、青山河堰、沐河堰、揣家堰、老高堰等,镇平的三里河堰、江石堰、湮河堰、沙埠口堰、方山渠、沿岭河渠、杜家河渠、寨子河渠、芦苇河渠、高丘店渠、四道菩萨泉渠、柳泉铺渠等。[⑦]

此外,豫东地区也开展了一些农田水利建设。比如,万历年间,河南中牟知县陈幼学"疏为河者五十七,为渠者百三十九,俱引入小清河,民大获利。大庄诸里多水,为筑堤十三道障之。给贫民牛种,贫妇纺具,倍于确山。越五年,政

① 郭超:《古代驻马店地区的水利工程建设》,《天中学刊》2014 年第 1 期。

② 乾隆《邓州志》卷四《水利》。

③ 光绪《南阳县志》卷九《沟渠》。

④ 乾隆《邓州志》卷二十二《艺文上》。

⑤ 嘉靖《南阳府志》卷二《陂堰》。

⑥ 乾隆《新野县志》卷九《艺文》。

⑦ 《古今图书集成·职方典》卷四百四十九《南阳府山川考下》。

绩茂著"①。

（三）黄河以北地区的农田水利建设

一是沁河灌区水利工程的维护与兴建。沁河是黄河的一条重要支流,沁河灌区水利工程是河南省境内开凿历时最长、保存最为完好的古代水利设施。尤其是秦代开凿的枋口堰,影响最为深远。直至唐代中叶,仍被习惯称为秦渠,宋代称为古枋口,明代弘治时还称为广济渠枋口堰。工程建成后,各个朝代有作为的官员带领民众对渠首进行改造和增修,使之规模愈来愈大,也更趋于实用。明代沁河流域的引水灌溉工程有长足的发展。明代前期,元代在原有基础上修建的广济渠引沁灌溉工程仍然继续发挥作用。

弘治六年(1493),河南参政朱瑄建议,对逐渐淤塞的广济渠进行整修。时任河南巡抚的徐恪派朱瑄整修广济渠,"随宜宣通,置闸启闭,由是田得灌溉"。于是引沁灌区形成了利人、丰稔、广济、温润、减水五条渠道,蜿蜒数百里,犹如五条游龙,因此引沁渠首便被称为"五龙口"。乡民张志于怀庆府西北开浚五龙口置闸,自济源城西南流入黄河,能灌田数千顷。因广济渠时有阻塞,乡官吴道宁创修利仁河。然而,广济渠下游渠道仍容易淤埋,以后又先后新开利人渠、丰稔河两条支渠。隆庆二年(1568),时任怀庆府知府的纪诚主持对引沁灌渠普遍进行了一次大整修。"开创渠河六:在沁水曰通济河,曰广惠北河,曰广惠南河;在丹水曰广济河,曰普济河。"②其中,重修后的广济渠,"长一百五十余里,上宽四丈,深二丈,底宽一丈",灌田5000多顷;新渠又名通济河,灌溉面积比元代增加2000多顷。同时还在五龙口上游沁河北岸的石梯处修建了广惠南北渠,"俱阔一丈五尺,深称之,底得三分之二,南建桥闸一十七,异流三十五里入沁,可灌田二百五十余顷"。③

然而,由于该渠道采取"开畅式土口引水",而土口易淤,下流淹没,利不敌害,旋兴旋废,虽经多次维修,效果都不明显。万历十四年(1586),河内县令黄中色主持进行了修浚,但没过几年又被淤塞。万历二十七年(1599),袁应泰出

---

① 《明史》卷二百八十一《陈幼学传》。
② 乾隆《怀庆府志》卷七。
③ 转引自张芳:《中国古代灌溉工程技术史》,山西教育出版社2009年版,第507页。

任河内县令,时逢严重旱灾,而引沁工程"自国初以来,几经废弛,而今之堙者,四十年许"①。袁应泰经过实地考察后发现,要彻底解决广济渠屡浚屡废而导致枋口石闸门经常遭到损坏这 棘手问题,"非凿南山以通流泉"。万历二十八年(1600),袁应泰发动该县两万多民众,在原枋口石闸门的上游孔山的东北麓凿通山体,作为引水之口。这项工程相当艰巨。施工时,石匠"卧而凿之,渐而下蹲,渐而下俯"。洞穴开凿不久,便遇到一黑色巨石阻挡,"横山而卧,形若大屋",工匠"操利锤,弗入也;以火焚之,亦自若"。袁应泰组织工匠"先之以火,继之以利锤,锤而火之,火复锤之",这样夜以继日,四季不停,"三年如一日,众人如一心",三年过后,终于凿穿山体,开出一条自北而南长 40 余丈、高 2 丈、宽 8 丈的隧洞,充分展示了我国古代劳动人民改造自然的坚定决心与顽强毅力。洞南口有 30 多丈的石明渠。袁应泰"相度水势,凿山为洞,置闸启闭,引水出洞,滔滔汩汩,东南流。历济(源)、河(内)、温(县)、武(陟)四县,卑又数分支流以资遍溉,名曰广济洞、渠"。广济渠主干渠全长 75 公里,经济源、孟县、河内、温县、武陟达于黄河。干渠两岸支渠遍布,到万历年间,规模较大的支渠共有 24 条,统称"二十四堰"。这些纵横交错的渠道使"四境之田,均收灌溉之利""怀庆百姓世利赖焉"。②

万历二十八年(1600),时任济源县知县的史纪言主持修建永利渠。选择在引水条件比较好的枋口上游即孔山东北麓开凿新广济渠,选派督工、水工、石工 20 余人凿洞、建闸、架桥、立分水石。因石坚如铁,开凿极为艰难,至今还遗留有数把凿子插于洞顶部石缝中,难以摇动。70 米长的渠洞历时三年才被凿穿,又用了两年砌闸架桥,工程才算完成。正式通水后,广济渠能灌溉济源、孟县、沁阳、温县、武陟等五邑,功用极其显著。③

万历四十一年(1613),时任济源县知县的石应嵩在史纪言主持修建永利渠的基础上进一步完善引水工程,建节制闸,渠分东、南两支,渠系开始趋于完备,灌溉面积达 17 平方公里。至万历四十七年(1619),时任济源县知县的涂应选主持兴修水利,将永利渠的渠底深挖 3 尺,从而改善了永利渠的引水条件。在

---

① 左慧元编:《黄河金石录》,黄河水利出版社 1999 年版,第 121 页。

② 道光《河内县志》卷十三《水利志》。

③ 陈良军、李保红:《济源五龙口水利设施的调查与分析》,《华北水利水电学院学报(社科版)》2012 年第 5 期。

前人基础上又开挖了一条兴利河,全部灌溉系统由 10 堰组成,灌溉面积又增加 11 平方公里,其中东、南两大支渠直到清朝末年仍在使用。

万历四十四年(1616),在河内令胡沾恩主持下,在广济渠上修建了利人、丰稔两条支渠,故称之为利丰渠,其引水口被称为利丰洞。

万历四十七年(1619),在时任济源县知县涂应选的主持下,在利丰洞东开凿了大利渠和小利渠(又称为磨河)。

五龙口的 7 条渠道虽然修建的时间有前有后,但成为一个较大规模的渠系则主要是明万历年间的事情。沁河水利灌溉工程虽然是一个广大的渠系,但水利工程的关键在于五龙口渠首工程,五龙口广济等渠的暗洞、暗闸充分地反映出当时水工技术已达到相当高的水平,在我国水利史上极为少见。[①]

二是卫河流域排涝和灌溉工程的建设与维护。明洪武年间,新乡知县胡南溟组织人力于新乡县与辉县交界处的块村营修建了块村营闸及相应的泄水沟,以防止来自辉县的山洪和积水。明嘉靖三年(1524),辉县知府许琯于县城西南 15 里处的云门社修建云门闸,自九圣营引卫河水灌溉农田。嘉靖二十四年 (1545),辉县知县郭淳于县城西北 5 里百泉之南修建一座马家桥上闸。嘉靖三十年(1551),分守参议敖宗庆于马家桥上闸南边修建了一座水闸,时人称之为马家桥下闸。与此同时,还分别在辉县县城西南二里张家湾和西南五里稻田所各修建了一座水闸。嘉靖三十八年(1559),河南巡抚章焕于辉县西南十里建裴家闸。这些水闸都是引卫河水灌溉农田,不仅标志着卫河上游五闸灌溉系统的初步形成,而且使辉县不少"瘠壤尽变膏腴"[②]。万历元年(1573),辉县知县张一通主持重修张家湾闸。万历七年(1579),辉县知县聂良杞对张家湾闸和稻田所闸这两道水闸又进行了一次重修。万历十四年(1586),辉县知县卢大中重修裴家闸。同年,新乡知县张赤心组织民众重建块村营闸并疏浚濠水以通卫河。

三是漳河、滏阳河、洹河等沿岸的农田水利建设。明弘治十一年(1498),临漳县知县景芳主持修建临漳大堤,又称景公堤。万历二十五年(1597),临漳县知县袁应泰主持增筑景公堤 40 余里,以捍御漳水。接着,袁应泰又主持修建广济渠。在他凿成广济渠之后,还就广济渠的用水管理制定了具体的规矩,保证

---

① 　钮仲勋:《豫北沁河水利灌溉的历史研究》,《史学月刊》1965 年第 8 期。

② 　乾隆《新乡县志》卷三十三《人物传下·义人传》。

了灌区内农业生产的正常进行。[①]

有明一代,在滏阳河上修建了五爪渠、西闸、东闸等水利灌溉工程,对当地农业经济的发展起了一定的促进作用。明洪武年间,磁州知州包宗达于磁州西十里响水梁村引滏阳河水修建五爪渠灌溉稻田,"上足以供输,下足以养赡"[②]。然而,永乐十三年(1415)因滏阳河发大水,五爪渠遭到严重破坏。宣德九年(1434),在磁州知州安理主持下,将五爪渠进行重建,可惜不久又被淤废。万历十五年(1587),磁州知州孙健于槐树屯筑石为堰,即后来人们所称的西闸。崇祯八年(1635),磁州知州李为珩于磁州东北二十五里琉璃村,仿西闸之制修建了一道水闸,后来人们称之为东闸。

有明一代,在洹河流域已经形成以高平渠为核心的引洹水灌溉体系。万历十四年(1586),彰德府知州陈九仞协同安阳县知县刘宇组织民众,在高平渠口修建1座大石闸和7座小石闸,并修建数十条支渠,以至"灌田不可胜数,收获视他处为饶"。万历二十年(1592),安阳县知县李应策又重新修建了被洪水冲毁的石堰,并修建盖屯、流寺2条支渠。万历二十三年(1595),安阳知县朱冠重修高平渠口石堰,新开支渠4条,灌溉之利"视昔又加倍焉"。据记载,高平渠从高平闸受水后向东流15公里后,分为南、北两道主干渠。干渠之外又有很多支渠,其南干渠两旁的支渠有普泽、大梁、惠民、益亩等11条,北干渠两旁的支渠有直遂、析泽、望洹等10条。其余又由无数条小渠形成一个完整的水利灌溉网。此外,林县在万历二十一年(1593)也凿石开渠,引水灌溉农田,周边10多个村庄受益。

二、水事纠纷及其解决方式

(一)豫北地区用水纠纷的防治办法

"大旱之时民以水利为命,乃强梁者肆为兼并,而小民涓滴无望焉。于是相

①　张汝翼编著:《沁河广利渠工程史略》,河海大学出版社1993年版,第126页。
②　嘉靖《磁州志》卷三《艺文志》。

率而告,高阜或疾视吞声莫敢谁何。"①万历三十二年(1604),时任河内知县的袁应泰根据广济渠引水、用水的实际情况,针对引沁灌溉和用水管理方面存在的弊端,主持制定《广济渠申详条款》。其明确规定,"明河基以防侵占""定渠堰以均利泽""泄余水以免泛滥""设闸夫以便防守""分水次以禁搀越""栽树木以固堤岸"。② 袁应泰还对各条款作了一些若干具体规定或解释。其中,第一条明确规定广济渠"一百五十里,阔八丈,具系除官粮地",任何人不得"侵种",否则,"以盗决堤防治罪"。第五条要求 24 堰各建一闸,"俱各用锁","相应编定水分,自下而上挨次引灌",并对 24 堰的用水次序、灌溉时间长短、引水交接手续等都作出明确规定。③ 最大限度地避免了过去农户或者豪强争水、抢水、夺水、偷水以及徇私舞弊等不法行为,大大减少了用水纠纷。

为增加卫河水量以接济漕运,正统十三年(1448),修筑了"导漳入卫"工程。万历初年,因漳河北徙后不再入卫,卫河航运面临搁浅的危险,以致不断有人呼吁恢复漳河南流故道。④ 但此前频受漳河泛滥之苦的南路各县则极力反对漳河恢复南流。加上当时明廷已走进衰落时期,无力修整漕运,漳河"由是终明世不复南"⑤。

(二)豫西地区水源纠纷的处理机制

明代豫西地区的水事纠纷中,灵宝路井村与下硙村的用水纠纷最为典型。坐落在崤山脚下的路井村地上水资源十分贫乏。建村伊始,先民们从上游的磨头、下硙等村购买土地、开凿渠道,引好阳河水顺渠而下流入村口池塘以供村民使用。由于洪水淤塞渠道,村民李武于明嘉靖二年(1523)以复疏渠道为由禀告县衙,时任县令苟汝定准予动工疏通渠道,渠道修好后村民称之为"育生渠"。万历二十七年(1599),磨头、下硙等村开挖的两条新渠道用于灌溉,致使好阳河的水流不到育生渠。没有水源的路井村民一纸诉状告到县衙。时任灵宝县县

---

① 左慧元编:《黄河金石录》,黄河水利出版社 1999 年版,第 134 页。
② 左慧元编:《黄河金石录》,黄河水利出版社 1999 年版,第 132—134 页。
③ 左慧元编:《黄河金石录》,黄河水利出版社 1999 年版,第 134 页。
④ 石超艺:《明清时期漳河平原段的河道变迁及其与"引漳济运"的关系》,《中国历史地理论丛》2006 年第 3 期。
⑤ 民国《大名县志》卷七《河渠》。

令王时熙作出判决,改育生渠为中水渠,将磨头、下砀等村开挖的两条新渠分别称为益民渠和厚民渠,并规定这三条渠道轮流行水。其中,中水渠每10天行水1天,益民渠和厚民渠每10天分别行水3天。此后较长一个时期内各村按此规定行水,相安无事。①

(三)豫东地区泄洪纠纷的处置措施

明嘉靖初年,贾鲁河在扶沟县张善口决堤。洪水波及扶沟、西华、淮阳、周家口等地,不但造成豫东地区的社会动荡,也间接影响到贾鲁河的航运。为恢复贾鲁河的航运功能,也为了分泄洪水,扶沟县在张善口开通新河道。嘉靖三十三年(1554),黄河溃溢,"河决扶沟民张善地。一水涓涓,延漫八十余里,直灌西华城,出其北"②。西华人认为贾鲁河在张善决口,虽然主要是天灾,但也有人为的因素在里面。"西华人数言苦扶沟傍近民往往私决","顾以是独怏怏归咎扶沟盗决"。西华人认为扶沟"以邻为壑""私掘乱挖"是导致决口的重要原因,多次前往地方官府申诉,要求堵塞决口。为了应对灾难,西华人曾越境修堵,"辇石、负土入扶境之内三十里来堵河于张善口"。但遭到扶沟人阻止,不许掘决口附近之土,纠纷始起。③

扶沟人认为,扶沟地势低洼,自古就是水患多发地区,而蔡河故道主要起到分泄洪水的作用,为此坚持张善决口绝不能堵塞。"惠民河源出郑州,双洎河源出新密县,自大河以南,新郑禹州以北,南北二百里,东西数百里之水,俱注入二水,而皆由韩家桥宣泄南下,故惠、洎之势日合而扶沟之势日危,赖蔡河稍微分流,而华人犹为土坝塞之,此扶沟所以多水患也。"同时,蔡河是一条"千百年之古河,未闻有议塞者","此河一塞而扶之民其鱼矣。夫蔡入扶之境,浸淫街溢,抵于张善口之北者,汇为吕家潭,滂濞洪奔,势若滔天。然而非一蔡河之水也,有大沟河、小黄河、双洎河、白沙河总汇为潭而独赖蔡河以泄之"。④

西华和扶沟在当时的行政归属不同,增加了诉讼和调解的难度。明代,扶

---

① 刘海燕:《清代以来的水源纠纷与乡村政治——以豫西水碑为中心的研究》,河南师范大学硕士学位论文2012年,第12页。
② 乾隆《西华县志·艺文志·塞张善口碑》。
③ 王国民:《从〈塞张善口碑〉看明代北方水利纠纷的解决模式》,《中州大学学报》2015年第6期。
④ 道光《扶沟县志》。

沟归开封府管辖,西华、淮阳、周家口等归陈州府管辖。双方从自身利益出发,言之凿凿,难以辩驳。"数十年来舍其啬事,奔走公门,誓众盟神,醵钱聚谷,抑首胥,徒日费数金,饥寒暑不避。"①

明万历二十二年(1594),时任开封知府的刘如宠在实地勘察的基础上,对扶沟人"以邻为壑"的错误做法进行了严厉批评和耐心疏导:"夫扶沟处势高,即卒有水无害,此决口所漂没西华田多或至四千顷,今六年矣。尔比邻之不恤,直将以西华为壑,不大自追悔,乃喋喋反言吾兹塞若有所病于尔,何说也?""俱吾属,吾譬则若等父,而若等吾子弟,吾何私之与有?""且张善口南去可四十里,不皆尔扶沟地邪?设令水暴作尔扶沟旁近地,亦宁不患苦水喘?塞之岂独谓西华便,即尔扶沟亦宁有不大利便者哉?大都在扶沟,害不切身而日抱杞忧,害既及人而自甘秦越。"与此同时,刘如宠也对西华人只知道堵塞上游决口,而不知道想其他办法减轻水患的错误做法进行了批评:"不意蔡河下流至西华境上者又淤塞不得入沙河。夫疏通之不出十里而即入故道为安流矣。""在西华,知害之及于己而不求己之去其害,知急塞上之流而不广求下之泄。扶沟虽强,而实强狃于求必然之计;西华非弱,而实自弱于无自治之方。"②通过耐心细致的说服沟通和采取有力的保障措施,妥善解决了张善口纠纷,降低了洪涝灾害的影响,促进了贾鲁河下游的经济发展和社会稳定,促进了贾鲁河航运事业的恢复与发展,正如《明实录·神宗实录》卷四百一十六所记载的那样:"今自正阳至朱仙镇,舟楫通行,略无阻滞。"

(四)豫西南的水事纠纷

明洪武年间,南阳"客户集而土著徙,税额盈而民用寡;陂堰之区,豪强者并平治,堤防垦为世业。时旱,则储水利己,时涝,则决水病邻"③。后来"人事因循,法制废弛,奸黠之民,阴图兼并"④。

---

① 乾隆《西华县志·艺文志·塞张善口碑》。
② 乾隆《西华县志·艺文志·塞张善口碑》。
③ 嘉靖《南阳府志》卷二《陂堰》。
④ 〔明〕吴承恩:《水利议》。

第四节　航运事业的新气象

明成祖定都北京后,南粮北运很少绕经中原,加上黄河决溢频繁,黄淮水患愈演愈烈。采取一些相应的措施后,逐渐衰败的河南航运事业焕发出一点生机。综合起来主要表现在以下几个方面。

一、黄河三门峡漕运航道的恢复

三门峡漕运的历史最早可以追溯到秦汉时期,为我国古代东西漕粮转输的必经要道。秦始皇统一六国时这条运道就发挥了一定作用。然而,随着政治、经济和文化中心的东移,三门峡的航运地位逐渐衰落,元朝统治者虽然试图疏通三门峡河道以恢复黄河漕运,但由于疏凿工程艰巨,迟迟没有动工。明朝建立后,出于经济和军事等方面的考虑,"明洪武元年决曹州双河口,入鱼台。徐达方北征,乃开塌场口,引河入泗以济运"①,"通漕以饷梁、晋","河南、山东之粟,下黄河,尝由开封运粟,溯河达渭,以给陕西"。② 此外,在《三门峡漕运遗迹》摩崖题刻中也有类似的记载。如"大明洪武十年二月初八日,奉中书省差署令郭祐、承宣使江岷同河南通判相视河","大明洪武十年二月十二日,中奉大夫河南等处承宣布政司左参政马亮,同中书省宣使李傅记相视三门河道记。石匠赵贵、周成、孙成、房宣、董告刻淞路运"。③ 由此可以看出,明洪武十年(1377)二月就曾派遣相关官员视察三门峡河道,试图恢复三门峡的漕运通道。嘉靖十四年(1535),巡按山西御史余光、河津知县樊得仁在三门峡航段曾修整船夫拉

---

① 《明史》卷八十三《河渠志一》。

② 《明史》卷八十五《河渠志三》。

③ 转引自河南省交通厅交通史志编审委员会编:《河南航运史》,人民交通出版社1989年版,第158页。

纤的栈道，"凿石崖为窟，植以柏木桩，炼铁为索，横系桩上，凡四十余丈，往者以铁钩挽索而上，颇易为力"①。栈道的修建和维修为三门峡漕运航道提供了便利条件和有效保证。然而，由于种种原因，到万历年间往来于三门峡航道的船只已经很少见到。

二、贾鲁河水运环境的发展演变

发源于郑州西部荥阳、流经河南东南部、最后在商水县注入淮河支流颍河的汴河，曾经是一条重要的漕运河道，对中原经济社会发展发挥了重要作用。由于黄河多次南决，导致汴河和蔡河严重淤塞。元至正十一年（1351），元顺帝任命工部尚书贾鲁为总治河防使，对汴河、蔡河及其支流进行了全面疏浚，故后人将贾鲁整治过的汴河和蔡河统称为贾鲁河。受元末农民战争以及元末明初水旱灾害的影响，贾鲁河的航运功能逐渐弱化。

明代对贾鲁河进行了多次治理。明洪武八年（1375），黄河南决，贾鲁河遭到严重淤塞。明洪武二十四年（1391），黄河决于原武，贾鲁河河道再次遭到淤塞。明正统十三年（1448），"河徙开封西北荥阳孙家渡口入汴河，至寿州入淮"，"贾鲁河之堙废，愈益不可以复问，自朱仙镇下至项城县南，所余者涓涓之流而已"。②

明弘治年间，都御史刘大夏等人治理黄河时，"凿荥阳县孙家渡河道七十余里，浚祥符四府营淤河二十余里以达淮"，"河复南循故道，分为二派，一由中牟历汴至颍"。③ 经过刘大夏等人的治理，贾鲁河的上游便在荥阳孙家渡口与黄河相接，贾鲁河成为黄河水南入淮河的一条通道。然而，没过多久，孙家渡口就开始被泥沙淤塞，后来虽曾多次疏浚，但"屡开屡淤"④。

明嘉靖六年（1527），左都御史胡世宁建议疏浚贾鲁河，嘉靖九年（1530）成功完成贾鲁河航道的清淤疏浚任务，使贾鲁河重新恢复了昔日的航运能力。为

① 〔明〕朱国桢：《涌幢小品》卷二十六。
② 开封教育实验区教材部编：《岳飞与朱仙镇》，1934年印，第205页。
③ 光绪《祥符县志》卷三《河渠志》。
④ 《明史》卷八十三《河渠志一》。

避免接纳部分黄河水的贾鲁河注入淮河后使淮河泥沙过多、水势过大,殃及沿岸寿春的明代潘王园寝,贾鲁河与黄河相接的孙家渡口自嘉靖六年(1527)后便再没有经过治理。河南境内的黄河水从此也不再由此路入淮,而由开封、归德、虞城经徐、邳入淮。明天启年间,贾鲁河郑州段"河身特高,常有水患",郑州知州刘光祚"浚之,令民穿渠蓄泄,溉田数千顷,商贾通流,民以为便"。①

拥有郑水、惠济河、乐河、双洎河、清水等多条支流,贾鲁河上游不接黄河,而是以京、索、须水为源。其中,惠济河是清乾隆年间为分泄贾鲁河水而开凿的。虽然清代贾鲁河已不再与黄河相通,但受地势影响,黄河泛滥也多次漫溢贾鲁河。为确保这条主要水路的畅通,两岸民众也不断对贾鲁河进行治理。后来在镇西南构筑石坝,将河截断,引水东北流,才保证了贾鲁河航运的畅通。②

三、引漳入卫与减灾通漕

卫河,又称"南运河",其主要源头在共县苏门山的百门陂(今百泉),"经新乡、汲县,而东至畿南浚县境,淇水入焉,谓之白沟,亦曰宿胥渎,隋大业间引为永济渠,宋元时名曰御河,由内黄出至山东馆陶西漳水合焉,东北至临清与会通河合"③。元代卫河水量充沛,但由于黄河和沁河对卫河的间断冲压,导致卫河水源逐渐淤浅,到明代水量明显不足。

"洪武二十四年,河决原武,漫安山湖而东,会通尽淤。"④"漕河塞四百里,自济宁至于临清,舟不可行。"⑤永乐元年(1403),朝廷采纳户部尚书郁新的建议,"始用淮船受三百石以上者,道淮及沙河抵陈州颍岐口跌坡,别以巨舟入黄河抵八柳树,车运赴卫河,输北平,与海运相参"⑥。永乐四年(1406),明成祖"命平江伯陈瑄督转运,一仍由海,而一则浮淮入河,至阳武,陆挽百七十里抵卫

---

① 《行水金鉴》卷五十六。
② 安国楼、王丽杰:《漫话贾鲁河》,《中州今古》2003年第1期。
③ 〔清〕姚柬之:《临漳县漳水图经》。
④ 《明史》卷八十五《河渠志三》。
⑤ 《天府广记·北河》。
⑥ 《明史》卷七十九《食货志三》。

辉,浮于卫,所谓海陆兼运者也"①,但由于"海险陆费,耗财溺舟,岁以万亿计"②,加之倭寇时常侵扰,运输成本异常昂贵。

会通河重开后,大部分的南粮通过运河北运北京,但当黄河冲决,阻塞运道时,卫河便成为漕运的不二之选,其地位和作用不言而喻。宣德九年(1434),沁水决马曲湾,"经获嘉至新乡,水深成河,城北又汇为泽。筑堤以防,犹不能遏。新乡知县许宣请坚筑决口,俾由故道。遣官相度,从之。沁水稍定,而其支流复入于卫"。此次沁河决口在一定程度上补充了卫河的水源,便利了漕运。景泰三年(1452),佥事刘清认为:"自沁决马曲湾入卫,沁、黄、卫三水相通,转输颇利。"为此,他建议朝廷"宜遣官浚沁资卫"。③

正德《新乡县志》记载:"乐水关(北关)在北门外,卫河南岸。以水路通便,故商贾蚁附,物货山集,目今为最繁。"内黄县田氏镇"西近卫河,商旅颇集"。浚县新镇为"舟车毕辏之所"。居于卫河东岸的李家道口镇,"居民数百家,商贾所聚"。由此可见,在明代的不同时期,卫河的航运都比较兴盛,特别是当运河淤浅受阻时,卫河在漕运上部分代替运河,成为南粮北运的重要通道。④

发源于山西境内的漳河则经年暴发洪水。比如,明成祖永乐年间,漳河和滏阳河水患频发,给沿岸百姓的正常生活带来严重影响。针对卫河漕运水源不足和漳河来势凶猛的情况,一些有识之士提出"引漳入卫"和"减水御灾"等设想和举措。

面对漳河和滏阳河并溢、漳河河道迁徙无常的困境,明英宗正统十三年(1448),御史林廷举提出:"宜发丁夫凿通,置闸,遏水转入之,而疏广肥乡水道。则漳河水减,免居民患,而卫河水增,便漕。"⑤

嘉靖年间,在百泉河上修建了五个用于引水灌溉的水闸。万历年间又对这五个水闸进行了维修。万历二十八年(1600),给事中王德完提出:"滏水不胜漳,而今纳漳,则狭小不能束巨浪,病溢而患在民。卫水昔仰漳,而今舍漳,则细

---

① 《明史》卷八十五《河渠志三》。
② 《天府广记·漕河》。
③ 《明史》卷八十七《河渠志五》。
④ 孟祥晓:《明代卫河的地位及其作用》,《中国水利》2010年第16期。
⑤ 《明史》卷八十七《河渠志五》。

缓不能卷沙泥,病涸而患在运。"①

　　曾任清代临漳知县的姚柬之也认为:"明之漳患不亚于河者,因析二流于临漳之南北也,南徙出卫以通漕,则漳患息矣。"②这一建议被清廷采纳后,很快付诸实施。引漳入卫工程的修建,不仅减小了漳河的水势,而且一度达到了恢复漳河南流、补充卫河水源的目的。

第五节　水利理论与水利技术的传承和发展

　　有明一代,不少河道官员在继承前人成果的基础上积极探索新的治河办法,不仅在水利思想特别是治河理论方面有了新的发展,而且在水利技术革新和运用等方面也取得一些新的突破。

一、水利思想与治河理论的传承创新

(一)刘天和、朱衡等人的治河思想

　　嘉靖十三年(1534),刘天和以都察院右副都御史的身份总理河道奉命治理黄河。他在治河过程中认真研究历代乃至本朝治水名臣的经验及著述,写成的《问水集》是我国古代继《河防通议》后又一部重要的河工专著。此外,他还在深入调查研究的基础上总结出"治河决必先疏支河以分水势,必塞始决之口,而下流自止"③的原则,绘制了《黄河图》,提出了"北岸筑堤、南岸分疏"的治理方略。尽管这一方略没有突破前人的窠臼,但在疏浚河运淤积、修筑堤防及加强工程管理诸方面都有不少创新。

①　《明史》卷八十七《河渠志五》。

②　〔清〕姚柬之:《临漳县漳水图经》。

③　杨世灿:《大禹传人》,成都出版社1995年版,第73页。

嘉靖四十四年(1565),黄河决口,朱衡以工部尚书总理河漕,定议开新河,筑堤防溃。隆庆六年(1572),朱衡兼左副都御史经理河道,裁抑浮费,节省甚丰。著有《道南源委录》《朱镇山先生集》等。为加强对黄河大堤的维护,朱衡上奏朝廷,请求建立严格的河堤防护制度:"请用夫每里十人以防,三里以铺,四铺一老人巡视。伏秋水发时,五月十五日上堤,九月十五日下堤,愿携家居住者听。"①朝廷采纳了朱衡的建议,对治理黄河以及水患的防治等发挥了积极作用。

(二)万恭的治河思想

隆庆六年(1572),以兵部左侍郎兼都察院右佥都御史总理河道的万恭,认为"多穿漕渠以杀水势"的治河观点不适合于黄河下游,应该因势利导,以堤防约束河水,使之入海,才能收到事半功倍的效果。他认识到黄河的根本问题在于泥沙。治理多沙的黄河,不宜分流,因为"水之为性也,专则急,分则缓;沙之为势也,急则通,缓则淤"。只有合流,才能形成"势急如奔马"的磅礴之势,对淤沙起到很好的冲刷作用。如此,"淤不得停则河深,河深则水不溢,亦不舍其下而趋其高,河乃不决。故曰黄河合流,国家之福也"。② 他的这一治河思想不仅在当时是一个创新,对后人也有一定影响。潘季驯正是在此基础上,经过进一步的实践与总结,明确提出了"筑堤束水,以水攻沙"的治河方针。

万恭还阐述了黄河与运河的关系:"弱汶三分之水,曾不足以湿徐、吕二洪之沙,是覆杯水于积灰之上者也,焉能荡舟?二洪而下,经徐、邳,历宿、桃,河身皆广百余丈,皆深二丈有奇,汶河勺水能流若是之远乎?能济运否乎?故曰我朝之运半赖黄河也。"他认为河运关系密不可分,一方面漕运有一段要经由黄河,另一方面运河水源也离不开黄河。为此,他极力主张黄河南徙,反对北流。因为"方今贡赋全给于江南,而又都燕,据上游以临南服。黄河南徙,则万艘渡长江,穿淮、扬,入黄河而直达于闸河,浮卫,贯白河,抵于京,且王会万国,其便若是。苟北徙,则徐、邳五百里之运道绝矣。故曰黄河南徙,国家之福也"。万恭还非常重视对堤防的管理,认为"有堤无夫,与无堤同;有夫无铺,与无夫同"。他主张在河南岸从徐州青田浅到宿迁小河口而止,北岸从吕梁洪城至邳州直

---

① 《明史》卷八十三《河渠志一》。

② 〔明〕万恭:《治水筌蹄》卷上。

河,分别设置有关机构、人员,按地段严加管理。① 他的著作《治水筌蹄》,总结了长期以来治理黄河与运河的经验教训及他的治河思想、方法、措施等,对后世治理黄河与运河产生了深远的影响。

(三)潘季驯的治河思想

先后四次担任过总理河道的潘季驯,在对黄河、淮河、运河等进行大量实地调查研究的基础上,总结了前人及自己的治河经验,对黄河的水性特点有了进一步的认识,不仅进一步丰富了治河理论,而且将治河事业向前推进了一步。

潘季驯根据黄河水含沙多的特点强调,"治河宜合不宜分","水分则势缓,势缓则沙停,沙停则河饱,尺寸之水皆由沙面,止见其高。水合则势猛,势猛则沙刷,沙刷则河深,寻丈之水皆由河底,止见其卑。筑堤束水,以水攻沙,水不奔溢于两旁,则必直刷乎河底。一定之理,必然之势,此合之所以愈于分也"。② 他从第三次主持治河开始,就一改其前期分流的办法,而用"束水攻沙"的理论来指导治河。在处理水沙关系问题上,他提出"以河治河,以水攻沙"的办法,并在具体实践中取得了"筑堤束水"的良好效果。潘季驯认为:"防寇则曰边防,防河则曰堤防。边防者,防寇之内入也;堤防者,防水之外出也。欲水之无出,而不戒于堤,是犹欲寇之无入,而忘备于边者矣。"他还结合治河实际,创造性地将堤防工程分为遥堤、缕堤、格堤、月堤等不同类型。他认为:"遥堤约拦水势,取其易守也。而遥堤之内复筑格堤,盖虑决水顺遥而下,亦可成河,故欲其遇格即止也。缕堤拘束河流,取其冲刷也。而缕堤之内复筑月堤,盖恐缕逼河流,难免冲决,故欲其遇月即止也。"③"缕堤即近河滨,束水太急,怒涛湍溜,必致伤堤。遥堤离河颇远,或一里余,或二三里,伏秋暴涨之时,难保水不至堤,然出岸之水必浅。既远且浅,其势必缓,缓则堤自易保也。"④"防御之法,格堤甚妙。格即横也,盖缕堤既不可恃,万一决缕而入,横流遇格而止,可免泛滥。水退,本格之水仍复归漕,淤溜地高,最为便益。"⑤为防御特大洪水,潘季驯在主张合流的前提

① 〔明〕万恭:《治水筌蹄》卷下。

② 〔明〕潘季驯:《河防一览》卷二《河议辨惑》。

③ 〔明〕潘季驯:《河防一览》卷十二《恭报三省直堤防告成疏》。

④ 〔明〕潘季驯:《河防一览》卷二《河议辨惑》。

⑤ 〔明〕潘季驯:《河防一览》卷三《河防险要》。

下还提出要根据具体情况进行有计划的分流。

在处理黄、淮、运三河关系上,他提出"通漕于河,则治河即以治漕;合河于淮,则治淮即以治河;会河、淮而同入于海,则治河、淮即以治海"的治理原则,进行综合治理。[①] 在长期的治河实践中,潘季驯对黄、淮、运进行了大量调查研究,提出了许多精辟见解,为后世留下了宝贵的财富。当然,潘季驯的治河之策也存在一定局限性:其治理的区域仅限于河南以下的黄河下游一带,而忽视对于水土流失严重的黄土高原的治理。

从刘天和、万恭到潘季驯,可以说是治河思想从"分"到"束"的一个转折历程。正如邹逸麟先生所言:"万、潘将数千年治河主导思想治水,转变为治沙为主、水沙并治的观点是治黄史上一大发展。"[②]

二、水利工程技术的传承与创新

明代水利工程技术方面的成就主要体现在以下几个方面。

(一)减水坝修建技术的革新

减水坝,即今之溢流堰,主要用来泄洪。明代潘季驯在继承前人的基础上提出了新的减水坝设计方案。在他看来,"跌水宜长,迎水宜短,俱用立石"[③]。因为迎水面大水深,流速较缓,所以不宜太长,而跌水主要是为了防止坝身遭受水的冲刷,因此不宜太短。为防止洪水冲刷,"俱用立石"竖砌。同时,还要在坝身上下游设置八字形雁翅(翼墙)。每个"雁翅宜长宜坡"。因为上游的翼墙长一些有助于平缓地引导水流进入,下游的翼墙长一些则有助于水流扩散。[④]

① 〔明〕潘季驯:《河防一览》卷二《河议辨惑》。
② 邹逸麟:《明代治理黄运思想的变迁及其背景——读明代三部治河书体会》,《陕西师范大学学报(哲学社会科学版)》2004 年第 5 期。
③ 中国水利史典编委会编:《中国水利史典·黄河卷一》,中国水利水电出版社 2015 年版,第 405 页。
④ 周魁一:《中国科学技术史·水利卷》,科学出版社 2015 年版,第 303 页。

（二）植树种草以保护堤防

嘉靖年间，任河道总督的刘天和看到江苏段黄河草木丰茂而河南段黄河草木稀少，于是提出"卧柳""低柳""编柳""深柳""漫柳""高柳"等"植柳六法"并广泛推广。其中，"卧柳"和"低柳"主要是在堤内外坡上自堤根至堤顶普遍栽种；"编柳"则主要在堤防迎水面的堤根栽种；"深柳"主要栽种在水溜顶冲堤段，以消浪防冲；"漫柳"主要栽种在滩地上；"高柳"则主要种植在堤面上。而潘季驯则强调，在堤坡上不适合种植柳树，只能种草，在堤根处最好栽种芦苇，滩面上虽然可以种植"卧柳"和"长柳"，但只能栽种在"去堤址约二三尺（或五六尺）"的地方。[①]

（三）水情监测与预报技术

为及时掌握水情变化，做到未雨绸缪，明初沿河各州县就有了雨情记录，并对黄河洪水的周期性变化规律有了进一步的认识。嘉靖年间，时任总理河道的万恭在其治水专著《治水筌蹄》中谈道："黄河非持久之水也，与江水异，每年发不过五六次，每次发不过三四日。"在汛期黄河水情的传递方面，万恭还提出了一套快马报汛的办法，即从上游向下游依次迅速传递水情："上自潼关，下至宿迁，每三十里为一节，一日夜驰五百里，其行速于水汛。凡患害急缓，堤防善败，声息消长，总督者必先知之，而后血脉通贯，可从而理也。"

（四）堤防修筑与质量标准

明代，在堤防工程建设与管护方面形成了一套比较严密的施工措施和管理办法。为确保堤防工程的质量，明代对修堤取土的地点、土质等都有严格的要求。修堤取土的地点"必于数十步外，平取尺许，毋深取成坑，致妨耕种。毋使近堤成沟，致水浸泛"；修堤所用的土质"必择坚实好土，毋用浮杂沙泥，必干湿得宜，燥则每层须用水洒润"。[②] 为保证堤防的质量，当时已经有了具体的检测办法，即"用铁锥筒探之，或间一掘试"。这种抽样检测工程质量的方法既简便

---

① 周魁一：《中国科学技术史·水利卷》，科学出版社 2015 年版，第 339 页。

② 〔明〕刘天和：《问水集》。

又实用。为减少洪水对大堤的冲刷,潘季驯还提出,堤的斜坡"切忌陡峻,如根六丈,顶止须两丈,俾马可上下,故谓之走马堤"。①

(五)抢险堵口技术

明代,埽工仍然是护岸和堵口的主要方法,但在实践中不断改进和发展。当时的埽工主要有"靠山埽""箱边埽""牛尾埽""龙口埽""鱼鳞埽""土牛埽""截河埽""逼水埽"等 8 种。每一种埽工的形状及在堵口中的作用不尽相同。在抢险方面,明永乐年间,工部主事蔺芳对前人的"竹络"法进行改进,创制了"大囷"之法,即用"木编成大囷,若栏圈然,置之水中,以桩木钉之,中实以石,却以横木贯于桩表,牵筑堤上,则水可以杀,堤可以固,而河患可息"②。与埽工相比更加坚固耐用,抗冲刷能力更强。此外,明代还采用秸、柳或草做材料制成"埽由"(小龙尾埽)抵御风浪,即用"秋秸粟藁及树枝草藁之类,束成捆把,遍浮下风之岸,而系以绳,随风高下,巨浪岂能排击蒿束,且以柔物,坚涛遇之,足杀其势"③。这种埽由既经济又实用,而且可就地取材,操作简单,具有较好的防风、抗浪作用。

在堵口方面,为防止口门扩大,应先在口门两堤头下埽裹护,叫"裹头",待水势稍缓,再从两头进占堵合。如果口门溜紧,裹护困难,则于"本堤退后数丈挖槽下埽,如裹头之法,刷至彼必住矣,此谓截头裹也";若仍不奏效,则在口门上首"筑逼水大坝一道,分水势射对岸,使回溜冲刷正河,则塞工可施矣"。④ 在合龙时,因龙口渐收,水势益涌,应使龙口"上水口阔,下水口收",再用头细尾粗的"鼠尾埽"堵塞合龙。

(六)河道疏浚技术

在疏浚运河方面,刘天和摸索出了一套行之有效的办法。"分遣属吏循河各支,沿流而下,直抵出运河之口,逐段测其深浅广狭,纤直所向。"⑤对于"淤深

---

① 〔明〕潘季驯:《河防一览》卷四《修守事宜》。

② 《行水金鉴》卷十八。

③ 〔明〕万恭:《治水筌蹄》卷上。

④ 〔明〕潘季驯:《河防一览》卷四《修守事宜》。

⑤ 河南黄河河务局编:《河南黄河大事记》,黄河水利出版社 2013 年版,第 54 页。

泥陷,不能著足"的工地,采取"杂施土草,截河筑坝,纵横填路"的办法;对于"泥最稀陷最深者",则采取"用木梢、柳斗下取,猿臂传递登岸"的办法;"瓦砾之工,则用锹镬";"溜沙之工,则用兜杓";"沙姜石之工,则制锯齿铁叉,尺寸凿之";"浚深泉涌之工",则采取"先择泉稍浅者,分番役夫车戽,并力急浚,而后将泉深者倒水施工"的办法。在浚挖河道时,他"测淤浅深,度河广狭,淤以尺计,工以日计","定番休以节夫劳,兼顾役以省民力",做到科学安排,有计划地施工。对冲淤废毁的运河闸座"悉增葺而修复之"。① 对高低不一的闸座以枣林闸为准,"培闸面之低者,以齐高下","俾舟行无滞"。②

---

① 《行水金鉴》卷二十四。
② 〔明〕刘天和:《问水集》。

第七章 — 清代河南水利事业的衰落 —

　　清代河南的水利建设事业,无论是在水旱灾害防治、农田水利建设还是航运业方面,都在明代的基础上有所发展,并在康熙、雍正、乾隆三朝出现一个小高潮,但鸦片战争后特别是铜瓦厢决口后,河南的水旱灾害不仅越来越频繁,而且越来越严重,河南的农田水利设施建设困难重重,航运事业急剧衰落。

第一节　社会发展演变与生态环境变迁

　　清代中前期,社会比较稳定,经济比较繁荣。鸦片战争后,由于外敌入侵,战祸及水旱等灾害频发,加上中央和地方政府日趋腐败,河南的经济社会和生态环境遭到巨大破坏。

一、行政区划变迁

　　顺治初年,定河南为省,下辖 8 府、1 直隶州。顺治五年(1648),清政府设立直隶总督,总辖直隶、河南、山东三省。顺治十八年(1661)九月,在河南专门设置总督。康熙初年,将河南总督之职仍改为统辖三省,不久裁撤。雍正二年(1724),陈州、许州、禹州、郑州、陕州、信阳州、光州等升格为直隶州。雍正九年(1731),河南设开封、归德、彰德、卫辉、怀庆、河南、南阳、汝宁等 8 府,汝州、陈州、许州、禹州、郑州、陕州、光州等 7 个直隶州,共 91 州县。自乾隆初年开始,河南只设置巡抚,兼理总督职务,直接对中央负责,驻省城开封。嘉庆二十五年

（1820），原直隶州陈州升格为陈州府,禹州和郑州则降为散州,河南共 9 府,4
个直隶州,辖 94 个县、8 个散州和仪封厅。雍正三年（1725）,将直隶大名府的
滑、浚、内黄三县改归河南彰德、卫辉二府,次年将彰德府磁州改属于直隶广平
府。道光十二年（1832）,升淅川县为淅川厅。光绪三十年（1904）,升郑州为直
隶州。宣统元年（1909）,升淅川厅为直隶厅,改南汝光道为南汝光淅道。考城
县原属归德府,乾隆四十八年（1783）,将县治移至黄河以北,归卫辉府所辖;光
绪二年（1877）,又划为归德府。在明代及清初,道原属检查分区,乾隆年间,道
有了固定的辖区、固定的治所。清代河南共分开归陈许郑道（治所在祥符）、河
陕汝道（治所在陕州）、河北道（治所在武陟）、南汝光道（治所在信阳州）等 4
个道。①

　　清末河南共领有开封、河南、归德、彰德、卫辉、怀庆、南阳、汝宁、陈州等 9
个府,许州、陕州、汝州、光州、郑州等 5 个直隶州,淅川 1 个直隶厅,5 个散州,96
个县。其中,开封府辖禹州、祥符、陈留、杞县、洧川、通许、尉氏、密县、新郑、鄢
陵、中牟、兰封等 1 州 11 县。归德府辖睢州、商丘、宁陵、永城、鹿邑、虞城、夏
邑、考城、柘城等 1 州 8 县。陈州府辖西华、商水、项城、沈丘、淮宁、太康、扶沟
等 7 县。许州直隶州辖临颍、襄城、郾城、长葛等 4 县。郑州直隶州辖荥阳、荥
泽、汜水等 3 县。河南府辖洛阳、偃师、巩县、孟津、宜阳、登封、永宁、新安、渑
池、嵩县等 10 县。陕州直隶州辖灵宝、阌乡、卢氏等 3 县。汝州直隶州辖鲁山、
郏县、宝丰、伊阳等 4 县。怀庆府辖河内、济源、修武、武陟、孟县、温县、原武、阳
武等 8 县。彰德府辖安阳、汤阴、临漳、林县、武安、涉县、内黄等 7 县。卫辉府
辖汲县、新乡、辉县、获嘉、延津、封丘、滑县、淇县、浚县等 9 县。南阳府辖邓州、
裕州、南阳、唐县、泌阳、镇平、桐柏、内乡、新野、淅川、舞阳、叶县等 2 州 10 县。
汝宁府辖信阳州、汝阳、上蔡、确山、正阳、新蔡、西平、遂平、罗山等 1 州 8 县。
光州直隶州辖光山、固始、息县、商城等 4 县。②

---

① 程有为、王天奖主编:《河南通史》第 3 卷,河南人民出版社 2005 年版,第 512—517 页。
② 程有为、王天奖主编:《河南通史》第 3 卷,河南人民出版社 2005 年版,第 512—517 页。

二、经济社会的曲折发展

清代中前期,河南经济社会得到恢复与发展,人口数量和耕地面积开始明显增加。农业生产方面,开始普遍实行两年三熟制和一年两熟制的农作物复种制度,玉米、番薯等引进作物得到普遍种植。农作物的复种,域外作物的普及,使单位面积的粮食产量得到提高。棉花、药材、油料等经济作物被推广种植,为手工业的发展提供了比较丰富的原材料。纺织业、采矿业、制瓷业、酿酒业等都得到一定程度的发展。

清代河南人口增长波动不一。明末清初,受大规模的战乱及自然灾害和瘟疫的影响,河南人口锐减。据统计,明末万历六年(1578),河南在籍人口为519.36万人;[①]到清初顺治十八年(1661),全省在籍人口减少至220.33万人。[②]康熙、雍正、乾隆年间,河南的人口增长速度都比较快。如乾隆十四年(1749),河南在籍人口为1284.79万人,到乾隆十八年(1753),这短短4年时间就增加到1704.44万人。[③] 鸦片战争至清末,河南的人口增长速度相对缓慢,其平均增幅低于全国平均水平,有的地区甚至一度出现负增长。王天奖根据相关资料统计得出,乾隆末年,河南人口总数为2090万人,到道光十年(1830)增加到2368.70万人,到咸丰三年(1853)增加到2525万人,可是到光绪四年(1878),反而下降到2211万人。[④]

为医治战争创伤,恢复发展经济,顺治元年(1644),时任河南巡抚的罗绣锦上奏朝廷:"河北府县荒地九万四千五百余顷,因兵燹之余,无人佃种,乞令协镇官兵开垦,三年后量起租课。"[⑤]清政府采纳了这一建议,并大力提倡开荒种地。仅顺治十五年(1658),河南全省就开垦荒地9万余顷。[⑥] 农作物种植方面,清代

---

① 万历《明会典》卷十九《户口》。

② 《清朝文献通考》卷十九《户口一》。

③ 《清朝文献通考》卷十九《户口一》。

④ 王天奖:《近代河南人口估测》,《河南大学学报(社会科学版)》1994年第1期。

⑤ 《清实录·世祖实录》卷十一。

⑥ 《清实录·世祖实录》卷一百二十。

小麦在河南全省农作物里有绝对优势,大致占全省粮食作物产量的 2/3 以上。[①]
清初顺治时期,河南很多地区就已经开始种植玉米,到康熙、雍正两朝,全省的
玉米种植面积得到进一步扩大。在清代中后期,玉米在河南全省得到种植,成
为秋季作物的大宗产品。[②] 此外,棉花、桑蚕、油料作物、染料作物、烟叶等经济
作物也得到广泛种植。

　　清代中前期采取的垦荒政策,有效促进了河南农业经济的发展,但对生态
环境也造成一定程度的破坏。鸦片战争以后,由于连年战乱和日益频繁的水旱
灾害,河南的生态环境进一步恶化,甚至陷入民不聊生的窘境。"自甲午庚子两
次赔偿兵费以来,岁去之款骤增四五千万,虽云未尝加赋,而各省无形之搜刮实
已馨尽无遗。""在富饶者力可自给,中资之产无不节衣缩食,蹙额相对。至贫苦
佣力之人,懦者流离失所,强者去为盗贼。"[③]这不仅是对晚清时期整个中国的经
济社会状况的描绘,更是晚清时期河南经济社会日益衰落的真实反映。

三、水旱灾害频发对经济社会和生态环境的破坏

　　清代河南的水旱灾害无论是从地域分布的广度看,还是从持续时间和严重
程度看,都是全国少有的。仅 1861 年至 1895 年这 35 年中,全国(新疆、西藏、
内蒙古除外)受灾县数所占比例为 30%多一点,而河南所占比例超过 61%,高出
全国 1 倍。[④]

(一)洪涝灾害对经济社会和生态环境的破坏

　　在清代的 268 年中,河南共发生规模较大的洪涝灾害多达 62 次,平均每4.4
年就发生一次。[⑤] 在各地方志中,"平地行舟""谷禾尽没""人尽为鱼鳖"之类的
记载屡见不鲜。这给河南的农田水利和航运事业带来严重的灾难。

① 马雪芹:《明清河南农业地理》,陕西师范大学博士学位论文 1994 年。
② 吴志远:《清代河南商品经济研究》,南开大学博士学位论文 2012 年,第 46 页。
③ 李文治:《中国近代农业史资料》,生活·读书·新知三联书店 1957 年版,第 913 页。
④ 苏全有:《有关近代河南灾荒的几个问题》,《殷都学刊》2003 年第 4 期。
⑤ 闫娜轲:《清代河南灾荒及其社会应对研究》,南开大学博士学位论文 2013 年,第 47 页。

清代历朝河南大水灾发生年份分布情况表

朝代(起止年)	年数	大水灾发生年份	水灾次数	频率
顺治(1644—1661)	18	1645、1647、1648、1649、1652、1653、1654、1658、1659	9	1/2
康熙(1662—1722)	61	1662、1663、1668、1669、1676、1678、1679、1683、1685、1688、1693、1695	18	1/3.4
雍正(1723—1735)	13	1725、1729、1730、1734	4	1/3.3
乾隆(1736—1795)	60	1736、1739、1742、1746、1749、1751、1755、1757、1761、1782、1791、1794	12	1/5
嘉庆(1796—1820)	25	1789、1796、1799	3	1/8.3
道光(1821—1850)	30	1828、1832、1843、1848	4	1/7.5
咸丰(1851—1861)	11	—	—	—
同治(1862—1874)	13	1866、1870	2	1/6.5
光绪(1875—1908)	34	1883、1884、1887、1890、1893、1898、1900、1906	8	1/4.3
宣统(1909—1911)	3	1910、1911	2	1/1.5
合计	268		62	1/4.3

(资料来源:河南省水文总站编:《河南省历代大水大旱年表》,第136—224页)

从清代各朝代水灾发生的年代分布及频率来看,顺治年间和宣统年间水灾发生的频率最高,两年或不到两年就暴发一次大水灾。显然,前者与明末清初经济社会的动荡和水利失修有密切关系,后者与清末经济社会病入膏肓的窘况不无关系。中间经过康熙、雍正年间大张旗鼓地兴修水利后,从乾隆年间到光绪年间,河南水灾发生的频率明显降低。然而,从总体上看,无论是水灾的次数还是严重程度,河南在整个清代都处于前列。其中,发生在河南境内的特大洪涝灾害主要有以下几次。

一是顺治五年(1648)河南全省性洪涝灾害。这一年,河南全省连续三个多月内多雨水,导致境内大小河流暴涨、房屋倒塌,人畜被淹者不计其数。豫东地区尤为严重:商丘"六月内淫雨淋漓月余不止,平地水深丈余。高地田禾尽被淹没,衣难为",项城"六月初六日至七月八日,雨倾如注,全秋黎禾付东流"。豫中地区的郾城"六月初一起,阴雨连月不止,数河齐泛涨,平地水深丈余,城门外乘舟出入,秋禾淹没,房屋倾倒,淹死牛驴不计其数"。豫北地区在这年夏季发大水,沁河、漳河先后发生决溢。其中,沁阳"沁水暴涨,冲毁村落,淹没田禾,村皆洪涛"。豫西地区在这年发大水,数河皆泛涨。豫南地区的汝河、洪河等涨大水;豫南地区的唐白河涨水,田禾大多被淹没。①

二是康熙七年(1668)河南全省性洪涝灾害。这一年夏秋之际,河南多地大雨连旬,河水猛涨。淮南、光山、潢川、固始等地"五月大水,声如雷,漫四境,平地水丈余"②。其中,光山"五月十七日夜雨达旦,水溢,平原人民庐舍桥梁漂没无数,水溢城,城亦圮"③,商城"五月朔日地大震,十七日大水,田庐淹没,多为沙石,死者甚众,城内入水,人家张灯不寝者数夜",汝南"六月大雨,汝河决,田禾淹没"。④

三是乾隆四年(1761)河南全省性洪涝灾害。这一年夏天,河南境内普降大雨。黄河、沁河、丹河、卫河、伊洛河、贾鲁河、双洎河、沙河、涡河等流域一片汪洋。豫东的祥符、杞县、兰阳、尉氏、陈留、中牟、通许、郑州、睢县、鹿邑、考城、虞城、扶沟、太康、西华、沈丘等州县,豫北的封丘、阳武、河内、沁阳、武陟、原武、修武、济源、临漳、内黄、汤阴、汲县、新乡、辉县、滑县、浚县、获嘉、延津等县,豫西的偃师、巩县、荥阳等县,均遭到不同程度的洪涝灾害。其中,大水入城者共有10个州县。豫北沁阳、武陟、修武、汲县等县城水深五六尺至丈余不等,沁阳县城"漂房十六万间,溺人四千,灾害之重为明成化十八年以来所仅见"⑤。通许"七月河决杨桥,泛滥及许,庐舍漂圮,禾尽没,平地水深七八尺,城门土掩,往通舟楫,至十二月水患乃平"⑥。修武"七月二十七日大雨,丹泌两河及境内山水

① 刘照渊编著:《河南水利大事记》,方志出版社 2005 年版,第 106 页。
② 河南省水利厅水旱灾害专著编辑委员会编著:《河南水旱灾害》,黄河水利出版社 1999 年版,第 43 页。
③ 光山县史志编纂委员会编:《光山县志》,中州古籍出版社 1991 年版,第 93 页。
④ 河南省水利厅水旱灾害专著编辑委员会编著:《河南水旱灾害》,黄河水利出版社 1999 年版,第 42 页。
⑤ 河南省水利厅水旱灾害专著编辑委员会编著:《河南水旱灾害》,黄河水利出版社 1999 年版,第 42 页。
⑥ 民国《通许县新志》。

骤涨,平地水深丈余,倒灌入城,县属二百六十村房屋庐舍秋禾尽淹,时以为奇灾"①。豫西伊洛河从洛阳至偃师整个河谷平原水深都在一丈以上,偃师、巩县、荥阳等都是大水灌城,偃师"所存房屋不过十之一二"。② 时任河南巡抚的尹会一奏称:"豫省于五月内连得透雨,兹于六月十二、十三等日,开封省城大雨如注,昼夜不息,十六日复雨,水势加增,官民房屋多有倾圮,田亩低洼之处俱被水淹,所属陈留、中牟二县受水亦重。"③

四是光绪二十四年(1898)河南全省性洪涝灾害。这一年夏天,河南境内不少地方发生洪涝灾害,50 多个州县被淹。开封府的兰仪县被淹"三十一村庄,灾户一千九百一十四户,内分男妇大口六千八百八十三名口,小口三千七十五名口,水冲民房二千八百四十五间,淹毙男妇大小共十六名口"。归德府的考城县"灾民五千三百九十七户,内分男妇大口一万九千七百十六名口,小口一万二千一百十五名口,水冲民房二万三千五百余间,淹毙男妇大小十一名口"。④ 卫辉府"六月大雨,黄河由上游直隶长垣县五间屋地方河流漫溢,波及滑县县之老安镇、丁栾集等处,勘明被淹三百六十村庄,灾民二十二万名"⑤。豫西的洛阳等县"伊洛河骤涨,洛水溢,自洛阳至洛汭,两岸百余里,庐舍、秋禾俱没"。豫东夏邑、永城等地"夏淫雨百日,麦禾尽伤"。⑥

(二)旱灾肆虐对经济社会和生态环境的破坏

清代河南虽然没有出现明末那样持续十多年的大旱灾,但旱灾发生的总次数比明代要多,出现的频率也比明代高。整个清代 268 年中,河南境内有 23 个大旱年,其中有 12 个年份是连年大旱。所涉及范围几乎遍布全省。范围较广

① 民国《修武县志》卷十六《祥异》。

② 河南省水利厅水旱灾害专著编辑委员会编著:《河南水旱灾害》,黄河水利出版社 1999 年版,第 42 页。

③ 中国第一历史档案馆:《军机处上谕档》,乾隆四年六月二十四日第一条,档案号:552—2。

④ 李文海、林敦奎、周源、宫明:《近代中国灾荒纪年》,湖南教育出版社 1990 年版,第 683—684 页。

⑤ 水利电力部水管司科技司、水利水电科学研究院编:《清代黄河流域洪涝档案史料》,中华书局 1993 年版,第 854 页。

⑥ 河南省水利厅水旱灾害专著编辑委员会编著:《河南水旱灾害》,黄河水利出版社 1999 年版,第 49 页。

的特大旱灾主要有以下几次。

一是康熙二十八年至三十一年(1689—1692)河南全省性大旱灾。该次全省性的大旱灾,豫北地区尤为严重。早在康熙二十七年(1688),豫北卫辉、阳武、济源、修武等地就已经出现旱情。康熙二十八年(1689),修武"春旱,三月不雨"。武陟"春旱,六月虫生伤禾,七月大旱,晚禾尽槁,民饥"。获嘉"旱,岁饥"。康熙二十九年(1690),干旱蔓及全省。原武"春大旱,人食木叶,麦枯死,七月二十七日雨雹,虫食禾,八月蝗,九月初现霜,瘟疫时行,十月霜,大旱"。阳武"自春至夏不雨,麦禾尽槁,牛畜疫死,七月九月免河南阳武等二十三州县旱灾赋"。临漳"自春徂夏大旱,风雹时作,麦槁,牛瘟,蚕不苗,民以榆皮、槐叶充饥,蠲免钱粮一万一千九百余两"。康熙三十年(1691),孟县、修武、武陟、济源等县旱,沁水竭。新乡"夏旱,入秋飞蝗蔽天,止则积地数尺,田禾伤尽,民大饥"[1]。林县"自正月至夏五月不雨,无麦。秋七月又遭蝗蚰之灾,人大饥"[2]。武陟"大旱,沁水竭,无麦,秋蝗"[3]。河内"康熙二十七年春旱,二月无雨,冬无雪"。"二十八年,春无雨。二十九年,春夏大旱,沁水竭。""三十年,大旱,沁水竭,六月蝗。三十一年,旱,大瘟疫。"[4]康熙三十一年(1692),大旱之后,河南不少地方发生瘟疫。如修武"春旱,夏无麦,瘟疫大作,民多病死"[5]。

二是乾隆四十九年至五十一年(1784—1786)河南全省性大旱灾。如郾城,乾隆四十九年(1784)春夏大旱,到六月才开始下雨种禾;乾隆五十年(1785)春夏,"自正月不雨至七月始雨,苗草又咸为蝗所食";乾隆五十一年(1786)"旱,大饥疫……春斗麦钱一千四百,田地每亩无过千者,人相食,疫死太半,鬻妻女者道路不绝"。[6] 郏县,乾隆五十一年(1786)"斗米钱一千八百,饿殍盈野,且大疫,又七月蝗自南来,群飞蔽日,禾苗尽食"[7]。扶沟,乾隆五十年(1785)"秋,大旱,谷价斗三千钱,大饥,奉旨赈济,五十一年,春二月赈止,夏麦大熟,人多疫

---

① 乾隆《新乡县志》卷四《祥异》。
② 民国《林县志》卷十四《大事记》。
③ 道光《武陟县志》卷十二《祥异志》。
④ 民国《河内县志》卷五《祥异志》。
⑤ 民国《修武县志》卷十六《祥异》。
⑥ 民国《郾城县志》卷五《大事篇》。
⑦ 民国《郏县志》卷十《杂事》。

死,秋大稔,飞蝗蔽天,未成灾"①。光山,乾隆五十年(1785)"自春及夏无雨,田间不能下种,六月晦日始有大雨"②。

三是嘉庆十八年(1813)河南全省性大旱灾。嘉庆十七年(1812),河南郏县、登封、信阳等就已经出现局部旱灾。嘉庆十八年(1813)春,河南全境普遍少雨。豫北彰德府安阳、武安、汤阴、临漳、内黄等县,怀庆府的修武、原武、阳武等县,卫辉府的汲县、新乡、辉县、获嘉、淇县、延津、滑县、浚县、封丘、考城等州县,豫东开封府的祥符、陈留、鄢陵、中牟、兰阳、仪封、禹州等州县,陈州府及其所属之扶沟等州县,许州直隶州及所属之临颍、长葛等,全省共二十九厅州县等都出现严重旱情。祥符、陈留、禹州、安阳、汤阴、临漳、武安、内黄、汲县、新乡、辉县、获嘉、淇县、延津、滑县、浚县、封丘、考城、原武、阳武等二十州县春粮严重歉收,秋禾又未能完全播种,粮食匮乏而出现严重的饥荒。其中,郏县"三月,麦遍生细虫,数日尽枯,大旱,至七月十三日始雨,尽种荞麦,九月二十六霜,荞麦枯尽,人相食"③。郾城"春夏旱,六月始雨,饥疫,民种荞麦,九月霜,取荞麦花为食,又多染疫,时连岁歉收,至是弥甚。十九年春大饥,春斗麦直钱二千,人民饿死逃亡无数"④。禹州"夏大旱,大饥,人相食,麦禾皆无,七月中旬始雨,尽种荞麦,九月大霜,荞麦尽枯,途多饿殍,肉无幸存,尽为饥民刮食,市有诈称牛马肉售者"⑤。

四是道光二十五年至二十七年(1845—1847)河南全省性大旱灾。道光二十五年(1845),豫北的新乡、林县、武陟等地大旱,禾稼枯槁。⑥ 豫西的巩县"洛水涸,舟楫不通"⑦。道光二十六年(1846),豫北的汲县、新乡、辉县、获嘉、淇县、河内、修武等八县"二麦被旱无收,秋禾又复被伤"⑧。豫西的灵宝、卢氏、巩县等州县及豫西南的南阳、内乡等地也出现较大面积的干旱。⑨ 道光二十七年

---

① 光绪《扶沟县志》卷十五《灾祥志》。
② 民国《光山县志约稿》卷七《杂记》。
③ 同治《郏县志》卷十《杂事》。
④ 民国《郾城县志》卷五《大事篇》。
⑤ 民国《禹县志》卷二十二《大事记》。
⑥ 闫娜轲:《清代河南灾荒及其社会应对研究》,南开大学博士学位论文2013年,第60页。
⑦ 民国《巩县志》卷五《大事记》。
⑧ 李文海、林敦奎、周源、宫明:《近代中国灾荒纪年》,湖南教育出版社1990年版,第60页。
⑨ 闫娜轲:《清代河南灾荒及其社会应对研究》,南开大学博士学位论文2013年,第60页。

(1847),河南的旱灾范围不断扩大,几乎波及全省。宜阳"大旱,赤地千里,麦禾俱无,人民逃亡者相继"①。汜水"岁大饥,秋禾穗将吐,雨复缺,数旬之间尽成枯槁,而人民于是大困矣,八月间雨连绵十数日,麦始遍种,是时两季未收,十室九空"②。六月二十八日(8 月 8 日)的上谕中还只提到河南有 17 个州县遭旱灾,到九月二十九日(11 月 6 日)的上谕中提到的河南受灾州县就增加到 41 个,到十一月初二(12 月 9 日)的上谕中,河南受灾州县又增加到 64 个。③ 实际上,这几年河南遭受旱灾的州县远不止 64 个,干旱几乎波及全省,由于连续干旱,粮食严重不足,导致大量饥民外出逃荒,土地抛荒现象非常严重。不仅如此,河南永城等地还出现揭竿而起的动乱局面,正如曾国藩在家书中提及的那样:"近日河南大旱,山东盗贼蜂起,行旅为之不安。"④

五是光绪三年至四年(1877—1878)河南全省性大旱灾。光绪初年,山西、河南、陕西、直隶、山东等省持续干旱,饿死人口多达 1000 万以上,为清朝"二百三十余年未见之凄惨,未闻之悲痛"⑤。因光绪三年(1877)和光绪四年(1878)分别为农历丁丑年和戊寅年,故后人称这次大旱为"丁戊奇荒";因这两年以山西、河南的旱灾最为严重,所以又被称为"晋豫大荒"。早在光绪元年(1875),华北各省就已经先后出现旱情。光绪二年(1876)旱情进一步加重。光绪三年(1877),开封、河南、彰德、卫辉、怀庆五府的许多地方持续干旱,河渠因之断流。奉旨帮办河南赈务的刑部左侍郎袁保恒调查后发现,河南"被灾之广,受灾之重,为二百数十年来所未有"⑥。光绪四年(1878),河南的旱情虽然有所缓解,但因粮食严重匮乏而导致的"人相食"惨剧并没有随之减少,反而越加严重。整个河南不少人活活饿死,即便侥幸活下来的也是十人九病。就连当时的钦差大员袁保恒也染上瘟疫,死于任上。据统计,自光绪二年(1876)至光绪四年(1878),河南人口从 2394.3 万人锐减至 2211.4 万人,两年时间共减少182.9万人。⑦ 河南不少县志对这次严重的旱灾都有比较详细的记载。比如,浚县在光

---

①　光绪《宜阳县志》卷二《天文》。

②　河南省水文总站编:《河南省历代大水大旱年表》,1982 年印,第 202 页。

③　李文海、林敦奎、周源、宫明:《近代中国灾荒纪年》,湖南教育出版社 1990 年版,第 64—65 页。

④　〔清〕曾国藩:《曾国藩全集》第一卷(家书),岳麓书社 1985 年版,第 160 页。

⑤　李文海等:《中国近代十大灾荒》,上海人民出版社 1994 年版,第 81 页。

⑥　〔清〕袁保恒:《文诚公集》卷六(奏议)。

⑦　严中平等编:《中国近代经济史统计资料选辑》,科学出版社 1955 年版,第 371 页。

绪四年(1878)"仓不遗一粟矣,库不名一钱矣,十室九空,逃亡相继,极目赤地,往往行数里,不见一人"①。汜水县"三年夏,男女东逃即相继不绝,九月以后愈众,百十成群,行装载道,男担女负,扶老携幼,奔走拮据,啼饥号寒之状实有不可胜述,亦不忍备述者。又兼人口大出,贩人者即在庠、在监,科甲、巨富亦无禁忌,于是村村皆有人客,处处俱是卖主,有父卖其女者,有夫卖其妻者,有弟卖其嫂、兄卖其弟妇者,有女童养于夫家,彼此商量伙买者,有妇人自寻买主而自随去者,更有将己妻卖出作本而转贩人者,有作中说合十分抽一而使用钱者。论价则少艾,处女姿容绝美者亦不及十千,而其次可知。道路之间走者、贫者、小车推大车载者,相继如绳,每一主领三五人,领十数人,甚至领六七十人、七八十人,类皆割弃骨肉、离分结发,临歧之时不知若何号呼、血泪沾襟者"②。

《孟津县志》记载:"1877 年,大旱,民遭饥荒。东自河南西连晋陕,赤地千里,河流干涸,五谷绝收。严冬黄河冰封,粮运断绝。家家断炊,尸横遍野。生者流离,村舍荒芜。饥荒惨状,史所罕见。民谚'一提光绪三,人人心胆寒'。"③《卫辉市志》所记载的 1877 至 1878 年的惨状更加触目惊心:"大旱十四个月,饿殍遍地,裸尸被人割食肢体,犬噬鹰啄,骸骨狼藉。时人吴蕙生、杨映斗行善敛尸,插签编号,辨貌登簿。每尸裹席一方,席尽,仅用土掩。城外一屠牛者,全家病死。掩埋时,在其后院掘出人骨数十具,众骇愕,方知此家久卖人肉。"④

第二节　黄河决口漫溢频繁及应对措施

清代河南黄河决口、漫溢甚至改道等水患越来越频繁,造成的影响越来越严重。据统计,有清一代,沿黄河各省共发生河决 174 次,其中河南 70 次,占总

---

① 　光绪《续浚县志》卷五《循政》。
② 　民国《汜水县志》卷十《艺文上》。
③ 　河南省孟津县地方史志编纂委员会编纂:《孟津县志》,河南人民出版社 1991 年版,第 32 页。
④ 　卫辉市地方史志编纂委员会编:《卫辉市志》,生活·读书·新知三联书店 1993 年版,第 24 页。

数的 40%；特别是咸丰五年(1855)铜瓦厢改道以前，各省河决共 132 次，其中河南 62 次，占总数的 46.6%。① 清代在河南境内比较严重的决口主要集中发生在顺治、雍正、乾隆、嘉庆、道光、咸丰、同治、光绪年间。

一、日益频繁的河南段黄河决口

清代黄河决口比较频繁，铜瓦厢改道以前决口主要集中在河南境内。其中，规模较大的决溢主要集中在以下几个时期。

(一)顺治、康熙时期的河南段黄河决口

顺治朝 18 年中，仅河南区域内的黄河决口就有 9 次之多。顺治元年(1644)，河南温县河决。"伏秋汛发，北岸小宋口、曹家寨堤溃，河水漫曹、单、金乡、鱼台四县，自兰阳入运河，田产尽没。"②顺治二年(1645)"夏，(黄河)决考城，又决王家园"，"七月，决(考城)流通集，一趋曹、单及南阳(今山东鱼台北)入运，一趋塔儿湾、魏家湾，侵淤运道，下游徐、邳、淮阳亦多冲决"。顺治五年(1648)，"决兰阳"。顺治七年(1650)"八月，决(封丘)荆隆、(祥符)朱源寨，直往沙湾，溃运堤，挟汶由大清河入海"。顺治九年(1652)，黄河"决封丘大王庙，冲圮县城，水由长垣趋东昌，坏安平堤，北入海"，"复决邳州，又决祥符朱源寨"。由于该决口屡堵屡决，溃水阻滞运道，以致当时不少朝臣纷纷上书请求勘察古"九河"走向，想改河北行禹河故道。而总督河道的杨方兴力排众议，他认为："元、明以迄我朝，东南漕运，由清口(今江苏清江西南)至董口二百余里，必藉黄为转输，是治河即所以治漕，可以南不可以北。若顺水北行，无论漕运不通，转恐决出之水东西奔荡，不可收拾。"顺治十一年(1654)，"复决大王庙"。朝廷方下决心堵塞决口，试图挽河水南行，走明代故道。顺治十四年(1657)，"决祥符槐疙疸，随塞"。顺治十五年(1658)，"决阳柴沟姚家湾，旋塞。复决阳武慕家

---

① 胡思庸：《近代开封人民的苦难史篇——介绍〈汴梁水灾纪略〉》，《中州今古》1983 年第 1 期。
② 《清史稿》卷二百七十九《杨方兴传》。

楼"。顺治十七年(1660),"决陈州郭家埠、虞城罗家口,随塞"。①

康熙年间,由于得到有效治理,黄河在河南的决口显然没有顺治年间那么频繁。从时间分布上看,60年中河南境内总共只有7个年份发生过黄河决溢。其中,康熙元年(1662),分别决口于武陟大村和开封黄练集;康熙三年(1664),分别决口于杞县及祥符县阎家寨和朱家营;康熙十一年(1672),河溢于虞城;康熙三十五年(1696),"决(仪封)张家庄";康熙四十八年(1709),"决兰阳雷家集、仪封洪邵湾";康熙六十年(1721),"决武陟詹家店、马营口、魏家口";康熙六十一年(1722)"正月,马营口复决,九月决秦厂"。②

(二)雍正、乾隆时期的河南段黄河决口

雍正、乾隆两朝的73年间,仅有记载的黄河决溢年份有20多个。决溢地域上起河南,下至山东、江南,沿河各省均发生过程度不同的决溢。其中河南决溢的年份占1/3左右,武陟、郑州、阳武、中牟、祥符、兰阳、仪封、睢州、考城等地均曾决口成灾;江南决溢的年份占2/3左右,决口的地区包括砀山、丰县、沛县、铜山、睢宁、邳州、宿迁、桃源、清河、阜宁等地,尤以铜山、睢宁两地决溢的次数最多。在这两朝河南段黄河的多次决溢中,较大的主要有以下几次。

一是雍正元年(1723)的黄河决口。该年六月,黄河于中牟县十里店、娄家庄决口,洪水南入贾鲁河,祥符、尉氏、扶沟、通许等县村庄田禾,淹没甚多;同月,黄河北岸又"决(武陟)梁家营、二铺营土堤及詹家店、马营月堤"。③

二是乾隆二十六年(1761)的黄河决口。七月中旬,伊洛河、沁河和黄河潼关至孟津干流区间同时有大雨,黄河及其支流伊洛河、沁河暴涨,伊洛河大溢,水灌偃师县城。"武陟、荥泽、阳武、祥符、兰阳同时决十五口,中牟之杨桥决数百丈,大溜直趋贾鲁河。"④黄河黑岗口水位上涨2米多高,估计花园口洪峰流量每秒32000立方米,是一次罕见的大洪水。洪水到达下游后,由涡河入淮河,河南的开封、陈州、商丘和安徽的颍、泗等州俱被水淹。

① 《清史稿》卷一百二十六《河渠志一》。
② 黄河水利委员会黄河志总编辑室编:《河南黄河志》,黄委会勘测规划设计院印刷厂1986年印,第47—48页。
③ 雍正《河南通志》卷十四《河防四》。
④ 《清史稿》卷一百二十六《河渠志一》。

三是乾隆四十六年(1781)的黄河决口。这一年农历五月,河决睢宁魏家庄,大溜注入洪泽湖;七月,又决仪封,漫口 20 多处,北岸水势全由青龙冈夺溜北注,洪水进入南阳、昭阳、微山等湖,余波流入大清河。朝廷派大学士阿桂驻工地督筑,先后两次堵合均告失败。后来在兰阳三堡大堤外增筑南堤,开引河 170 余里导水下注,再由商丘七堡回归大河。前后历时 10 年,才将口门堵合,河水回归故道。这是清代黄河的一次局部改道。①

(三)嘉庆、道光时期的河南段黄河决口

嘉庆元年(1796),河底淤高一丈左右,清水不能外出。治河者怕延误漕运,只好借黄河倒灌入湖之水进行浮送,称作"借黄济运"。结果使清口一带河势更加恶化。自乾隆后期至嘉庆二十三年(1818),黄河决口大多集中在睢州及其以下地段。比如,乾隆四十九年(1784)"八月,决睢州二堡",乾隆五十二年(1787)"夏,决睢州",嘉庆三年(1798)"八月,溢睢州",嘉庆十八年(1813)"九月,决睢州",嘉庆二十三年(1818)"六月,溢虞城",等等。② 从嘉庆二十四年(1819)开始,河南境内的黄河决溢地段呈现出明显的上移趋势。比如:嘉庆二十四年(1819),"溢仪封及兰阳、祥符、陈留、中牟等县;决武陟马营坝";嘉庆二十五年(1820),"漫仪封三堡";等等。③

道光六年(1826),两江总督琦善到清口调查后说:"自借黄济运以来,运河底高一丈数尺,两滩积淤宽厚,中泓如线。"④因河床不断抬高,从道光七年(1827)开始,黄河堤外河滩逐步高出堤内平地至三四丈之多,淮河之水基本上进入不了黄河。"城郭居民尽在河底之下,惟仗岁请无数金钱,将黄河抬于至高之处。"⑤由于河水已不能攻沙,反而日益淤垫,下游河道已不可收拾,黄河的改道只是时间早晚问题。道光二十一年(1841),黄河河南祥符段三十一堡处发生决口,漫溢出来的黄河水包围省城开封长达 8 个月之久。这在黄河水患史上是

---

① 程有为主编:《黄河中下游地区水利史》,河南人民出版社 2007 年版,第 242 页。

② 黄河水利委员会黄河志总编辑室编:《河南黄河志》,黄委会勘测规划设计院印刷厂 1986 年印,第 48 页。

③ 黄河水利委员会编写:《河南省志》第四卷《黄河志》,河南人民出版社 1991 年版,第 63 页。

④ 《清史稿》卷一百二十七《河渠志二》。

⑤ 《清朝经世文四编》卷四十六《工政·熟筹河工大局疏》。

极为罕见的现象。时任河南巡抚牛鉴所上的奏折称:"城内积水,各街已深四、五、六尺不等。衙门及臬司府、县署俱皆被淹。""城外民舍,因猝不及防多被冲塌,人口多有损伤。"[①]六月十六日"夜三更黄水出南门入城,直流三昼夜,至十九日方止。所有护城堤十里以内,人民淹毙过半,房屋倒坏无数,省城墙垣坍塌一半"[②]。由于当时的地方官员重点关注的是如何保护开封城,忽略了城外老百姓的死活。"大流经过村庄人烟断绝,有全村数百家不存一家者,有一家数十口不存一口者。即间有逃出性命,而无家可归,颠沛流离,莫可名状,居民虽幸免漂没,而被水者辗转迁徙,房屋多倒,家室荡然。"[③]除祥符外,陈留、通许、杞县、太康、鹿邑、归德等地均遭水淹,黄水所经之处,土地沙化严重。道光二十三年(1843),黄河发生了千年不遇的特大洪水,中游地区的陕县万锦滩"计一日十时之间涨水至二丈八寸之多,浪若排山。历考成案,未有涨水如此猛骤"[④]。中牟县九堡附近再次发生漫决,河堤冲决百余丈,后扩大到360多丈。[⑤] 洪峰流量估计接近每秒36000立方米,当地留下歌谣:"道光二十三,黄河涨上天。冲走太阳渡,捎带万锦滩。"这次洪水给黄河中下游地区人民群众带来了严重灾难,直接造成中牟、祥符、通许、尉氏、陈留、鄢陵、杞县、西华、沈丘、太康等十多个州县局部地区受淹。其中,中牟县最为严重,"村庄数百同时淹没","大溜所经,深沙盈丈,县境东北膏腴之壤皆成不毛之地矣"。[⑥]

(四)咸丰、同治、光绪、宣统时期的河南段黄河决口

咸丰五年(1855)黄河铜瓦厢决口改道。河南兰仪之铜瓦厢素有"兰阳第一险工"之称。这一年的六月十八日,铜瓦厢黄河大堤突然溃决三四丈宽。二十日,口门迅速扩大到七八十丈宽。由于灾害发生之时,清政府正在想尽一切办法对付太平军,根本没有精力和财力来救灾,结果口门越冲越宽,冲出河堤的黄水如脱缰之马,"大溜浩瀚奔腾,水面横宽数十里至百余里不等,致河南、直隶、

① 张艳丽:《嘉道时期的灾荒与社会》,人民出版社2008年版,第34页。
② 水利电力部水管司科技司、水利水电科学研究院编:《清代黄河流域洪涝档案史料》,中华书局1993年版,第626—627页。
③ 《再续行水金鉴》卷一百五十三《河水》。
④ 《再续行水金鉴》引《中牟大工奏稿》。
⑤ 王鑫宏:《河南近代灾荒史研究》,河南人民出版社2015年版,第55页。
⑥ 同治《中牟县志》卷一《舆地志·祥异》。

山东被淹四十余州县之多。霜降后,水落归槽,刷成河形三道,悉由张秋镇五空桥上下归入大清河"①。河南兰仪、祥符、陈留、杞县等遭灾严重。

同治二年(1863)六月,黄河"漫上南各厅属,水由兰阳下注,直东境内涸出村庄,复被淹没。菏泽、东明、濮、范、齐河、利津等州县,水皆逼城下"。同治五年(1866)七月,"决上南厅胡家屯"。同治七年(1868)六月,"决荥泽十堡,又漫武陟赵樊村,水势下注颍、寿入洪泽湖"。② 同年,黄河漫溢,"由郑州常庄、东赵、青寨、大庙、京水、祥云寺……小孙庄至中牟县界临河一带,尽被淹没"。③ 同治十一年(1872)夏秋,"决开州焦丘、濮州兰庄,又决东明之岳新庄、石庄户民埝,分溜趋金乡、嘉祥、宿迁、沭阳入六塘河"。④

光绪在位近34年间,河南境内黄河发生决溢的年份就有13个,特别是其后期几乎年年都决口。光绪三年(1877),黄河在石家桥决口,"郑地自石家桥以下,桥口、马渡……刘江等村入中牟界,四十余州县咸成泽国"⑤。光绪四年(1878),"武陟、开州、惠民等地决口"。光绪七年(1881),"濮州河决营房"。⑥ 光绪十三年(1887),"决开州大辛庄,水灌东境,濮、范、寿张、阳谷、东阿、平阴、禹城均以灾告。八月,决郑州,夺溜由贾鲁河入淮,直注洪泽湖。正河断流,王家圈旱口乃塞"。⑦ 光绪十四年(1888)九月,"直隶长垣县民埝冲决,黄水漫入滑县"⑧。光绪十六年(1890),"是年黄河北岸长垣县东了墙漫决"⑨。光绪十八年(1892)"六月,决惠民白茅坟,夺溜北行,直趋徒骇入海"⑩。光绪二十一年(1895),"决寿张高家大庙"⑪。光绪二十七年(1901),"濮阳县陈家屯河堤漫

① 李文海、林敦奎、周源、宫明:《近代中国灾荒纪年》,湖南教育出版社1990年版,第160页。

② 《清史稿》卷一百二十六《河渠志一》。

③ 民国《郑县志》卷二。

④ 《清史稿》卷一百二十六《河渠志一》。

⑤ 民国《郑县志》卷二。

⑥ 黄河水利委员会黄河志总编辑室编:《黄河大事记》(增订本),黄河水利出版社2001年版,第127页。

⑦ 《清史稿》卷一百二十六《河渠志一》。

⑧ 《清实录·德宗实录》卷二百七十四。

⑨ 《黄河水利史述要》编写组:《黄河水利史述要》,黄河水利出版社2003年版,第391页。

⑩ 《清史稿》卷一百二十六《河渠志一》。

⑪ 《黄河水利史述要》编写组:《黄河水利史述要》,黄河水利出版社2003年版,第392页。

决,兰仪、考城二县河溢成灾"①。光绪二十八年(1902),"河决寿张大寺、张庄、米家、刘桥,范县之邵家集、邢沙窝"。光绪二十九年(1903),漫濮阳牛寨,"决开州白岗"。光绪二十二年(1906),濮阳杜寨村漫决。光绪三十三年(1907)和光绪三十四年(1908)这两年"连决王城堌"。②

宣统年间河南段黄河连年决溢。宣统元年(1909),"决开州孟民庄。明年塞"③。宣统二年(1910)"八月,长垣二郎庙、濮阳李忠陵漫决"④。

黄河的决口、泛滥和改道给河南经济社会带来巨大的灾难。其中,给河南东部平原地区水系航道、地理地貌及农田水利建设与群众日常生产生活等带来的灾难和影响尤为惨重。洪水带来的大量泥沙在这些受灾区域大量沉积,不仅使原来的湖泊逐渐被填平,天然的河道被淤浅,而且使不少良田变成沙地、沙丘乃至岗地、洼地,使原本农业生产条件和航运条件较好的豫东地区逐渐变成了集旱、涝、沙、碱等于一体的重灾区。

二、黄河决口频繁的主要原因

铜瓦厢决口改道以前,河南段黄河就经常性地发生决溢。黄河改道后,河南段黄河的决溢并没有因此而得到明显缓解,河南地区的河患依然严重。造成清代河南地区河患频仍的主要因素有以下几个方面。

(一)自然原因

黄河以善决善徙著称,对于其中的原因,明代水利专家刘天和早就从河流含沙量、河床特点、水情、地形、地质及流域内降水特征等方面进行过比较全面的分析。他在《问水集》中言:"河水至浊,下流束隘停阻则淤,中道水散流缓则

①　黄河水利委员会编写:《河南省志》第四卷《黄河志》,河南人民出版社1991年版,第64页。
②　黄河水利委员会黄河志总编辑室编:《河南黄河志》,黄委会勘测规划设计院印刷厂1986年印,第49页。
③　《清史稿》卷一百二十六《河渠志一》。
④　黄河水利委员会黄河志总编辑室编:《河南黄河志》,黄委会勘测规划设计院印刷厂1986年印,第49页。

淤,河流委曲则淤,伏秋暴涨骤退则淤,一也。从西北极高之地,建瓴而下,流极湍悍,堤防不能御,二也。易淤,故河底常高。今于开封境内测其中流,冬春深仅丈余,夏秋亦不过二丈余,水行地上,无长江之渊深,三也。傍无湖陂之停潴,四也。孟津而下,地极平衍,无群山之束隘,五也。中州南北悉河故道,土杂泥沙,善崩易决,六也。是以西北每有异常之水,河必骤盈,盈则决。每决必弥漫横流,久之,深者成渠,以渐成河;浅者淤淀,以渐成岸。即幸河道通直,下流无阻,延数十年,否则数年之后,河底两岸悉以渐成高,或遇涨,河亦不容于不徙矣。此则黄河善决迁徙之情况也。"

　　清代河南段黄河的历次决口与这些自然因素无疑也有着十分密切的关系。如道光二十一年(1841),河南祥符县的黄河决口就明显与自然原因密切相关。这一年的黄河中上游地区普降大雨,导致河水猛涨。正如山西巡抚杨国桢所奏:"本年六月初六、初七等日,雷雨大作,河水涨发,冲塌土房,秋禾被淹","七月初七、初八、初九等日,天降大雨,河水涨发,田禾被淹"。① 山西大雨汇集陕西后加剧陕西的水灾,陕西巡抚富呢扬阿上奏朝廷:"本年六月十四、十五等日,泾、渭、黄、洛各河,日夜泛涨,宣泄不及,以至沿河村庄房屋、地亩被淹。"②由于河水层层汇集,到达河南省境内时已很难控制。时任河南巡抚牛鉴奏道:"六月初八以后,万锦滩黄河叠报涨水,甚至一日七时之间涨至九尺六寸,实属从前所未有。"③光绪十三年(1887)八月十三日黄河在郑州决口,也主要是因为上游山西、陕西地区连日大雨,加上河南本地暴雨不止,导致水满堤决。当年甘肃"各属自五月以来,无三日不雨","七月以来,雨多晴少"。④ 时任陕西巡抚叶伯英在奏折中称:"长武、雒南、陇州三属先后具报,于闰四月十一日午刻及申酉之

① 水利电力部水管司科技司、水利水电科学研究院编:《清代黄河流域洪涝档案史料》,中华书局1993年版,第623页。

② 水利电力部水管司科技司、水利水电科学研究院编:《清代黄河流域洪涝档案史料》,中华书局1993年版,第624页。

③ 水利电力部水管司科技司、水利水电科学研究院编:《清代黄河流域洪涝档案史料》,中华书局1993年版,第626页。

④ 水利电力部水管司科技司、水利水电科学研究院编:《清代黄河流域洪涝档案史料》,中华书局1993年版,第745页。

交,狂风大雨,带降冰霜,山水立时涨发。"①甘肃、陕西等地的持续降水自然而然地加剧了河南地区的防洪难度,而河南十多天的连续大暴雨更是让原本就高出地面的河南段黄河不堪重负,正如时任河南巡抚倪文蔚在奏折中写的那样:"豫省本年八月初一起,阴雨连绵,昼夜不息,至十四日傍晚雨稍停止。沟洫充盈,沁黄陡涨,以致两河先后漫决。"②

(二)人为原因

"黄河决口,黄金万斗。"由于治河管理体制的高度集中,加上管理不善,监督乏力,人浮于事,极易滋生侵吞治河经费、偷工减料等腐败行为。一是治河官吏及河工人浮于事,骄奢淫逸。正如魏源在《筹河篇》中分析的那样:"古河员之多寡,恒视河务为盛衰。员愈多,费愈冗者,河必愈坏。员愈少,费愈节者,其河必愈深。"清代中叶以后,由于黄河决口频繁,堵口工程甚多,治河经费自然也水涨船高。这就为治河官吏及河工贪污腐化、徇私舞弊提供了机会。河官骄奢淫逸的腐化生活也令人咋舌,如"南河岁费五六百万金,然实用之工程者,什不及一,余悉以供官吏之挥霍。河帅宴客,一席所需,恒毙三四驼,五十余豚,鹤掌、猴脑无数。食一豆腐,亦需费数百金"③。二是治河官吏中饱私囊,贪赃枉法。治河官吏"减料偷工视为事故,甚且敷衍蒙蔽,全饱私囊,以致日就废弛,动辄溃溢。当险工迭出之时,不为可虑,转觉可喜,以为获咎不过革职留工耳,不数月间修复,即开复原官,依然故我,又可多须帑项,从中侵渔"④。嘉庆二十四年(1819),兰阳、武陟决口,用银竟达1200万两,用秸料2万多垛,共计2亿多斤。⑤ 治河官吏的贪赃枉法行为曾激起群众强烈不满。据豫籍京官、翰林院编修李培元、高钊中、蒋艮在一份奏折中披露:"昨见同乡自汴来信,谓决口之夕,堤上难民数万人号咷望救,而河署管理工料之幕友李竹君,平日克扣侵渔,以至

---

① 水利电力部水管司科技司、水利水电科学研究院编:《清代黄河流域洪涝档案史料》,中华书局1993年版,第748页。

② 水利电力部水管司科技司、水利水电科学研究院编:《清代黄河流域洪涝档案史料》,中华书局1993年版,第910页。

③ 李文海、林敦奎、周源、宫明:《近代中国灾荒纪年》,湖南教育出版社1990年版,第500页。

④ 《再续行水金鉴》。

⑤ 谢堂银:《光绪十三年黄河郑州决口与清政府的应对措施》,东北师范大学硕士学位论文2009年,第11页。

堤薄料缺,河夫、居民切齿痛恨。当溃之际,群殴该幕,支解投河,几至生变。"①河官的玩忽职守、贪赃枉法由此可见一斑。三是当地农民滥垦河滩地,与河争地。乾隆二十三年(1758)的一道谕旨中言:"豫东黄河大堤相隔二三十里,河宽堤远,不与水争。乃民间租种滩地,惟恐水浸被淹,止图一时之利,增筑私埝,以致河身相逼,一遇汛水长发,易于冲溃,汇注堤根,即成险工。不知堤内之地非地外之地可比,原应让之于水者。地方官因循积习,不加查禁,名曰爱民,所谓因噎废食者也。"②由此可见,老百姓盲目围垦也是导致黄河频繁决堤的一个原因。

(三)技术原因

不重视科学技术也是河患频发的重要原因。一是从中央政府到地方政府都不重视科学技术的运用。从康熙、雍正、乾隆到同治、光绪,历朝皇帝几乎都没有询问过河臣治河过程中需要攻克或解决什么技术问题,很少关注或考虑河工技术的研究和开发,也没有要求治河大臣、河工组织对黄河河道深浅、宽窄的测量和数据分析,不能"据以提出应该修补的工程,并可预见未来出险的重点区域"③。二是堵口技术非常落后。在没有挖掘机、打桩机等现代机械化设备的情况下,堵口物料仍然用的是柳料、草料、秸料等,堵口方法仍然沿用埽工堵口。三是缺乏专门的水利人才。清代水利技术总体上有所提高,但主要靠的是下层河工及当地群众在抗洪防洪过程中积累的一些经验,并没有有意识地引进西方先进的水利科学技术,很少组织水利人才的专门性培训工作。直到光绪三十四年(1898),清政府才设永定河河工研究所,培养水利技术人才。

三、治理黄河水患的主要措施

清代,朱之锡、嵇曾筠、高斌、靳辅、陈潢、于成龙等人在吸收前人治河思想

① 李文海、林敦奎、周源、宫明:《近代中国灾荒纪年》,湖南教育出版社1990年版,第500页。
② 《清会典事例》卷九百一十九。
③ 周魁一:《中国科学技术史·水利卷》,科学出版社2002年版,第449页。

和实践经验的基础上,于治河方面采取了一些相应的措施。

(一)想尽办法堵塞决口

康熙元年(1662)九月,黄河在原武、祥符、兰阳决口。面对险情,朱之锡亲自上阵督战。他指示济宁道方兆及等赴曹县负责筑堤,自己则亲赴河南督塞西阎寨、单家寨、时利驿、蔡家楼、策家寨各决口。

由于武陟、中牟、郑州等地黄河连续决口,河南灾患严重。雍正元年(1723),时任河道总督的齐苏勒,上任伊始就"周历黄河、运河,凡堤形高卑阔狭,水势浅深缓急,皆计里测量"。通过充分的调查研究,他对"河员废弛""奏销虚冒"的情况了如指掌。于是严立章程,以示警诫,并大力整顿河工。在任七年中,他坚持疏浚与修筑并举,在大修河南两岸堤防的同时,又在江南兴修了许多工程。于是"黄河自砀山至海口,运河自邳州至江口,纵横绵亘三千余里,两岸堤防崇广若一,河工益完整"。①

嵇曾筠负责河南河防期间,连年大修黄河两岸堤防,使"豫省大堤长虹绵亘,屹若金汤"②。他在江南期间,大修黄、运两河堤防,并着力整顿河务。他最善于筑坝治溜,采用"引河杀险法"治河,为国库节省了许多钱财。

道光十八年(1838)六月十六日,黄河在河南祥符三十一堡决口,波涛汹涌,全城被围,城内水深五六尺,溃水夺溜至安徽临淮关入淮。河南、安徽两省有5府22个州县受灾。河南巡抚牛鉴与东河总督文冲均束手无策,声称口门堵筑困难,请求"迁移省治"。道光皇帝派大学士王鼎进行实地勘察,王鼎指出:"河流随时变化,自古迄无善策。然断无决而不塞,塞而不速之理。故文冲所奏,断不可行。"主持这次堵口工程的王鼎对林则徐器重有加,并上疏请求道光皇帝将因虎门销烟而被革职遣送新疆伊犁戍边的林则徐留下来襄办这次堵口工程。道光皇帝"诏示林则徐折回东河,效力赎罪"。③ 林则徐奉旨兼程前往祥符与王鼎同住黄河六堡工地督工。经过8个月奋战,这次堵口工程终于合龙成功。鉴于黄河埽工常被大溜严重淘刷导致防守困难,林则徐提出"碎石斜分入水,铺作

---

① 《清史稿》卷三百一十《齐苏勒传》。

② 河南黄河河务局编:《河南黄河大事记》,黄河水利出版社2013年版,第67页。

③ 转引自鲁枢元、陈先德主编:《黄河史》,河南人民出版社2001年版,第558页。

坦坡,既以偎护埽根,并可纡回溜势","豫东河堤多系沙土,不能专恃为固。堤单而护之以埽,埽陡而护之以石,总在迎溜最险之处始行估抛",以达"工固澜安"之目的。① 由此可见,林则徐还是当年在河南境内提倡采用石料加固河堤的主要倡导者。

(二)加强黄河治理的领导和顶层设计

为更好地治理河道,顺治元年(1644)正式设置河道总督,掌管黄河、淮河及运河等堤防、疏浚等事宜,治所设于山东济宁。康熙十六年(1677),河道总督衙门由济宁迁至江苏清江浦(今江苏淮安)。雍正七年(1729),正式分设江南河道总督(南河总督),驻清江浦;河南、山东河道总督(东河总督),驻济宁。次年又增设直隶河道总督(北河总督),驻天津。咸丰八年(1858),裁撤南河总督及其机构,河务由漕运总督兼理。光绪二十四年(1898),废东河总督,不久又恢复旧制。光绪三十年(1904),裁撤漕运总督,并将漕运总督署改为江北巡抚署,河督建制被废置。清代河道总督为专门治理河务的最高长官,直接受命于皇帝,其主要职责乃"统摄河道漕渠之政令,以平水土,通朝贡。漕天下利运,率以重臣,主之权尊而责亦重"②。朝廷曾赋予河道总督提出水利工程修防计划、调集工程劳动力、掌管治河经费、审理和处置河工案件及负责其所属官员的考核、荐举、参纠等一系列重要职权。河道总督以下还设有河道、同知、通判、县丞、主簿和河标副将、参将等治河官员。

在治河管理机构的设置方面,清政府曾想停差北河、中河、南河、南旺、夏镇、通惠各分司,令以分司事务归并地方官。康熙四年(1665)八月,朱之锡上奏朝廷时指出,黄、运两河的堤防和疏浚都必须做到足到、眼到,不像刑、名、钱、谷等事务可以理断臆决。他针对"征夫问料,地方官民皆不乐闻。府佐职微权轻,上下掣肘,呼应不灵,易致贻误"这种事权不统一的状况,建议分散治河工作的职责,在河道总督之下设司厅于沿河各境,并将各分司职掌归并到府佐。③ 同时,他还建议黄河、运河所经各省督抚应协助治理所辖境内河道,"共襄河务,平

---

① 《清朝经世文续编》卷一百零七《查覆东河碎石工程情形疏》。
② 〔清〕康基田:《河渠纪闻》卷十三。
③ 王思治、李鸿彬主编:《清代人物传稿》上编第八卷,中华书局1995年版,第280页。

时先事绸缪"①。

在治河方略上,朱之锡"不屑于萧规曹随,凡修守运河堤岸,绸缪至计,无不恧心壁画。如大役工程,钱粮职守及诸弊端兴革损益,皆商榷至当"②。顺治十六年(1659)正月,朱之锡提出不同于前人的新的治河方案。他认为,由于黄河泛滥不可避免,防护工作决不能松懈。河南每年修治黄河夫役应当保持原额,决不能因一时未曾决口便加以裁减。他提出的河夫征派方法,既节省了大量夫役、民力,促进了当地农业生产的发展,又提高了河工的效率。他在潘季驯筑堤束水主张的基础上大力加强堤防建设,使黄河河槽进一步固定,京杭运河得以维持通畅。直隶山东河南总督朱昌祚疏言"之锡治河十载,绸缪旱溢,则尽瘁昕宵;疏浚堤渠,则驰驱南北"③,由此导致他积劳成疾,英年早逝在任上。朱之锡去世后,黄淮地区的百姓纷纷沿河立庙祭祀,奉其为"河神",称其为"朱大王"。

随着黄河河患中心逐步推移到河南段,康熙末年至雍正初年的治河重点也开始集中到河南段。雍正至乾隆中叶以前,朝廷一直秉承康熙时期的水利政策,比较重视对黄河、淮河、运河等河道的治理。河患中心的转移和治河重心的变化推动了雍正时期河政管理制度的改革,实现了江南黄河、豫东(河南、山东)黄河的分治。

为解除当时的江、淮之困,林则徐曾提出将黄河改道北流沿大清河入海(即现行河道)的大胆设想。在他提出这一设想后不到20年,黄河就发生了咸丰五年(1885)的大改道,其行经路线与林则徐的设想完全相同。

(三)加强治河管理的制度化

顺治十四年(1657)吏部左侍郎朱之锡总督河道后,多次上书朝廷,陈述治理黄河的紧迫性和重要性,并对河工夫役、料物、职守、建设柳园及河工弊端等,一一详细阐述,称作"河政十事"。他在主持河政期间,为封堵祥符、山阳、阳武、陈留等地决口,做了大量的工作。在进行实地调查研究并掌握大量一手资料的基础上,朱之锡上疏条陈治河诸事,对河流的治理、河官的考核、民力的使用等

---

① 《清史列传》卷八。
② 〔清〕钱仪吉:《碑传集》,上海书店1988年版,第963—964页。
③ 《清史稿》卷二百七十九《朱之锡传》。

提出了许多颇有见地的意见,后编为 20 卷《河防疏略》,成为清初治河的纲领性文件。

雍正二年(1724),朝廷任命嵇曾筠为河道副总督,长驻武陟,专门负责河南段黄河的防守事务。雍正七年(1729)三月,又提升嵇曾筠为东河总督,主管河南、山东两省的河防,并将原河道总督改为南河总督,管理砀山以下至安东(今江苏涟水)一段河务。从此开创了分设南河、东河两河道总督的先例。先后担任河道副总督和东河总督的嵇曾筠在河南推行以开挖引河、裁弯取直为主要方式的治河方略,并先后绘制、呈奏过多幅类型多样的河南黄河图。在修筑黄河大堤的过程中,雍正皇帝亲临武陟工地视察。为了纪念修堤治水之功,他曾诏令在沁河入黄河口修建淮黄诸河龙王庙,又称庙宫、嘉应观,至今仍存有铁铸外包黄铜的御碑。

继齐苏勒、嵇曾筠之后,高斌和白钟山二人的治河成绩也比较显著。高斌担任河道总督前后约 16 年时间,白钟山担任河道总督长达 22 年之久。他们在任时间较长,在兴办工程的过程中又能遵循齐、嵇之遗规,注意整修堤防埽坝,及时堵塞决口,使黄河在乾隆前期没有发生大的灾患。

道光十一年(1831)二月,林则徐被任命为东河总督,办理黄河河务。他在其任上以身作则,殚精竭虑:"惟思河工修防要务,关系运道民生,最为重大。河臣总揽全局,筹度机宜,必须明晓工程,胸有把握,始能厘工剔弊,化险为平,而道、将、厅、营皆得听其调度,非分司防守之员事有禀承者可比。"[①]为革除埽工所用秸料方面存在的弊端,他"将各工形势细加体察,咨访研求,每到一工,即不敢忽略走过。且思物料为防修根本,果皆堆垛结实,防险当自裕如,如查料之时稍任以需作实,以旧作新,则冒项误工,即无有甚于此者"[②]。他在《查验豫东黄河各厅料垛完竣折》中对其所辖黄河南北两岸 15 个厅各段工程的秸料垛完成情况进行了仔细查验,并按各厅料垛虚实情况采取了相应的奖惩措施。他坚持"周历履勘,总于每垛夹档之中,逐一穿行,量其高宽丈尺,相其新旧虚实,有松即抽,有疑即拆,按垛以计束,按束以称斤,无一垛不量,亦无一厅不拆,兵夫居

---

① 林则徐全集编辑委员会编:《林则徐全集·奏折卷》第 1 册,海峡文艺出版社 2002 年版,第 45—46 页。

② 林则徐全集编辑委员会编:《林则徐全集·奏折卷》第 1 册,海峡文艺出版社 2002 年版,第 63 页。

民观者如堵,工员难以藏掩"。道光皇帝对他的这一举措高度赞赏:"如此勤劳,弊自绝矣。作官者皆当如是,河工尤当如是。"[1]

第三节　农田水利事业的主要成就

无论是从规模上看还是从数量上看,清代的水利工程建设成就都明显超过明代。特别是经过康熙、雍正、乾隆年间大规模的农田水利建设,河南全省的水利设施大为改善,农业生产充满活力,粮食充沛有余。然而,到鸦片战争前后,河南的农田水利建设与全国其他省份一样迅速走向衰落。

一、水利工程的兴修

清代前期,河南境内的各府、州、县广泛掀起集中兴修农田水利和疏浚河道的高潮,并取得了比较明显的成效。

(一)豫南水利工程建设

清代前期,豫南各县都非常重视农田水利建设。仅固始县就新建灌溉、防洪工程80多处。至乾隆末年,该县沟渠总里程超过1250公里,灌溉面积近2000平方公里,占该县土地总面积的50%以上。在多次全省范围的持续旱涝灾害中,固始均未成灾。[2]

康熙二十六年(1687),新任固始知县杨汝楫作《水利图说》。他在柳沟口修建坝闸5座,修筑沟渠30多公里。[3] 康熙三十三年(1694),固始知县杨汝楫

---

[1]　《清实录·宣宗实录》卷二百零七。

[2]　熊帝兵:《论清前期河南固始县水利建设成就及抗灾效果》,《华北水利水电大学学报(社会科学版)》2016年第6期。

[3]　固始县志编纂委员会编:《固始县志》,中州古籍出版社2012年版,第255页。

同当地居民于集西 40 多里的兴龙台畔,就地势稍洼处新开兴龙河口,"由上回龙港过杨堰腰坝、丁坝以至姜家坝之黄家楼"①。与此同时,清河的中闸、谭家坝、土坝闸,湛河的溥惠闸和均利闸等也相继得以修复和改造。到康熙末年,"水利涂浍,淤塞已久,今渐次修复"②。乾隆四年(1739),固始县丞石之宪"督率农民将沟道逐一开浚,拦河建筑沙坝,其水东西二沟流灌各二十余里,溉田三千四百余亩"。这些水利设施的效果非常明显:"工成之后,适逢时雨绵降,河水大涨。各处新浚河沟一则分泄水势,一则备资浇灌。所以他处被淹,而固始独全,水利之效立时即应。"③

为解决水利纠纷,固始县在水利管理方面也摸索出了一套行之有效的方法。康熙年间任固始知县的杨汝楫明确要求:"凡有一闸立一闸长,凡有一沟立一沟头。闸长验本闸之启闭,沟头验本沟之遍否。"同时他还提到:"苟得其人,不为势屈,不为利动,不为情阻,水至己田不过灌而即去,无所留滞于其间;苟非其人,贪而不平,懦而不振,又且懈而不力,讼端由此起,而民之相寻于是非者,无有已时,其弊又有不可胜言者。今悉著为令:凡沟有正闸者,水入沟预开木闸土坝以通之,两边侧流诸口亦立一闸,先期各令闭断,俟水下流直达沟末,池塘盈溢,然后渐次返上,按板放水,横开旁口灌之,此自下复上之良法也。"④乾隆年间,固始知县谢聘又进一步完善了用水管理制度,对各闸启闭时间、用水量及用水者所应承担的责任等都作出了比较严格的规定。

乾隆年间,豫南地区的水利事业建设达到高潮。仅在《光州志》《汝宁府志》等地方志相关章节中记述的水利工程就多达 500 余处,其中固始县最多。除清河、湛河两大灌区外,还兴建了史河下游的柳沟灌区、曲河上下坝灌区、白露河下游的兴龙灌区、羊行河和急流涧河上的古城坝和千工堰灌区,在淮河干流的三河尖至往流集张墓坎子间,兴建了防洪堤防,有"固始水利甲冠中州"之说。⑤ 汝宁府因地势低洼,经常发生水患,大面积农田被积水占据。康熙年间,

---

① 民国《重修固始县水利续志》卷上《白露河水利》。
② 康熙《固始县志》卷首《凡例》。
③ 乾隆《固始县续志》卷三《食货志·水利》。
④ 乾隆《光州志》卷二十四《沟洫志》。
⑤ 熊帝兵:《论清前期河南固始县水利建设成就及抗灾效果》,《华北水利水电大学学报(社会科学版)》2016 年第 6 期。

在上蔡知县杨廷望的倡议下,相邻各县同时开挖水渠,使各县的积水由水渠直达汝河、淮河等河流,大片常年积水的土地重变为良田,为大量失去土地的难民提供了可耕之地。由此大大激发了当地群众兴修农田水利的积极性,"是以绅衿百姓皆知开挖沟渠为此方之急务,每于农隙之时,即呈请疏浚。虽土沙松浮,风吹雨积,易致游(淤)浅,然不时挑挖,自可通流。故汝宁一府连岁丰收,并无水患"①。雍正年间,田文镜治河南时的汝宁府历任官员都重视水利建设,共修建渠、堤、塘、河、堰、沟、港 400 余处,其规模之大、数量之多在驻马店的历史上都是少有的。

此外,豫南地区其他各县水利也都得到不同程度的发展。据《光州志》记载,息县修建的湖泊及塘堰近 200 处,加上纵横交错的沟河及农田水利工程,大部分地区能蓄能泄、能灌能排。所以,《光州志》"息县"条说:"凡湖塘所以止水,沟港所以泄水,止泄得法,则民不苦于干旱水溢,故新息素号财府。"故有"有钱难买息县坡,一半米饭一半馍"的谚语。光山、罗山、潢川、商城、信阳等县,也都是"因泽为塘,沿溪为堰",兴建了星罗棋布的蓄水引水工程。光山县的千工堰"自城西绕城东数十里,众水所汇,灌田数千亩"。罗山县西部的武昌湖,蓄水灌溉 300 余顷。信阳县除众多的塘湖堰坝外,雍正五年(1727)又在北中部先后开挖了五里沟、土门沟、屋基屯沟、长台关沟等排水沟河。在整个淮南地区形成了"野无余田",塘有余溉,凡民间买卖田地,每先问其塘之有无大小和"未垦田先筑坝"的情况。但自清嘉庆以后,内忧外患,经济萧条,水利事业日衰,到辛亥革命前夕,历史上的骨干水利工程绝大部分堙废。

(二)豫西南水利工程建设

豫西南地区的农田水利工程因明末农民战争遭到严重破坏,直到清初仍然处于堙废状态。由于清代前期豫西南各县对水利建设事业的高度重视,尤其是在雍乾年间,豫西南一带的农田水利建设形成了一个高潮,不仅先后修复和疏浚了不少原有的渠道和陂塘堰坝,而且修建了不少新的农田水利工程。雍正五年(1727),镇平县共开挖 79 条专门用于灌溉农田的沟渠,使村与村之间几乎都有小型沟渠相连,加上原有的老河、五里河、淇河、三里河、锣鼓河、七里河、赵河

---

① 《世宗宪皇帝朱批谕旨》卷一百二十六。

等河流,全县形成了密集的田间浇灌系统。雍正五年(1727),新野县疏浚渠道30处;乾隆十五年(1750),新野县又新开15条水渠。雍正五年(1727),舞阳县共疏浚河道13处;雍正七年(1729),舞阳县又新开水渠20处;乾隆年间,舞阳县又疏浚水渠44条。乾隆年间,邓州新开渠道57条。① 雍正五年(1727),南阳县疏浚水渠14处,并修建了河唐渠、十二里屯渠、三十里屯渠、林水驿渠等新的渠道。同年,桐柏县新开水渠1处,内乡县新开水渠4处,淅川县疏浚水渠38处,裕州新开水渠19处,叶县疏浚水渠31处。②

(三)豫西引伊灌溉工程建设

康熙三十年(1691),宜阳县知县申明伦主持修建了洛河沿岸的官庄东渠、考老湾渠、锁家营渠、安业渠等渠道。雍正十二年(1734),宜阳县知县沈至德主持修建了牌家瑶渠、甘棠渠、邵家瑶渠、柳泉渠、流渠渠、柏坡渠、后院渠、三乡渠、温庄渠、上下庄渠、冯庄渠、周家村渠、灵山渠、白杨渠、沿村渠、陈宅渠、里渠渠、严过渠、平泉渠等37条渠道。③

乾隆二十八年至三十一年(1763—1766),嵩县知县康基渊带领该县民众开渠兴利。其中,乾隆二十九年(1764),在伊河北岸疏浚了城南渠、东上渠(旧名安定渠)、桥北渠、同伊渠(旧名永济渠)、鸣皋渠(旧名永安渠)等5条渠道,新修了泮水渠、板闸渠、龙驹渠、莘渠等渠道;乾隆三十年(1765),在伊河南岸疏浚了西山一渠(旧名永泉渠)、乐丰渠(旧名永丰渠)、永定渠、皋麓渠(旧名济民渠)、双义渠(旧名永昌渠)、南庄渠(旧名永顺渠)等6条渠道。④ 虽然这些渠道的规模都不大,但数量可观。河南巡抚阿思哈对嵩县知县康基渊兴办水利所取得的成就进行了充分肯定,并于乾隆三十一年(1766)十月二十二日上奏朝廷请求给予嘉奖:"嵩县知县康基渊挑浚伊河两旁古渠并开山涧诸流,可资引导者一律疏治深通,灌田六万二千余亩。"⑤

---

① 马雪芹:《南阳地区两汉、唐宋、明清时期水利事业之比较研究》,《中国历史地理论丛》1993年第2期。

② 参见雍正《河南通志》卷十八《水利中》和乾隆《续河南通志》卷二十五《河渠志·水利》。

③ 光绪《宜阳县志》卷五《建置·渠》。

④ 乾隆《嵩县志》卷十四《河渠》。

⑤ 南炳文、白新良主编:《清史纪事本末》第6卷(乾隆朝),上海大学出版社2006年版,第1398页。

康熙四十六年（1707），陕州知州周全功主持重新疏浚广济渠，但不久又淤塞。乾隆二十八年（1763），陕州知州高积厚亲自察勘并得出广济渠屡修屡废的原因："一是渠口至野鹿段，水流经崖下，土崩渠塞；二是野鹿以西的十二道入渠涧流，有的是筑土堰承流，或以木槽接引，木朽易泄，土湿易崩；三是渠道流经低洼处，往往筑土堰、砌砖渠，低者数尺，高者五丈有余，砖缝易裂，水流必穿。"为了使渠道坚固耐用，他采用石灰和土夯杵法，用灰土混合物夯实，然后用糯米汁和矾汁浇注纹理，对损坏的地方进行重修，对缺失的地方进行补筑，共计修复渠堰 1517 丈（清制单位）。沿渠新设暗井 5 眼，以便沿渠居民汲引。自水牛坡至州城，共设 7 处关闸，以调节渠水流量，以防溢流坏渠，沿渠共架有 5 座便桥，水流桥上，人通其下。设置水簸箕 3 处，束水下注，减弱渠水冲击力。渠水入城后分流，经文庙、召公祠而达街市，平地挑渠，水流带浊，不便引用，遂改为石砌渠道，又增开 3 条支渠，在距渠心 5 丈远处，开设井眼，以便居民饮汲。①

清代豫西地区的农田灌溉事业，可以说乾隆年间的嵩县知县康基渊的成就最为卓著。疏浚后的伊河两岸 11 条古渠"可灌田八千八百余亩"，外加"山涧诸流疏凿创开新大渠四道，可溉田五万一千五百余亩；小渠六道，可溉田二千二百余亩"。②

（四）豫北地区的农田水利建设

豫北的怀庆府、彰德府有沁水、丹河、卫河、漳河等大河。雍正、乾隆年间，中原地区境内的各府、州、县，掀起集中兴修农田水利的高潮。无论是朝廷还是地方官员都非常重视对沁河、卫河的治理。

沁河五龙口水利工程的疏浚。清初，沁河流域的广济渠"日久弊生，豪强梗法，使水则霸截上流，挑河则偏苦小户，遂有纷纷告退，不愿使水，亦不应夫者，以至河壅塞不能受水，广济仅涓涓耳"。时任河内知县孙灏于顺治十五年（1658），"按水利纠夫，躬行督率，首尾挑浚，宽深如故，各堰闸渠尽行修复"。③

---

① 中国人民政治协商会议河南省三门峡市委员会学习文史资料委员会编：《三门峡文史资料》第四辑，1991 年印，第 179 页。

② 陈振汉、熊正文、萧国亮编：《清实录经济史资料》农业编第 1 分册，北京大学出版社 1989 年版，第 551 页。

③ 顺治《怀庆府志》卷二《山川附水利》。

康熙十年(1671),河内、武陟"各筑沁河堤"。康熙十六年(1677),怀庆知府杨廷耀组织人员疏浚被泥沙堵塞的利丰渠口。乾隆五年(1740),河内知县胡睿榕、县丞薛乐天等主持重新修浚利丰渠,同时还对引沁渠口之三洞进行了疏浚,于河内县西古章村和马坡村各建一水闸,令济源县梁庄减水闸"非大水,闭勿启",使"利丰河百年淤塞,豁然大能矣","非大水闭勿启。旱魃巨浸,俱不为灾"。乾隆四十九年(1784),河南巡抚何裕成要求怀庆府组织疏浚广济渠,"引沁水以灌田,民用不饥"①,沁河水利工程重新发挥巨大的灌溉效益。灌区内的济源、河内、孟县、温县、武陟等县的百姓深受其惠,尤其是河内受益最多。

小丹河沿岸排涝河道的修建与维护。小丹河从九道堰分出灌田,余水沿低洼处汇入卫河。雍正五年(1727),获嘉县于县西北13里修建了一条长5里、宽1丈、深5尺的横河(发源于辉县竹林寺),自北向南流入丹河,然后又在头道横河上修建了二道横河。雍正十二年(1734),河北道孔传焕于修武、辉县、获嘉交界处修建两条渠道,将积水引入头道、二道横河,然后流入丹河,并分别在两道横河的河口修建水闸。乾隆十七年(1752),获嘉知县吴乔龄组织人力对头道、二道横河进行了疏浚。与此同时,修武、辉县等地联合疏浚了新河、蒋河,使这两条河流的水能畅通无阻地流入丹河。道光十年(1830),修武知县赵凤崖又组织新河、蒋河沿岸的百姓对这两条河进行了疏浚。②

卫河上游的五闸引水灌溉系统的修复。明嘉靖年间在卫河上游修建的马家桥上上闸、马家桥上下闸、张家湾闸、稻田所闸、裴家闸等五闸,虽经过多次维修,最后还是被洪水冲毁。顺治年间,辉县知县佟国玺亲自督修这五闸,并将上述五闸分别以"仁""义""礼""智""信"命名,使辉县境内的稻田之利得以恢复。雍正三年(1725),内阁学士何国宗提出毁五闸建斗门时,仅存"礼""智""信"三闸,"仁""义"闸已经不复存在。当时,在百泉池南口修建了一道有口门的石堰。其中,中间为官渠,东西两道为民渠。可是"河身低下,两岸甚高,虽以斗门分水,而大小奔趋河身,两岸之水将随之俱下"③。据雍正《河南通志》卷十七《水利上》记载,雍正四年(1726),辉县有9条渠道,可灌溉水田四五百顷,尤

---

① 道光《河内县志》卷十三《水利志·沁河水利》。
② 王永锋:《明清时期豫北地区水利研究》,河南大学硕士学位论文2015年,第13页。
③ 光绪《辉县志》卷七《田渠志·河渠·卫河》。

其是苏门山百泉渠最为有名,"其泉涌沸如珠,引以溉田,为利甚溥"。到雍正十二年(1734),辉县仅剩下水田132顷。①

漳河、洹河、万金渠的维修。明末清初,漳河、洹河、万金渠等渠道也遭到严重破坏。康熙十一年(1672),"水盛兼有漫溢之虞",安阳知县陈锡辂除组织民众重新疏浚外,"惟今民间按地亩挑浚则无淤浅而其利众矣",②这样就排除了淤积的隐患。康熙年间,磁州知州蒋擢多次对建于明代的滏阳河上的五爪渠、西闸、东闸进行修复,同时还兴建了甘草营渠、高奥村渠、黄官营渠等水利灌溉工程,使滏阳河上的灌溉水利工程更加完备,灌溉范围更加广。③ 乾隆七年(1742)七月,河南巡抚雅尔图在奏疏中说道,曾劝导百姓分别疏浚河渠,"安阳县,修复万金渠,灌四十六万亩。浚县,修复西十里铺,环堤卫田三万六千余亩。河内县,修复利仁、丰稔等河,灌田七万余亩"。康熙十一年(1672),彰德府知府邱宗文协同安阳知县高启元组织民众重新疏浚万金渠(高平渠)。康熙三十八年(1699),安阳知县马国贞于清流口修建了一道滚水石堰取代原有的土坝,中设水闸以调节水量。光绪八年(1882),安阳县沿渠民众捐款将万金渠两岸全部用石头筑坝,"沿渠村庄虽素日不沾水利者,至此亦开支渠引以灌田"④。

(五)豫东地区的农田水利建设

康熙年间后期,鹿邑县在知县谢乃果的主持下,疏浚河道16条,兴修沟渠16条。乾隆二十二年(1757)前后,在知县王世仕的主持下,疏浚河道22条,兴修沟渠56条。百姓均得受益,鹿邑县的水利建设掀起一个高潮。⑤ 雍正七年至十一年(1729—1733),滑县在知县姚孔炳主持下,先后开凿永利渠、小兴沟、顺天渠等。⑥ 乾隆十七年(1752),柘城也开挖和疏浚了26条沟渠,"上自李氏老家,下通沙河入官桥三十余里,不数月而观成"⑦。此外,还在高平建立水闸,"以时启闭",并对南北支渠进行修浚,使水流量有所增加,"以广水利"。雍正

① 王永锋:《明清时期豫北地区水利研究》,河南大学硕士学位论文2015年,第14页。
② 嘉庆《安阳县志》卷六《地理志·渠田》。
③ 王永锋:《明清时期豫北地区水利研究》,河南大学硕士学位论文2015年,第19页。
④ 民国《续安阳县志》卷三《地理志·水利》。
⑤ 光绪《鹿邑县志》卷四《川渠考》。
⑥ 民国《重修滑县志》卷十四。
⑦ 乾隆《柘城县志》卷二《建置志·河渠》。

五年(1727),对高平渠进行修浚,使之"宽一丈二尺、深八九尺不等",灌溉效益大大提高。

乾隆二十二年(1757)五六月间,因"河南、归德、陈、许等属各县,夏雨连绵,秋禾淹浸"①,清政府立即派钦差侍郎裘日修前往河南相度各处疏浚事宜;同时将有治水经验的江西巡抚胡宝瑔移任河南巡抚,与裘日修"会勘豫省水道,筹办疏浚事宜"。裘日修、胡宝瑔立即赶到灾区"熟察该地情形",并很快查明了开封、归德、陈州等地经常遭受水灾的根源:"自荥泽之下,北阻大堤,南则连山横亘,诸水所经,惟以正东及东南两面为去路。正东则上江(安徽)宿州之睢河,向因砂礓滩、徐溪口等处梗塞,致水无出路,此商(丘)、虞(城)、夏(邑)、永(城)四邑频年被水之由也。东南则以江南颍州府属各州县为出路。""而两省接壤处,浅阻实多,豫省之水壅遏,则豫省受其患,继之奔溃四溢。"他们采取"先开干河,为受水之地;继开支河,以引入干河;继开沟洫,以引入支河"等办法,先后疏浚了一些干河。② 如横贯商丘、夏邑、永城等县的干河(在商丘境内叫"丰乐河",在夏邑境内叫"响河",在永城境内叫"巴河"),跨越开封、陈州二府的贾鲁河,流经开封和归德二府辖境的惠济河,穿越陈州、归德府境内的涡河,等等。

此外,他们还重点挑浚了一些支河及沟渠。如商丘的北沙河、大涧沟,夏邑的毛家河,虞城的惠民河,永城的潜沟,鹿邑的怀家溜、安家溜,汝宁的洪河、汝河,等等。③

据统计,这次水利工程共"开河六十七道,计二千五百里"④,包括干河四道,支河五十三道,直沟十道。这次大规模的水利建设在弭除水患、发展农业生产方面效果明显:"贾鲁、惠济、巴沟、涡河各干支疏通后,容受有余,消泄甚速。"⑤

除了解决灌溉问题,在乾隆年间,为解决汴河等河道淤废、雨季积水无处排泄的问题,清政府决定修复旧河道,开挖新河道,使之连接,建成了一条新河:

① 《清实录·高宗实录》卷五百四十一。
② 《清实录·高宗实录》卷五百四十二。
③ 陈昌远、王子超:《乾隆二十二至二十三年豫东治水述略——开、归、陈、汝〈水利图碑〉跋》,《中原文物》1983年第2期。
④ 〔清〕袁枚:《太子少傅河南巡抚胡公墓志铭》,《小仓山房文集》卷四。
⑤ 《清实录·高宗实录》卷五百七十一。

"开浚省城乾涸河,复于中牟创开新河一,分贾鲁河水势,由沙河会乾涸河,以达江南之涡河而汇于淮,长六万五千余丈。"①新河道竣工以后,皇帝赐名为惠济河。后又多次修浚,沿河各州县"潦水有归,均免旁溢,商船亦可直抵汴梁。是不惟祛水之患,而兼可收水之利"②。直到今天,惠济河在排水、泄洪等方面仍然发挥着重要的作用。

二、井灌技术的运用与发展

清代,彰德府、卫辉府、怀庆府、河南府及许州等府州都是井灌较为发达的地区。乾隆时期,政府派官员到汲县、新乡等地指导百姓凿井灌田。

清代学者孙星衍说:"予以乾隆五十年四月至雍返豫,道出偃师,于时天久不雨,自关以外麦苗黄落,惟偃师境中多有井渠,施水车鹿卢,驾以牛马,四围陇亩,藉以灌溉,青苗蔚然,异于他县,乃知井渠之益。特察其田畴伊洛滨者,水泉泽润,土腴而甘,凿井以溉,不寻丈即饶水,旱不枯竭。井置橇栌,激机轮以爽斗水,驾骡运之,枢转磨旋,水泪泪入沟,四达畛洫,纵横贯注,若蔬畦然。"道光初年,安阳、辉县等州县间有量地凿井及辘轳灌田之处。

道光二十七年(1847),许州知州汪根敬"劝民掘井三万余口"。咸丰至光绪间,武陟、温县、孟县等地出现了"田中多井,灌溉自由"的农业生产景象。安阳县内井灌面积 2000 余顷。获嘉县村外田野中亦多有水井,"井上俱作铁轮汲水灌畦引"。林县的水井"为数亦多"。光绪末年,荥阳知县张绍旭督劝百姓大力凿井溉田。清代的灌井大井可溉田地 1.33—2.00 公顷,小井 0.33—0.40 公顷,平均每眼井灌溉面积可达 0.53 公顷。道光年间,许州共开凿水井 3 万多眼,灌溉田地 160 万公顷,粮食增产 1680 万公斤。③ 井灌的普及和发展,使渠水难以流及的田地也得到灌溉,对该地区的农田水利灌溉事业是一个很好的补充。由此可见,清代河南井灌技术的发展,对于提高农业劳动生产率和单位面积产

---

① 《清史稿》卷一百零四《河渠志四》。
② 雍正《河南通志》卷七十九《艺文》。
③ 李国勇:《明清时期河南农田灌溉述论》,《安徽农业科学》2010 年第 11 期。

量、促进农业生产的发展发挥了重要作用。

为加强对水井开挖的指导及日常管理,新安县于光绪四年(1878)专门制定了《渠工井利章程》,明确规定:"开井不可论砖土也。往时开井,砖井或百千数十千文,土井不过十千八千文。今在涧河近岸,掘土不过数丈,即可得水。如旧有砖井坍废,尽可赴局请款验明修拨。若现开之井,或砖或土,听民自便。其费由局给发,总不过十千文为率。若须再添工费,应令本户自行承赔,庶有限制。且新涸土性坚结,只须井面砌砖已可经久溉用。大率通行土井,至每年秋麦收粮,亦应酌定抽存若干,以充社仓公用。岁修仍应归本户承管。"[①]

三、水事纠纷及其调解

水资源不仅直接关系着农业和航运事业,而且直接关系到人畜的饮水问题。围绕用水而产生的纠纷在清代河南各地都比较多,有的地区甚至连年不断。为充分发挥水利工程的效益,河南不少地方在水利工程管理特别是水源管理等方面探索出一些行之有效的办法。

(一)豫北水事纠纷及其解决办法

怀庆府的水利事业自古就比较发达。秦代的枋口和明代所开凿的广济、永利、广惠等河渠,到清代仍然发挥着灌溉作用。沁水自济源五龙口出山,流经河内、孟县、温县、武陟等县。水利工程需在济源兴修,但沁水在济源流经路程较短,而在河内则较长,河内受益最大,所以济源、河内之间的水事纠纷也比较激烈。早在万历二十八年(1600),河内县令袁应泰和济源县令史纪言就曾联合开凿广济渠。嗣后四年,袁应泰通过《广济渠申详条款碑记》详细制定了县与县、渠与渠之间的水利管理规则,但用水纷争仍然时有发生。雍正七年(1729),沁河广济渠、利丰渠上下游村民在用水问题上出现纠纷。"据广济、利丰二河公直绅衿利户侯凄、赵三福、徐万富等",状告济民"培苇建闸侵霸水利等大事",于是河内县上报督抚,府县联合勘察,对济邑村民违规用水导致渠道淤塞,以及济源

---

① 范天平编注:《豫西水碑钩沉》,陕西人民出版社 2001 年版,第 131 页。

县令萧应植纵容包庇,致使"自国初以来,屡控屡违,几无宁岁"的责任进行追究。① 官府为此专门制定"二十四堰用水之规",并于次年刻立的《广济、利丰两河断案碑》指出"袁令二十四堰之分设,委为百世不易之良规。欲息斯民之争端,当复前贤之旧制。合无仍照袁今详定各堰名色,令各邑秉公查,将有利之户,造册送府,用印发各县存案。设立堰长,照号使水",同时规定"以出力开河之民,别为利户。济民之有利者,分五堰;河、孟、温、武之有利者,分十九堰。每月两轮,照号用水,必先武陟,次孟、温,次河、济,自下而上,俾狡惰者不得无功窃利,法至善也"。②

(二)豫西水事纠纷及其调解办法

清代豫西地区的水事纠纷主要是水源之争。具体而言,既有相邻县与县之间的争端,也有同一县的不同乡村甚至同一乡村内部之间的争端。据雍正年间的《新开廉让渠碑记》记载,阌乡县城南 6 公里外的金炉沟有一泉水,"清潭激湍,洒石分流。居民旧引为三渠以滋灌溉。上渠为磨沟村,下渠为张村营,中曰腰渠。则张村乡民所恃以自给而沾濡者也。顺治初,山水冲越,腰渠崩坏,乃仰给磨沟之潭,以为分水之道,而磨沟扼据上游,因循既久。每遇亢旸分水不均,辄聚噪于有司之庭者屡矣"③。

乾隆年间,灵宝县的鹿台村和上坡头村从赵村之南的醴泉共用一个渠道引水灌溉。由于两村采取按地亩多少分配流量的办法用水,因争水引发的纠纷时有发生。乾隆十二年(1747)七月,处于渠道上游的上坡头村擅自截断水渠,导致鹿台村村民的强烈不满和旷日持久的争讼。灵宝县令经过现场勘察沟渠走势,将原来没有被计算在内的田地重新进行划定并明确了灌溉次序:"灌时自上而下,挨次齐行,无论强弱,不得先后;当安苗之时,先尽安苗地灌后方就苗,具当自上而下,不得混乱。每日接水,必以明寅时为定期,不得急先缓后;头一日必须早上堰等,时鸡鸣即堵堰截水;第四日寅时接水,须到五日寅时水完,四日晚间不得乱行阻截以漏堰水为词;灌田各有日期,不可偷盗他人水,各有次节,

---

① 道光《河内县志》卷十三《水利志》。
② 道光《河内县志》卷十三《水利志》。
③ 范天平编注:《豫西水碑钩沉》,陕西人民出版社 2001 年版,第 242 页。

不得恃强霸水。"①由于双方基本上都能按照县令规定的办法用水,纠纷基本得到平息。

自明代就产生用水纠纷的灵宝县路井村与下硙村,到清代再起纠纷,并一波未平一波又起。道光十四年(1834),下硙村司渠张群貌率众拦截路井村行水,路井村村民在渠司张宝材等人带领下将下硙村告到县衙。县衙判决中水渠照旧行水,但对渠道有无没有结论。道光十五年(1835)十二月,路井村为争得渠道,再次将下硙村告到县衙。灵宝县令严正基经过实地调查勘测后于次年作出"西渠为下硙与路井之官渠"的结论。道光十七年(1837),下硙与路井两村为渠道维修派工再次发生纠纷,因双方争执不下又对簿公堂。道光十八年(1838)十一月,县令柴立本重新勘验渠道后断"路井村帮助下硙村维修渠道,派工按实用工的四分之一摊出"。然而,道光二十三年(1843)六月,一场洪水将渠道冲毁,西渠无法行水。道光二十五年(1845),路井村再次将下硙村越级上告到都察院衙门。②

《平龙涧河争水碑记》记载,光绪年间新安县的庙头牌和羊辛牌两地共用老龙潭渠道而引发引水纠纷。光绪七年(1881),豫西大旱,庙头牌村民邓震等人"因引水灌田与辛牌酿成讼端"③。庙头牌与羊辛牌的牌头经过协商,将肇事者邓震等人送官关押,勒碑公示其罪行,并将私挖之渠照旧填平,此次纠纷才最终平息。

纵观清代豫西水事纠纷,其频发的主要原因,一是该地区水资源贫乏。无论是从地域还是从季节看都分布不均。二是用水制度僵化。如路井村与下硙村之间的用水制度竟在200余年中无甚变动,旧有水权用水制度与现实用水需求的矛盾不断扩大。三是同一渠灌系统缺乏有效的协调机制,上下游用户之间在用水和维修上的基本矛盾难以调解。④

(三)豫东水事纠纷及其调解

豫东地区地势平坦,河流相对较多,低洼之地也比较多,排涝问题则成为当

① 范天平编注:《豫西水碑钩沉》,陕西人民出版社2001年版,第248页。
② 范天平编注:《豫西水碑钩沉》,陕西人民出版社2001年版,第327—329页。
③ 范天平编注:《豫西水碑钩沉》,陕西人民出版社2001年版,第332页。
④ 白路、赵孝威:《清代豫西地区的水权纠纷》,《沧桑》2013年第3期。

地水事纠纷的焦点。比如项城、上蔡、鄢陵、扶沟等地就常因排水问题发生争讼。

嘉庆年间,有"蔡人常姓私决傅堤,下游之人与之械斗",后"经豫皖两抚委员会勘,谓此堤一决,则邻国为壑矣"。①

同治年间,"蔡人又欲决限,而惮于为戎首。乃于杨河东岸,私挖一沟斜抵傅堤之湾,而塞杨河入包河之口,欲使夏水暴至,自溃其限下游",经勘明后,"督令蔡人赔修","蔡人以泥河淤塞、宣泄不利为词,乃以间岁一疏泥河之淤定案"。②

康熙年间,项、蔡二县为解决水事纠纷而开挖一条名叫杨河的排水渠。然而,双方的水事纠纷不但没有缓解,反而变得更加复杂。杨河未开挖以前,项城的水患还不是很严重,"上游一十八陂,处处可以泄水,可以蓄水,又有细渠旁引,水势分而不聚也",而新开挖的杨河既"不能御水之东注",又不能"引诸水于一渠",以致"下游为泽国矣"。③

康熙年间,"鄢人某贪冈北膏腴之田,诱扶民凿此冈。俾鄢陵东南一带居民,并扶沟西南数地方之土田、庐舍,尽委洪波,且下达西华史家湖。而史家湖数千顷良田,竟成潴水之区"。后扶沟生员翟鹳鸣、鄢陵生员周复旦等人为此打了三年官司,经开封府与河道勘详后派人堵塞小北关河结案。然而,雍正八年(1730),"鄢人某又复开凿","扶邑左如松等争之不得"。在鄢陵人看来,"古之善为川者,决之使导。昔人开小北关河,所以救上流之害也。居下流者虽有小害,惟宜随时疏浚,使水畅行,复为沟洫以分泄之,筑陂塘以储蓄之,不与水争利,自不受水之害。今不知务此,而惟追咎开河之人过矣"。④ 由于双方从维护各自利益出发,以致这一水事纠纷持续了30年之久。⑤

(四)豫西南水事纠纷及其调解

南阳县旧有泉水堰用来灌溉农田。由于水资源不敷农用,因争水事引发民

① 民国《项城县志》卷六《河渠志》。

② 民国《项城县志》卷六《河渠志》。

③ 民国《项城县志》卷六《河渠志》。

④ 民国《鄢陵县志》卷四《地理志》。

⑤ 王大宾:《技术、经济与景观过程——清至民国年间的河南农业》,陕西师范大学博士学位论文2016年,第213页。

间官司的事情也时有发生。乾隆二十年（1755），"泉水堰民争水，讼久不决"。其主要原因，一是水资源严重缺乏和水利设施年久失修，"自乾隆中修泉水堰，后百余年不复疏浚"；二是受水权与地权的变更及租佃关系等因素的影响，"旧农多死徙，新籍者率来自秦晋，昧水利。或富连阡陌，不亲田事。佃农迁移不恒，虽欲修不自主"，以致出现"兴一陂动连数十村落，议龃龉多不合"这样的现象。①

第四节　漕运的中断与内河航运的衰败

由于京杭大运河不再绕行河南，洛阳、开封等地也随之丧失了全国航运网的枢纽地位。昔日的漕运大省沦为主要转运临河地区的漕粮和民船贩运，这也是河南内河航运迅速衰败的主要原因。

一、漕运组织功能弱化与漕运的终结

清代，河南漕粮数量急剧减少，漕运组织的功能日趋弱化。河南漕运地位的迅速下降，使其漕运先于其他有漕省份走向终结。

（一）清代漕运组织方式的变革

明代漕运船帮大多由卫所军人充任，而运粮士兵主要由服徭役的人员组成。清代初期，漕运仍沿用明制，组织粮帮运粮。康熙三十九年（1700），"定漕船出运，每船金丁一名，余九名以谙练驾驭之水手充之。凡金选运丁，金责在粮道、举报责卫守备，用舍责运弁，保结责通帮各丁"②。雍正二年（1724），裁撤各

① 光绪《南阳县志》卷九《沟渠》。
② 《清史稿》卷一百二十二《食货志三》。

省卫所。漕运各卫所虽然保留,但卫所的军籍已经与民籍没有明显的区别。随着船帮运丁大量雇佣水手,加上准许头工、舵工、水手携带大量土特产品乃至私盐进行贩卖,漕运船帮的商贩性大大增强,并为漕运船帮中秘密结社的出现提供了前提条件。

(二)试图恢复黄河漕运的努力

康熙年间,曾试图恢复三门峡漕运航道,转运河南米谷到山西和陕西等地。《三门峡漕运遗迹》摩崖题刻中有"康熙壬申暮春朔有七日,余奉抚军命,巡视河道,以备转运。时偕署平陆令陈裔振莅止"之记载,说明康熙三十一年(1692)已经开始做恢复三门峡漕运航道的准备工作。康熙四十二年(1703),康熙皇帝上谕大学士等人"朕顷巡幸西省,阅视汾、渭,二水俱属大河,直与黄河相通,河南等处米谷似可由黄河转运,但闻三门砥柱水势极溜,船不能上,朕欲往亲阅,因陕州知州奏无路径断难行走,遂未果行。特命三贝勒允祉同近御侍卫往视"[1]。

(三)河南漕运提前走向衰败

早在明代,河南的漕运地位就已经大不如前。到清代,河南漕运的衰落局面更加明显。明代,河南省的年征漕粮总额为48万石,居南京、浙江、江西、河南、山东、湖广等六省的第4位。清初,河南省的年征漕粮总额虽然居江苏、安徽、浙江、江西、河南、湖南、湖北等八省的第5位,但年征漕粮总额已经减少近10万石。到嘉庆、道光年间,河南的年征漕粮总额已经下降到上述八省中的最后一名。[2] 自清初恢复漕运后,经过整治,到乾隆中期到达鼎盛时期。从总体上看,"清朝漕运的危机始于嘉庆年间,至道光初,则成溃败状态;咸丰时,即成瓦解之势"[3]。自嘉庆、道光年间开始,由于地方官吏征漕勒索,贪得无厌,河南各地民众为减轻漕粮负担而发生的抗漕事件此起彼伏。加上现代化的铁路运输和海运事业的迅猛发展及庚子赔款和巨大军饷等开支,清政府财政枯竭,无钱整治运河,不得不于光绪二十七年(1901)颁布停漕改折的命令:"自本年开始,

---

① 民国《陕县志》卷二十二《金石》。
② 李梦竹:《试论清代河南漕运》,郑州大学硕士学位论文2013年,第25页。
③ 李治亭:《中国漕运史》,台北文津出版社1997年版,第309页。

直省河运海运,一律改征折色,责成各省大吏清厘整顿,节省局费、运费,并查明各州征收浮费,勒令缴出归公,以期汇成巨款。"①光绪二十八年(1902),清政府正式废除各省漕运屯田。光绪三十一年(1905),裁撤漕运总督,标志着延续近千年的漕运制度寿终正寝。

二、内河航道的淤塞与内河航运的衰落

清代特别是晚清时期,由于战乱和水旱灾害频发,加上政府投入的水利经费非常有限,河道淤塞日益严重,加上铁路、公路等新式交通的兴起,河南内河航运迅速衰落。

(一)小丹河、卫河航道的修复

清代,小丹河和卫河仍然是豫北地区的重要内河航道。为维护这条航道,国家投入了大量的人力物力。河南漕粮兑运地点由大名府的小滩改到卫辉后,小丹河和卫河下游河道直接成为漕粮的运输通道。

"丹河发源晋省,入沁合黄,并无大小之名。因河东、西百姓开渠引水灌田、浇竹,小渠外复开大渠,由河内、武陟、修武、获嘉等县直达卫河,归临清济漕,始有小丹河之名。"②顺治五年(1648),河道总督杨方兴奏请于每年四月开始关闭小丹河所有渠闸以济漕运,直到漕运结束后才能开放渠闸灌田。康熙元年(1662),辉县和新乡县曾组织人力对小丹河航道进行了一次大规模的疏浚。康熙二十九年(1690),"小丹河两旁引水渠口悉行断塞,使大丹河之水全入小丹河"。自此,漕运对丹河农田水利的消极影响扩大到整个丹河流域,以致"近河田地涓滴不沾"。③雍正五年(1727),河南巡抚田文镜组织人力修建丹河百泉等工程,"自小丹河斗门以下,直至获嘉并辉县百泉,沿途应修工程逐一亲诣督催,务期遵照原估丈尺一样宽深"。④

---

① 《清史稿》卷一百二十二《食货志三》。
② 雍正《八旗通志》卷一百九十一《人物志·阎兴邦》。
③ 乾隆《新乡县志》卷十五《河渠下》。
④ 〔清〕田文镜撰,张民服点校:《抚豫宣化录》卷一,中州古籍出版社1995年版,第203页。

康熙二十三年(1684),卫河水量严重不足,河臣靳辅请求封闭渠闸以济漕运。结果使卫河原有引水灌溉之田因严重缺水而荒芜,遭到当地民众和地方官员的强烈反对。为此,康熙皇帝提出"漕运民田均为紧要,何以使卫水可济漕运兼不误民田"的问题。"嗣据覆奏河内、辉、安三县,农务在三四月,粮船抵临约在五月,请每年自五月初一日起,将闸板封贮,尽启渠口,毋致旁泄,俟漕船过竣再行分泄以资民田。"①然而,这种办法仍然不能满足农田灌溉的需要。为此,辉县知县滑彬再次请求试行"四日济漕一日灌田"的办法。这一提议得到河南巡抚阎兴邦、河道总督王新命等人的支持。"特为二、三、四月济运,五月以后听民灌田,或时值插秧,虽漕河需水亦准五日之内暂留一日,曲为通融,以全两利之道。"②

为加大对卫河的疏浚力度,乾隆五年至七年(1740—1742),浚县知县鲍志周带领民众对卫河水浅的一些区域进行了疏浚。乾隆三十年(1765),浚县知县吴振域和县丞张端书一起带领民众对自屯子码头至老鹳嘴的卫河段进行了疏浚,同时还对小丹河的部分河段进行了拓宽加深。这就使得卫河和小丹河的航运能力大大改善。同年,鉴于建立草坝对于作为漕粮运道的卫河的作用十分有限,河南巡抚阿思哈提出,自九月望日后起至漕船出河南境内止,应将卫河上的所有民渠支港全部关闭,使水尽归官渠,在粮船开行之日将官渠下尾之闸启板放水,使众流汇合,水到船行。然而,到光绪三十二年(1906),随着平汉铁路、道清铁路的建成通车,小丹河和卫河的航运功能迅速衰退,沿岸昔日繁华的商业也迅速衰落。

(二)贾鲁河航道的淤废

有清一代,因黄河多次泛滥,贾鲁河河道屡屡遭到淤塞。地方政府虽然持续不断地开展对贾鲁河的疏浚工作,但昔日繁忙的贾鲁河航道最终没有逃脱被废弃的命运。

康熙四十三年(1704),开始对贾鲁河北自中牟南至淮河处进行挑浚。康熙四十五年(1706),"开贾鲁河北通黄河,两头堤根建闸坝","使贾鲁河舟楫由黄

---

① 光绪《户部漕运全书》卷四十三《漕运河道·卫河挑浚》。
② 光绪《辉县志》卷十六《艺文志二·记中》。

入洛,遂开自荥阳至沈丘,三载工完"。① 雍正元年(1723)六月,"决中牟十里店、娄家庄,由刘家寨南入贾鲁河",直接导致贾鲁河河道淤塞不能通航。直到雍正三年(1725),贾鲁河河道或浅或深,依然不能畅行无阻。

雍正五年(1727),在大举浚治淮河水系各州沟洫时,再次疏浚了被淤的贾鲁河中牟段。雍正十三年(1735),又疏浚了贾鲁河自郑州到中牟的一段并筑堤堰。乾隆元年(1736),"浚郑州贾鲁河(自大陵庄到中牟合河口)并筑堤堰"。乾隆三年(1738),又"查勘贾鲁河,疏消积水"。乾隆五年(1740),"于贾鲁河北岸新开河一段,由浅儿河入涡会淮,以分上流异涨",使"开、归南面,陈州北面,凡有雨水引入该河,均免盈溢"。这条新河于乾隆六年(1741)六月竣工,赐名惠济河。乾隆十六年(1751),中牟知县孙和相又从龙王庙前起到十五里堡闸口修建了一条广惠河,以分泄贾鲁河泛涨之水而入惠济河。惠济、广惠两河的开凿,使朱仙镇以上贾鲁河河道变得更为复杂,虽然分泄了贾鲁河的水量,但在一定程度上也加速了贾鲁河上游河道的淤塞,削弱了其通航能力。

据《清史稿·河渠志》载,乾隆二十六年(1761)"七月,沁、黄并涨,武陟、荥泽、阳武、祥符、兰阳同时决十五口,中牟之杨桥决数百丈,大溜直趋贾鲁河",致使贾鲁河自中牟改道南流经朱仙镇西南八里的王堂,又南下至白潭与旧道合,入颍通淮,故道淤浅。事后由朱仙镇民众集资,又在镇西南筑石坝二,将河截断,引水东北流,经西门外约40步,再北流入朱仙镇内,循故道南流,恢复通航。

乾隆二十六年(1761),河南巡抚胡宝瑔在了解并仔细勘察贾鲁河的淤塞情况后,对其不同河段采取了相应的处理办法,"将分者截之使合,浅者疏之使深,两岸多挑渠港,增筑堤堰",使贾鲁河恢复了正常状态。惠济河"自两闸至冈头桥已淤断,而冈头桥至十里坡贾鲁河不过四五里",惠济河日渐接近贾鲁河,不仅不能分泄贾鲁河水,反而对贾鲁河造成威胁。胡宝瑔派人"于十里坡建滚水坝,导由冈头桥入惠济,以分贾鲁之势"。② 这些举措使贾鲁河和惠济河两条河南境内的主要干河都恢复正常运行。

然而,好景不长,黄河多次决口等方面的原因导致贾鲁河、惠济河等河流淤

---

① 转引自河南省交通厅交通史志编审委员会编:《河南航运史》,人民交通出版社1989年版,第168页。

② 《清史稿》卷三百零八《胡宝瑔传》。

塞不畅。嘉庆十八年(1813)和二十一年(1816),又对贾鲁河进行了挑浚。道光二十三年(1843)六月,黄河在中牟九堡决口,贾鲁河部分河道再次淤塞,贾鲁河航运条件已大不如前。道光二十五年(1845),河南巡抚鄂顺安组织民众对贾鲁河进行挑浚复故。同治七年(1868)六月,黄河决荥泽十堡后,黄河浊流漫溢,贾鲁河再次遭到淤塞。同治九年(1870)和光绪八年(1882),河南巡抚李鹤年先后两次主持贾鲁河的疏浚工作。①

光绪十三年(1887),河决郑州石桥,贾鲁河上游又被淤塞,航行困难。虽然曾于光绪十五年(1889)和光绪十八年(1892)由郑州段两次局部疏浚,但是,由于河浅水枯,河道常遭风沙填淤,至光绪二十六年(1900)舟楫不通,贾鲁河航运一蹶不振。随着1906年平汉铁路、1909年汴洛铁路和1912年津浦铁路的通车,新的交通方式改变了南北交通网络格局,包括贾鲁河在内的传统内河航运优势渐渐丧失,当地官府和民众眼睁睁地看着河道渐渐淤废。1938年黄河花园口决堤后,贾鲁河航运全线阻塞,完全处于废弃状态。

(三)唐白河及丹水航运的兴衰

发源于"裕州东门外七峰山"的唐河,"流入唐境至邓家埠口,始通舟楫,抵县西关,遇水无溢涸,可驾舟直达襄阳"。② 清代唐河水量丰沛,富舟楫之利,"北通方城之赊旗,南达襄樊汉口,每日帆樯如织,往来不绝。云、贵之来京者,率由襄樊乘舟溯唐河北上。而北方货物之运往汉口者,亦顺唐河而下"③。主要港口有赊旗店、源潭和唐河县县城西关等。康熙四十年至同治十三年(1701—1814),唐河县两关码头和源潭码头常常停泊木船若干、鹰船百多艘,往来客商络绎不绝。船只上行主要装运食盐、火纸、糖、铁器、竹器等货物,船只下行主要装运棉花、烟叶、小麦、香麻油、黄豆、白酒等农副产品。④ 至清朝末年,因水源枯竭,唐河水量逐渐减少,航运事业受到严重影响。

发源于嵩县双鸡岭,流经南召、裕州、南阳县、新野的白河,在湖北两河口与

---

① 吴朋飞:《明清贾鲁河水运环境变迁的刻画》,《华北水利水电学院学报(社科版)》2012年第5期。

② 乾隆《唐县志》卷一《地舆志·山川》。

③ 河南省地方志编纂委员会:《河南地理志·地方志》,河南人民出版社1990年版。

④ 唐河县民政局编:《唐河民俗志》,1988年印,第17—18页。

唐河汇合后称唐白河,然后在湖北樊城东边的宛口(今清河口)流入汉江。咸丰十一年(1861),唐白河被洪水冲垮堤岸,导致其流入汉江的河口由原来的宛口转移至樊城下游十五里处的龙坑(今张湾),这样更利于南阳与汉口之间的舟楫往来。清代的白河航道,帆船往来频繁,运输繁忙。南方诸省的百货、布匹、煤油等经长江、汉江、白河运抵南阳,而南召、南阳县等地的棉花、木材、山货等经白河运至襄阳、汉口等地。载重 10—12 吨的船只自龙坑航行167.5公里可以直接抵达南阳县城;载重 6—8 吨的木船航行 237 公里可以到达南召县的刘村;竹排可以到达南召的白土岗。[①]

发源于陕西商县秦岭南麓的丹水经陕西商县、商南县,河南省淅川县,在湖北省均县丹江口流入汉江。据清代王士祯《居易录》记载:"自襄阳府至小江口二百四十里,襄江大船载运,每船可八九十石至百石,自小江口换小船,至河南淅川县荆子关二百余里,每船可四五十石。又于淅川县换小船,至陕西商南县徐家店二百余里,河狭滩多,每船可载七八石。"[②]清代南阳境内丹水主要有荆紫关、淅川县城、李官桥、西坪镇、西峡口、板桥、马镫店等港口。乾隆年间,仅淅川县就拥有各种木帆船 1200 多艘,到光绪年间仍有 800 多艘。[③] 河南境内丹水的支流主要有淅水、淇河、滔河等。其中,船只溯淅水而上可以抵达河南陕州的卢氏县境内。清末,淅水河道逐渐淤塞,航运走向衰落。

清代南阳府境内桐柏、裕州、叶县、舞阳、泌阳主要属于淮河流域,具有一定通航能力的河流主要有沙河、澧河、舞水、昆水(也叫灰河)等。发源于汝州天息山的沙河是淮河的一条重要支流,其航运事业在清代相对比较兴盛,向东南可抵许州的郾城等地,向东北可至许州的周家口等地,向西南可通过澧河到达裕州,然后转陆路可达赊旗店。昆水与沙河交汇处的舞阳县北舞渡是比较有名的港口。乾隆年间,北舞渡"民廛稠密,贾客列肆镇中,毂击肩摩,负贩而喧哗者,俨如城郭,洵中州巨镇,南河要津也"[④]。清末,沙河流量减少,航运不畅。加上平汉铁路通车后,北舞渡镇上的商贾纷纷搬迁至陈州府郾城县漯河湾,北舞渡

①　于旭锋:《内河、市镇与社会变迁——清代南阳府研究》,青海师范大学硕士学位论文 2014 年,第 15 页。

②　[日]松浦章著,董科译:《清代内河水运史研究》,江苏人民出版社 2010 年版,第 9 页。

③　淅川县地方史志编纂委员会编:《淅川县志》,河南人民出版社 1990 年版,第 257 页。

④　乾隆《舞阳县志》卷十《艺文志》。

的商业迅速衰落。

三、铜瓦厢决口及其对内河航运的影响

铜瓦厢决口既是黄河发展史上的一件大事,也是河南内河航运史上的一件大事,它不仅扰乱了黄淮地区的水系,而且使豫东地区的一些内河航道淤废。

(一)铜瓦厢决口与黄河改道

铜瓦厢位于兰阳县黄河北岸(今河南兰考东坝头以西)。黄河由西而来,到此漫转东南。铜瓦厢东北方向地势低洼,开封到兰阳一段北岸河决后,河水也多由此低洼地带流向东北,冲断张秋段运河。因而铜瓦厢是明清时期黄河防线的一个险要处所。早在明万历十五年(1587),不仅铜瓦厢曾发生过决溢,其附近的清河集、板场等地也发生过决溢。

清道光、咸丰之际,经徐州夺淮入海的黄河下游河道,淤积已相当严重。考察资料表明,兰阳以下河道的纵比降,从上到下只有万分之一点一到万分之零点七,非常平缓。河道滩面一般高出背河地面7—8米,两岸堤防,从临河一边看只有一两米高,对背河一边来说,却在10米上下。洪水期间,河水高出堤外地面八九米,很容易决溢成灾。而且两岸堤防的间距,愈向下游愈窄,排泄洪水的能力也愈低。因而一遇洪水,即险象环生,"下游固守则溃于上,上游固守则溃于下"[1],令人顾此失彼。

咸丰五年(1855)六月中旬,黄河发生洪水。下游水位连续上涨,河南境内下北厅水位骤然升高一丈多。十七日夜又降大雨,水势更加汹涌,致使"两岸普律漫滩,一望无际,间多堤水相平之处"。十八日,铜瓦厢三堡以下的无工堤段,"登时塌三四丈,仅存堤顶丈余,签桩厢埽,抛护砖石,均难措手"[2]。晚上,南风大作,风卷狂澜,波浪滔天。十九日,这段堤防终于溃决。到二十日,全河夺溜。

铜瓦厢决口以后,黄河主流首先流向西北,淹封丘、祥符两县村庄,然后又

---

① 〔清〕魏源:《筹河篇》。
② 《再续行水金鉴》引《黄运两河修防章程》。

折转东北,淹及兰仪、考城、长垣等县村庄。河水至长垣县兰通集,"溜分两股:一由赵王河下注,经山东曹州府迤南穿运,一股由长垣县之小清集行至东明县之雷家庄,又分两股,一股由东明县南门外下注,水行七分,经山东曹州府迤北下注,与赵王河下注漫水汇流入张秋镇穿运,一股由东明县北门外下注,水行三分,经茅草河,由山东濮州城及白阴阁集、逯家集、范县迤南,渐向东北行,至张秋镇穿运"。[①] "三股均穿张秋运河,经小盐河夺大清河,由利津牡蛎口入海。东出曹州的一股在咸丰八九年即淤断,另一股遂成黄河正流。"[②]

黄河冲决张秋段运河,危及南北漕运,清廷对此十分关切。决口之初,即拟兴工堵筑。但当时太平天国运动和捻军起义方兴未艾,朝廷正极力扩充军队进行镇压,无暇顾及此事,于是铜瓦厢决口的堵复只好作罢。

由于铜瓦厢决口未堵,其口门不断刷宽,洪水由曹、濮归大清河入海,流经5府20余州县,给河南、直隶、山东三省的部分州县带来了巨大的灾难。"菏泽县首当其冲","平地陡长水四五尺,势甚汹涌,郡城四面一片汪洋,庐舍田禾,尽被淹没","下游之濮州、范县、寿张等州县已据报被淹"。[③] 此后,每逢汛期水涨,灾害更加严重。同治二年(1863)六月的一次水涨,"河南考城县数年涸出之村庄,复行被水。山东菏泽县黄水已至护城堤下。直隶之开(州)、东(明)、长(垣)等邑,山东之濮(州)、范(县)等邑,每遇黄水出槽,必多漫溢,而东明、濮州、范县、齐河、利津等处水皆靠城行走,尤为可虑"。[④] 当时,统治者在劝民筑埝自卫田庐以外,在具体防治水灾方面很少作为。

(二)铜瓦厢决口后堵复决口的争论

黄河决铜瓦厢夺大清河入海之后,有人主张堵复决口,挽河回淮徐故道,更多的人主张因势利导,就新河筑堤,使之改行山东。从铜瓦厢决口之日到光绪中期的30余年间,两种意见争论不休,清廷一直举棋不定。其中尤以同治中后期(1868—1874)和光绪十年至十五年(1884—1889),争议最为激烈。

咸丰十年(1860),沈兆霖建议"就黄河改道,劝捐筑堤",使河水从大清河

---

① 《再续行水金鉴》引《黄运两河修防章程》。

② 邹逸麟主编:《黄淮海历史地理》,安徽教育出版社1993年版,第115页。

③ 《再续行水金鉴》引《山东河工成案》。

④ 《再续行水金鉴》引《东华续录》。

注入渤海。但有人以为"惟事关大局,究竟有无窒碍,必须通盘筹计"①,于是此事被搁置下来。直到同治七年(1868)荥泽十堡河决,兵部左侍郎胡家玉提议:"宜趁此时将旧河之身淤垫者浚之使深,疏之使畅,旧河堤之圮塌者增之使高,培之使厚,令河循故道由云梯关(今江苏滨海西南)入海"。即乘机挽河回淮徐故道,进而堵塞兰阳铜瓦厢决口和荥泽十堡决口。但这一主张又引起不少人的反对,东河总督苏廷魁等9人联名上书,反对挽河回归淮徐故道。他们从以下几个方面陈述了不同意的理由:一是"中原军务初平,库藏空虚,巨款难筹";二是"荥工在河之南岸,地处上游,兰工在河之北岸,地处下游,论其形势,自应先堵荥泽后堵兰阳,势难同时并举……荥口分溜无多,大溜仍由兰工直注利津牡蛎口入海,奔腾澎湃,势若建瓴,其水面之宽,跌塘之深,施工之难,较之荥工自增数倍";三是"数十万之丁夫聚集,沿黄数千里间,倘驾驭失宜,滋生事端,尤为可虑"。②

就当时的情况而言,挽河回归淮徐故道很不现实。因为故道"河身早经淤成平陆,曩时堤坝或为风雨剥削、淤沙堆积,几无堤坝之形,或以拦御寇氛(指捻军),因堤作垒,将坦坡切成壁立"③。河床既非一朝一夕所能疏浚,堤防亦非一朝一夕所能修复。而荥泽堵口乃燃眉之急,不可能等到长达1000公里的旧河残堤浚修完竣之后再事堵复。

一旦黄河从山东入海,运河将长受其害,统治者又不能不有所顾忌。咸丰十年(1860),兵部主事蒋作锦建言四策,其上上策就是"筑铜瓦厢以复黄河故道"④。次年,丁宝桢会同文彬上书说:"再四筹思,诸多窒碍,似仍以堵合铜瓦厢使河复淮徐故道为正办。"因为要在张秋上下筑堤束黄,借黄济运,黄河将在张秋上下陡然缩窄,水位势必壅高,有可能倒灌运河,甚至北运口还会夺溜,山东、直隶的水灾将因此而加重,还是回归淮徐故道为宜:"彼此相衡,计有四便:就现有之河身,不须弃地业民,其便一;因旧存之堤岸培修,不烦创筑,其便二;厅汛裁撤未久,制度犹可查考,人才亦尚有遗留,其便三;漕艘灌塘渡黄不虑阻

---

① 《再续行水金鉴》引《山东河工成案》。

② 《再续行水金鉴》引《黄运两河修防章程》。

③ 《再续行水金鉴》引《山东河工成案》。

④ 《再续行水金鉴》引《黄运两河修防章程》。

阂,即船数米数,逐渐扩充,无难徐复旧规,其便四。"①

同治十二年(1873),李鸿章上书极力解释淮徐故道不可复的主要理由,认为"现在铜瓦厢决口,宽约十里,跌塘过深,水涸时深逾三丈,旧河身高决口以下水面二丈内外及三丈以外不等,如其挽河复故,必挑深引河三丈余方能吸溜东趋"②。至于漕运问题,他主张以海运代替河运。铜瓦厢决口至此已近20年,口门宽将近10里,故道堤防坝埽也遭到严重破坏。此时再行堵筑,为时已晚,在施工技术上确有困难,且新河河槽已逐渐刷成。但是堵口回河之议并未因此止息。

自光绪初年开始,黄河连年决泛山东。为了消除山东河患,光绪十二年(1886),张曜提出利用淮徐故道分水三分以减轻下游水患的办法。他认为:"全河挽归故道,势实难行,减水分入南河,事尚可办。"③对淮徐故道分水的办法,成孚、边宝泉等认为应持谨慎态度。他们说:"黄河天险,岂有幸其不夺溜而姑为尝试之理?更何敢听其夺溜而致滋贻误之患!万一全河奔腾下注,区区闸坝,势难抵御。狂澜未有不溃决而塌陷者,是名为三分,实不可不作十分准备。"太仆寺少卿延茂则主张回归故道。他在上书中指出:"则河断不可使之北行,一决而北,漕渠受害,岁运必至不继,且恐日徙日北,其害不仅在于泛滥也。所以大河北则会通河废。知会通河之不可废,则知大河不可得而北矣。""与其日掷金钱于洪涛巨浪之中,终无实效,何如挽复淮徐故道尚有成规也。"④是年年底,慈禧太后降旨道:"黄河北徙以来,连年横决,必应统会各省全局,屏除成见,确切图维,冀收河流顺轨之效。挽回故道一节,诚属费巨工艰,能否分年办理,较易集事?"⑤

光绪十三年(1887)八月,河决郑州下汛十堡堤,大溜南注入淮,于是主张复故道的议论更多。此时,张曜也由原来的主张分水三分入故道进而主张全河归故。他提出,既然"此时河已断流,铜瓦厢口门堵合工程,约计需银不过十余万

---

① 《再续行水金鉴》引《丁文诚公奏稿》。
② 《再续行水金鉴》引《李文忠公全书》。
③ 《再续行水金鉴》引《谕折汇存》。
④ 《再续行水金鉴》引《中兴奏议》。
⑤ 《清实录·德宗实录》卷二百三十七。

两"，"可否乘此机会堵合铜瓦厢口门，规复淮徐故道，庶为经久之计"。① 当时，李鸿藻、李鹤年等人也持这种主张。

户部尚书翁同龢等上书历述恢复黄河故道的"二大患"和"五可虑"，认为"现在水势，断不能复入黄河故道"②。光绪十三年（1887）十一月，针对李鸿藻、李鹤年等人恢复黄河故道的主张，光绪皇帝在上谕中指出："黄河筹复故道，迭经臣工条奏，但费巨工繁，又当郑州决口，部库骤去数百万之现款，此后筹拨甚形竭蹶，断难于漫口未堵之先，同时并举克期集事。""如此大事，朝廷安能据此寥寥数语定计决疑。此时万分吃紧，惟在郑工之速求堵合，故道一议，只可暂作缓图。"③此后，挽河归故道一说才逐渐无人提及，堵复铜瓦厢决口之议也随之平息。

是否堵复铜瓦厢决口，两种不同的主张各有各的理由：主张回归故道的人大多以恢复漕运和消除山东水患为由；反对挽河归故者，则多言工程艰巨，府库空虚，经费难筹，就新河筑堤较为方便。当然，其中也不乏所谓"异地之官竞护其境"，以及统治者以水为兵、借河泛山东以阻止捻军北进的意图在内。

（三）铜瓦厢决口对豫东航运的严重影响

铜瓦厢决口，不仅淹及兰阳、封丘、祥符、考城、长垣等地，而且黄河改道从山东入海后因黄河下游河道狭窄且缺乏有效治理，"致使黄河仍不断向南决溢，侵夺淮河水系，患及豫东航道"④。

咸丰五年（1855）铜瓦厢决口后，黄河在兰阳至张秋的几百里内，南北迁徙摆动多达 20 多年，不仅使豫东、鲁西等地的不少河道冲断、淤废、迁徙，而且在黄河漫流所到之处形成大面积沙地。同治七年（1868）六月，黄河在荥泽十里堡决口，黄河浊流漫溢，贾鲁河淤塞。光绪十三年（1887）八月，黄河在郑州石桥附近决口，"漫中牟之西北而下，大溜由贾鲁河、颍河入淮，经朱仙镇西八里之新庄

① 《再续行水金鉴》引《山东河工成案》。

② 《再续行水金鉴》引《东河奉廷寄抄册》。

③ 《清实录·德宗实录》卷二百四十九。

④ 河南省交通厅交通史志编审委员会编：《河南航运史》，人民交通出版社 1989 年版，第 177 页。

下达白潭,贾鲁河上游被淤塞"①。虽然在光绪十五年(1889)和十八年(1892)先后对郑州段贾鲁河进行了两次局部疏浚,但由于河道遭到风沙侵蚀,河床逐步干枯。到光绪二十六年(1900)舟楫不通,贾鲁河航运从此一蹶不振。从中牟分贾鲁河之水东南流的惠济河虽然在同治五年(1866)在河南巡抚李鹤年的主持下进行过疏浚,但到同治七年(1868)以后又被淤塞,从亳州上溯的帆船只能到达睢县。铜瓦厢决口之后,商丘及以下河道迅速断流,成为故道。在流经700多年后,黄河河道终于离开了商丘。京杭大运河受其严重干扰,南北航运随之中断,加上国力衰竭,无力整治,运河日趋衰败。豫东地区的水上运输受到重大影响。

第五节　水利科学知识的传承与发展

清代中前期,河南地区的水利事业仍有所发展,在继承和发展传统水利理论的同时,治河理论和治河方略等方面也取得了一些成就。清代后期,西方水利技术开始传入,为走向衰落的水利事业注入一些活力。

一、水利理论的总结和发展

清代河南水利理论的成就主要表现在两个方面:一是河南籍水利专家黎世序对前人水利理论成果的总结,二是外省籍水利专家在河南主持水利事业的工程中对治河理论的总结和发展。

---

① 《淮系年表》,转引自河南省交通厅交通史志编审委员会编:《河南航运史》,人民交通出版社1989年版,第177页。

(一)治水名臣黎世序与《续行水金鉴》

黎世序(1772—1824),字景和,号湛溪,初名承德,罗山县人,清嘉庆、道光年间治河名臣。黎世序生前著有《东南河渠提要》120 卷、《续行水金鉴》156卷、《河上易注》10 卷及《湛溪文集》多卷。由傅泽洪主编的《行水金鉴》是我国第一部系统整编的水利文献资料。全书共收集了自先秦时期至清康熙末年的各种水利文献资料 370 多种,约 160 万字。全书以古代江、淮、河、济"四渎"及京杭运河的文献资料为主。"卷首"有序、略例、总目及黄、淮、汉、江、济、运等河流的写景示意图。正文共 175 卷。其中,河水 60 卷,淮水 10 卷,汉水、江水 10卷,济水 5 卷,运河水 70 卷,两河总说(黄、运)8 卷及官司、夫役等 12 卷。"略例"中还提到打算"编集(农田)水利约若干卷,容当续刻,庶为水政足完书",但后来这一工作没有完成。道光十一年(1831),由黎世序等人总裁、俞正燮等纂修的《续行水金鉴》问世。该书所收主要资料上接前书,下迄嘉庆二十五年(1820)。对于康熙六十年(1721)以前的资料,《行水金鉴》"未及备采者,依年月补叙于前,与前书相符"。《续行水金鉴》约 200 万字,除了序、略例和图等内容,共有 156 卷。其中,河水 50 卷,淮水 14 卷,运河水 68 卷,永定河水 13 卷,江水 11 卷。与《行水金鉴》相比,《续行水金鉴》增加了有关永定河的资料,收集了部分农田水利资料,并在各河流分类下分置了"原委""章牍""工程"等子目,还收集了大量的原始工程技术档案。这些大多现已失传的珍贵档案资料,仅凭《续行水金鉴》得以部分保存。

(二)治河理论的总结和发展

清代在治河理论和治河方策方面提出既要重视下游河道清淤,也要控制中上游的水土流失。由于当时历史条件的限制,这些意见大多停留在理论层面,并没有很好地付诸实施。

治河保运与河运一体。康熙年间,河道总督靳辅及其幕僚陈潢等人对黄河与运河的密切关系已有了进一步的认识。他们认为:"运道之阻塞,率由于河道之变迁。而河道之变迁,总缘向来之议河者多尽力于漕艘经行之地,若于其他决口,则以为无关运道,而缓释视之。殊不知黄河之治否,攸系数省之安危,即或无关运道,亦断无听其冲决而不修治之理。""治河之道,必当审其全局,将河道、运道为一体,彻首尾而合治之,而后可无弊也。"①他们针对以往片面强调漕运而忽视治河的观点,提出将黄河、淮河、运河作为一个整体进行统筹治理,并突出强调堤防的作用:"堤成则水合,水合则流迅,流迅则势猛,势猛则新沙不停,旧沙尽刷,而河底愈深。"②

黄河决溢虽然大多出现在下游,而祸患之根源却在上中游的洪水及洪水裹挟的大量泥沙。历代施治之工只重下游而不顾中游、上游,舍本而治标,所以千百年来河之患终未能解除。著有《河防述言》《河防摘要》的治河名臣陈潢指出:"中国诸水,惟河源为独远;源远则流长,流长则入河之水遂多;入河之水既多,则其势安得不汹涌而湍急?况西北土性松浮,湍急之水即遂波而行,于是河水遂黄也。""伏秋之涨,尤非尽自塞外来也。类皆秦陇冀豫,深山幽谷,层冰积雪,一经暑雨,融消骤集,无不奔注于河。所以每当伏秋之候,有一日而水暴涨数丈者,一时不能泄泻,遂有溃决之事。从来致患,大都出此。"③

乾隆十年(1745),陈法在《河干问答》一书中提出"二渎交流之害"的观点。他认为"借清刷黄"对黄河无利而有害。"因黄性湍急,故能刷沙。清水合之,其性反缓,其冲刷也无力。""不惟不能助黄,反而牵制之。且沙见清水而沉,是不惟不能刷之,而反停淤之。"④由此可见,陈法已经注意到黄、淮二河的水沙条件问题。因为河水挟沙能力与流量、流速有关,虽然在一定的条件下可以刷沙,但如果条件不具备,反而会造成泥沙淤积。

乾隆年间,凌扬藻在《蠡勺编》中提出两河轮换行水的办法。著名学者赵翼读后在《二十二史札记》中认为,要使河身不高,海口不塞,最好是开南、北两道河交替使用,"虽有两河,而行走仍只用一河,每五十年一换,如行北河,则预浚南河",届时,把北河塞闭,改走南河,"及行南河将五十年,亦预浚北河",放南河,走北河,这样就可以"使汹涌之水,常有深通之河便其行走,则自无溃决之患"。这种治河措施虽然理论上有一定价值,但不能从根本上解决黄河的泥沙问题。

乾隆年间,御史胡定在《河防事宜条奏》中提出沟涧筑坝汰沙澄源的建议。

---

①　〔清〕靳辅:《文襄奏疏》卷一《河道敝坏已极疏》。

②　《清朝经世文编》卷九十八《河防·堤防第六》。

③　《清朝经世文编》卷九十八《河防·流源第五》。

④　转引自程有为主编:《黄河中下游水利史》,河南人民出版社 2005 年版,第 265 页。

他提出："黄河之沙多出之三门以上及山西中条山一带破涧中,请令地方官于涧口筑坝堰,水发沙滞涧中,渐为平壤,可种秋麦。"①他认识到黄河泥沙是由中游黄土高原的水土流失造成,主张在黄河中游黄土丘陵、沟壑地区打坝拦泥,淤地种麦,以减少河流的泥沙,增加粮食产量。这个建议从控制黄河中游的水沙出发,可以说是抓住了治河的根本。

嘉庆年间,河道总督康基田在治河实践中认识到"河中溜势迁转不一,随水之大小而易其方,不可不权其变,如水小归槽,水大走滩,水之常情也"。他还明确提出"水小力聚于上湾,水大力猛,则其力在下湾"之类的观点。②

道光年间,魏源在《筹河篇》中预言,黄河一旦从河南省境内北徙,必夺大清河入海。因此他提出"近日黄河屡决,皆在南岸,诚为无益;即北决,而仅在下游徐(州)、沛(县)、归德之间亦无益;惟北决于开封以上则大益。何则?河、济北渎也。而泰山之伏脉介其中,故自封丘以东,地势中隆高起,而运河分水龙王庙,遏汶成湖,分流南北以济运,是河本在中干之北,自有天然归海之壑。强使冒干脊而南,其利北不利南者,势也"。他认为,当时的旧河道已经难以为继,应该有计划地实行人工改道,否则黄河就会自行改道,给人民带来巨大的灾难。果然不出他的预料,咸丰五年(1855),黄河在河南兰阳铜瓦厢决口,改道由大清河入海。

二、水利工程技术的传入与运用

清代,无论是在河防技术方面还是在水利管理方面,都有不少改进和发展。尤其是19世纪后半期和20世纪初,西方水利工程技术和建筑材料的引入对传统河工技术的改进起到了巨大的推动作用。

筑堤方面,清代水利工作者在长期的筑堤实践中,总结出筑堤的基本要求和基本经验为"五宜二忌",即勘估宜审势(堤线应选择在地形高处,且堤线不能太直)、取土宜远(土塘应离堤脚20丈远)、坏头宜薄(每坏需土一尺三寸)、硪

---

① 《续行水金鉴》卷十一。
② 〔清〕康基田:《河渠纪闻》。

工宜密(硪重一般七十斤,行硪时要"起得高,落得平")、验水宜严,一忌隆冬施工,二忌盛夏施工(修大堤应在春、夏之季)。① 由于多风扬沙,再加上风雨剥蚀,阳武一带用沙土筑成的堤防遭到严重破坏。乾隆二十七年(1762),河督张师载提出用漫滩后的淤土在大堤的临河坦坡包淤,后来逐步发展为堤身三面(堤顶及两坦)包淤,对堤身具有良好的保护作用。此外,还采取放淤固堤的办法,在大堤背河做越堤,用硪夯打坚实,或者加帮戗堤。然后在堤外滩面上挑挖倒沟。如曾先后任开封知府和东河总督、南河总督的康基田在《河渠纪闻》中提出:"遇大水溢涌,缕堤著重时,开倒沟放水入越堤,灌满堤内,回流漾出,顶溜开行,塘内渐次填淤平满。"这种放淤办法,不仅有助于加宽堤身,而且有助于降低临背悬差,减轻洪水对大堤的压力。

埽坝工程方面,乾隆四十三年(1778),河南马家店堵口,改传统卷埽办法为用兜缆软厢之法。这一方法主要用秸料和泥土逐层加修,因料比水轻,在水中易于漂浮,但泥土比水重,可以借泥土增加重量,再加上桩绳的联系,就可逐层沉至河底,成为一个整埽体,以御大溜。清代抢险、堵口所修埽工,按埽的形状和作用,可以分为磨盘埽、月牙埽、鱼鳞埽、雁翅埽、扇面埽、耳子埽、萝卜埽、接口埽、门帘埽等多种形式。② 由于秸料轻软,可以就地取材,能在短时间内做成体积庞大的埽段,所以兜缆软厢埽对临时性的抢险和堵口截流很有效,比卷埽灵便、省工,是一大改进。此外,用石护埽也是修防工程的一大改进。

堵口工程方面,清代中期以后,堵口工程均由卷埽改为顺厢进堵。根据口门的情况,堵口选用单坝或双坝。小口用单坝自上坝头进堵,随之于坝后浇筑土戗,下坝头则进行裹护,最后在一端合龙,称作"独龙过江"。用正坝与下边坝配合堵口的方法,叫作"双坝进堵"。堵口时还有在正坝上下两边全用的,叫作"三坝进堵"。③ 为方便堵口工程所需物料的运输,在郑州十堡堵口工程中,河南巡抚倪文蔚于光绪十三年(1887)"先后电商北洋大臣李鸿章,为工地订购小铁路五里,运料车一百辆,运至西坝头安设,为河工引用西方技术之始。后吴大澂以河工所用条砖、碎石易于冲散,电商李鸿章备拨旅顺所存塞门德(水泥)三

---

① 〔清〕徐端:《安澜纪要·创筑堤工》。

② 《黄河水利史述要》编写组:《黄河水利史述要》,黄河水利出版社2003年版,第360—362页。

③ 程有为主编:《黄河中下游水利史》,河南人民出版社2005年版,第271页。

千桶,并派员于上海、香港添购六百桶,供下南中河各厅筑坝之用,开创了水泥在河工施工中的先例"①。

测绘技术方面,光绪四年(1878),首次采用西方传入的以"海拔计高"的测量技术观测水位的涨落。光绪十五年(1889)三月,东河总督吴大澂奏请自阌乡金斗关至山东利津铁门关之间测量河道。经与直隶总督李鸿章、山东巡抚张曜、河南巡抚倪文蔚等人会商后,采用西方测绘技术主持测量绘制了河南、直隶、山东等省的黄河图。光绪十六年(1890)三月,黄河全图告竣,并装潢成册,取名为《御览三省黄河全图》。这是黄河历史上最早使用新法测出的河道图。②

通信技术方面,为便于传递洪水情报,光绪十三年(1887)十一月,经直隶总督李鸿章和河南巡抚倪文蔚奏请,开通了自山东济宁(时为东河总督衙门所在地)至开封(时为河南巡抚衙门所在地)的电报线路。这是黄河上第一条专用电报线路,也是河南省境内的第一条电报线路。从此大大加快了黄河的通信联系和汛情传递。③ 光绪二十五年(1899),开始倡议"南北两堤,设德律风(电话)传语"④。

---

① 刘照渊编著:《河南水利大事记》,方志出版社 2005 年版,第 153 页。
② 刘照渊编著:《河南水利大事记》,方志出版社 2005 年版,第 154 页。
③ 刘照渊编著:《河南水利大事记》,方志出版社 2005 年版,第 153 页。
④ 《历代治黄史》卷五。

第八章 民国时期河南水利事业的转型

民国时期近 38 年中,河南水旱灾害次数之多、范围之广、影响之严重,都为历史上所罕见。历届河南地方政府虽然在预防治理水旱灾害、水利管理机构建设、水利法制建设、水利工程建设及水利教育和水利人才培养等方面都采取了一些相应的措施并取得一定成效,在中国共产党领导的红色区域的水利事业也出现了一些新的气象,但从整体上看,无论是河南的农田水利事业还是河南的航运事业,都无可挽回地走向衰败。随着西方水利技术的引进,河南水利事业开始由传统向现代化转型,但由于这一时期战火不断,水旱灾害频发,直到河南解放后,河南水利事业才开始焕发出新的生机与活力。

第一节　社会发展变迁与生态环境演变

民国时期,河南日趋严重的水旱灾害不仅给河南经济社会带来严重影响,而且给本已凋敝的河南水利事业造成严重破坏。为预防及治理水旱灾害,河南省历届政府虽然采取了一些相应的措施,从总体上看也取得了一些成效,但从时间段上看存在明显的非连续性,从地域上看则存在明显的不平衡性。

一、行政区划沿革

从总体上看,民国时期河南的所辖区域相对比较稳定,但由于改朝换代和战争的影响,特别是全面抗战时期,河南的行政区划变得错综复杂。

（一）北洋政府时期的河南行政区划

1912年,以孙中山为临时大总统的中华民国临时政府宣布废除各省旧道,以府、州、厅隶属于省。1913年1月,以袁世凯为临时大总统的中华民国临时政府宣布实行省、道、县三级制,将晚清时期河南的陈许郑道改为豫东道,漳卫怀道改为豫北道,河陕汝道改为豫西道,汝光淅道改为豫南道。1914年6月,以袁世凯为总统的中华民国政府又将上述四道分别改为开封道、河北道、河洛道、汝阳道,共辖108县。

开封道(道尹驻开封县)辖38县:开封县(原祥符县)、陈留县、杞县、通许县、尉氏县、洧川县、鄢陵县、中牟县、兰封县、禹县(旧禹州,1913年2月废州改县)、郑县(旧郑州直隶州,1913年2月废州改县)、密县、新郑县、荥阳县、河阴县(1912年6月由荥泽县河阴乡析置)、荥泽县、汜水县、商丘县(旧归德府郭首县,1913年2月废府留县)、宁陵县、鹿邑县、夏邑县、永城县、虞城县、睢县(旧睢州,1913年2月废州改县)、考城县、柘城县、淮阳县(原名淮宁县,旧陈州府郭首县,1913年2月废府留县并改名)、商水县、西华县、项城县、沈丘县、太康县、扶沟县、许昌县(旧许州直隶州,1913年2月废州改县)、临颍县、襄城县、郾城县、长葛县等。

河北道(道尹驻汲县)辖24县:汲县(旧卫辉府附郭首县,1913年2月废府留县)、武陟县、济源县、原武县、阳武县、修武县、孟县、温县、沁阳县(原名河内县,旧怀庆府附郭首县,1913年2月废府留县并改名)、新乡县、辉县、获嘉县、封丘县、滑县、延津县、淇县、浚县、内黄县、汤阴县、安阳县(旧彰德府附郭首县,1913年2月废府留县)、林县、涉县、武安县、临漳县。

河洛道(道尹驻洛阳县)辖19县:洛阳县(旧河南府附郭首县,1913年2月废府留县)、陕县(旧陕州直隶州,1913年2月废州改县)、偃师县、巩县、孟津县、宜阳县、登封县、洛宁县(原名永宁县,1914年6月改名)、新安县、渑池县、嵩县、灵宝县、卢氏县、临汝县、鲁山县、郏县、宝丰县、阌乡县、伊阳县(治所在今汝阳县城关镇)。

汝阳道(道尹驻信阳县)辖27县:信阳县(旧信阳州,1913年2月废州改县)、南阳县(旧南阳府附郭首县,1913年2月废府留县)、南召县、淅川县(旧淅川直隶厅,1913年2月废厅改县)、唐河县(原名唐县,因与直隶省的唐县重名,

1913 年更名为沁源县,1923 年又更名为唐河县)、镇平县、泌阳县、桐柏县、邓县(旧邓州,1913 年 2 月废州改县)、内乡县、新野县、方城县(旧裕州,1913 年 2 月废州改县并改名)、舞阳县、叶县、汝南县(旧汝南府附郭首县,1913 年 2 月废府留县并改名)、正阳县、上蔡县、新蔡县、西平县、遂平县、确山县、罗山县、光山县、潢川县(旧光州直隶州,1913 年 2 月废州改县并改名)、固始县、息县、商城县。[①]

(二)南京国民政府时期的河南行政区划

南京国民政府时期废道,实行省、县两级制。河南增设民治县(1928 年析登封、禹县各一部成立,1931 年裁撤)、民权县、自由县(1932 年 10 月改为伊川县)、平等县(1927 年析嵩县、伊阳县、洛阳县、宜阳县等各一部,1929 年 7 月正式成立,1932 年 10 月裁撤)、博爱县、立煌县(1932 年 10 月设,1933 年 4 月改隶安徽省)、经扶县(1932 年 10 月设,1947 年 12 月改为新县)、广武县(1931 年 6 月设,1947 年与汜水县合并)、博浪县(1947 年将阳武县、原武县合并,改置博浪县,不久恢复原建置)。[②]

国民政府先后于 1928 年 7 月和 1930 年 5 月颁布《普通市组织法》《市组织法》,分别规定普通市隶属于省政府,将普通市改为省辖市。1928 年,将开封县城区和郑县城区析出来分别设置为开封市、郑州市,1931 年 1 月裁撤。1948 年开封和郑州解放后,又将开封城区和郑州城区恢复为省辖的开封市和郑州市。

南京国民政府时期,全国大多数省份在废道后,普遍各自分为若干行政督察区,设行政督察专员公署,和原来的道一样作为省的派出机构。1932 年 9 月,将河南划分为 14 个行政督察区。第一行政督察专员公署驻杞县,辖杞县、开封、陈留、兰封、考城、通许、尉氏、洧川、中牟等 9 县。第二行政督察专员公署驻商丘县,辖商丘、宁陵、民权、永城、夏邑、虞城、睢县、柘城等 8 县。第三行政督察专员公署驻淮阳县,辖淮阳、沈丘、太康、项城、商水、西华、鹿邑、扶沟等 8 县。第四行政督察专员公署驻郑县,辖郑县、广武、荥阳、汜水、密县、新郑、长葛、禹

---

① 郑宝恒:《民国时期河南行政区划变迁述略》,《河南文史资料》2001 年第 4 辑(总第 80 辑),第 4—15 页。

② 郑宝恒:《民国时期河南行政区划变迁述略》,《河南文史资料》2001 年第 4 辑(总第 80 辑),第 4—15 页。

县等 8 县。第五行政督察专员公署驻许昌县,辖许昌、临颍、襄城、鄢陵、郾城、临汝、鲁山、宝丰、郏县等 9 县。第六行政督察专员公署驻南阳,辖南阳、方城、新野、桐柏、唐河、泌阳、南召、舞阳等 8 县。第七行政督察专员公署驻内乡,辖内乡、淅川、邓县、镇平等 4 县。第八行政督察专员公署驻汝南县,辖汝南、上蔡、新蔡、西平、遂平、正阳、确山等 7 县。第九行政督察专员公署驻潢川县,辖潢川、固始、光山、罗山、商城、信阳、息县等 7 县。第十行政督察专员公署驻洛阳县,辖洛阳、巩县、偃师、孟津、登封、宜阳、伊川、嵩县等 8 县。第十一行政督察专员公署驻陕县,辖陕县、灵宝、阌乡、卢氏、新安、渑池等 6 县。第十二行政督察专员公署驻安阳县,辖安阳、汤阴、内黄、林县、涉县、临漳、武安等 7 县。第十三行政督察专员公署驻新乡县,辖新乡、辉县、汲县、滑县、浚县、淇县、阳武、延津、封丘等 9 县。第十四行政督察专员公署驻沁阳县,辖沁阳、博爱、修武、济源、孟县、温县、原武、获嘉等 8 县。1948 年,全省共辖 6 市,110 个县。[①]

1933 年 2 月,将全省划为 11 个行政督察区,共 112 县。第一区专员公署驻郑县,辖郑县、开封、新郑、密县、禹县、洧川、中牟、尉氏、通许、长葛、广武、汜水、荥阳等 13 县。第二区专员公署驻商丘县,辖商丘、考城、兰封、睢县、宁陵、虞城、夏邑、永城、柘城、民权、杞县、陈留等 12 县。第三区专员公署驻安阳县,辖安阳、汤阴、淇县、浚县、滑县、汲县、内黄、林县、涉县、武安、临漳等 11 县。第四区专员公署驻新乡县,辖新乡、辉县、原武、阳武、延津、封丘、获嘉、济源、孟县、温县、武陟、修武、博爱、沁阳等 14 县。第五区专员公署驻许昌县,辖许昌、郏县、宝丰、鲁山、临汝、郾城、鄢陵、襄城、临颍等 9 县。第六区专员公署驻南阳县,辖南阳、方城、邓县、桐柏、新野、唐河、内乡、泌阳、镇平、淅川、南召、舞阳、叶县等 13 县。第七区专员公署驻淮阳县,辖淮阳、沈丘、商水、西华、鹿邑、太康、项城、扶沟等 8 县。第八区专员公署驻汝南县,辖汝南、上蔡、新蔡、西平、遂平、确山、正阳等 7 县。第九区专员公署驻潢川县,辖潢川、信阳、光山、罗山、固始、商城、息县、经扶、立煌等 9 县。第十区专员公署驻洛阳县,辖洛阳、巩县、偃师、登封、孟津、伊川、宜阳、嵩县、伊阳等 9 县。第十一区专员公署驻陕县,辖陕县、灵宝、阌乡、卢氏、洛宁、渑池、新安等 7 县。

1938 年 8 月,将第一区的通许、开封和第二区的陈留、杞县、民权、睢县、兰

---

① 苏新留:《民国时期水旱灾害与河南乡村社会》,复旦大学博士学位论文 2003 年,第 13—14 页。

封、考城等析出,新成立第十二区,专员公署驻通许县。同时,将第七区的鹿邑划归第二区。1938 年 11 月,将第三区的内黄、浚县、滑县和第四区的辉县、原武、阳武、延津、封丘等析出成立第十三区(1942 年裁撤)。抗战胜利后,河南全省仍旧为 12 个区。[①]

(三)不断扩大的红色区域

土地革命战争时期,1930 年 6 月,在鄂豫皖革命根据地建立鄂豫皖边苏维埃政府。1931 年 2 月,更名为鄂豫皖特区苏维埃政府,辖 26 个县和 1 个市苏维埃政府。其中,河南有光山、罗山、商城、固始、息县、商固边、商光边等 7 个县苏维埃政府和新集市苏维埃政府。[②] 抗战时期,随着日寇入侵,豫北、豫东、豫南及豫西等地先后沦陷。到 1938 年 10 月,河南有 50 多个县成为沦陷区。1938 年 5 月,成立伪河南省公署(1939 年 3 月迁到开封),伪豫北道辖 24 个伪县政府,伪豫东道辖 18 个伪县政府。1938 年 10 月,在豫南的固始、潢川、商城、罗山等地建立治安维持会。1940 年国民党参政会的调查结果显示:"河南省一百一十县,并分十三行政督察区,先后沦入游击战区者五十四县,郑县、广武、汜水三县在河北岸之辖境,亦不断有小股敌伪串扰,其余除夏邑、柘城、延津三县不能行使职权外,其他五十一县,有前曾沦陷已全部恢复完整者,有县境仅有小部分沦陷,而县长犹驻城办公者;有县城沦陷,而县长仍在县境办公者,有县长暂移居邻县,但仍能执行职权,执行政令者。"[③]"从 1944 年 4 月 18 日到 1944 年 6 月,仅河南就先后有 45 个县 5 多万平方公里土地、1000 多万人口沦入日军的铁蹄之下。"[④]抗战时期,国民党在河南的统治区域日渐萎缩的同时,中国共产党领导的抗日武装在河南及其周边地区建立了晋冀豫(后改名为太行)、冀鲁豫、晋豫边(后并入太岳)、豫皖苏、豫鄂、豫西等抗日根据地。到 1945 年 4 月,河南地区的红色区域达到 7.6 万平方公里,占全省总面积的 44%;人口 1325 万多,占全省

① 郑宝恒:《民国时期河南行政区划变迁述略》,《河南文史资料》2001 年第 4 辑(总第 80 辑),第 18—21 页。

② 《鄂豫皖苏区历史简编》编写组编:《鄂豫皖苏区历史简编》,湖北人民出版社 1983 年版,第 108—113 页。

③ 《国民参政会华北慰劳视察团报告书》,国民参政会华北慰劳视察团 1940 年 4 月印,第 63 页。

④ 王全营、唐金培:《中国抗日战争全景录·河南卷》,河南人民出版社 2015 年版,第 152 页。

人口总数的 39.4%。[①]　全面内战爆发后,随着国民党军队的节节败退,国民党河南国民政府可控制的地区日益减少,到 1949 年 5 月,河南省人民政府宣告成立,下辖郑州、开封两个直辖市,郑州、陕州、洛阳、陈留、商丘、淮阳、潢川、确山、许昌、南阳等 10 个专区,共 86 个县,8 个专区辖市。[②]

二、经济社会的曲折发展

地处中原的河南,在民国时期的经济社会发展既遇到了前所未有的发展机遇,又遭到接连不断的战乱破坏。一方面,京汉、道清、陇海等铁路的开通,促进了整个河南特别是铁路沿线地区经济社会的发展;另一方面,战乱频仍给河南经济社会带来严重的干扰和破坏。

(一)铁路开通对河南经济社会发展的影响

光绪三十年(1904),从道口镇到清化镇的道清铁路贯通豫北;光绪三十二年(1906),从北平至汉口的平汉铁路纵贯河南南北;宣统元年(1909),从开封至洛阳的汴洛铁路建成通车(东起杨集,西到灵宝的陇海铁路于 1932 年全线通车)。此外,日伪统治时期,因陇海线汴郑段被黄河决口冲毁,修建了一条从开封到新乡的汴新铁路,以沟通开封至北平的铁路运输。后因黄河复归故道,该路很快废弃。[③]　近代铁路开通,为西方列强倾销过剩产品和掠夺资源提供了便利条件。西方列强通过铁路大肆掠夺河南的矿产和农副产品等各种资源。据《开封商工案内》记述,从 1940 年 7 月到 1941 年 6 月,由各地集中到陇海线、平汉线豫北段和道清铁路的战略物资多达 37 万吨,其中矿产品 10.8 万吨,林产品 0.41 万吨,农产品 1.7 万吨,畜产品 0.87 万吨,其他 16.9 万吨。[④]　在河南市场,通过铁路输入的"洋货山积,土货寥落,除花纱、尼羽、火油、色布大宗不计外,即

---

① 王全营、唐金培:《中国抗日战争全景录·河南卷》,河南人民出版社 2015 年版,第 3 页。
② 河南省地方史志编纂委员会编:《河南省志》第十六卷《政府志》,河南人民出版社 1997 年版,第 51 页。
③ 袁中金:《河南近代铁路建设与经济发展》,《史学月刊》1993 年第 4 期。
④ 转引自袁中金:《河南近代铁路建设与经济发展》,《史学月刊》1993 年第 4 期。

日用零星如针线、纽扣、铁钉、纸张之属,亦多充次罗列,无论大小市镇,触目无非外货[1]。与此同时,铁路的开通也为河南经济社会发展提供了难得的发展机遇。铁路的修建,在河南境内特别是铁路沿线城市兴起了近代工、矿业和现代商业。如英商福公司在道清铁路线上焦作附近开设的"泽煤盛厂"、发电厂、机械厂等。

(二)战乱给河南经济社会带来巨大的破坏

北洋政府时期,河南既是直奉皖等军阀争夺的重要对象,也是国民革命军与军阀争夺的重要区域。南京国民政府时期,首先是各地方实力派在这里上演中原大战,接着是日寇入侵河南;抗战胜利后,这里又成为内战的重要策源地。由于常年处在兵火交接之地,水利设施遭到人为破坏,自然灾害更为频繁和严重。1928 年《各省灾情概况》中载:"自军阀盘踞,所有河工之款,尽归军用。"[2] 1930 年前后的中原大战,河南境内的三条铁路线上的机车几乎全被征为军用。更为甚者,军阀为了各自的利益,毁道破车等现象时有发生,严重阻碍了河南经济社会的正常发展。抗战时期,为了抵御日寇西进,国民政府不惜采取"以水代兵"的办法,炸开花园口和赵口一带的黄河大堤,给豫东地区造成了空前灾难。1939 年,国民党军队在沁河下游抵抗日军进攻的战斗中,国民党第九十七军在武陟沁河北堤老龙湾扒开口门,水淹木栾店的日军。紧接着,日军在老龙湾上游扒开武陟沁河南堤五车口口门,水淹国民党军队。[3] 交战双方为修筑工事,大肆砍伐林木,造成森林面积锐减,生态环境不断恶化,从而使水、旱、蝗等自然灾害的发生愈发频繁和严重。

---

[1] 转引自谢亮:《社会"自生秩序"的中国经济史镜像——华北棉布市场变动原因研究(1867—1937)》,世界图书出版公司 2012 年版,第 51 页。

[2] [美]乔纳森·斯潘塞著,曹德骏、竺一莘、周定国等译:《改变中国》,生活·读书·新知三联书店 1990 年版,第 208 页。

[3] 刘照渊编著:《河南水利大事记》,方志出版社 2005 年版,第 199 页。

三、水旱灾害频发与生态环境的恶化

从时间上看,从民国初年到河南全境解放,河南的水旱灾害不仅接连不断,而且大致呈交替发生态势。从地域分布上看,"民国有灾害记载的 35 年中,河南省受灾县数累计 1780 个,其中,遭受旱灾县数 858 个,水灾县数 681 个,蝗灾县数 226 个"①。这些自然灾害尤其是水旱灾害对河南的生态环境造成了严重影响。

(一)水灾对经济社会及生态环境的破坏

民国时期,河南省的水灾无论是从数量上看还是从规模上看,都位居全国前列。其中,1913—1915 年,省内大部分地区连续 3 年发生涝灾;1918—1919年,连续 2 年发生涝灾(1919 年大水灾);1921 年大水;1923—1926 年,连续 4 年发生涝灾(1924 年、1926 年发生洪灾);1930—1932 年,连续 3 年发生涝灾(1931年暴发洪灾);1933 年黄河暴发洪灾;1937—1939 年,连续 3 年发生涝灾(1938年花园口决堤);1947—1948 年,连续 2 年发生涝灾。② 其中,1921 年、1931 年、1933 年、1938 年等几次水灾对河南经济社会和生态环境的破坏相对比较严重。

1921 年河南水灾。6 月,"豫、苏、皖、浙、陕、鲁、鄂、冀大水,以淮河区域罹灾最重。灾区达二七、〇〇〇方里,鲁、豫、晋三省被灾区域一四八县,灾民九、八一四、三三二人"③。另《辛酉被灾各省救济联合会报告书》统计数据显示,"在被水各省中,北方以河南省灾区最广,计 64 县"④。河南受灾地区中尤以豫南、豫东最为严重,"一片汪洋波及全境,田庐荡然者约占三十二县,风雨为灾秋成绝望者计二十六县",其中,豫南"内邓新淅等县,水势泛滥,交通断绝","信

---

① 夏明方:《民国时期自然灾害与乡村社会》,中华书局 2000 年版,第 34 页。

② 河南省水利厅水旱灾害专著编辑委员会编著:《河南水旱灾害》,黄河水利出版社 1999 年版,第 5 页。

③ 邓云特:《中国救荒史》,商务印书馆 2011 年版。

④ 转引自李文海等:《近代中国灾荒纪年续编(1919—1949)》,湖南教育出版社 1993 年版,第 30 页。

阳境内由武胜关发源之小沙河,系淮河支流,逼近京汉铁路,因大雨倾盆,水势陡涨五六丈深,堤岸溃决,洪水横流,距河数十里内,都成泽国","郾城西华之交,颍水暴涨,溃溢为灾,上下游为防堵水患起衅,发生械斗,打伤数十人,死者六七人"。①

1931 年河南水灾。这是河南近代最为严重的一次水灾。"自交夏令阴雨不霁,时而细雨缤纷,时而大雨倾盆",水灾几乎遍及全省。其中,重灾区主要为豫中的颍河、汝河、洪河流域,豫南的唐河、白河流域,豫西的伊洛河流域,豫东的贾鲁河、惠济河流域,等等。而此次水灾中人口死亡数量则以唐河、白河流域最为惨重。七八月间,河南大部分地区阴雨连绵,结果导致山洪暴发,河流泛滥,80 余县不同程度遭灾,5000 多万亩耕地被淹。据当时的《民国日报》报道:"豫省因久雨为患,积水不能宣泄,加之各县河流淤滞,使水量过度,冲溃河堤不计其数,低洼之地尽成泽国。截止现在遭害最深损失最大者计有确山、镇平、鄢陵、桐柏、商丘、遂平、沈丘、邓县、潢川、襄县、信阳、罗山、西华、内乡、唐河、郾城等数十县治,一片汪洋,水深数丈,庐舍倾圮,禾黍荡然,牲畜粮食漂流净尽,罹难之民一时走投无路,生存者栖身无所,风餐露宿,仰天号啕,淹毙者浮尸水面,逐浪奔流,统计灾黎不下百万。"②可见河南当年水灾灾情之严重、景状之凄惨。比如,新野县"六月二十八日至九月底,百日中阴多晴少,雨辄连旬","湍河、淯水、溧河三水堤堰溃决贯穿,沿河村落无幸免淹没者"。③ 西华县"五月,淫雨兼旬,沙颍同时暴涨,溃决成灾","沙河于五月十四日夜溃决三处:(一)在第五区陈村,决口宽一百八十公尺;(二)在第五区之阜陵,决口五百五十公尺;(三)在第六区之葫芦湾,决口宽四百五十公尺。颍河上下游决口七十余处,全县尽成泽国,灾情奇重"。④ "六七月间,大雨兼旬,上游山洪暴涨,颍河全河溃溢。襄、郾、临、鄢之水复顺流东下。"沿颍河附近的"两百余村水深多至丈余,陆地行舟可达百余里"。据统计,当时西华县被淹农田 1245762 亩,民房倒塌 19491 间,

---

① 李文海等:《近代中国灾荒纪年续编(1919—1949)》,湖南教育出版社 1993 年版,第 46 页。

② 转引自河南省水利厅水旱灾害专著编辑委员会编著:《河南水旱灾害》,黄河水利出版社 1999 年版,第 45—46 页。

③ 刘理阁、范新翔:《新野县历代自然灾害年表》,1991 年印,第 45 页。

④ 民国《西华县续志》卷一《大事记》。

受灾人口 257074 人,溺死 192 人,其灾情之重"为近二百余年所仅见焉"。①

1933 年河南大水。7 月下旬,陕西普降暴雨,泾、渭、洛、汾等黄河支流水位暴涨,导致黄河中下游水位升高,河南、山东、河北、江苏等省 50 多个县受灾。河南滑县受灾最为严重,该县"400 余村被水淹没,有些村几无半间房屋,平地水深三四尺,即有寨围之村,亦多被水冲破,大街可行舟,间有三五个村寨未被冲开,而寨内积水甚深,如付草坡村派人到省城请领抽机,抽了月旬无效"。考城、温县、兰封、封丘、孟津、武陟、孟县、巩县、氾水、广武、原武、虞城、郑县、开封、灵宝、济源、渑池、中牟、陈留、沁阳等离黄河较近的一些地区不同程度受灾。1934 年,"鄂、湘、豫、冀、晋、陕、川、皖、赣、闽、察省水,淹田地三六三、四九一、〇〇〇亩,黄河决口,长垣濮阳一带,尽成泽国,直至翌年三月,仍大水围城,灾情奇重"②。

1935 年河南洪灾。1935 年大水灾是民国时期仅次于 1931 年的又一场大水灾,"长江、黄河泛滥,鄂、湘、赣、皖、冀、鲁、豫、苏八省,被灾面积六四、九〇四、四九六公里,灾民二〇、五九五、八二六人,财产损失四一五、七〇一、九〇五元。就灾民人数计算每人平均损失二十元"③。这一年的水灾遍及长江、黄河两大流域,河南的洪灾尤为严重。7 月以后,河南大部分地区突降暴雨,黄河漫溢,洪河、沙河、漯河、颍河等泛滥,白河溃决,丹江、淅河暴涨。共 58 个县市受灾,偃师、巩县、汝南、襄城、郾城、滑县、封丘、兰封、淅川、新野、邓县、唐河、内乡等 13 县成为这次水灾的重灾区。其中,偃师县城的灾情最为严重。1935 年 7 月 6 日至 7 日,豫西普降大雨,伊洛河水水位暴涨,偃师县城的城门和城墙均被洪水冲毁,"全城 12650 人中死 232 人,倒塌房屋 18272 间,损失财产无法计算。外逃不及受伤幸存者 500 余人,失踪 157 人。从此,有着 2000 多年历史的秦汉古城,署衙门舍变成一片废墟;东西大街以南变成一个大湖,水深丈余,持续 40 多年而不干涸"④。对偃师来讲,这可以说是历史上最严重的一次水灾。当时的上海《晨报》以粗体大字《偃师陆沉》为题报道了"黄河水灾,偃师陆沉,罹灾严重"这一严重事件,迅速在上海、南京等地引起强烈震动。巩义因"黄河倒灌,焦湾集

① 民国《西华县续志》卷三《河渠志》。

② 邓云特:《中国救荒史》,商务印书馆 2011 年版。

③ 邓云特:《中国救荒史》,商务印书馆 2011 年版。

④ 古都偃师学会编:《古都偃师史话》,三秦出版社 1999 年版,第 345 页。

水深 3 米多,回郭镇东门外可以行船。全县被淹 49425 亩,塌房 40167 间,毁窑 482 孔,死 178 人、1643 头牲畜,受灾 13010 户、70153 人,财产损失 2626 万余元"①。

从这些水灾不难看出民国时期河南水灾的严重程度及对河南水利事业的破坏。

(二)旱灾对经济社会及生态环境的破坏

民国时期,河南共出现 7 个全省范围的大旱年和特大旱年,干旱的程度可以说是历史上少有。1912—1914 年,连续 3 年大旱;1916—1917 年,连续 2 年发生旱灾;1919—1920 年,连续干旱 2 年;1928—1930 年,连续 3 年大旱;1932—1937 年,连续 6 年干旱;1940—1945 年,连续 6 年发生旱灾。其中,1919—1920 年、1928—1930 年、1936—1937 年、1942—1943 年等几次旱灾对河南经济社会及生态环境的破坏尤为严重。

1919—1920 年河南旱灾。1919 年夏秋之际,华北地区出现严重旱情,1920 年春季至秋季,河南、陕西、山西、山东、直隶等省的旱情越来越严重,并发展成为继"丁戊奇荒"后"四十年未有之奇灾"②。由于连续干旱,豫北、豫西等地粮食大量减产甚至颗粒无收。河南、山东及直隶南部纷来告饥消息,上年诸省既已歉收,本年春秋二熟复无所获,已有数万人,今赖草根、树叶、砻糠为食,有全家因食尽而自尽者,父母多鬻其儿女,每口取值数元,牲口因乏草秣而宰杀者,以数千计,居民纷纷离其家乡,而赴西方或北上以觅食。③ 在整个华北地区,河南的灾情尤为严重:"河北道所属二十四县中除沁阳、孟县、温县、武陟四县外,余二十县皆有灾,而尤以内黄、武安、涉县、林县、安阳(彰德)、临漳、汤阴、淇县等灾情为最重。""河洛道所属十九县中,巩、偃师、洛阳、宜阳、新安、渑池、陕、灵宝、阌乡等九县秋收丝毫无望,且愈沿黄河愈西,灾情愈甚。""开封道所属三十八县,内沿黄河诸县,及与山东接境之考城、兰封、宁陵、商丘(归德)、虞城、夏邑、汜水、荥阳等八县有灾。"④

---

① 巩县地方志编纂委员会编:《巩县志》,中州古籍出版社 1991 年版,第 20 页。
② 《四十年来未有之奇灾》,《大公报》1920 年 9 月 13 日。
③ 《中国北部之大饥》,《申报》1920 年 9 月 3 日。
④ 《直鲁豫灾区分道调查记》,《大公报》1920 年 10 月 15 日。

1928—1930 年河南旱灾。1928 年,河南、陕西、甘肃等省发生特大旱灾,导致三省不少河流干枯,土地荒芜,灾民遍野。其中,河南大多数地区夏秋两季都几乎没有下雨。1929 年,河南大部分地区旱情持续。1930 年,全省旱情依然没有得到缓解。加上中原大战等战争破坏,河南不少地方赤地千里,民不聊生。正如豫省赈务会调查结果所描述的那样:"最近十六七八三载,几乎无县无灾,不过畸轻畸重,略见等差。灾可分为六种,兵、匪、旱、蝗、雹、风,遂使中州奥区,赤地千里。两河沃壤,变为焦土,僵尸盈野,流亡载道,耗矣! 哀哉! 最重者豫西二十一县及南阳各属,十六年……十七年旱、蝗、雹、风,粒米无收。今春三月未雨,继之以风。""南阳、舞阳、内乡、镇平、桐柏、淅川、泌阳、唐河、叶县、邓县各处,昼则烽烟遍地,夜则火光烛天,杀声震耳,难民如缃。近乃滴雨未降,飞蝗遍野,灾相日惨,死亡日多,转瞬秋冬气迫,一般无衣无食之灾民,势不至尽填沟壑不止。"①

1936—1937 年河南旱灾。1936 年,全国不少地方自开春至秋天连续干旱少雨。严重的旱灾给河南经济社会和生态带来严重破坏,农业收成急剧减少,部分县区颗粒无收,不少灾民不得不靠吃榆树皮、草根、麦秸等充饥,"少壮者远逃他乡,老弱者一息奄奄,待死于沟壑"②。

邓云特在《中国救荒史》中提到,1936 年,"河南、四川旱,秋粮无着,灾民达八七,四五八人";1937 年,"皖、陕、蜀、豫、黔、桂、宁、贵、鲁、甘等省旱,灾民食树皮榆叶等充饥。蜀豫尤重,蜀省饿死者三千余人,灾民三千余万人,被灾县共四一县,占全省十分之九,豫灾民男女老幼,达千万人,受灾县数十余,占全省灾区三分之一"。③

1936 年 9 月,河南"仍未得沛甘霖,现届夏冬,二麦多未下种,赤地千里"④。河南"全省被灾县份已达九十三县之多,几乎占全省面积百分之九十,灾民不下九百万人"⑤,其中"最重为登封等二十七县,次重汝南等三十四县,又次许昌等

①　豫省赈务会编:《河南各项灾情状况·豫灾弁言》,1929 年 8 月。

②　刘效先:《豫西灾况视察记》,《河南民报》1937 年 5 月 29 日。

③　邓云特:《中国救荒史》,商务印书馆 2011 年版。

④　《省府对上半年灾赈编印报告书》,《河南民报》1937 年 2 月 14 日。

⑤　华侨半月刊社:《川豫皖北等省旱灾严重》,《华侨半月刊》第 101 期(1937 年 2 月)。

三十二县"①。

1937 年,河南灾情虽然稍有缓解,但由于受上年干旱的影响,"豫西 20 余县仍旱,夏禾失收"②。因干旱缺雨,郑县郭店自 1936 年秋至 1937 年春末"迄未落雨,秋即歉收,麦亦绝望,麦苗又已枯死,麦田之可收获者,每亩至多不能得十斤,仅仅可收回种子"③。

1942 年河南特大旱灾。1940 年夏秋,豫北地区就出现旱情。1941 年冬季河南全省雨雪极少,1942 年,河南全年持续干旱,直到 1943 年夏季才有所缓解。1943 年春国民党政府赈济委员会特派员在对河南灾情进行实地调查后撰写的《河南省灾情及救灾情形的调查报告》中称:"以第一、第五两行政区所辖各县最重,第六(南阳、方城、新野等 13 个县)、第七(淮阳、沈丘、商水等 9 县)、第十(洛阳、偃师、嵩县等 9 县)等行政所辖各县次之。第一行政区以广武、郑州、尉氏、长葛、禹县等 5 县最重,密县、汜水、新郑、中牟、洧川、荥阳等 6 县次之。第五行政区以许昌、临颍、鄢陵、襄城等 4 县最重,郾城、宝丰、郏县、临汝、鲁山等 5 县次之。"④当时旅居洛阳的苏天命目睹河南灾情后向南京国民政府赈灾委员会委员长孔祥熙请求救济的呈文中说:"巩县、广武等六十九县,自春徂秋,亢阳为害,二麦不登,秋禾枯槁,民食绝望,纷逃荒歉。旬月以来,豫东各县灾民过洛逃往陕境者,每日不下两三千人,依难民站统计,一旬以来,为数已达数万人之众。据调查所得,被灾县份六十九县,以巩县、荥阳、汜水、广武、密县、临汝等为严重,其他六十三县,估计灾黎约在七百二十万人以上。嗷嗷待哺,饿殍塞途,鹄面鸠形,惨不忍睹。"⑤当时,《大公报》刊登了一篇题为《看重庆,念中原》的文章,因该文章对河南灾情进行了如实报道而致使《大公报》停刊 3 天。仅从这一次特大旱灾,就不难窥探出民国时期河南旱灾的严重程度及其对包括水利事业在内的河南经济社会的严重影响。

---

① 上海兴华报社:《豫灾与河患》,《兴华周刊》第 34 期(1937 年 9 月)。

② 李文海等:《中国近代十大灾荒》,上海人民出版社 1994 年版,第 344 页。

③ 刘效先:《豫西灾况视察记》,《河南民报》1937 年 5 月 20 日。

④ 转引自河南省水利厅水旱灾害专著编辑委员会编著:《河南水旱灾害》,黄河水利出版社 1999 年版,第 188 页。

⑤ 《旅洛公民苏天命呈文》(1942 年 10 月 7 日),中国第二历史档案馆藏,档案号:116—438。

第二节　黄河决溢与水患防治

民国时期,由于河防工程失修、生态环境逐渐恶化、河防官员贪污腐化等方面的原因,河南境内的黄河堤防先后有17年发生较大的决口,而且每一次都给河南等地群众带来深重的灾难。为消除河患,历届政府都采取了一些防治措施,但效果并不明显。

一、黄河多次决溢及其灾难

1913年黄河河南段决口。1913年夏,濮阳县双合岭(今河南濮阳习城集西)决口。因北洋政府顾不上堵口,决口越冲越宽,到第二年宽达800多丈,山东濮县(今河南范县西南)、范县等数县被淹。①

1922—1923年黄河河南段决口。这两年间,濮县廖桥接连发生两次决口,濮县、范县、寿张(今山东阳谷东南)、阳谷各县"约计四百余村,平地水深二三尺不等,房屋半归倒塌,田禾尽行淹没",洪流"势如建瓴,漫淹村庄而下,男哭女啼,惨不忍闻"。②

1925年黄河河南段决口。这一年,河决濮阳南岸李升屯(今山东东明县境)民埝,又决黄花寺官堤。据《历代治黄史》描述:"黄水汹涌,建瓴而下,经濮、范、郓城,直冲寿张。顿时四县尽成泽国。秋禾收获,颗粒俱无。"张含英于当年10月对李升屯黄河决口的调查中记述道:"登堤北望,则飞沙茫茫,白色映空,残木枯树,渺无人影。大堤附近之水,虽已退去,而淀沙之多,实出意料。柳树干部,尽皆没入泥中,只余柳条一二,现出地面,高粱则全身陷入,间有穗头露

---

① 《黄河水利史述要》编写组:《黄河水利史述要》,黄河水利出版社2003年版,第400页。
② 转引自《黄河水利史述要》编写组:《黄河水利史述要》,黄河水利出版社2003年版,第401页。

出而已。昔日村庄,今成沙土,泽国之惨,良可悲矣。"[1]

1933—1934 年黄河河南段决口。自 1933 年 8 月至 1934 年春季凌汛止,黄河中下游的特大洪水持续 8 个月之久。据 1933 年《冀鲁豫三省黄河两堤堵口计划》载,豫境漫口在河南温县有 19 处,武陟有 1 处,兰封有 2 处,冀境长垣县有 32 处(其中北岸 31 处,南岸 1 处)。[2] 其中,"兰封之小新堤于十一日先溃,决口宽一百五十尺,附近村庄尽被淹没;南北堤继又决开三口,水入考城,城内水深三尺,北关外则丈余。逆流更入归德"[3]。据《长垣县志》记载,长垣段黄河"两岸水势皆深至丈余,洪流所经,万派奔腾,庐舍倒塌,牲畜淹没,人民多半淹毙,财产悉付波臣。县城垂危,且挟沙带泥淤淀一二尺至七八尺不等。当水之初,人民竞趋高埠,或蹲层顶,或攀树枝,馁饿露宿;器皿食粮,或被漂没,或为湮埋。人民于饥寒之后,率皆挖掘臭粮,以充饥腹。情形之惨,不可言状。被灾区域,东起东岸大堤以及庞庄、李集、苏集、程庄,西至县西之青冈、张屯、相如等村,广六十余里,袤四十余里,约占全县十分之九,实为长垣空前之大灾"[4]。

1938 年的花园口事件。民国时期,河南境内的黄河决口中最为严重的一次不是洪水自然决溢泛滥,而是人为掘堤造成的花园口事件。1938 年 5 月 19 日徐州失守后,为阻敌西进,南京国民政府决定实施"以水代兵"战略。5 月底,日军先头部队已经逼近河南省会开封。6 月 1 日,蒋介石在汉口召开最高军事会议,决定豫东的国民党军队及相关机构迅速撤离至平汉铁路以西地区,尽快引黄河水隔断东西交通以阻止日军西犯。同时要求在中牟以北的黄河堤岸上选择 3 个点掘开堤防,让河水在中牟、郑州向东南泛滥,由第二十集团军总司令商震负责实施。6 月 2 日,中牟县西北的赵口大堤虽然被掘开,但由于决口两侧堤岸太陡发生坍塌,出水量太少。6 月 5 日,开封陷落,情况十分紧急。因第五十三军和第三十九军各一个团先后在中牟赵口掘堤均未成功,新八师师长蒋在珍主动请缨在郑县花园口扒堤。6 月 9 日上午 8 时,蒋部用大炮平射六七十发炮弹,决口最初"流速甚小,至午后一时许,水势骤猛,似万马奔腾。决口亦因水势

① 张含英:《治河论丛》,黄河水利出版社 2013 年版,第 112 页。
② 转引自《黄河水利史述要》编写组:《黄河水利史述要》,黄河水利出版社 2003 年版,第 404 页。
③ 《河南黄河大事记(1840—1985)》,河南黄河河务局 1993 年印,第 48 页。
④ 长垣县地方史志编纂委员会编:《明清民国长垣县志》(整理本),1993 年印,第 67 页。

之急而迅速溃大"。① 当时正是黄河汛期,水位不断上涨,花园口口门已扩至百米宽。22 日,赵口口门也被冲决至二三百米。"时值大雨,河水稍大,决口愈冲愈大,水势漫延而下,由中牟而尉氏,而扶沟、淮阳,由豫而皖,而苏,遂造成广漠莫大之障碍矣。"②花园口之水至中牟境"与赵口决口之水相合,其间水面宽度有二三十里,或十五六里,或四五里不等",中牟"全县三分之二陆沉"。③

　　河水大部分沿贾鲁河经中牟、尉氏、鄢陵、扶沟、西华、淮阳,至安徽亳县顺颍河而下,到正阳关入淮;另一部分自中牟顺涡河经通许、太康、亳县至怀远入淮。此外,还有一小部分,自西华向南至周口注入颍河。决堤后的黄河水沿贾鲁河向东南流,形成一个长约 400 公里、宽 30 至 80 公里不等的黄泛区。决堤后的洪水在暂时阻挡日军西进步伐的同时,也给豫、皖、苏三省人民造成严重灾难。据不完全统计,河南、安徽、江苏三省有 44 县市、54000 多平方公里的土地和 1250 万人受灾,淹死和因饥饿而死的达 89 万多人。④ 其中,河南冲毁民宅140 多万家,淹没农田 67.5 万多亩,死亡 32.5 万人。⑤ 鄢陵、扶沟、西华、尉氏、太康、淮阳等县破坏最为严重。鄢陵县半数房屋倒塌,有 1450 多户人口死绝;扶沟县被淹村庄 896 个,死亡 254400 多人;西华县 700 多村庄的房屋倒塌殆尽,80 多万亩农田被淹没,近 4 万人被淹死,出外逃荒的达 20 万人。黄水"经(太康)县西长营丁村口,东南过淮阳十二里王店,水势浩荡,冲坏田庐不可胜计"。⑥

①　中国人民政治协商会议河南省郑州市委员会文史资料研究委员会编:《郑州文史资料》第 2 辑(1986),第 23 页。

②　《国民政府军委会军令部战史会档案》,中国第二历史档案馆藏。转引自张宪文前引书,第 515页。

③　中国人民政治协商会议河南省郑州市委员会文史资料研究委员会编:《郑州文史资料》第 2 辑(1986),第 28 页。

④　《黄河水利史述要》编写组:《黄河水利史述要》,黄河水利出版社 2003 年版,第 407—409 页。

⑤　郭廷以:《近代中国史纲》(下册),中国社会科学出版社 1999 年版,第 665 页。

⑥　民国《太康县志》。

1938 年黄泛区三省灾情比较表

省份	被淹耕地面积(亩)	死亡人口(人)	受灾县市(个)
河南	6758300	325000	20
安徽	4069000	407000	18
江苏	1636600	160000	6
	12463900	892000	44

（资料来源:华东军政委员会水利部印《治水利水篇》,转引自《黄河水利史述要》编写组:《黄河水利史述要》,黄河水利出版社 2003 年版,第 409 页)

　　黄河决堤夺淮入运,再一次抬高了淮河下游河床,对黄河中下游和淮河水系及其沿岸的水利设施造成严重破坏。河南境内原来的淮河支流大多比较狭窄而且比较直。当黄河水进入河槽以后,水位陡然高涨,每至河流交汇处就向支流倒灌,因而支流的清水受阻不能下泄,双方互相顶托,黄河水流所携带的泥沙大量堆积在支流与干流交汇的河口,使支流也因泥沙淤塞变得不通畅。在黄河水流的冲刷和淤积作用下,淮河的一些支流改道,使其流经地区连年遭受水患的折磨。河南省社会处在 1946 年 7 月所编的《豫灾实况》记载,自 1938 年 6 月花园口决堤至 1946 年 6 月这 9 年时间里,"官堤民埝,大小决口,共三十二次,凡九十一处——膏腴尽覆沙砾,纵有轻沙露泥之地,亦多丛柳杂生,盘根牢固,如无曳引机加以翻犁,仅凭人力,挖掘恐亦至感不易,故仍属荒废"。"泛区积水,弥望汪洋,低地柳树,仅见杈桠(丫),高低坟茔,微露碑顶,高楼半没土内,平房檐与地齐。"[①]这 9 年的黄河泛滥,使豫东平原面目全非,给当地的农业生产和生态环境造成极大的破坏。据统计,"约有一百多亿吨的泥沙留在泛区中,地面沉积达一二丈"[②]。"低洼地区积水未退,荒沙河滩蔓草丛生。"[③]不少地方因长期积水而出现大量盐碱地,有的甚至变成荒地。

---

① 河南课题组编:《河南省抗战时期人口伤亡和财产损失》,中共党史出版社 2010 年版,第 115 页。

② 转引自苏新留:《民国时期河南水旱灾害与乡村社会》,黄河水利出版社 2004 年版,第 81 页。

③ 《河南日报》资料整理组:《黄泛区人民的血海深仇》,《河南日报》1962 年 7 月 17 日。

二、黄河水患防治的主要措施及其成效

民国时期,河南对黄河水患的防治大致可以分为以下三个时间段。

(一)1912 年年初至 1932 年年底

这一阶段虽然多次开工建设,但其规模都不大,且多为民办或民办公助工程。如 1914 年首次兴工堵筑了当时称为"小新堤"的河南兰封境内的铜瓦厢旧黄河缺口。1916 年春,为防止黄河北决,地方筹资修筑上起河南孟县中曹坡,下至温县范庄,全长 38 公里的温孟大堤。1931 年,河南河务局出资对沿铁谢民埝(1920 年由孟津县集资修建)向下游延伸至花园镇的堤段进行全面加高培厚。

(二)1933 年年初至 1938 年 6 月

1933 年黄河洪水大泛滥,引起政府和社会各界的多方关注。由于加大了投资,治理工程不仅在数量上较之前有明显增加,而且规模也比较大。1934 年四五月间,经省政府同意,河南河务局用善后工程款 6 万元采取以工代赈的方式修筑滑县老安堤,并于当年竣工。[1] 1935 年是民国期间筑堤工程最繁忙的一年。当年年初,国民政府经委会水利委员会在南京召开会议,决定每年拨款 100 万元,交黄河水利委员会会同豫、冀、鲁三省政府,培修黄河堤防。[2] 3 月 28 日黄委会召开培修豫、冀、鲁三省大堤紧急工程及金堤工程会议,决定启动 9 项三省大堤紧急工程,即兰封小新堤护岸工程、接修贯孟堤工程、沁河口西黄河滩地护岸工程、中牟大堤护岸工程、封丘陈桥以东培修大堤工程、冀省刘庄及老大坝险工整理工程、石头庄至大车集大堤护岸加培工程、鲁省朱口至临濮集大堤培修工程和金堤培修工程。[3] 以上工程除北金堤培修工程和沁河口西黄河滩地护岸工程由黄委会组织实施以外,其他工程均由豫、冀、鲁三省统一组织施工,且

---

① 黄河水利委员会编:《民国黄河大事记》,黄河水利出版社 2004 年版,第 86 页。

② 《黄河水利史述要》编写组:《黄河水利史述要》,黄河水利出版社 2003 年版,第 411 页。

③ 黄河水利委员会编:《民国黄河大事记》,黄河水利出版社 2004 年版,第 97—98 页。

大多于当年完成。1935 年 4 月 16 日至 7 月 2 日，在黄河水利委员会委员长李仪祉主持下，完成上起河南滑县西河井，下迄山东东阿陶城铺，全长 183.8 公里的北金堤培修工程。[①]

（三）1938 年 6 月至河南解放

这一阶段的显著特点是黄河河防与军事工事的结合与统一，工程修守大多出于军事防御方面的用意。如 1941 年，为阻止泛水全部流入涡河，保持泛区的阻敌能力，国民政府于太康县境堵塞王盘、黄集、前席等 10 个口门，使大溜移至王盘之上的江村，以减弱入涡河的流势。[②] 然而，由于民国政局极不稳定、物资严重匮乏及科技水平落后等因素的限制，这些措施没有能够从根本上解决黄泛区的水患问题。但是，无论是国统区还是抗日根据地在防洪减灾方面采取的一些措施，都在一定程度上增强了河南抗灾救灾的能力，降低了水、旱、蝗等自然灾害的危害程度。[③] 花园口决堤造成的黄泛区虽然一度成为中国军队阻挡日军进攻的屏障，但给黄泛区人民的生产生活带来了毁灭性的灾难：不仅既有的水利设施荡然无存，就是赖以生存的家园和赖以生产粮食的田地也大多遭到洪水的淹没或泥沙的覆盖。抗日战争胜利后，南京国民政府立即作出堵塞花园口口门的决定，并于 1946 年成立黄河堵口复堤工程局。由于河南又很快成为解放战争的主要战场，加上水旱灾害频发，还来不及恢复的河南水利建设事业又遭到严重影响。

第三节　农田水利事业的兴废

民国时期，河南历届政府都比较重视农田水利事业建设，并采取了一些有

[①]　黄河水利委员会黄河志总编辑室编：《黄河大事记》（增订本），黄河水利出版社 2001 年版，第 175 页。

[②]　《黄河水利史述要》编写组：《黄河水利史述要》，黄河水利出版社 2003 年版，第 412 页。

[③]　王鑫宏：《民国时期河南省政府防灾举措述评》，《当代经济》2016 年第 1 期。

针对性的措施,特别是冯玉祥在河南期间,河南的农田水利事业出现了一抹新的亮色。虽然全省上下付出了不少心血,但由于天灾人祸不断,河南的农田水利事业迭遭破坏。

一、冯玉祥与河南农田水利事业的新气象

有"平民将军"之称的冯玉祥在民国时期曾两次主掌河南的军政大权,第一次是1922年5月至10月出任河南督军,第二次是1927年6月至1928年3月出任河南省主席。他两次主政河南虽然前后不到两年时间,但对河南的农田水利事业产生了深远的影响。

(一)将发展水利事业作为其施政的第一要务

一是多方筹措水利事业经费。1922年,冯玉祥第一次主政河南期间,为改变河南贫穷落后的面貌,在他制定的"治豫十大纲领"中有一条是"治水患,兴水利"。因当时省库空虚,无力开展水利建设,他就宣布查抄前任督军赵倜和其他贪官污吏的财产以应急需。其中,仅赵倜的财产就达2000多万元。虽然他从查抄赵倜的家产中拨付一部分用来兴办水利,但由于他来也匆匆,去也匆匆,其"治豫十大纲领"还来不及实施就被束之高阁,他第一次主政河南时的水利建设成效也并不明显。正如当时有人戏谑他的一副对联所说:"玉未琢乎?半载督军何遽短?祥非是也!十条纲领太凄凉。"[①]

二是培养水利科技人才。1922年,冯玉祥在开封创办为期一年的"河南省水利工程测绘养成所",培养出了水利工程测绘专业人才59名。1927年又开办了为期四个月的"凿井技术训练班",给各县培养出了凿井技师100余名。1928年又筹办了一至一年半的"河南省水利技术传习所",培养出了有关水利工程施工和水文测绘方面的专业人才150名。这不仅结束了河南缺乏水利科技人才的局面,而且为以后建立健全水利机构创造了条件。[②]

---

① 毛斌:《冯玉祥》,湖南人民出版社2009年版,第154页。
② 刘仰洲:《冯玉祥与河南水利》,《中州统战》1994年第9期。

三是建立完善水利管理机构。1922年4月,冯玉祥把原实业厅农林水利科的水利部分分出来,单独设立了"水利分局",并在各县设立了"水利分会",省局由实业厅长张之锐兼任局长,县会派"水利工程测绘养成所"培养出来的学员任会长。1927年8月,他又把实业厅下面的水利分局改为直属建设厅,由水利专家陈津岭任局长。下设总务、工程两科,其中,局长1人,科长2人,科员3人,测绘、调查、事务各2人。同时,还撤销了各县水利分会,择河流较大、水利工作较多的处所,联合数县设一支局。截至1928年4月,全省共设水利支局43处。这一调整为后来水利工作的开展奠定了组织基础。

(二)积极开展水利工程规划和建设

为弥补河南水利建设经费的严重不足,在第一次主豫期间,冯玉祥就从没收赵倜等贪官污吏的不义之财中拨付一部分用于水利事业。在他第二次主豫期间,又将没收的袁世凯在河南的财产拨付一部分用于水利建设。1927年6月,冯玉祥第二次主政河南伊始就认识到:"查河南一省,人民贫穷者,一则苦于水患,一则无水利。防患兴利,为政之要。自今以往,定当设防以御水灾,凿井以兴水利,使民安居乐业,家给人足,又复施以恳切文教化,至兵力剿除,不过治标之法,决不专用也。"[1]1928年12月,河南省河务局决定在花园口西边的郑上汛头堡安装虹吸管引黄河水灌田,1929年7月安装成功并开始引水灌田。这不仅是河南最早的虹吸灌溉工程,而且是整个黄河中下游地区利用现代化兴办水利,使"害河"变"利河"的肇始。

1928年,冯玉祥还下令在沁河两岸的武陟、博爱、沁阳等地修复旧闸口33处,新建闸口5处,可灌田2000多顷。[2] 同年11月,冯玉祥指派河务局局长张文炜、工程师曹瑞芝、水利局局长陈泮岭等人到上海购回发动机4台、抽水机8台,并于1929年5月在柳园口险工回回寨建成一座抽水站,这不仅是河南历史上第一座抽水站,而且是黄河中下游地区第一个抽黄灌溉工程。与此同时,工程师曹瑞芝还建议在辉县薄壁镇附近利用卫河支流峪河上的瀑布发电,并将电

---

① 李元俊主编:《冯玉祥在开封》,河南大学出版社1995年版,第91—92页。
② 任红、陈陆、刘春田等:《图说水利名人》,水利水电出版社2015年版,第341页。

输送到黄河堤岸带动抽水机抽黄河水灌田。① 然而,因种种原因没有成为现实。

(三)广泛动员凿井及开发利用山泉抗旱

冯玉祥第二次主政河南期间,大力提倡打井,发展农田水利事业。1927 年,河南全省大旱,次年春夏又持续干旱。为抗御旱灾,时任河南省民政厅厅长的宋哲熙遵照冯玉祥的指示,于 1928 年六月"训令各县县长、各特别公安局颁发奖励凿井章程",接着"又迭次电令,凿井为防旱要政,亦振兴水利之一端,事关国计民生根本要图,各各努力进行,绝不准推诿情弊。并函各行政长随时切实督饬进行"。② 不久又提出"在两个月的时间内,大县凿井 200 口,中县 150 口,小县 100 口",并规定"井须挖深,井身一律用砖砌,井口须 6 尺以上,水量以能供水车汲取为度"等质量标准。③ 为解决群众凿井人力物力不足等方面的问题,河南省民政厅于 1928 年 6 月制定的《奖励凿井章程》明确规定,"凡各县小地户,联合三户以上共凿一井者,申请政府得给予 10 元助金"④,并告诫各县县长"如有奉行不力,一经查出,定加严惩不贷"⑤。1928 年河南省政府对各县凿井情况的初步调查结果显示,被调查的 56 个县累计凿井 6068 口。⑥ 无论是豫西的偃师、孟津、伊川、宜阳、洛宁、新安等县,豫北的汲县、辉县、新乡、获嘉等县,还是豫东的商丘、民权、夏邑、虞城、永城等县,凿井数量都大为增加。

1927 年,汲县顿坊店附近的黄庄村村民在凿井时挖出一眼自流泉。冯玉祥听说后立即指示汲淇水利支局提供支持。在其技术指导和经费资助下,黄庄村村民不久又挖出 6 眼自流泉。经挖池圈定,并开挖一条干渠,不仅可以灌溉1000 亩稻田,而且还通过在卫河上架设渡槽以灌溉卫河以东的土地。⑦

---

① 曹瑞芝:《河南黄河水利初步计划书》,天津《大公报》1929 年 5 月 29 日。
② 民国《河南新志》卷十一《水利》。
③ 政协新乡市学习和文史资料委员会编:《新乡文史资料选编》(下)人物卷,政协新乡市学习和文史资料委员会 2006 年印,第 61 页。
④ 民国《河南新志》卷十一《水利》。
⑤ 政协新乡市学习和文史资料委员会编:《新乡文史资料选编》(下)人物卷,政协新乡市学习和文史资料委员会 2006 年印,第 62 页。
⑥ 民国《河南新志》卷十一《水利》。
⑦ 政协新乡市学习和文史资料委员会编:《新乡文史资料选编》(下)人物卷,政协新乡市学习和文史资料委员会 2006 年印,第 62 页。

1929年6月,冯玉祥到辉县视察时发现,因年久失修,百泉的水量大大减少,他立即指示"拨款让新获辉水利支局'要把所有泉池一律疏浚,增加水量,以灌农田'"①。经过彻底清淤疏浚后,又在百泉的西北角挖出一眼新泉。为纪念冯玉祥的功德,辉县民众将此泉命名为"冯泉",并于当年9月修建了一个亭子。亭子的左右明柱上刻有一副称颂冯玉祥功德的对联:臆从绝色敢风沙,重振军威,誓恢赤县神州永作金汤巩固;好籍清泉洗兵甲,大兴水利,来与黄冠草服共谈稼穑艰难。亭中的功德碑正面刻有"冯泉亭"三个大字,碑文背面的《冯泉亭记》叙述了建亭的大致经过及缘由,并对冯玉祥"出师以戡国难,凿泉以利农功"的功绩进行了高度赞扬。②

经过疏浚后,百泉的水量大增。为充分利用百泉的水资源灌溉辉县东南一带的田地,冯玉祥又下令其卫队旅与当地群众一道开挖孟庄渠。由于水流不畅,当地政府于1932年10月进行了重修,到1933年建成通水后,可灌溉耕地8000多亩。1934年又将水渠延伸到涧头南村,扩大灌溉面积1000亩。③

二、宛西自治与石龙堰引水灌区的修建

民国初期,内乡县北堂上堰乔姓族长乔济五率族人,在县城北6公里的双龙镇与五里桥乡交界的大寨山西南脚下的丹江支流老鹳河上筑坝引水,凿成一个可灌田32公顷的自流灌区,人称乔家堰(三河堰)。从1928年开始,宛西自治首领别廷芳,在其担任内乡县民团第二团团长、宛属十三县联防司令、河南省第六区抗战自卫团司令等职期间,在宛西开展以"自卫、自治、自养"为内容的乡村自治:政治方面实行严密的保甲制度;教育方面在本地广办学校,禁止青年到外地求学;经济方面主张植树造林,兴修水利,治河改地,创办工业,大办农业。

1929年,别廷芳倡导并主持乔家堰的扩改工程。他不仅懂砌石技术,而且对工程要求很严;他不仅亲自坐镇指挥,而且常常在工地上撩起丝袍、撸起袖子

① 政协新乡市学习和文史资料委员会编:《新乡文史资料选编》(下)人物卷,政协新乡市学习和文史资料委员会2006年印,第62页。
② 李传璧、魏旭:《冯泉亭》,《中州今古》1988年第6期。
③ 辉县市史志编纂委员会编:《辉县市志》,中州古籍出版社1992年版,第408页。

搬石砌堰;他不仅自己带头抬石砌坝,而且还要求监工、地保、甲长等人以身作则;他不仅对有功的人员当众奖赏,而且对因不负责任而出现质量问题的监工当众责罚。大坝合龙时,民工朱士本从离工地1公里外的鸡心沟抬回一块4人抬的大石头。因这块石头不大不小刚好堵住了合龙的水口子,别廷芳一高兴就在会上亲自奖给他10块钢洋。长达300米的石龙堰坝全用石头砌成,犹如一条长龙横卧河水之中,故称之"石龙堰"。因该堰为别廷芳组织修建,时人又称之"别公堰"。

　　1933年,石龙堰全线贯通后,别廷芳在大坝上用水泥和砖新修3间雕梁画栋的瓦房,不仅美观大方,而且有助于保证渠首安全。后来又在山边修建了亭子和花园。石龙堰灌渠建成后,大渠延伸10多米,又在莲花寺山岗上建成装机3台共400千瓦的水力发电站,以供西峡口照明用电,故当时称"西峡口电灯公司",这是河南省第一座水力发电站。在电力保障的基础上,西峡又开了办机械工业的先河,先后建立机械修造厂(造枪厂)、玻璃厂、酒厂等,直到1945年各厂(场)毁于日军战火中。别廷芳对石龙堰的维护和管理十分规范,不仅直接将石龙堰归其司令部管辖,而且还颁布了"堰规",将相关条款刻在石条上,并镶嵌在墙壁上。1938年,河南省第六行政区行政督察专员朱玖莹巡视至此,见其坝长百丈,改地数十顷,浇地466.67公顷,感到非常满意,并手书"别公堰",刻碑以表彰其功。① 此外,别廷芳还组织内乡民众在丁河、湍河、默河、长城河等地建石坝、筑沙堤、修渠堰、开新田。与此同时,他还让宛西乡村师范学校组织编写了《内乡治河改地》一书,详细记述其治河改地的方法和保护耕地的具体措施。

三、刘峙、商震治豫期间的水利工程规划及实施

　　1930年10月至1935年12月,河南省政府先后制定了《洛阳周口新乡灌田场计划》(1931年)、《改革河南各水利局计划》(1932年)、《河南省防水防旱计

---

① 刘青:《别廷芳与石龙堰》,《河南水利与南水北调》2012年第1期。

划》(1934年)等。① 1931年,南京国民政府水灾救济委员会"派员修筑沙河决口并疏通颍河,以工代赈",由黄自芳为所长的"沙河工赈事务所",将沙河沿岸的襄城、叶县、舞阳、郾城、西华、商水、淮阳、项城等县的工程分为八段,"是年六月十二日开工至八月十二日完成"。然后,用余款设立"颍河下游桥工委员会,修建沿河桥梁十一处,植树十万株"。②

为有效解决豫东地区的农田灌溉和盐碱地问题,1933年2月,在河南省主席刘峙的支持下,由省建设厅具体负责大举征用义务劳工,开工疏浚惠济河。这是省建设厅主持的一项比较大的水利工程。该工程前后"征工四百万,浚工五百万公方,完成长凡一百三十七公里之河身,所有桥梁涵洞工程均于二十三年十月完竣"。为解决惠济河的水源补充问题,还开工建设了引黄济惠工程,在黄河南岸柳园和黑岗两地安装8个虹吸管,"引黄流之水,经天然沉淀之水潭流经黄惠河穿过西北城角而入潘杨湖,分为东西二支,沿城而流,借以冲刷省会积秽,促进市民卫生,并使市内硝碱土质,得以逐渐改良,两支复合于城之东南水门洞出城,而入惠济。水源赖以不竭,农田实获其利,计之当有二十万亩,足资灌溉也"。③

1932年冬,沁阳县重修甘霖渠。博爱县的丹东灌区,虽经过一些小规模维护,但荒废仍然比较严重。1928年,彰洹河灌区的始建于东魏的天平渠更名为三民渠,同时还修建了一条从安阳县水冶镇西门外珍珠泉到天池村的民生渠。此外还有中正渠、同心渠等。经过修治彰洹河灌区并开挖一些新的渠道,安阳县成为当时省内农田水利事业的一个样板。

早在20世纪20年代末,河南省水利部门就在洛阳白马寺附近设立灌田场,但因种种原因一直没有引水灌溉。1933年2月,河南省建设厅决定"继续开办,重修进水池,开挖引水渠及东西两支渠,建筑水闸桥梁,添购水管机件,装有二十四匹柴油机一部,十四匹柴油机二部,同时抽吸,每日可灌田二百二十亩,铁道以南之地五千亩,每二十二天可灌遍一次,若加上开夜工,则每半个月可灌

① 河南省政府秘书处:《五年河南政治总报告·建设·水利》,载沈云龙:《近代中国史料丛刊第三编》第74辑,台北文海出版社1993年版,第120—132页。
② 民国《西华县续志》卷一《大事记》。
③ 转引自黄正林、张艳、宿志刚:《近代河南经济史》(下),河南大学出版社2012年版,第104页。

遍一次"①。偃师境内的伊洛河交汇区形成一条东西长约 25 公里、南北宽 5 公里的夹河区。这里虽然土质肥沃,但地势低洼,极易引起河水倒灌,以致无年不涝。1934 年,偃师县在伊洛河夹河地区修建了一条长 22 公里的泄水渠,使经常被水淹的 4 万多亩土地成为良田。

与此同时,在以杨心芳为所长的颍河工赈第一事务所和以马兆骧为所长的颍河工赈第二事务所的组织下,先后兴建疏浚颍河河床工程、修筑沿河堤防加宽培厚工程、疏浚与颍河有关系之河渠工程及沿河涵洞工程等。每工段都设有"技术员、总监工及督修各一人,副监工若干人。技术员负工程上有关技术之责"。② 自 1934 年至 1935 年,桐柏县农民自发组织起来共修建 7 条水渠,共计 18.5 公里,可灌溉农田 8714 亩。③ 另据 1935 年河南省对 104 县的统计资料显示,这些县在当年修建渠道、堤堰及疏浚河道或河渠共计 237 条,总长度约 2912 公里。④

分别修建于楚国和汉代的古期思陂灌区和古鸿隙陂灌区,因时代久远,到民国时期除固始县在 1912 年至 1937 年间进行了疏浚外,其他地方都已经荒废。1935 年 5 月,河南省建设厅专门派人到固始监督办理大港口水闸修复工程,由省第二水利局负责勘察设计,由专业建筑公司承建。1935 年 10 月正式开工,至 1938 年 5 月竣工。建成后的大港口水闸共两孔,每个孔长 12 米、宽 4 米,该排灌工程灌溉面积 40 多万亩。⑤

在兴修河渠水利的同时,凿井也是当时加强农田水利建设的一项重要工程。随着机械工具的逐步推广,20 世纪 30 年代的河南省政府一方面鼓励农民自行采用传统办法凿井取水,一方面培训专业人员并组织专业凿井队采用新式办法凿井挖泉。在省政府的指导和组织下,河南的凿井工程取得了前所未有的成绩。1933 年,河南省建设厅决定从河北定县聘请凿井技术人员到开封举办凿井技术培训班,并于 1935 年 7 月在省建设厅增设凿井事务所,专门负责凿井技术人员培训和凿井技术的推广工作。据统计,从 1928 年河南省政府提倡凿井

---

① 转引自黄正林、张艳、宿志刚:《近代河南经济史》(下),河南大学出版社 2012 年版,第 105 页。

② 民国《西华县续志》卷三《河渠志》。

③ 桐柏县地方史志编纂委员会:《桐柏县志》,中州古籍出版社 1995 年版,第 381 页。

④ 河南省政府秘书处:《河南省政府年刊》,1936 年印,第 330—348 页。

⑤ 刘照渊编著:《河南水利大事记》,方志出版社 2005 年版,第 190 页。

灌田至 1935 年年底,全省共开凿模范井 221 口,普通井 95722 口。① 仅 1935 年全省共凿机井 1621 口,以每口每日灌田 15 亩计算,一共可以灌田 24300 余亩。②

商震主豫期间(1936 年 2 月至 1938 年 6 月),又先后制订和实施了大量水利工程计划。1936 年,河南省建设厅将兴办水利和凿井作为当年的中心工作,先后制订 16 项年度水利工程建设计划。其中,仅农田水利方面的工程计划就有引沁入卫工程、嵩县伊河蓄水坝建设工程、新野新河渠灌溉工程等。航运方面,河南省政府于 1936 年 3 月 15 日出台《豫东运河网计划》,计划开挖 4 条新渠,连通惠济渠、贾鲁河和涡河,以调剂水量,便利航运。凿井方面,建设厅计划组织 70 个凿井班分赴各地帮助民众凿井。在政府的大力支持和帮助下,仅 1936 年河南凿井班分布的 56 个县就开凿水井 2727 口。③ 1937 年,河南省政府又在前一年度的基础上制订了一系列水利工程计划。农田水利工程方面主要有整理伊洛河灌溉渠计划,整理沁河灌区计划,建设黄河沿岸安设虹吸管计划,等等。航运方面,主要为继续疏浚豫东运河网。④ 1936 年和 1937 年,河南省建设厅水利处分别计划于武陟县沁河入黄口和荥泽县以下黄河两岸安装虹吸管引黄河水灌溉农田。同时,还制订了一些开凿水井以加强农田灌溉之类的计划。然而,由于 1937 年 10 月日寇入侵河南,加上经费等方面的原因,有的水利工程计划半途而废,有的甚至被束之高阁。

从总体上看,自 1928 年至 1937 年这十年,是民国时期河南水利事业搞得最好的一个时期。据统计,从 1928 年年初到 1937 年年底,在疏浚河道方面,全省先后完成惠济河治理、沙河治理、培修卫河南堤、疏浚洛河洛阳段、汤河治理、夹河渠排涝、疏浚洪业沟、开挖惠贾渠、开建机灌场(周口、新乡、洛阳各 1 个)、疏浚协济渠、开挖洛宜渠、疏浚罗山富瀛湖、建筑固始县大港水闸、开挖复兴渠、整理沁河灌区 3 渠(广济、甘霖、永川)等一系列水利工程。此外,还开凿了大量水井。然而,整体效果并不理想。1934 年河南省整水改土委员会对豫东地区原有 101 条河、渠、沟状况进行的调查显示,该区全部、大部淤为平地或严重淤塞

---

① 《中央暨各省市经济建设事业一览》,国民经济建设运动委员会总会 1937 年印行,第 78 页。

② 《本省各县凿井统计》,《河南统计月报》1936 年第 4 期。

③ 河南省政府秘书处:《河南省政府年刊》,1936 年印,第 327 页。

④ 河南省政府秘书处:《河南省政府民国二十六年行政计划》,1937 年印。

者及平时无水者有 94 条。[①] 1933 年至 1937 年间,虽然疏浚开挖了惠济河、黄惠河等 40 多条河渠,但因工程建设标准低、质量差等,加上水旱灾害的严重破坏,总体面貌并没得到多少改变,仍然是"旱时点水皆无",雨水一多则"洪涛巨浪,豕突弩张,以浩浩之波,而尽泄以涓涓之流,遂致溃决泛滥,动成巨灾"。[②]

四、全国抗战时期的河南水利建设

全国抗战时期,河南的国统区在凿井、浚塘等小型水利工程方面有一定的进展,中国共产党领导的八路军、新四军在抗日根据地也修建了一些水利工程。

(一)国统区的水利建设

全国抗战时期,河南镇平、淅川、内乡、邓县、洛阳、鲁山、伊川、唐河、禹县等地在异常困难的情况下先后开挖一些河渠,但都不同程度地遭到战争的破坏。其中,比较著名的主要有伊川公兴渠、邓县湍惠渠等。伊川公兴渠建设工程由南京国民政府经济部第八水利设计测量队测量设计,并经河南省水利处复测。该工程于 1942 年 5 月 27 日破土动工,到 1943 年 6 月完成,总计历时一年整。该渠干渠全长约 17 公里,10 支渠共计长 17 公里多。整个工程建有桥、涵、闸、翻水洞、渡槽、跌水等建筑物 47 座,总计灌溉面积约达 25000 亩。[③] 抗战胜利后,由于该工程损毁严重,失去灌溉功能,1946 年 6 月至 12 月又重新修复。邓县境内的湍惠渠是南京国民政府时期河南省兴办的规模最大的引水灌溉工程。该工程是由南京国民政府经济部第七勘测设计队设计,河南省建设厅与邓县政府联合兴建。该工程于 1942 年 1 月开工建设,1945 年 3 月因日寇入侵,工地沦陷,工程被迫停工。1945 年 12 月复工,1947 年 2 月竣工。该工程干支渠共约 58 公里,桥、涵、闸等重要建筑物 61 座,可灌田 120000 亩。[④]

抗战时期,河南省政府聘请凿井技师、组织凿井队,分赴各县工作,开凿示

---

① 周锡桢:《河南盐碱地利用之研究》,台北成文出版社有限公司 1977 年版,第 24996—25006 页。
② 《夏邑地理经济文化概况》,《河南民国日报》1932 年 1 月 18 日。
③ 《豫省全力建设水利》,《新民日报》1943 年 8 月 22 日。
④ 《湍惠渠工成放水》,《大河日报》1947 年 3 月 21 日。

范灌溉井,并接受地方民众及地方团体邀请,代凿新井或于旧井穿泉以畅水泉。据统计,自1937年至1941年年底,全省共凿示范井7865眼,督导民众凿井306452眼,共计313617眼,可灌田9408510亩;自1943年至1944年3月底又凿示范井276眼,可灌田8280亩。① 1942年12月,南京国民政府农林部制定《非常时期强制修筑塘坝水井暂行办法》,并于1943年1月由行政院公布施行。河南省根据该办法,制定了《各县三年完成凿井实施灌溉办法》,要求各县切实执行,并"一面更饬水利处派凿井班及技术人员分赴各县切实督导"②。为普遍兴办凿井、修塘等项工程,1943年初,河南省又制订实施《河南省小型水利工程计划》,要求凿井队每队十人须负责凿井一眼,浚塘队每队一百人负责浚塘一处,县政府须加紧督导。③

1947年,刘邓大军千里跃进大别山,揭开中国人民解放战争由战略防御转为战略进攻的序幕,中原地区成为解放战争的前沿阵地,河南的农田水利建设让位于解放战争。直到河南解放后,河南农田水利才真正获得大规模的发展。

(二)中国共产党领导的红色区域的水利建设

抗战时期,中国共产党领导的八路军、新四军在河南境内修建了一些水利工程,为当地经济社会发展作出了重要贡献。

一是彭雪枫率部修建"新四沟"。1940年3月,彭雪枫率领的新四军第六支队在永城李寨乡主持河沟开挖工程。当地群众将这条排水沟称为"新四沟",并在沟边立碑以示纪念。碑额书有"新四沟碑记",左右的对联为"前引前导与五亿袍泽谋乐利;耐苦耐劳为三区广众造腴田"。④

二是皮定均率部修建"爱民渠"。1943年10月,在太行军区第七军分区司令员皮定均、政委高扬等人带领下,以淅河为水源,从河西村南老磨盘下引淅河水,绕太行山顺势穿黄崖底、庙上、小寨、圪垱、小安、荒头、柿树园、三道河等村,至二道河村止,全长3.5公里,宽1米,渠墙高1.2米。到1944年5月竣工通水,

① 《河南省水利局工作概况》,河南省档案馆,档案号:M29—14—0391。
② 《省府提倡凿井浚塘》,《河南民国日报》1943年4月11日。
③ 转引自李艳红:《试论1938—1947年河南农田水利建设》,《学理论》2011年第1期。
④ 黄祖玮、贺维周主编:《中州水利史话》,河南科学技术出版社1991年版,第95页。

灌溉土地 800 多亩。[1]

三是林北县修建"抗日渠"。1944 年 1 月,中共林北县委、林北县政府带领当地民众一边进行减租减息和土地改革运动,一边兴修水利和发展农业生产。抗日民主政府采取以工代赈的方式,动员当地群众从露水河尖庄引水,沿太行山腰直达漳河边的盘山村,修建一条 26.5 公里、渠底宽 1.55 米、深 1 米的水渠,使任村区的大部分土地得到灌溉。[2] 工程施工时,军民齐上阵,凿石料,烧石灰,开石方,砌渠道,誓把河水引上山。1945 年春,由于八路军向东推进开辟新的根据地,加上经费困难,工程停建。直到 1957 年重新开工建设,到 1958 年才建成通水。

第四节　内河航运事业的衰落

民国时期,由于铁路的开通、河道淤塞及黄河多次泛滥,特别是花园口事件后,原本破败不堪的河南航运事业基本陷于瘫痪状态,直到中华人民共和国成立后才焕发出新的生机。

一、新式陆路交通的兴起与内河航运的衰落

民国时期,河南铁路、公路等新式陆路交通的迅速发展,对传统内河航运造成重大冲击。京(平)汉铁路(1904 年)、汴洛铁路(1909 年)、津浦铁路(1912 年)等先后开通,改变了南北交通网络的传统格局。与航运相比,铁路运输具有明显优势:一是运输速度快,运输量大;二是铁路运输很少受季节和天气影响,比较准点;三是铁路运输的运费比较低。

---

[1]　河南省林州市水利史编纂委员会编:《林州水利史》,河南人民出版社 2005 年版,第 43 页。

[2]　河南省林州市水利史编纂委员会编:《林州水利史》,河南人民出版社 2005 年版,第 41 页。

1932 年,河南成立长途汽车营业部。在此前后,河南各地修建了不少公路。比如,以西华县为中心就有"西扶县道""西鄢县道""西临县道""西郾县道""周舞县道""西蔡县道""西商县道""西淮县道""西太县道"等公路。① 据民国《重修汝南县志·交通考》记载,1933 年,由开封省建设厅筹办的开封至汝南县的长途汽车开通,"每日往返二次,遇有要事亦可随时加班,商贾行旅日渐趋于繁盛矣。近复有倡办汝驻轻便铁道之说"。

随着汴洛铁路的修建,黄河中下游干流除了陕县至潼关和开封以下还有一些木船航行及孟津、茅津、柳园、东坝等渡口尚有渡船往来于两岸,黄河中下游河南段的商船已经寥寥无几。随着铁路和公路的不断延伸,即便是昔日繁忙的渡口也遭到严重冲击。比如,阳武县有赵口和顺河口两个渡口。其中,赵口"在县南二十余里,前清属怀庆府管辖,有官船三艘(俗名大王船、二王船、三王船),经府派人员管理,每三年修船一次","民国府治取消,三艘官船因失修而废。摆渡者皆系民船";顺河口"在县东南,未有定处,专为上下运输之用"。② 因"阳原县道""阳中县道""阳延县道""阳封县道"及 1935 年自新乡至柳河口的"新柳省道"开通,③无论是赵口还是顺河口,其地位均逐渐衰落。

随着平汉铁路的修建,从汉口等地运销到河南、陕西等地的货物大多改用火车运输,严重影响到唐河、白河等的水运事业。全面抗日战争时期,日军占领武汉后,各港口屡遭日军轰炸和破坏,唐河、白河、丹江航运屡屡中断,豫西南航运更加衰落。豫北的卫河,遭遇也大致相同。由于平汉铁路和道清铁路的通行,不少货物改由铁路运输,即使在旺水季节,汤阴、内黄、浚县等地河面也"惟见片帆孤影容于中流而已"④。全面抗战期间,豫北很快成为沦陷区,多数民船被焚毁或被沉于河底,货源亦锐减,整个卫河的航运濒临崩溃。抗日战争胜利后,卫河的航运事业很快得到恢复。龙王庙以上卫河航道成为冀鲁豫解放区支援前线的一条重要生命线。

---

① 民国《西华县续志》卷七《建设志》。
② 民国《阳武县志》卷二《交通志》。
③ 民国《阳武县志》卷二《交通志》。
④ 转引自程有为、王天奖主编:《河南通史》第 4 卷,河南人民出版社 2005 年版,第 597 页。

二、河道淤塞对内河航运的影响

河南多数地区地处平原,河道极易淤塞。加上境内水患、干旱等自然灾害频繁,淮河、大运河、贾鲁河等航运优势逐步丧失,任其河道淤塞。据记载,发源于登封县大冶镇、在许昌境内汇入贾鲁河的双洎河(古称洧水),在民国初年水量还比较丰沛,上至密县大隗镇,下至淮河,舟楫不断。随着贾鲁河的淤塞,双洎河河床变浅,到 1948 年前后舟楫绝迹。[①] 据民国《西华县志续志·建设志》记载,在 20 世纪二三十年代,该县内河航运依然比较繁盛。"西华河运以沙河为最便利,在县境水路长九十余里。上通郾襄,下接周口,东南可达皖北。商船往来,帆樯相望。运输以粮米杂货为大宗。装卸码头以老窝集、逍遥镇、龙胜沟、李埠口等处为最大,其他各渡口均可停泊。""上通新郑,下达周口"的贾鲁河在西华县境内"长六十五里",上游密县、禹县、新郑、长葛等县的煤炭、石灰等货物,下游"由周口南来之竹木杂货及本镇之五谷均由此运输"。民国《重修汝南县志·交通考》记载,"汝南河流之通商运货者,唯澺汝两河。澺汝上游自郾城界之五沟营与平汉铁路相衔接。由新蔡入汝河,由汝河入淮河,迤逦汝境东北","民国以来,匪讧四起,商业不振,船舶萧条。非复昔日之殷厚矣",加上"近来河道淤塞,行船不便。夏日水涨,仅能抵南关,或更进至东关,但不敢久泊,恐水落则难返程也"。

冯玉祥第二次主豫期间,为使水源不旺、河身浅窄的贾鲁河能够上接郑县下通淮河,河南省建设厅于 1928 年严令郑县、开封、扶沟、商水、中牟、尉氏、淮阳等县,切实督促贾鲁河疏浚,限期竣工。"倘若故意拖延,不能如期竣工,将呈请省政府严行惩办,以儆效尤。"[②]在省建设厅和相关地方政府的督促下,贾鲁河很快得以疏通。刘峙主豫期间,鉴于被大水冲毁后的惠济河之陈留、杞县、睢县、柘城等河段淤塞严重,令沿河各县排水、航运畅通,河南省建设厅决定将自

---

① 张震宇、周昆叔、杨瑞霞等:《双洎河流域环境考古》,《第四纪研究》2007 年第 3 期。

② 《训令郑县等仰督饬民夫子到一月内将辖境贾鲁河道一律疏浚由》,《河南建设月刊》1928 年第 8 期。

开封水门洞至柘城,对惠济河进行分段疏浚。截止到 1933 年 2 月,共疏浚河道 121 公里,挖土方 200 万立方。① 商震主豫期间,继续疏浚豫东运河网等航道。②

三、战乱对河南内河航运的破坏

民国时期,地处中原的河南,军阀混战接连不断。1929 年 10 月,冯玉祥起兵反蒋,豫西二十余县"各军驰骤,遍地烽烟,饥疲灾民,拉充夫役,续命谷粮,搜作军需,牲畜驱供运输,栋梁拆作爨薪,炮火所及,尸骸纵横,间有逃出火线,战后归来,庐舍荡然,衣食住尽付灰烬"③。1930 年的中原大战,历时 7 个月,壮丁死 30 万,伤无数。河南因处于主战场位置,罹祸最深。连年的战祸使河南广大农村经济更加凋敝,财力日益枯竭,对境内的水利设施造成了毁灭性的破坏。正如当时的一些有识之士说的那样:"试思苟无内战,各地水利何至废弃若此!"④

据《河南新志·实业》记载:"洛阳居汴洛、洛潼之中心。瀍澶、涧和伊、洛诸水之汇合点,交通本极便利,输出之药材、棉花受时局影响,不免停滞。其棉纱匹头、绸缎各货之输入者,因价格日昂,亦不畅通。"1938 年 6 月,日军侵占开封后,开封、郑州等黄河沿线的木帆船遭到严重摧残。一些残存的木帆船溯黄河而上逃到洛阳,洛阳的航运业一度出现短暂的兴盛景象,但横贯河南北部的黄河长途航运业相继陷入中断。黄河支流伊洛河自卢氏和栾川潭头以下可以常年行使木帆船。日军入侵豫西地区以前,巩县、偃师、洛阳等地仍有不少"三至五吨的小型木帆船,常装运商货往来于高崖至神堤之间"⑤。卢氏的木材,洛宁的竹竿,洛河沿岸的山货及伊河沿岸栾川、嵩县、伊川等地的粮食、山货、竹子、木材、土特产等,大多通过水上运输至洛阳,有的再转运外地。据记载,民国时期的洛阳南关水旱码头有煤场、竹木行、盐行、棉麻行、猪行、山杂货行等 60 多

① 张静愚:《三年来之河南建设》,《河南政治月刊》1933 年第 10 期。
② 河南省政府秘书处:《河南省政府民国二十六年行政计划》,1937 年印。
③ 《为豫西灾民请命》,《河南民报》1929 年 12 月 28 日。
④ 《二十二年黄河水灾之总结账》,《河南民报》1934 年 4 月 23 日。
⑤ 河南省交通厅史志编审委员会编:《河南航运史》,人民交通出版社 1989 年版,第 185 页。

家。全面抗战爆发前的雨水季节，甚至还有 10 吨左右的木帆船结帮自洛阳沿黄河顺流而下远达山东济南、青岛、烟台及天津等地。[①] 洛阳沦陷后，在日伪政权的残酷统治下，伊洛河航运一蹶不振，船只幸存下来并有运输能力者寥寥无几。

四、花园口事件与豫东内河航运的灾难

民国时期，除了接二连三的水旱灾害，还有花园口事件这样的人为原因造成的严重水患。这不仅直接造成严重的人员伤亡和财产损失，而且对河南东部和东南部的生态环境和内河航运带来前所未有的浩劫。为阻止日军西进，1938年 6 月 9 日，花园口黄河大堤被决开，滔滔黄水顺流东下，泛滥豫、皖、苏三省 44 县市，泛区长达 400 公里，宽 30 至 80 公里不等，逃亡灾民 390 万人，死亡 89 万人。河南有 20 余县 62.4 万亩耕地陆沉水底，有 47 万人被淹致死，有 140 万灾民流离失所，形成了惨绝人寰的黄泛区。1947 年，黄河回归豫鲁故道之后，中牟、通许、尉氏、扶沟、西华、商水 6 县的人口总数，只有受灾前的 38%，除了部分人外逃他乡，其余全因受水灾而丧命。[②]

从花园口决堤到复堤这七八年时间，黄河故道已经"完全淤高，全河夺溜"，沿堤挖战壕，种庄稼，开大车缺口，有些地方甚至把堤挖平了种地。护堤砖石多移作他用，以建碉堡和墙基。秸埽腐烂，不见遗迹。护滩柳林连根都被挖掉了。汛房、办公室、庙宇等全数拆光，一间也不剩。河槽里垦成麦地，建筑了铁路和公路，开辟了一些新村庄。[③] 花园口事件发生后，黄河在淮河流域泛滥长达 9 年，黄泛区的河流几乎全部被侵夺，使原本遭到严重破坏的豫东、豫南航运事业遭到空前的摧残。淮河干流及贾鲁河、沙河、颍河等大多数支流的河道遭到严重淤塞，航道全线阻塞，处于废弃状态，水运几乎完全停废。昔日帆樯点点、商旅忙碌的景象不见踪影。周家口、襄城、漯河、逍遥镇、水寨、槐店等昔日船只集

① 洛阳市交通志编纂委员会编：《洛阳市交通志》，河南人民出版社 1986 年版，第 345 页。

② 胡廷积主编：《河南农业发展史》，中国农业出版社 2005 年版，第 128 页。

③ 《善后救济总署抄送"范海宁视察黄河工程报告"及与中共代表水委会协议条款致河南分属训令》(1946 年 6 月 3 日)，《中华民国史档案资料汇编》第 5 辑第 3 编政治分册(2)，第 571 页。

中地变得更加萧条。

第五节 水利科学技术的运用与水利事业的现代转型

民国时期,河南的水利事业和全国其他省份一样,不仅在水利管理机构和水利法规制度等方面开启了从传统到现代的转型,而且在水利理论和水利技术方面都取得了一定成就。然而,河南水利事业向现代转型的步子相对比较缓慢。究其原因,既与当时天灾人祸频发的大环境有关,也与河南独特的战略位置及落后的经济社会状况等因素有关。

一、水利机构的建立完善和水利法规的制定实施

面对日益频繁且日益严重的自然灾害,无论是北洋政府还是南京国民政府都比较重视水利事业。民国时期河南省的水利事业和全国其他地方一样,在中央政府的重视和引导下,先后建立了比较集中统一的水利管理机构,制定了比较系统的水利法律法规。

(一)水利管理机构的建立与演变

1913 年 12 月,中华民国政府宣布成立以张謇为总裁的全国水利局。河南省巡按使公署按照北洋政府的要求,虽然于 1915 年 7 月宣布成立河南省水利委员会,但全省范围内的水利工作迟迟没有实际性进展,直到 1918 年才在各县设立水利委员会分会。1920 年,河南省巡按使公署将原省水利委员会改为河南省水利分局,并从 1922 年 3 月开始由省实业厅厅长兼任省水利分局局长,使省水利分局从属于省实业厅。各县设立"水利分会"。冯玉祥离职后,河南省水利分局将各县"水利分会"改为"水利支局"。北洋政府时期,全国水利局虽然名义上为主管全国水政的最高部门,但其事权并不专一,仍需与内务部土木司、农

商部农林司共同管辖,权责难免混淆不清。

南京国民政府成立后,河南省政府政务会议按照中央政府的统一部署,于1927 年 8 月将原隶属省实业厅的河南省水利分局改为隶属省建设厅的河南省水利局,并筹建 48 个水利分局。其中,甲等分局 11 处,乙等分局 32 处,丙等分局 5 处。① 水利局下设立总工程师室、测量队及工程处、设计勘测队等机构,负责全省荒山、荒地、湖田等调查、清理和开垦工作及全省水利的测量、计划和实施等事项。全省各地区设置水文、气象、水力等观测站,负责河道测量工作。并在一些重要工程处设立专门机构由专人负责管理,初步形成了集中统一的水利管理网络。1930 年 4 月,河南省水利局被裁撤,业务并入河南省建设厅。1934年,国民政府颁布《统一水利行政及事业办法纲要》《统一水利行政事业进行办法》,规定全国经济委员会为全国水利总机构,各省设水利委员会,具体负责水利建设计划审议、水利建设经费核议、水利法规及水利工程标准审核等事项。② 全面抗战爆发后,豫北、豫东及豫南的部分地区很快沦为敌占区。为缓解战时河南国统区水利事业经费问题,1940 年专门成立河南省农用水利贷款委员会,1941 年 6 月该会被裁撤后并入河南省水利处。1941 年 8 月,南京国民政府行政院下设水利委员会,主持全国水政,“统筹各项航运、灌溉、水电、防洪等工程”③。1943 年 8 月,改河南省水利处为河南省水利局。1947 年,南京国民政府改行政院水利委员会为行政院水利部,下辖黄河水利工程总局、淮河水利工程总局等水利机构。由于种种原因,河南上述水利机构所起的作用都非常有限,但毕竟初步建立了现代化的水利行政管理系统。

地处黄河中下游的河南,是历史上黄河水患较多也较为严重的地区。民国时期,黄河由河南、河北、山东三省分管,并分别设河务局或河防局。因长期没有集中统一的治理机构,无法真正达到统筹全局、上下修治的目标。④ 1913 年,河南省将原河防公所升格为河防局并直接归省政府管辖,下设南北两岸分局和5 个支局。1930 年,河南河务局将南北两个分局分为上南、下南、上北、下北、西沁、东沁等 6 个分局,但各分局依然各自为政。1929 年 1 月,南京国民政府宣布

① 转引自刘照渊编著:《河南水利史大事记》,方志出版社 2005 年版,第 172 页。

② 实业部中国经济年鉴编纂委员会:《中国经济年鉴续编》,商务印书馆 1935 年版,第 30—31 页。

③ 《全国水利委员会即成立》,《水利特刊》1941 年第 12 期。

④ 《黄河水利史述要》编委会:《黄河水利史述要》,黄河水利出版社 2003 年版,第 398 页。

成立黄河水利委员会,颁布《国民政府黄河水利委员会组织条例》。虽然明确规定隶属于国民政府的黄河水利委员会掌管黄河及其支流的测量、疏浚、灌溉等一切兴利、防患、筹款、施工等方面的事务[1],但在黄河水利委员会成立后的相当长的时期里,黄河下游三省河务局仍由各省省政府领导。1937年,豫、鲁两省河务局开始归属黄河水利委员会,并改称为修防处。

地处淮河中上游的河南,53%的面积属于淮河流域。[2] 成立于1913年的导淮总局,于1920年改为全国水利局导淮测量处。1928年,南京国民政府在建设委员会下设整理导淮图案委员会,并于1929年设立导淮委员会,负责淮河流域的河道测量、疏浚、改良及水利工程建设等事务。1934年,导淮委员会合并到全国经济委员会,后来又分别隶属于经济部水利司、行政院水利委员会等。1947年5月,国民政府撤销导淮委员会,改设淮河水利工程局,并公布《淮河水利工程局组织条例》,其中规定,淮河水利工程局隶属于水利部,掌理淮河兴利防患事宜;淮河水利工程局设工务处、总务处,其中工务处负责查勘及测绘、工程设计、工程的实施及养护等,总务处负责文书收发编撰保管、典守印信、出纳庶务等。[3] 1948年,淮河水利工程局更名为淮河水利工程总局。

(二)水利法律法规的制定与实施

为统筹全国水政管理,民国时期的历届政府都出台了一些水利方面的法律法规。早在1914年1月和12月,中华民国北京政府先后颁布《全国水利局官制》《各省水利委员会组织条例》。按照中央政府的部署和要求,河南省巡按署于1915年12月颁布《县知事办理水利功过简章》。1924年6月,河南省实业厅水利局又制定《县知事办理水利奖惩规则》。

南京国民政府成立后,从中央到地方开始制定和颁行符合近代水利科学技术要求的法律法规。1928年5月和6月,河南省河务局和西沁分局分别制定《沁河两岸开闸灌田规则》《沁河两岸开闸灌田实施细则》。1931年3月,河南省政府又颁布实施《河南省兴办交通、水利工程征用义务劳工条例》和《河南省

① 《法规:国民政府黄河水利委员会组织条例》,《内政公报》1929年第1期。
② 朱正业、杨立红:《近代河南省淮河流域水灾的空间分布》,《阜阳师范学院学报(社会科学版)》2015年第4期。
③ 《淮河水利工程局组织条例》,《水利通讯》1947年第6期。

兴办交通、水利工程征用义务劳工条例实施细则》。

为推广凿井技术，加快农田水利建设步伐，河南省政府于 1935 年 11 月专门制定《河南省凿井委员会简章》《推广凿井工作办法》《考核凿井办法》《各县选派人员学习凿井技术办法》等相关规章制度。南京国民政府分别于 1934 年和 1935 年颁布《统一水利行政及事业办法纲要》《兴办水利奖惩条例》后，河南省政府为鼓励全省民众支持和兴办水利，于 1936 年 10 月通过了《河南省政府公务员及民众修护公路兴办水利奖惩办法》。

1941 年，南京国民政府行政院颁布《管理水利事业办法》，规定在行政院设立水利委员会管理全国水利事务。1942 年，南京国民政府颁布的《中华民国水利法》，包括总则、水利区及水利机关、水权、水权之登记、水利事业、水之蓄洪、水道防护、罚则、附则等九章，共 71 条。① 这是中国历史上第一部建立在现代水利科学基础上的国家层面的水利法规。1943 年，南京国民政府行政院又先后颁布《水利法实施细则》《水权登记规则》和《水费登记征收办法》等作为对《中华民国水利法》的补充。这些法规制度的制定和实施，在一定程度上促进了河南水利事业的现代转型。

（三）治水理论的总结与创新

民国时期，在学习运用西方现代水利技术的同时，也注意历史经验的总结和治水理论的创新。李仪祉到德国留学和考察欧洲水利归国后，潜心研究中国治水方略。1928 年冬，河南省水利局工程师曹瑞芝在对黄河相关河段进行勘查的基础上，编写了《河南黄河水利初步计划书》。他针对黄河下游河高地低的现实状况，采用虹吸现象等科学原理，在郑州花园口和开封柳园口等地引黄河水灌溉获得成功。1933 年 9 月成立以李仪祉为首任委员长的黄河水利委员会。在任职期间（1933—1935），他统一河政，拟定各项规章制度，运用近代水利科技对黄河进行广泛的勘测研究，制定治黄方略和治黄工作计划。他认为黄河的病源是泥沙，防洪更需减沙，强调上、中、下游统一治理，治黄重点应放在西北黄土高原上，主张在田间、溪沟、河谷中截留水沙，提倡治理黄河与发展当地的农、林、牧、副业生产相结合。他主张整治河道，发展黄河航运。同时通过疏浚下游

---

① 　郭成伟、薛显林主编：《民国时期水利法制研究》，中国方正出版社 2005 年版，第 67 页。

河槽、修建支流拦洪库、开辟减水河等途径以防洪水。他总结我国历代治理黄河的经验教训和一些著名治河观点,结合西方水利理论,提出了科学的治河方略。正如他在《黄河之根本治法商榷》一文中所说的那样:"历代治河名臣虽丁测量之事不精,建筑之术未善,然其名言谠论,深合乎治理,可取者甚多也。"①将中国古代治河方略与西方水利专家的治水主张进行对比后,他发现,"方修斯缩小堤距,束水刷深河床之论,固偏于理论,但吾国四百年前明代潘季驯氏亦主是说并实行之,虽未全部奏功,而部分生效者已经显著"。② 他在《五十年来之中国水利》中又指出:"然历来施于河之治功多矣,讫无成效者,何耶? 筑堤无学理之研究,守护无完善之方法,官吏无奉公之才德耳。欲根本图治,一要施科学的研究,二当改变其河务组织,洗清积弊,力谋更新始可。"③既指出了历来治河收效甚微的科学技术方面的原因,又指出了社会和河政方面的原因。

1947 年 8 月,国民政府黄河水利委员会委员长张含英在其《黄河治理纲要》中指出:"治黄不宜视为单纯水利问题,尤不能存为治黄而治黄之狭隘心理,必抱有开发整个流域经济之宏大志愿。治理黄河应防治其祸患,并开发其资源,借以安定社会,增长农业,便利交通,促进工业,从而改善人民生活,并提高其知识水平。"④

二、民国时期河南水利事业的现代转型

民国时期,河南水利事业的现代转型既有鲜明的时代特征,又有其独特的区域特征。综合起来主要表现在以下几个方面。

(一)注重专家治水和水利知识的宣传和普及

民国时期,一批在国内外受过专业训练的水利专家,为推进河南的水利事业发展作出了自己的贡献,有的在主持河南水政的同时还主持编纂河南水利志

---

① 《李仪祉水利论著选集》,水利电力出版社 1988 年版,第 21 页。
② 《李仪祉水利论著选集》,水利电力出版社 1988 年版,第 114 页。
③ 中国水利学会、黄河研究会编:《李仪祉纪念文集》,黄河水利出版社 2002 年版,第 200 页。
④ 黄河水利委员会编:《民国黄河大事记》,黄河水利出版社 2004 年版,第 232 页。

书。比如,在北洋政府的倡导下,时任河南河务局局长的吴笾孙于 1919 年至 1922 年主持完成 28 卷《豫河志》的编纂工作,并于 1923 年公开出版。[①] 这是民国年间成书最早的江河志,也是记述河南段黄河及沁河的第一部专志。1923 年 2 月至 1927 年 1 月任河南河务局局长的陈善同于 1923 年 12 月至 1925 年秋主持编纂 27 卷《豫河续志》,并于 1926 年刊印成书。[②] 时任河南水利局局长的陈汝珍于 1931 年主持编纂 14 卷《豫河三志》,并于 1932 年出版。[③] 这改变了以往官僚治水的局面,开启了水利技术人才治水的新时代。

针对水利工程荒废、无暇顾及水利建设的现实状况,国内一些水利专家和有识之士及河南地方政府的相关部门都强烈呼吁重视水利建设。比如,刘允衡在《水利与政治》一文中认为,“水利一兴,水力得用,航运既便,农产比增,文化藉以沟通,工商赖以繁盛,其本一固,其枝自荣”。[④] 王青云在《水利建设与复兴中国》一文中强调水利事业在民族复兴中的基础性作用,“今后中国能否与列强分庭抗礼,全赖吾人能否急谋建设,而建设之要者,又以水利建设为先决条件”。[⑤] 1930 年,河南省建设厅还专门编辑《水利须知》,突出强调水利事业与国计民生之间的密切关系,认为通过建设水利工程,既使下游的水有了着落,不至泛滥,也使上游的水有了储蓄,可以灌溉。这不仅可以解决水患问题,而且可以发展灌溉、航运、渔业、电力等各项事业。[⑥] 对水利事业重要性及相关知识的宣传普及,不仅提高了人们对水文化及水利建设重要性的认识,而且为河南水利事业的现代转型营造了社会氛围。

(二)注重水利教育机构的筹建和水利专门人才的培养

早在 1921 年 7 月至 1922 年 7 月,河南开办了为期一年的“河南省水利工程测绘养成所”,共培养出水利工程专业测绘人员 59 人。1927 年和 1928 年,冯玉祥先后在河南开办“凿井技术培训班”和“河南省水利技术传习所”,分别培养

---

① 刘照渊编著:《河南水利史大事记》,方志出版社 2005 年版,第 169 页。
② 刘照渊编著:《河南水利史大事记》,方志出版社 2005 年版,第 171 页。
③ 刘照渊编著:《河南水利史大事记》,方志出版社 2005 年版,第 180 页。
④ 刘允衡:《水利与政治》,《导淮委员会半年刊》创刊号(1936 年)。
⑤ 王青云:《水利建设与复兴中国》,《苏衡》1935 年第 5 期。
⑥ 河南建设厅编辑处:《水利须知》,1930 年印。

凿井技师 100 余名和水利工程技术人员 150 名。从 1927 年 11 月至 1928 年 10 月短短 1 年时间,就先后在河南建立了 15 所"黄河平民学校",共招收学员 382 人。① 这是河南水利教育机构建设的发轫,也是河南普及水利职工文化教育的开端。

1929 年 3 月,河南省建设厅水利工程学校在开封成立。1931 年更名为"河南省立水利工程专门学校"②。这是当时全国唯一一所省立水利工程专科学校。1942 年 5 月,经南京国民政府行政院研究决定,该校更名为"国立黄河流域水利专科学校"③。此外,当时的河南大学、焦作矿务大学等则是全国为数不多的设有与水利相关的土木工程专业的几所高校之一。

水利教育机构的设立和水利人才的培养,对河南乃至全国的水利教育和水利建设事业都发挥了重要作用。在注重建设水利教育机构和水利人才培养的同时,河南地方政府还注意收集和积累水利基础测量资料,注重水利建设新材料和新技术的引进,呼吁并开始发掘水利和水力资源。这在一定程度上推动了河南水利科技的发展和水利工程技术的应用。

(三)注重现代技术和管理方法在水利工程建设方面的运用

民国时期,新材料和新技术的引进,改进甚至取代了传统的方法和技术。特别是水泥和钢筋混凝土的引进,大大丰富了水利工程的建筑材料。水泥的水凝性和可塑性为水利施工带来便利,大大提高了水利工程的效能。钢筋水泥在建造水闸等大型水利工程中的普遍采用及其他施工机械设备的运用,都为河南大中型水利工程的建设创造了条件。

1928 年 12 月至 1929 年 5 月,河南省"从上海购买吸水机全套设备","采用曹瑞芝工程师设计的虹吸管,抽黄河之水以灌开封附近农田",在"黄河郑上汛头堡柳园口,安装引擎二部,吸水机三部,开挖蓄水池,建设机器房等项工程",筹建虹吸引黄工程,并于 1929 年 7 月成功引水灌田。这不仅是河南最早也是黄河中下游地区最早的虹吸灌溉工程。④ 1934 年,黄河防汛中首次开通无线电

---

① 黄河水利委员会编:《民国黄河大事记》,黄河水利出版社 2004 年版,第 48 页。
② 《河南建设厅水利工程学校将改为水利工程专门学校》,《河南教育》1929 年第 2 期。
③ 黄河水利委员会编:《民国黄河大事记》,黄河水利出版社 2004 年版,第 55 页。
④ 刘照渊编著:《河南水利史大事记》,方志出版社 2005 年版,第 176 页。

通信设备。1946 年,黄河水利委员会在开封设立无线电总台,进一步畅通了黄河防汛中各机构的联系。此外,还成立水文测量队,组织全省水文勘测。而早在 1919 年,就在陕县设立水文监测站,这是中国境内最早的水文监测站之一。

此外,还运用现代经营管理技术和现代水利工程技术,整治和兴建了一些水利工程。比如:1928 年年底,冯玉祥派部队在沁河两岸的武陟、博爱、沁阳等地修缮和兴建闸口 38 处,灌溉田地 2000 多顷;[①]1929 年 2 月,冯玉祥派部队在新乡辉县引百泉之水灌溉农田;等等。这在一定程度上促进了河南水利事业的现代化转型。

(四)注重水利工程建设在抵御外来侵略中的作用

抗战时期,南京国民政府一度把黄河作为抵御日寇进攻郑州、武汉等城市的重要防线,甚至提出"河防即是国防,治河即是卫国"[②]的口号。兰封会战失利后,为阻敌西进攻打郑州,南京国民政府不惜在花园口炸开黄河大堤,以水代兵。黄河决堤后,又把"防泛西堤"作为抵抗日军向豫中、豫西等地区进攻的前沿阵地。1939 年 7 月,"防泛西堤"修筑成功后,一方面移交给黄河水利委员会河南黄河修防处接管;另一方面,由第一战区司令长官部及鲁豫苏皖边区总司令部派部队沿堤守卫。为方便相互联络和通报情况,在每个防修段均设有 1 座电台。[③] 1943 年 1 月和 6 月,鲁豫苏皖边区总司令汤恩伯先后在漯河、周口召集有黄河水利委员会委员长张含英、南京国民政府水利部工程师王鹤亭、河南省建设厅厅长张广舆等人及沿河各县县长、黄河各防修段段长参加的整修防泛工程会议,决定以军工为主,修复黄泛工程,直到 1944 年麦收前才基本完成堵口复堤任务。[④]

---

① 中国人民政治协商会议河南省郑州市委员会文史资料研究委员会编:《郑州文史资料》第 4 辑(冯玉祥在郑史料专辑),1992 年印,第 163 页。

② 毛德富主编:《百年记忆——河南文史资料大系》经济卷二,中州古籍出版社 2014 年版,第 544 页。

③ 毛德富主编:《百年记忆——河南文史资料大系》经济卷二,中州古籍出版社 2014 年版,第 545 页。

④ 毛德富主编:《百年记忆——河南文史资料大系》经济卷二,中州古籍出版社 2014 年版,第 547 页。

（五）注重内河航运的规范和管理

晚清和民国初期,河南的水上运输大多由船行操纵。比如,民国初年的南阳福成仁钱行承揽载重 5 吨的帆船 10 艘往来于南阳与汉口之间从事商业运输,瓦店的兴合德、兴合仁、兴合义等 3 家商行承揽木船 200 余艘,长期从事商业运输。[1] 1927 年 12 月 28 日,南京国民政府交通部颁布《国民政府交通部航业公会章程》,规定航业工会的会务主要包括"维持航业上公共营业并研究改良发达""条陈航业之利弊及一切进行""办理航业上公益""调查航业""编制航业表册""研究造船转运事业之改良发达""条陈收回外航""条陈改良港务及疏浚河道""条陈旅客安宁及防盗""条陈开关航线"等事项;"航业公会有违背本章程及妨害公益或受人把持利用时",交通部有权"取消议决之事项""解免职员之职务""令行该会改组""停止该会或解散之"。[2] 按照国民政府建设部的要求,河南省建设厅于 1929 年制定《河南省航业公会暂行简章》和《河南省商船领照暂行简章》。其中,《河南省航业公会暂行简章》规定,本省的航业公会"须由经营航业者五人以上之发起,并缮拟会章及发起人名册直接呈请河南建设厅或由地方官厅转呈设立之"。《河南省商船领照暂行简章》规定:"凡以营业为目的之各种船只,均应遵照本简章之规定,呈请河南建设厅核发执照。""领有执照之船只,由建设厅行知地方官厅予以保护。""凡未经遵照本简章领照船只,不得在河南境内行驶营业,但过境船只而不承揽客货者,不在此限。"[3]豫北沦陷后,卫河航运很快为日本设在天津的"华北交通株式会社"所垄断。1942 年 8 月,汤恩伯部退守安徽界首一带,在界首设立沙河船舶管理处并先后在襄城、漯河、周口、三河尖、乌龙集(今河南淮滨)、新蔡等地设船舶管理所。1944 年春,上述地区沦陷后,日伪政权分别在三河尖、乌龙集、新蔡、潢川等地设立水上派出所。抗战胜利后,特别是随着解放战争的节节胜利,河南的内河航运事业开始获得新生。到 1946 年 5 月,"从平汉线之重镇道口,至冀南名镇临清是条长六百余

---

① 河南省地方史志编纂委员会编:《河南省志》第三十八卷《公路交通志·内河航运志》,河南人民出版社 1991 年版,第 105 页。

② 《中华民国国民政府法令大全》第 8 册,上海法学编译社 1931 年版,第 2—5 页。

③ 河南省地方史志编纂委员会编:《河南省志》第三十八卷《公路交通志·内河航运志》,河南人民出版社 1991 年版,第 105—106 页。

里之卫河水道,现有大船百余艘,来往运送临清的棉与卫河县之麦。又卫河工商局为开展内河航运,并提倡群众造船,现已造出七八丈长之大船两艘,开始运输,十天内即获利七十万元"①。到1949年,道口已"建立船厂四个,造大小船二百余只,载运量一万余吨"②。从总体上看,民国时期的河南内河航运事业虽然深受天灾人祸的影响,但在管理方面无疑被打上了一道道从传统向现代转型的印记。

三、民国时期河南水利事业现代转型缓慢的主要原因

民国时期,处于从传统向现代转型的启程阶段的河南水利事业,在制度、法规、科学、技术及水利工程的兴修等各方面都取得了一定的进展。然而,地处中原的河南天灾人祸接连不断、工程经费得不到有效保障、水利工程本身建设周期长且管理比较混乱等因素,严重影响了河南水利事业的现代转型步伐。③

(一)大小战争频仍,自然灾害接连不断

地处中原的河南是贯通东西南北的战略枢纽。北洋政府统治时期,河南战火不断,遍地皆兵。据统计,在河南发生或以河南为主战场的较大规模的战争和兵变就有8起,在河南境内驻军最多的时候多达30万人。④ 进入南京国民政府统治时期后,以冯玉祥为首的河南地方政权仍然保持着半独立状态。从1927年6月至1930年10月,在河南这方土地上先后爆发了包括中原大战(中国近代史上规模最大的军阀混战)在内的10次战争。从1930年10月至1937年全面抗战爆发前夕,河南又处于国民党"剿共"战争的前沿阵地。日本入侵河南后,虽然国民党军队先后在豫北、兰封、大别山北麓等地对日军的进攻进行了顽

① 《冀鲁豫区境内,千里水道船只往还》,《人民日报》1946年5月21日。
② 转引自河南省地方史志编纂委员会编:《河南省志》第三十八卷《公路交通志·内河航运志》,河南人民出版社1991年版,第109页。
③ 唐金培:《民国时期河南水利事业缓慢转型刍议》,《河南师范大学学报(哲学社会科学版)》2018年第4期。
④ 徐有礼:《动荡与嬗变——民国时期河南社会研究》,大象出版社2013年版,第1页。

强的抵抗,但由于国民党采取单纯依靠政府和正规军的片面抗战路线,豫北、豫东、豫南等地很快沦入敌手,河南省政府的统治区域随着战局的演变而不断缩小,敌占区、国统区和敌后抗日根据地犬牙交错。1946 年 6 月,全面内战首先在河南爆发。与此同时,处在南北气候交界地带的河南也是水、旱、蝗等自然灾害多发、高发的区域之一。从 1912 年至 1948 年,河南省受灾县数累计多达 1782个。其中,遭受水灾的县累计 681 个,遭受旱灾的县累计 858 个,遭受虫灾的县累计 226 个,遭受风灾的县累计 101 个,遭受雹灾的县累计 142 个,遭受霜冻的县累计 55 个,遭受地震的县累计 3 个,遭受疫情的县累计 80 个,遭受其他灾害的县累计 1 个。① 在社会如此动荡和生态环境不断恶化的大背景下,河南的水利建设事业很难得以正常开展,以致陷入“日言治水,而水灾不可防;日言水利,而旱灾不可免;弄或水来则成水灾,水去则成旱灾”②的局面。

(二)资金缺口较大,经费筹措困难

民国时期,河南地区水利建设资金主要有政府拨款、民间自筹和社会捐助等几个来源。一是省政府很难筹措到所需的水利经费。近代河南地方经济发展滞后,省级财政本身就非常困难,要由政府来筹集水利建设经费就更加困难。早在 1915 年,北洋政府通令各省设立水利分局的时候,河南省就“因财政奇绌,议就本署(巡按使公署)先立水利(委员)会;一俟经费稍裕,再行设立专局”③。二是各县政府财政贫富悬殊,在一些贫瘠的县份,县政府面临的财政困难相当严重,县内应办水利事业无法正常推进。要想在全省范围内普遍兴办水利,难度非常大。正如河南省主席刘峙在《五年来建设总报告》中所评价的那样:“民国初年(1915—1927),河南省已有水利分局及各县支局之设,历时虽久,然因为经费支绌,率皆有名无实。”④三是水利工程经费预算无法按时完成,严重影响相关工程的预定进度。据河南省 1931 年第四季度工作计划称:“豫省天灾兵祸,匪患相寻不绝,各县地方预算无法成立。考核地方财政尤感困难。业经令饬财

---

① 夏明方:《民国时期自然灾害与乡村社会》,中华书局 2000 年版,第 383 页。
② 《中国水利建设底检讨》,《中国农村》1934 年第 2 期。
③ 刘照渊编著:《河南水利大事记》,方志出版社 2005 年版,第 161—162 页。
④ 刘照渊编著:《河南水利大事记》,方志出版社 2005 年版,第 170 页。

政厅严厉督促,务将二十年度县地方预算完成,以确定各县地方收支标准。"①眼看到1931年年底了,可本年度的地方财政预算却迟迟没有完成。由此可见,要想依靠地方财政经费兴修水利是何等的困难。四是自中央与地方财政系统剥离后,政府水利经费的主要来源几乎全部靠地方政府征收水利工程的"受益费"。然而,在具体操作中,水利工程施工范围以内之受益土地,以及未经清丈整理的土地如何征收费用等方面存在一定难度。

(三)工程管理不善,建设效率不高

水利工程尤其是一些大型水利工程,耗时较长,很难在短期内见到成效,加上管理经验不足,工程建设效率大打折扣。一是政局不稳定导致行政官员变动频繁。民国时期,河南政局比较混乱,各县县长等地方行政官员像走马灯一样换个不停。据统计,1930年11月至1931年12月短短一年多时间,全省更换县长227人次,其中任期最短的仅仅1天。② 地方行政官员特别是行政主官任期太短,极不利于包括水利事业在内的各项建设事业的顺利开展。有的地方官员虽然制订了一些兴修水利的计划,但因任期太短来不及贯彻落实;有的上任后担心自己干的时间不长,干脆推诿迁延,做一天和尚撞一天钟。此外,一些地方水利管理人才也纷纷跳槽从事其他工作。比如,临汝县人桂馥堂从河南省水利工程测绘养成所毕业后,于1923年4月被河南水利局委任为鲁山县水利支局局长,1930年2月被委任为襄城县政府第二科科长。③ 二是人员组织方面重数量轻管理。各县推行国民义务劳动服役,事前大都缺少准备,由于管理不善,严重影响工作效率。三是水利团体建设方面重形式轻实效。无论是河南水利委员会及各县水利委员会分会,还是与河南水利事业息息相关的黄河水利委员会和华北水利委员会,表面上看起来很重要,实际上没有多少权力。更为重要的是,这些水利机构或团体,因严重缺乏经常性的经费保障,专职人员数量太少,组织机构比较空虚,地方人士意见难以集中,实际运作效果并不理想。从当时一些人讽刺挖苦黄河委员会的测绘工作是"没事干,看镜子,说空话,量水玩,消

① 《河南省政府二十年份预定行政计划——十月至十二月》,《河南政治月刊》1931年第4期。
② 郑起东:《华北县政改革与土劣回潮(1927—1937)》,《河北大学学报(社会科学版)》2003年第4期。
③ 洛阳市第二档案馆:《河南省第十区专员公署档案》,卷宗号:121—67。

磨岁月罢了"①,可以看出黄委会等水利机构或团体的处境。四是水利工程方面重建设轻管理。不少地方因人员和经费缺乏等原因,对那些已经完工的水利工程往往疏于养护和日常管理,加上社会动荡、战乱频繁,有的水利工程刚恢复没多久又很快遭到第二次甚至多次损毁,使一些地方政府和当地老百姓失去重新恢复的信心。

(四)水利机构重叠,法规制度不健全

除了自然灾害和战乱频繁、政治腐败等因素,现代化转型缓慢与当时的水利机构设置重叠也存在一定的内在关系。在水利机构的设置方面,不仅变动频繁,而且机构重叠,名目繁多。自民国成立至全面抗战爆发,全国性的行政方面的水利机构有内政部河道水利专门委员会、建设委员会水利处、水利委员会为主管机关,工程方面的水利机构有太湖流域水利委员会、华北水利委员会、黄河水利委员会、导淮水利委员会、广东治河委员会、扬子江水利委员会、整理海河善后工程处等。而各省的水利机构更是名目繁多,变化无常。② 这就造成各机构部门互相掣肘、互相推诿的局面。

相关水利法规制度不健全、不完善,也是其中的一个重要原因。国民政府成立后,确实制定和公布了不少关于水利建设方面的法规制度,比如,《河川法》《统一水利行政及事业办法纲要》《统一水利行政事业进行办法》《兴办水利奖励条例》等。但由于这些法律法规本身不健全、不完善,缺乏具体有效的操作办法,加上财政日益枯竭、自然灾害频繁、战争破坏严重等方面的原因,并没有得到很好的贯彻落实。例如《兴办水利奖励条例》规定,仅及于捐款、抢险、著述等项,很少涉及小规模水利事业。

(五)水权争夺激烈,水事纠纷不断

水事纠纷主要表现为同一条河流或山泉上下游各县之间的用水纠纷,以及同一个县内部各乡、各村乃至各户之间的用水纠纷。民国时期,河南大多数地区水旱灾害频发。干旱时间,不仅农田灌溉严重缺水,甚至人畜用水都非常紧

---

① 张含英:《中国水利史的重大转变阶段》,《中国水利》1992 年第 5 期。
② 《新县制与水利》,《河南民国日报》1942 年 8 月 31 日。

张。水事纠纷发生后一旦处理不善,不仅会激化民众矛盾甚至引发械斗,而且会严重影响农田灌溉和航运事业的正常发展。整个民国时期,河南因战争和自然灾害频仍而导致的水利纠纷迭起。比如,1918 年农历七月,灵宝县虢略镇的涧东村和新庄村为争夺水源而发生械斗,导致有的村民家破人亡。[1] 1935 年 4 月,安阳县的万金渠和大同渠因灌溉争水发生纠纷,导致大同渠被一些依靠万金渠灌溉的民众用泥土填塞。[2] 修武、获嘉两县的一些民众在修建江营渠时,也因双方互不相让,先后发生多次械斗事件。他们之间的矛盾和纠纷持续七八年时间都没有得到很好解决,直到 1932 年在河南省建设厅的调解下才得以平息。[3] 更为严重的是,在黄河治理问题上明显存在水利管理部门各自为政的现象。正如 1931 年 3 月 16 日《大公报》发表的一篇《论黄灾》的社评所指出的那样:河南封丘县贯台的黄河堵口"累月无功,且水势反趋险恶,演成空前严重的问题,根本原因在于治河无统一机关,事权不专,用人不当,贻误至此"。1942 年颁布的《中华民国水利法》规定:凡汲引天然河流水源,必先举办水权登记,取得合法水权,以杜绝用水纠纷;凡水利事业关系两省(市)以上者,应由中央机关核准后办理;关系两县(市)以上者,应由省主管机关核准后办理。这不仅确立了相关水利区(流域),而且设置了中央和省(市)流域机构。[4] 由于此时河南大部分地区已经沦陷,水利法很难在短时间内得以贯彻实施。抗战胜利后,河南很快成为解放战争的重要地区。直到解放后,河南各地的水事纠纷才逐步得到解决。

　　总之,无论是从制度还是从技术层面上看,民国时期河南水利事业都开启了从经验治水的传统模式向科学治水的现代模式的转型。西方水利科学技术的传入和一批在西方学习水利的人员的归国,给民国时期河南水利事业的现代转型注入了新的活力。河南水利特别是农田水利工程和水利管理方面取得了比较显著的成就,但与近邻陕西省相比,河南水利现代化转型的步伐相对比较

---

[1]　张仓:《民告官不理争水酿大祸》,《灵宝文史资料》第三辑,1989 年印。

[2]　《万金渠引水纠纷》,天津《大公报》1935 年 4 月 29 日。

[3]　河南省建设厅:《河南建设要述》,1935 年印,第 20 页。

[4]　田东奎:《中国近代水权纠纷解决机制研究》,中国政法大学博士学位论文 2006 年,第 178 页。

缓慢。① 20 世纪 30 年代陕西省的水利事业在李仪祉等人主持下成为全国的先进典型。该省建设的洛惠、泾惠等灌区,无论是从规模方面、设计水平方面还是从管理、效益方面都达到了世界先进水平。②

---

①　唐金培:《民国时期河南水利事业缓慢转型刍议》,《河南师范大学学报(哲学社会科学版)》2018 年第 4 期。

②　水利水电科学研究院《中国水利史稿》编写组:《中国水利史稿》下册,水利电力出版社 1989 年版,第 424 页。

结 语

历史悠久、文化厚重的河南,之所以能够长期成为中国政治、经济、文化的中心,其中一个重要的原因就是得益于良好的水利条件和良好的农业经济基础。在中国古代经济社会的发展进程中,河南既是农田水利事业和航运事业的重要实践区,也是水旱灾害多发频发的重灾区。无论是从水旱灾害防治方面还是从农田水利事业和航运事业的发展演变来看,河南水利既是中国古代水利事业发展历史的一个缩影,也是新中国水利事业繁荣发展的一个突出代表。河南省水利事业积累的经验教训,对全国都有重要借鉴意义。

一、河南与黄河的关系

位于中国中东部,因大部分地区在黄河以南,因此被称为"河南"。古代河南是中国九州中心的豫州,故河南又称为"中州",简称豫。"黄河治则河南兴,黄河乱则河南衰。"[①]不仅河南的名字与黄河密切相关,河南的一草一木和河南经济社会的兴衰都与黄河有着十分密切的关系。

一是古代河南历史地位的形成很大程度上得益于黄河。河南之所以被称为中华文明的发祥地,并从夏代到北宋3000多年间一直是全国重要的政治、经济、文化中心,其中最为重要的一个原因就是河南这块热土有黄河的哺育和浇灌。在漫长岁月中,黄河自孟津以东的河道频繁摆动形成大面积的冲积平原,造就了大片肥沃而易于耕作的良田,有利于古代农业生产的发展和人口的繁衍生息。加上有黄河、济水、汴水及荥泽、圃田泽、孟诸泽众多湖泊,水运四通八达。由此可见,这条流经河南的黄河在中华文明的形成和发展过程中发挥了何

---

① 王渭泾:《黄河治乱与河南兴衰》,《黄河科技大学学报》2008年第4期。

等重要的推动和支撑作用。

二是古代及近代河南遭受的黄河水患最为严重。"河南境内之川莫大于河,而境内之险亦莫重于河,境内之患亦莫甚于河。盖自东而西,横亘几千五百里。其间可渡处,约以数十计,而西有陕津,中有河阳,东有延津,自三代以后,未有百年无事者也。"①这短短数语,在揭示历史上黄河之于河南的重要性的同时,更多地指出黄河对河南地区经济社会发展的严重危害性。据统计,自汉代至清代中期(1850 年以前),黄河决溢与水患的年份共计 380 年,河南发生黄河水患的年份为 225 年,约占全部水患年份的 59%。② 清代黄河共决溢 169 次,其中河南 70 次,约占总数的 41%。而光绪之前,黄河共决溢 133 次,其中河南 68 次,约占总数的 50%。③ 由此可以看出河南河患的严重程度。

三是河南在古代黄河治理方面的贡献非常突出。中国历史上治水英雄辈出,早期治水英雄大多出生或长期生活在河南。相传,中国历史上最早的治水名人共工的家居地就在今河南辉县一带;以中国历史上最伟大的治水英雄著称的大禹,家居地就在今河南登封嵩山一带;战国秦汉时期,主持关中地区郑国渠修建的水利专家郑国是河南人。

二、河南在中国古代水利史上的地位

一是河南段黄河治理在黄河水利史上具有不可替代的地位。河南是黄河水患最频繁的地区,也是自然灾害最为频发的地区之一。因此,无论是黄河治理及水旱灾害防治方面,还是水利设施和水利工程技术及水利理论方面,河南都具有不可替代的地位和作用。

汉代的"瓠子决河"就发生在今濮阳。东汉王景治河时所立的"荥口石门"成为历史文献中专记的最重要的水利设施。④ 北宋时期兴起的埽工制度和最具黄河治理技术特色的水工建筑物都首先出现于河南。《梦溪笔谈》提到的"高超

① 〔清〕顾祖禹:《读史方舆纪要》卷四十六《河南一》。
② 张新斌:《论河南段黄河为中华文化圣河》,《学习论坛》2008 年第 2 期。
③ 闫娜轲:《清代河南灾荒及其社会应对研究》,南开大学博士学位论文 2013 年,第 90 页。
④ 张新斌:《论河南段黄河为中华文化圣河》,《学习论坛》2008 年第 2 期。

合龙门"的先进技术,就是在今濮阳以北的商胡埽的堵口过程中首次运用。元代都水监贾鲁主持的大规模治河工程影响深远,他在主持疏通黄河故道和支流河道并开凿新河道的同时,首次采用沉船法堵塞缺口和豁口,终于平息了多年的水患。明代副都御史刘大夏主持修筑的延绵百里的"太行堤"主要位于河南境内。明后期潘季驯的四次治河活动及他提出的"束水攻沙"治河理论,对后世治理黄河水患都具有重要借鉴意义。

由于河南是黄河水患的多发区,黄河治理的关键地段和重点区域也大多在河南。无论是一些重要的水利工程的建设实践和重要水利活动的开展,还是一些重大水利技术的发明和重大水利理论的提出,都绕不开河南。

二是河南古代农田水利事业在中国古代农田灌溉方面长期处于领先地位。宋室南迁以前,以井、渠、陂塘建设等为主要内容的河南农田水利事业一直走在全国的前列。

其一,河南是最早使用水井灌溉的地区之一。据考古发掘,在汤阴白营、洛阳矬李等地发现有 4000 多年前龙山文化早期供饮用的水井,在偃师二里头遗址和郑州二里岗遗址中发现有供灌溉用的商代水井。[①] 春秋时期的一些文献中已经有关于河南地区井灌技术的记载。汉代,河南地区的水井灌溉已经相当普遍。到明清时期,河南的井灌技术有了进一步的发展,武陟、温县、孟县、偃师、孟津、巩县、郏县等地出现"田中多井,灌溉自由"[②]的景象。

其二,河南是我国历史上最早开渠灌溉农田的地区之一。早在战国时期,魏国就修建了引漳十二渠这样的大型灌溉工程。梁国将黄河水引入圃田泽,蓄水灌溉农田。北宋时期,在黄河两岸普遍推进引黄灌淤之法,并取得了"沿汴淤泥溉田,为上腴者八万顷"[③]的良好效果。始建于秦代的沁水枋口堰(明代重修后称五龙口水利工程),是河南乃至全国水利工程史上的杰出代表。春秋时期主持兴建的就是河南淮滨期思人。

其三,河南是最早修建陂渠的地区之一。早在春秋时期,楚国令尹孙叔敖就在今固始一带修建了我国最早的大型引水灌溉工程——期思雩娄灌区(简称

① 张民服:《河南古代农田水利灌溉事业》,《郑州大学学报(哲学社会科学版)》1990 年第 5 期。

② 〔清〕郭云升:《救荒简易书》卷三《救荒耕凿》。

③ 《宋史》卷三百三十三《俞充传》。

"期思陂");东汉时期,汝南太守邓晨在今正阳县和息县一带修建的鸿隙陂,南阳太守召信臣在今泌阳县一带修建的马仁陂、在今邓州市一带主持修建的六门陂,等等。这些都是当时全国有名的陂塘灌溉水利工程。这些水利灌溉工程有效缓解了当地的水旱灾害,最大限度地减少灾害天气给农业发展带来的不利影响,并在一定程度上扭转了农民靠天吃饭的局面,为农业生产的发展创造良好条件,有效实现农业综合生产能力的提高。随着经济中心的南移,河南的农田水利事业开始逐渐衰落,明清时期特别是民国时期,由于战乱频繁、水旱灾害不断,河南的农田水利事业遭到严重破坏。

三是河南大运河及其航运事业在中国航运史上占有十分重要的地位。地处中原腹地的河南,自古就是南北交通的重要通道。清人阎若璩在《尚书古文疏证》中说:"禹功施乎三代,自是之后,荥阳下引河东南为鸿沟,以通宋、郑、陈、蔡、曹、卫,与济、汝、淮、泗会。此禹以后代人于荥泽之北,下引河东南流,故《水经》谓'河水东过荥阳县,浪荡渠出焉'者是。"由此可见,至少夏代以前就开凿了人工运河——鸿沟。东周时期对鸿沟水系又进行了大规模疏浚。这条沟通黄河和淮河的鸿沟水系,不仅是中国早期运河的伟大实践,而且使河南成为全国水路交通的核心地区。

从秦汉开始,黄河漕运就是保证长安、洛阳等京城供给的关键性运道。北宋之前,都城大多建在黄河之滨,河南是南粮北运必经之路,水陆运输比较兴盛。尤其是隋唐大运河的修建,使河南成为内河航运的核心和枢纽。隋代开凿的以河南荥阳为起点的通济渠工程连接起淮河与黄河的水路,同时期开凿的以河南境内的沁河为起点的永济渠连接起黄河与卫河的航道。洛阳不仅是隋唐大运河的中心和枢纽,而且是当时全国水陆交通的中心和枢纽。

作为京杭大运河的辅助通道,明清时代由卫河、贾鲁河、沙颍河及淮河构成的中原运河对漕粮北运也曾发挥过重大作用。正如永乐六年(1408),户部尚书郁新所奏的那样:"自淮抵河,多浅滩跌坡,运舟艰阻。请别用浅船载三百石者,自淮河、沙河运至陈州颍溪口跌坡下,复用浅船载二百石者运至跌坡上,别用大船运入黄河。至八柳树诸处,令河南车夫陆运入卫河,转输北京。"①明嘉靖以后,由于贾鲁河不与黄河相通,而以京、索、须诸河为水源,这样便减少了黄河泥

---

① 《明史》卷一百五十《郁新传》。

沙的淤积,也为贾鲁河的航运创造了有利条件。

随着政治经济中心的东迁南移,特别是元、明、清三朝都建都北京,全国漕运干线向东移出河南,河南的内河航运事业逐渐衰落。虽然河南的内河航运不再是全国关注的焦点,加上黄河经常决口泛滥不断淤塞航道,严重影响豫东地区的航运事业的正常发展,但河南境内毕竟河流众多,始终都有其自身的内河航运网络和水上运输空间。

三、河南治理洪水及发展水利事业的经验教训与启示

千百年来,河南无论是在水患防治、农田水利建设还是在航运事业方面,既积累了比较丰富的经验,也存在一些不足。充分借鉴古代河南水利建设方面的经验教训,对加强生态保护、营造良好的生产生活环境等都有重要意义。

一是加强水利建设必须持续保护生态环境,加强生态文明建设。尽管历代河南各地都新建或修复了一些农田水利工程,但在较长时期内真正能发挥灌溉作用的水利工程不多。正如朱云锦在谈到嘉庆年间的河南水利状况时说的那样:"开封、归德、陈州,数为河决沙淤,故渠堙没,故但有泄水沟渠,以求水不为害而已。西南一带,山溪下注,势如建瓴,间有平衍渟蓄之处引水灌田,为数甚寡。其以水利著者,西北则怀庆各属,东南则光、固等州县。光、固之间与吴楚近,其民既习于陂堰塘泊等务,而史、曲诸河交贯其中,粳稻之利,通省仰给。河内、济源等处则分济渎、丹沁之余,润而胜国。"[①]农田水利工程建设是农业生产的需要,也是人与生态环境协调发展的需要。农田水利工程在饮水安全、排涝泄洪、水土保持等方面发挥着重要作用,它可以改良土壤水质状况,减少旱、涝、渍灾和水土流失给环境带来的破坏,维持生态平衡,实现农业的可持续发展。

二是必须用先进的水文化引领水利建设事业。先进的水文化在水的重要地位的认识、治水思路的提出、水利事业方针政策的出台、水法规的制定和完善、水资源管理体制的建立和健全等方面都具有重要引领作用。从共工"雍防百川"到大禹"开掘九川",从王景"荥口立石门"到刘大夏修筑"太行堤",从潘

---

① 〔清〕朱云锦:《豫乘识小录》卷下《田渠说》。

季驯"束水攻沙"到李仪祉"水利报国",历代治理洪水和发展水利事业的故事,都充分体现了先进水文化的感染力和治水精神的感召力。当前,水旱灾害和水资源污染仍是河南经济社会又好又快发展的制约因素。要想从根本上解决水问题,既要充分利用现代科技手段不断推进水利建设事业,也要充分发挥先进水文化的独特魅力。

三是加强水利事业建设必须注重水利科学理论和水利科学技术的创造性转化和创新性发展。相传,早在大禹治水时就已经开始运用原始的测量工具,即"左准绳,右规矩","行山表木,定高山大川"。在开凿和维护隋唐大运河的过程中,不仅开创了应对多种情况的治水理论和治水方略,而且最早成功运用闸、坝、堤、堰、弯道等建造技术,巧妙地解决了跨越黄河水系及不同河流自然环境下的水源、泥沙和洪水等问题,为后来的京杭大运河的泥沙治理问题积累了经验。从北宋后期开始,由于强行维持已近衰亡的黄河故道,导致水患灾害接连不断,使河南成了黄河决溢灾害最重的地区,给河南经济社会带来空前的灾难。

四是水利建设必须统筹规划,立足长远。水资源是经济社会发展不可或缺的要素,直接关系到工农业生产的正常开展和经济社会的繁荣发展。在古代河南一些治水活动和水利事业建设过程中,"头痛治头,脚痛治脚"的现象时有发生,往往缺乏宏观规划和长远打算。发挥农田水利工程等农业基础设施在抗旱、排涝方面的关键作用,不仅可为农作物生长提供充足的水分,确保其茁壮成长,促进农产品产量及质量的提高,而且可以为粮食丰收、农民增收及农村社会的和谐安定提供重要保障。

启示一:开展大规模的水利建设事业需要一个和平安定的环境。回顾河南水利史,无论是水患治理、农田水利建设还是航运事业的发展和维护,都需要一个安定的社会环境,否则各项水利建设事业就难以开展。

启示二:开展大规模水利建设事业需要发挥社会各个阶层的合力作用。从古代河南水利事业的发展情况看,无论是水患治理、农田水利建设还是航运事业的发展和维护方面,都主要是依靠政府的力量,民众参与的积极性和主动性不够。

启示三:发展水利事业需要制定完善和严格执行相关水利法。古代河南水利建设方面不乏水利方面的法规制度,如唐代的《水部式》,宋代的《农田利害条约》,宋代的《河防令》,等等。但因种种原因实施效果不太理想。

四、中华人民共和国成立以来河南水利建设事业的回顾与展望

中华人民共和国成立以来,我国开工建设的长江三峡、黄河小浪底、南水北调等 3 个特大型水利工程中,位于河南境内或经过河南境内的就有小浪底、南水北调中线。此外,还有像三门峡这样的大型水利工程。境内南水北调与海河、黄河、淮河、长江等四大流域水系"一纵四横""南北调配、东西互济"的"中原水网"已经初具规模,在整个华北地区水资源配置方面的战略地位日益突显。

河南境内(包括经过河南境内)修建的一系列水利工程在新中国水利史上都占有十分重要的地位。1950 年开工建设的人民胜利渠开辟了新中国黄河下游引黄灌溉的先河。该工程通过引黄济卫,不但使新乡周围 4 万多公顷耕地得到灌溉,而且使卫河的流量达到历史上的高峰,在为京津地区供水时发挥了重要作用。1957 年动工兴建的三门峡水利枢纽工程,既是黄河干流上兴建的第一座大型水库,也是为有效解决黄河泥沙淤积问题,唯一做过两次"大手术"的水利枢纽工程。[①] 1960 年动工、1969 年支渠配套工程全面竣工的红旗渠工程,不仅结束了林州十年九旱、水贵如油的苦难历史,而且被誉为"人工天河""世界第八大奇迹"。1994 年工程开工、2001 年竣工的黄河小浪底水利枢纽工程是集供水、灌溉、发电等综合效益为一体的黄河干流大型水利枢纽工程。2003 年 12 月开工、2014 年 12 月建成通水的南水北调中线工程,有效缓解了郑州等城市的缺水窘境及河南产业发展的水资源约束。

改革开放以来,历届河南省委、省政府都非常重视水利工作,坚持不懈地开展各种形式的水利建设。截止到 2012 年,全省已建成水库 2650 座,整修加固河道堤防 1.6 万多公里(不包括黄河堤防),修建蓄滞洪区 15 处;发展万亩以上灌区 335 处,灌溉机电井 143.3 万眼,有效灌溉面积达到 510.75 万公顷;初步治理水土流失面积 3.10 万平方公里;建成农村水电站 526 座,总装机容量 418.26

---

① 张新斌:《论河南段黄河为中华文化圣河》,《学习论坛》2008 年第 2 期。

万千瓦;年供水能力达到 264 亿立方米。[①]

从总体上看,各项治水兴水成就为河南省经济社会发展、人民安居乐业提供了重要保障。在水利建设中形成的"红旗渠精神""南水北调精神"等,已经成为激励全省广大干部群众攻坚克难、使河南更加出彩的宝贵精神财富和强大精神动力。尤其是近年来,全省农田水利建设稳步发展,以占全国 1.42% 的水资源量养活着占全国 7.6% 的人口,生产着全国 1/10 的粮食,小麦产量占全国 1/4,由一个贫困落后的内陆省份转变为全国第一粮食生产大省、第一农业大省、第一粮食转化加工大省。河南在整合农田水利项目资金、建立工程质量评价及预警机制、水管体制改革、农村饮水安全维护基金、水库移民工作等方面都走在了全国的前列。

新的历史时期,经过全省上下不懈努力,初步建成了兴利与除害相结合的水利工程体系,为河南经济社会发展提供了坚实的水利支撑。然而,由于水资源严重短缺,水资源开发利用工程调控能力仍存在诸多短板。随着经济社会的快速发展,现有的水资源格局已无法满足未来用水需求,虽然南水北调中线一期工程建成通水后,为河南省打造南北调配、东西互补的水资源配置格局创造了有利条件,但中原水资源供需矛盾仍然十分突出。

水利建设不仅是一种跨流域、跨地区,需要共同行动、综合协调的工作,而且往往还是耗资巨大、费时、费工的系统工程。只有充分调动广大人民群众的积极性,齐心协力,才能从根本上做好水旱灾害的防治,确保全省农田水利及航运事业的统筹协调发展。我们相信,通过对豫东沙颍河、豫北卫河、豫西南唐白河等河道复航工程的有序推进,以及河南大运河文化带的规划建设,加大农田水利事业基础设施建设力度,进一步加强与周边省份的合作,共同防御水旱灾害,共享航运之利,河南水利事业建设一定会再创辉煌。

[①] 《新中国成立以来河南水利事业发生了哪些巨大变化》,《河南水利与南水北调》2015 年第 23 期。

参考资料

一、古籍

纪昀等总纂:《文渊阁四库全书》,台北商务印书馆 1983—1986 年版。

《续修四库全书》编委会编:《续修四库全书》,上海古籍出版社 2013 年版。

司马迁:《史记》,中华书局 2013 年版。

班固:《汉书》,中华书局 1962 年版。

范晔:《后汉书》,中华书局 1965 年版。

陈寿:《三国志》,中华书局 1959 年版。

房玄龄等:《晋书》,中华书局 1974 年版。

魏收:《魏书》,中华书局 1974 年版。

李百药:《北齐书》,中华书局 1972 年版。

李延寿:《北史》,中华书局 1974 年版。

袁宏:《两汉纪》(下),中华书局 2002 年版。

黎翔凤:《管子校注》,中华书局 2004 年版。

《战国策》,上海古籍出版社 1985 年版。

陈奇猷:《吕氏春秋校释》,学林出版社 1984 年版。

陈广忠译注:《淮南子》,中华书局 2014 年版。

马非百注释:《盐铁论简注》,中华书局 1984 年版。

郦道元著,陈桥驿校证:《水经注校证》,中华书局 2007 年版。

范祥雍校注:《洛阳伽蓝记校注》,上海古籍出版社 1978 年版。

李吉甫:《元和郡县图志》,中华书局 1983 年版。

杜佑:《通典》,中华书局 1988 年版。

施蛰存:《水经注碑录》,天津古籍出版社 1987 年版。

河南省文物局编:《河南碑志叙录》,中州古籍出版社 1992 年版。

顾祖禹:《读史方舆纪要》,中华书局 2005 年版。

魏徵等:《隋书》,中华书局 1973 年版。

刘昫等:《旧唐书》,中华书局 1975 年版。

欧阳修、宋祁等:《新唐书》,中华书局 1975 年版。

欧阳修:《新五代史》,中华书局 1974 年版。

脱脱等:《宋史》,中华书局 1985 年版。

脱脱等:《金史》,中华书局 1975 年版。

司马光编著:《资治通鉴》,中华书局 1956 年版。

王钦若等编:《册府元龟》,中华书局 1960 年版。

李焘:《续资治通鉴长编》,中华书局 1985 年版。

李濂:《汴京遗迹志》,中华书局 1999 年版。

徐松辑:《宋会要辑稿》,中华书局 1957 年版。

《明太祖实录》,台北中研院史语所 1962 年版。

《明英宗实录》,台北中研院史语所 1962 年版。

赵尔巽等:《清史稿》,中华书局 1976 年版。

康基田:《河渠纪闻》,台北文海出版社 1970 年版。

南炳文、白新良主编:《清史纪事本末》,上海大学出版社 2006 年版。

福趾纂:《户部漕运全书》卷四十三《漕运河道·卫河挑浚》,光绪年间刻本。

二、志书

田文镜等纂修:雍正《河南通志》,上海古籍出版社 1987 年版。

乾隆《续河南通志》卷二十五《河渠志·水利》。

徐松辑,高敏点校:《元河南志》,中华书局 1994 年版。

河南省地方志编纂委员会编:《河南地理志·地方志》,河南人民出版社 1990 年版。

周魁一等注释:《二十五史河渠志注释》,中国书店 1990 年版。

黄河水利委员会编写:《河南省志》第四卷《黄河志》,河南人民出版社 1991 年版。

河南省地方史志编纂委员会编:《河南省志》第二十七卷《水利志》,河南人民出版社 1994 年版。

黄河水利委员会黄河志总编辑室编:《河南黄河志》,黄委会勘测规划设计院印刷厂 1986 年印。

黄河水利委员会黄河志总编辑室编:《黄河志》第一卷《黄河大事记》,河南人民出版社 1991 年版。

黄河水利委员会黄河志总编辑室编:《黄河志》第二卷《黄河流域综述》,河南人民出版社 1998 年版。

黄河水利委员会黄河志总编辑室编:《黄河志》第十一卷《黄河人文志》,河南人民出版社 1994 年版。

乾隆《济源县志》,台北成文出版社有限公司 1976 年版。

焦封桐修,萧国桢纂:民国《修武县志》卷十六《祥异》,民国 20 年排印本。

熊灿修,张文楷纂:光绪《扶沟县志》卷十五《灾祥志》,光绪十九年刊本。

姚卿修,孙铎纂:《鲁山县志》卷十《识杂·灾祥》,嘉靖三十一年刊本。

张淑载修,鲁曹煜纂:《祥符县志》卷三《河渠志·黄河》。

乾隆《怀庆府志》卷七,台北学生书局 1968 年版。

袁通主修:道光《河内县志》卷十三《水利志》,道光五年刊本。

赵开元、畅俊纂修:《新乡县志》卷四《祥异》、卷三十三《人物传下·义人传》,乾隆十二年石刻本。

乾隆《邓州志》卷四《水利》、卷二十二《艺文上》。

光绪《南阳县志》卷九《沟渠》。

嘉靖《南阳府志》卷二《陂堰》。

乾隆《唐县志》卷一《地舆志·山川》。

唐河县民政局编:《唐河民俗志》,1988 年印。

乾隆《新野县志》卷九《艺文》。

信阳地区地方史志编纂委员会编:《信阳地方志》,生活·读书·新知三联书店 1991 年版。

安阳市地方史志编纂委员会编:《安阳市志》,中州古籍出版社 1998 年版。

固始县志编纂委员会编:《固始县志》,中州古籍出版社 2012 年版。

杨汝楫、于有庆、关必通:《固始县志》,康熙五十一年刻本。

杨汝楫辑,谢聘重修:《重修固始县水利续志》,民国 8 年石印本。

包桂纂修:《固始县续志》卷三《食货志·水利》,乾隆十年刻本。

《光州志》卷二十四《沟洫志》。

周口市地方史志编纂委员会编:《周口市志》,中州古籍出版社 1994 年版。

王德瑛纂修:《扶沟县志》,清道光十三年刻本。

宋洵修纂:《西华县志》,乾隆十九年增刻本。

张士杰修,侯昆禾纂:《通许县新志》,民国 23 年排印本。

顺治《怀庆府志》卷二《山川附水利》。

王泽搏主编:《林县志》卷十四《大事记》,民国 21 年石印本。

王荣陛修,方履籛纂:《武陟县志》卷十二《祥异志》,清道光九年刊本。

杨心芳修,陈金台纂:《郾城县志》,民国 23 年刊本。

《郏县志》卷十《杂事》,民国 21 年石印本。

赵培林主编:《光山县志约稿》卷七《杂记》,民国 22 年刊本。

同治《郏县志》。

民国《禹县志》。

谢应起等修:《宜阳县志》卷二《天文》、卷五《建置·渠》,光绪七年刊本。

康基渊纂修:《嵩县志》卷十四《河渠》,乾隆三十二年刊本。

刘莲青等纂修:《巩县志》,民国 26 年刊本。

孙椿荣修,张象明纂:《灵宝县志》卷十《礼祥》,民国 24 年重修排印本。

黄璟等纂修:《续浚县志》,清光绪十二年刊本。

张钫修,李希白纂:《新安县志》,民国 27 年石印本。

田金祺修:《汜水县志》卷十《艺文上》,民国 17 年排印本。

吴若烺修:《中牟县志》卷一《舆地志·祥异》,同治九年刻本。

河南省孟津县地方史志编纂委员会编纂:《孟津县志》,河南人民出版社 1991
年版。

周际华修,戴铭纂:《辉县志》卷七《田渠志·河渠·卫河》、卷十六《艺文志
二·记中》,光绪二十一年刻本。

卫辉市地方史志编纂委员会编:《卫辉市志》,生活·读书·新知三联书店

1993 年版。

贵泰、武穆淳修纂:《安阳县志》卷六《地理志·渠田》,嘉庆二十四年刊本。

王蒲园等纂:《重修滑县志》卷十四,民国 21 年铅印。

方策等修,董作宾等纂:《续安阳县志》卷三《地理志·水利》,民国 22 年铅印本。

于沧澜、马家彦修,蒋师辙纂:《鹿邑县志》卷四《川渠考》,光绪二十二年刊本。

李志鲁纂修:《柘城县志》卷二《建置志·河渠》,乾隆三十八年刻本。

淅川县地方史志编纂委员会编:《淅川县志》,河南人民出版社 1990 年版。

乾隆《舞阳县志》卷十《艺文志》。

三、著作

武汉水利电力学院、水利水电科学研究院《中国水利史稿》编写组:《中国水利史稿》(上、中、下),水利电力出版社 1979、1987、1989 年版。

郑肇经:《中国水利史》,商务印书馆 1939 年版。

姚汉源:《中国水利发展史》,上海人民出版社 2005 年版。

姚汉源:《黄河水利史研究》,黄河水利出版社 2003 年版。

姚汉源:《中国水利史纲要》,水利电力出版社 1987 年版。

张芳:《中国古代灌溉工程技术史》,山西教育出版社 2009 年版。

张兴照:《商代水利研究》,中国社会科学出版社 2015 年版。

杨升南、马季凡:《商代经济与科技》,中国社会科学出版社 2010 年版。

李济:《安阳》,河北教育出版社 2000 年版。

周魁一:《中国科学技术史·水利卷》,科学出版社 2002 年版。

嵇果煌:《中国三千年运河史》,中国大百科全书出版社 2008 年版。

李治亭:《中国漕运史》,台北文津出版社 1997 年版。

马世之:《史前文化研究》,中州古籍出版社 1993 年版。

许顺湛:《黄河文明的曙光》,中州古籍出版社 1993 年版。

王星光等:《生态环境变迁与社会嬗变互动——以夏代至北宋时期黄河中下游地区为中心》,人民出版社 2016 年版。

王星光:《生态环境变迁与夏代的兴起探索》,科学出版社 2004 年版。

王星光、张新斌:《黄河与科技文明》,黄河水利出版社 2000 年版。

王星光主编:《中原科学技术史》,科学出版社 2016 年版。

张新斌等:《济水与河济文明》,河南人民出版社 2007 年版。

张新斌、王青山主编:《登封与大禹文化》,大象出版社 2016 年版。

沈百先、章光彩等:《中华水利史》,台北商务印书馆 1978 年版。

安作璋主编:《中国运河文化史》(上、中、下),山东教育出版社 2006 年版。

河南省交通厅交通史志编审委员会编:《河南航运史》,人民交通出版社 1989
年版。

中国农业百科全书总编辑委员会水利卷编辑委员会编:《中国农业百科全
书·水利卷》(上、下),农业出版社 1986 年版。

郭松义:《水利史话》,社会科学文献出版社 2011 年版。

王育民:《中国历史地理概论》(上、下),人民教育出版社 1985、1988 年版。

史念海:《中国的运河》,陕西人民出版社 1988 年版。

史念海:《河山集》一集,生活·读书·新知三联书店 1963 年版。

史念海:《河山集》二集,生活·读书·新知三联书店 1981 年版。

史念海:《河山集》三集,人民出版社 1988 年版。

史念海:《河山集》四集,陕西师范大学出版社 1991 年版。

史念海:《河山集》五集,山西人民出版社 1991 年版。

史念海:《河山集》六集,山西人民出版社 1997 年版。

史念海:《河山集》七集,陕西师范大学出版社 1999 年版。

史念海:《河山集》八集,中华书局 1998 年版。

史念海:《河山集》九集,陕西师范大学出版社 2006 年版。

邹逸麟编著:《中国历史地理概述》,上海教育出版社 2005 年版。

邹逸麟:《椿庐史地论稿》,天津古籍出版社 2005 年版。

邹逸麟主编:《黄淮海平原历史地理》,安徽教育出版社 1993 年版。

薛瑞泽:《汉唐间河洛地区经济研究》,陕西人民出版社 2001 年版。

杜金鹏、王学荣主编:《偃师商城遗址研究》,科学出版社 2004 年版。

王仲荦:《隋唐五代史》,上海人民出版社 1988 年版。

葛全胜等:《中国历朝气候变化》,科学出版社 2011 年版。

王玉德、张全明等:《中华五千年生态文化》,华东师范大学出版社 1999 年版。

袁祖亮:《中国古代人口史专题研究》,中州古籍出版社 1994 年版。

张泽咸:《隋唐时期农业》,台北文津出版社 1999 年版。

刘有富、刘道兴主编:《河南生态文化史纲》,黄河水利出版社 2013 年版。

朱绍侯等:《中国古代史》,福建人民出版社 1991 年版。

吴宏岐:《元代农业地理》,西安地图出版社 1997 年版。

岑仲勉:《隋唐史》,中华书局 1982 年版。

张国刚主编:《隋唐五代史研究概要》,天津教育出版社 1996 年版。

梁家勉主编:《中国农业科学技术史稿》,农业出版社 1989 年版。

曹贯一:《中国农业经济史》,中国社会科学出版社 1989 年版。

胡廷积主编:《河南农业发展史》,中国农业出版社 2005 年版。

汪家伦、张芳编著:《中国农田水利史》,农业出版社 1990 年版。

张纯成:《生态环境与黄河文明》,人民出版社 2010 年版。

朱海风等:《南水北调工程文化初探》,人民出版社 2017 年版。

邓云特:《中国救荒史》,商务印书馆 2011 年版。

闵祥鹏:《中国灾害通史·隋唐五代卷》,郑州大学出版社 2008 年版。

河南省水利厅水旱灾害专著编辑委员会编著:《河南水旱灾害》,黄河水利出版社 1999 年版。

钮仲勋:《黄河变迁与水利开发》,中国水利水电出版社 2009 年版。

郭涛:《中国古代水利科学技术史》,中国建筑工业出版社 2013 年版。

水利部黄河水利委员会《黄河水利史述要》编写组:《黄河水利史述要》,水利出版社 1982 年版。

黄祖玮、贺维周主编:《中州水利史话》,河南科学技术出版社 1991 年版。

程有为主编:《黄河中下游地区水利史》,河南人民出版社 2007 年版。

程有为、王天奖主编:《河南通史》(1—4 卷),河南人民出版社 2005 年版。

韩国磐:《隋唐五代史纲》,人民出版社 1977 年版。

韩茂莉:《宋代农业地理》,山西古籍出版社 1993 年版。

韩茂莉:《辽金农业地理》,社会科学文献出版社 1999 年版。

程民生:《宋代地域经济》,河南大学出版社 1992 年版。

程民生、程峰、马玉臣:《古代河南经济史》(下),河南大学出版社 2012 年版。

赵德馨主编:《中国经济通史》,湖南人民出版社 2002 年版。

张含英:《明清治河概论》,水利电力出版社 1986 年版。

张艳丽:《嘉道时期的灾荒与社会》,人民出版社 2008 年版。

鲁枢元、陈先德主编:《黄河史》,河南人民出版社 2001 年版。

苏全有、李凤华主编:《清代至民国时期河南灾害与生态环境变迁研究》,线装书局 2011 年版。

苏全有、李长印、王守谦:《近代河南经济史》(上),河南大学出版社 2012 年版。

黄正林、张艳、宿志刚:《近代河南经济史》(下),河南大学出版社 2012 年版。

王鑫宏:《河南近代灾荒史研究》,河南人民出版社 2015 年版。

范天平编注:《豫西水碑钩沉》,陕西人民出版社 2001 年版。

河南省文物研究所编:《郑州商城考古新发现与研究(1985—1992)》,中州古籍出版社 1993 年版。

中国社会科学院考古研究所编著:《殷墟发掘报告(1958—1961)》,文物出版社 1987 年版。

中国先秦史学会、洛阳市第二文物工作队编:《夏文化研究论集》,中华书局 1996 年版。

河南省文物研究所、中国历史博物馆考古部编:《登封王城岗与阳城》,文物出版社 1992 年版。

杜金鹏:《偃师商城初探》,中国社会科学出版社 2003 年版。

中国社会科学院考古研究所编著:《偃师二里头》,中国大百科全书出版社 1999 年版。

河南省文物考古研究所编:《郑州商城》,文物出版社 2001 年版。

郑州市文物考古研究所编著:《郑州大师姑》,科学出版社 2004 年版。

秦永军、李立全主编:《周口文物考古研究》,中州古籍出版社 2005 年版。

魏源:《魏源集》,中华书局 1976 年版。

顾炎武著,黄汝成集释:《日知录》卷十二《河渠》,上海古籍出版社 1985 年版。

田文镜撰,张民服点校:《抚豫宣化录》卷一,中州古籍出版社 1995 年版。

水利电力部水管司科技司、水利水电科学研究院编:《清代黄河流域洪涝档案史料》,中华书局 1993 年版。

黄河水利委员会黄河志总编辑室编:《黄河大事记》(增订本),黄河水利出版社 2001 年版。

河南省水利志编辑室编:《河南水利史料》第 1—5 辑,1984 年印。

严中平等编:《中国近代经济史统计资料选辑》,科学出版社 1955 年版。

刘照渊编著:《河南水利大事记》,方志出版社 2005 年版。

李文海等:《中国近代十大灾荒》,上海人民出版社 1994 年版。

李文海、林敦奎、周源、宫明:《近代中国灾荒纪年》,湖南教育出版社 1990年版。

[日]森田明著,雷国山译:《清代水利与区域社会》,山东画报出版社 2008 年版。

[日]松浦章著,董科译:《清代内河水运史研究》,江苏人民出版社 2010 年版。

[日]西冈弘晃:《中国近代都市和水利》,中国书店 2004 年版。

[英]冀朝鼎著,朱诗鳌译:《中国历史上的基本经济区与水利事业的发展》,中国社会科学出版社 1981 年版。

四、报刊论文

谭其骧:《何以黄河在东汉以后会出现一个长期安流的局面——从历史上论证黄河中游的土地合理利用是消弭下游水患的决定性因素》,《学术月刊》1962 年第 2 期。

高敏:《古代豫北的水稻生产问题》,《郑州大学学报》1964 年第 2 期。

彭邦炯:《甲骨文所见舟人及相关国族研究》,《殷都学刊》1995 年第 3 期。

张应桥:《试论夏商城市水利设施及其功能》,《华夏考古》2006 年第 1 期。

河南省文物研究所登封工作站、中国历史博物馆考古部:《登封战国阳城贮水输水设施的发掘》,《中原文物》1982 年第 2 期。

王质斌:《黄河流域农田水利史略》,《农业考古》1985 年第 2 期。

葛兆帅、杨达源、谢悦波等:《历史上的一次溃决洪水——1482 年沁河流域大洪水》,《自然灾害学报》2004 年第 2 期。

陈志清:《历史时期黄河下游的淤积、决口改道及其与人类活动的关系》,《地理科学进展》2001 年第 3 期。

竺可桢:《中国近五千年来气候变迁的初步研究》,《考古学报》1972 年第 1 期。

王邨、王松梅:《近五千余年来我国中原地区气候在年降水量方面的变迁》,

《中国科学(B 辑　化学　生物学　农学　医学　地学)》1987 年第 1 期。

中国社会科学院考古研究所、日本独立行政法人国立文化财机构奈良文化研究所联合考古队:《河南洛阳市汉魏故城魏晋时期宫城西墙与河渠遗迹》,《考古》2013 年第 5 期。

中国社会科学院考古研究所洛阳汉魏城工作队:《北魏洛阳外郭城和水道的勘察》,《考古》1973 年第 7 期。

王利华:《中古华北水资源状况的初步考察》,《南开学报(哲学社会科学版)》2007 年第 3 期。

王渭泾:《黄河治乱与河南兴衰》,《黄河科技大学学报》2008 年第 4 期。

徐近之:《黄淮平原气候历史记载的初步整理》,《地理学报》1955 年第 2 期。

韦公远:《古代黄河的修防制度》,《水利天地》2003 年第 9 期。

康复圣:《淮河流域古代农田水利》,《古今农业》2000 年第 4 期。

郭超:《古代驻马店地区的水利工程建设》,《天中学刊》2014 年第 1 期。

徐海亮:《南阳陂塘水利的衰败》,《农业考古》1987 年第 2 期。

徐海亮:《历代中州森林变迁》,《中国农史》1988 年第 4 期。

侯甬坚:《南阳盆地水利事业发展的曲折历程》,《农业考古》1987 年第 2 期。

李成瑗:《南阳地区河流水利资源的开发利用》,《区域研究与开发》1989 年第 1 期。

包明军:《南阳汉代的水利建设浅探》,《中州今古》2002 年第 4 期。

周宝瑞:《汉代南阳水利建设》,《南都学坛》2000 年第 4 期。

洛阳市文物考古研究院:《洛阳汉唐漕运水系考古调查》,《洛阳考古》2016 年第 4 期。

么振华:《唐代自然灾害及救灾史研究综述》,《中国史研究动态》2004 年第 4 期。

刘磐修:《隋唐农业区发展原因探析》,《徐州师范大学学报(哲学社会科学版)》2002 年第 4 期。

黄耀能:《隋唐时代农业水利事业经营的历史意义》,《中山学术文化集刊》1983 年第 30 集。

马雪芹:《隋唐时期黄河中下游地区水资源的开发利用》,《宁夏社会科学》2001 年第 5 期。

马雪芹:《南阳地区两汉、唐宋、明清时期水利事业之比较研究》,《中国历史地理论丛》1993 年第 2 期。

李增高:《隋唐时期华北地区的农田水利与稻作》,《农业考古》2008 年第 4 期。

周一良:《隋唐时代的义仓》,《食货》1935 年第 6 期。

林鸿荣:《隋唐五代森林述略》,《农业考古》1995 年第 1 期。

刘俊文:《唐代水害史论》,《北京大学学报(哲学社会科学版)》1988 年第 2 期。

阎守诚:《唐代的蝗灾》,《首都师范大学学报(社会科学版)》2003 年第 2 期。

李帮儒:《论唐代救灾机制》,《农业考古》2008 年第 6 期。

甄尽忠:《论唐代的水灾与政府赈济》,《农业考古》2012 年第 1 期。

唐耕耦:《唐代水车的使用与推广》,《文史哲》1978 年第 4 期。

胡道修:《开皇天宝之间人口的分布与变迁》,《中国史研究》1984 年第 4 期。

袁祖亮、闵祥鹏:《唐五代时期海洋灾害成因探析》,《史学月刊》2007 年第 4 期。

邹逸麟:《从唐代水利建设看与当时社会经济有关的两个问题》,《历史教学》1959 年第 12 期。

邹逸麟:《宋代黄河下游横陇北流诸道考》,《文史》第 12 辑。

邹逸麟:《宋代惠民河考》,《开封师院学报(社会科学版)》1978 年第 5 期。

邹逸麟:《明代治理黄运思想的变迁及其背景——读明代三部治河书体会》,《陕西师范大学学报(哲学社会科学版)》2004 年第 5 期。

王炬、吕劲松、赵晓军等:《洛阳隋代回洛仓遗址 2012~2013 年考古勘探发掘简报》,《洛阳考古》2014 年第 4 期。

张宇明:《北宋人的治河方略》,《人民黄河》1988 年第 2 期。

潘京京:《水利建设与"开元、天宝盛世"》,《曲靖师专》1982 年创刊号。

楚纯洁、赵景波:《开封地区宋元时期洪涝灾害与气候变化》,《地理科学》2013 年第 9 期。

张金库:《引黄济汴与北宋东京的盛衰》,《黄河史志资料》1997 年第 2 期。

安国楼、王丽杰:《漫话贾鲁河》,《中州今古》2003 年第 1 期。

郝媛媛:《水利、水害与城市:北宋开封兴衰的历史启示》,《三门峡职业技术学院学报》2016 年第 4 期。

石华、张法瑞:《元代农业管理的纲领性文件——〈通制条格〉"劝农立社事理条画"相关问题研究》,《古今农业》2006 年第 1 期。

孙荣荣:《金章宗时期的旱灾及赈灾措施》,《东北史地》2007 年第 5 期。

杨国顺:《汲县古黄河河堤埕埙碑解读与制作年代考》,《黄河史志资料》1998 年第 3 期。

张振旭、朱景平、王玮:《浅析贾鲁在治河中运用的方法与技术》,《中国水运(下半月)》2015 年第 3 期。

陈良军、李保红:《济源五龙口水利设施的调查与分析》,《华北水利水电学院学报(社科版)》2012 年第 5 期。

钮仲勋:《豫北沁河水利灌溉的历史研究》,《史学月刊》1965 年第 8 期。

马雪芹:《明代河南的土地垦殖》,《中国历史地理论丛》1995 年第 1 期。

王国民:《从〈塞张善口碑〉看明代北方水利纠纷的解决模式》,《中州大学学报》2015 年第 6 期。

刘森:《明代河南的黄河水患与地方社会——以归德府为例》,《华北水利水电学院学报(社科版)》2009 年第 5 期。

谢湜:《"利及邻封"——明清豫北的灌溉水利开发和县际关系》,《清史研究》2007 年第 2 期。

程森:《国家漕运与地方水利:明清豫北丹河下游地区的水利开发与水资源利用》,《中国农史》2010 年第 2 期。

程森:《清代豫西水资源环境与城市水利功能研究——以陕州广济渠为中心》,《中国历史地理论丛》2010 年第 3 期。

王大宾:《变化趋势与空间差异——清代豫北水利问题的再认识》,《中国历史地理论丛》2016 年第 1 期。

白路、赵孝威:《清代豫西地区的水权纠纷》,《沧桑》2013 年第 3 期。

白路、赵孝威:《清代豫西水权纠纷的解决模式》,《学理论》2013 年第 15 期。

左慧元、王梅、尚冠华:《黄河下游沁河灌区古水利碑刻的认识作用》,《华北水利水电学院学报(社科版)》2002 年第 2 期。

安磊:《清代豫西碑刻所见民间水利互助机制》,《河南牧业经济学院学报》2017 年第 3 期。

申学锋:《光绪十三至十四年黄河郑州决口堵筑工程述略》,《历史档案》2003年第1期。

金诗灿:《黎世序与嘉道时期黄河的治理》,《信阳师范学院学报(哲学社会科学版)》2014年第3期。

苏全有:《有关近代河南灾荒的几个问题》,《殷都学刊》2003年第4期。

胡思庸:《近代开封人民的苦难史篇——介绍〈汴梁水灾纪略〉》,《中州今古》1983年第1期。

熊帝兵:《论清前期河南固始县水利建设成就及抗灾效果》,《华北水利水电大学学报(社会科学版)》2016年第6期。

陈昌远、王子超:《乾隆二十二至二十三年豫东治水述略——开、归、陈、汝〈水利图碑〉跋》,《中原文物》1983年第2期。

李国勇:《明清时期河南农田灌溉述论》,《安徽农业科学》2010年第11期。

吴朋飞:《明清贾鲁河水运环境变迁的刻画》,《华北水利水电学院学报(社科版)》2012年第5期。

武强:《近代河南水运与农业商品化关系略论》,《农业考古》2012年第1期。

龚胜生:《历史上南阳盆地的水路交通》,《南都学坛》1994年第1期。

张燕:《民国时期华北水利事业概述》,《北京档案史料》2007年第二辑。

牛建立:《华北抗日根据地的农田水利建设》,《抗日战争研究》2010年第2期。

朱正业、杨立红:《民国时期河南淮河流域水利建设述论》,《信阳师范学院学报(哲学社会科学版)》2017年第4期。

阎秋凤:《民国时期河南自然灾害原因探析》,《河南理工大学学报(社会科学版)》2007年第3期。

李玉才:《冯玉祥的水利思想与实践》,《合肥学院学报(社会科学版)》2009年第4期。

李艳红:《试论1938—1947年河南农田水利建设》,《学理论》2011年第1期。

唐金培:《民国时期河南水利事业缓慢转型刍议》,《河南师范大学学报(哲学社会科学版)》2018年第4期。

五、学位论文

王星光:《黄河中下游地区生态环境变迁与夏代的兴起和嬗变探索》,郑州大学博士学位论文 2003 年。

李燕:《古代黄河中游环境变化和灾害对于都市迁移发展的影响研究》,陕西师范大学硕士学位论文 2007 年。

陈蕴真:《黄河泛滥史:从历史文献分析到计算机模拟》,南京大学博士学位论文 2013 年。

赵航:《唐代河南地区农业研究》,上海师范大学硕士学位论文 2005 年。

王琳珂:《北宋政府水利建设若干问题研究》,河北大学硕士学位论文 2017 年。

聂传平:《宋代环境史专题研究》,陕西师范大学博士学位论文 2015 年。

郭奇龙:《金代河南地区民族关系研究》,西南大学硕士学位论文 2015 年。

张静:《明代河南地区水旱灾害与社会应对》,郑州大学硕士学位论文 2015 年。

孟艳霞:《明嘉靖、隆庆、万历时期黄河下游河道变迁及河道治理研究》,西北师范大学硕士学位论文 2009 年。

王学要:《明代河南地区黄河水患与治理思想研究》,郑州大学硕士学位论文 2011 年。

丁祥利:《春旱秋潦:黄河与豫东平原社会变迁(1644—1795)》,南京大学硕士学位论文 2011 年。

邢方明:《晚明河南的灾荒救治(1573—1644)》,东北师范大学硕士学位论文 2006 年。

李德楠:《工程、环境、社会:明清黄运地区的河工及其影响研究》,复旦大学博士学位论文 2008 年。

王娜:《明清时期晋陕豫水利碑刻法制文献史料考析》,西南政法大学博士学位论文 2015 年。

王永锋:《明清时期豫北地区水利研究》,河南大学硕士学位论文 2015 年。

赵建新:《明清时期怀庆府的农田水利研究》,陕西师范大学硕士学位论文 2014 年。

万明远:《明清时期信阳地区农业开发研究》,西北师范大学硕士学位论文 2014 年。

张超男:《明清黄河堤防技术及管理研究》,陕西师范大学硕士学位论文 2010 年。

赵长贵:《明清中原生态环境变迁与社会应对》,南京大学博士学位论文 2011 年。

马雪芹:《明清河南农业地理》,陕西师范大学博士学位论文 1994 年。

谭经龙:《通江连海:明清时期中原商镇与水运网络的兴衰研究》,中国海洋大学硕士学位论文 2008 年。

刘晨阳:《明清时期唐白河水运及其沿岸城镇兴衰研究》,郑州大学硕士学位论文 2014 年。

王大宾:《技术、经济与景观过程——清至民国年间的河南农业》,陕西师范大学博士学位论文 2016 年。

李华欧:《清代中原地区农业经济与社会发展研究》,郑州大学博士学位论文 2016 年。

闫娜轲:《清代河南灾荒及其社会应对研究》,南开大学博士学位论文 2013 年。

李梦竹:《试论清代河南漕运》,郑州大学硕士学位论文 2013 年。

李格格:《清代伊、洛、沁河流域灾害治理与农业经济发展》,山西大学硕士学位论文 2016 年。

常全旺:《清代豫西地区农田水利建设及其管理》,陕西师范大学硕士学位论文 2011 年。

于旭锋:《内河、市镇与社会变迁——清代南阳府研究》,青海师范大学硕士学位论文 2014 年。

费先梅:《清代豫西地区水纠纷解决机制研究》,郑州大学博士学位论文 2013 年。

刘海燕:《清代以来的水源纠纷与乡村政治——以豫西水碑为中心的研究》,河南师范大学硕士学位论文 2012 年。

张裕童:《嘉庆朝黄河治理研究》,郑州大学硕士学位论文 2016 年。

谢堂银:《光绪十三年黄河郑州决口与清政府的应对措施》,东北师范大学硕士学位论文 2009 年。

袁博:《近代中国水文化的历史考察》,山东师范大学硕士学位论文 2014 年。

侯普慧:《1927—1937 年河南农田水利事业研究》,河南大学硕士学位论文 2007 年。

苏新留:《民国时期水旱灾害与河南乡村社会》,复旦大学博士学位论文 2003 年。

席明旺:《交通、水利与城市的兴衰》,四川大学硕士学位论文 2007 年。

渠长根:《功罪千秋——花园口事件研究(1938—1945)》,华东师范大学博士学位论文 2003 年。

鲍梦隐:《黄河决、堵口问题研究》,山东大学博士学位论文 2013 年。

后 记

本书是"河南专门史大型学术文化工程丛书"第一辑之一部。作为本书的第一责任人,本人具体负责组织提纲的撰写、书稿的分工及撰写进度的督促、统稿等工作。最初的具体分工为:章秀霞副研究员撰写第一章;程有为研究员撰写绪论、第二章、第三章;我撰写后面所有章节。考虑到我除了承担本书相关章节的撰写任务,还要协助张新斌所长负责整个"河南专门史大型学术文化工程丛书"的实施和推动工作,经个人申请并经张所长同意,我邀请华北水利水电大学水文化研究中心的贾兵强副教授加入我们的团队,负责撰写第四章,我撰写第五章、第六章、第七章、第八章和结语。为减轻个人压力,后来我又跟张所长和贾教授沟通,把原本由我承担的第五章的撰写任务也交给了贾教授。

在书稿撰写过程中,由于每个人的学术背景不一样,各自遇到的困难和问题及其轻重程度也不一样。程有为老师是我院原历史研究所的老所长和资深专家,主持过《简明河南史》《河南通史》《河南通鉴》《中原文化通史》《黄河中下游水利史》等多项河南地方史和水利史研究方面的省社科基金重大项目和国家社科基金项目。我们几个后学多次到程老师家里请教有关学术问题。到2017年10月底,我们都如期提交了各自承担部分的初稿。然后,我按照规定的体例和要求对各个部分进行了统稿。2019年8月,我和程有为老师又通读了书稿。

在此之前,为确保书稿质量,"河南专门史大型学术文化工程丛书"领导小组决定,每本专门史找一位各自领域的国内知名专家对书稿进行评审,然后参照评审意见进一步修改和完善。作为本书稿的外审专家,郑州大学历史学院的王星光教授经过认真审阅后,对书稿中存在的问题提出很好的修改意见。经过新一轮修改完善后,书稿质量有了明显改观,差错率明显降低。在本书书稿于2018年5月正式提交大象出版社之前,张新斌所长又通读了书稿,并提出了很好的修改意见。

从提纲拟定到书稿提交,我们不仅得到魏一明、张占仓、赵保佑、谷建全、丁同民、袁凯声、朱海风、张新斌、程有为、王星光、王记录、任崇岳、卫绍生、王景全、毛兵、陈隆文等领导和专家的指导和帮助,而且得到大象出版社张前进、李建平等领导和编辑老师的指导和帮助,在此一并表示衷心的感谢!

由于本人水平有限,书中难免还存在诸多不足之处,敬请读者批评指正。

唐金培

2018 年 8 月